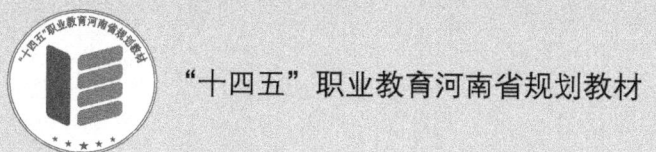
"十四五"职业教育河南省规划教材

画法几何及机械制图

DESCRIPTIVE GEOMETRY AND MECHANICAL DRAWING

主　编　崔海花
副主编　周吉生　解玉坤
参　编　胡士齐　高　娜　马莉冰

河南大学出版社
HENAN UNIVERSITY PRESS

·郑州·

图书在版编目(CIP)数据

画法几何及机械制图 / 崔海花主编. -- 郑州：河南大学出版社，2024.9.--ISBN 978-7-5649-6052-0

Ⅰ.TH126

中国国家版本馆 CIP 数据核字(2024)第 20244YX418 号

责任编辑　郑　鑫
责任校对　李圣杰
封面设计　高枫叶

出　　版	河南大学出版社
	地址：郑州市郑东新区商务外环中华大厦 2401 号　邮编：450046
	电话：0371-22821215(高等与职业教育出版中心)　0371-86059701(营销部)
	网址：hupress.henu.edu.cn
排　　版	郑州市今日文教印制有限公司
印　　刷	广东虎彩云印刷有限公司
版　　次	2024 年 9 月第 1 版
开　　本	787 mm×1092 mm　1/16
字　　数	470 千字
印　　次	2024 年 9 月第 1 次印刷
印　　张	23
定　　价	68.00 元

版权所有·侵权必究

(本书如有印装质量问题,请与河南大学出版社营销部联系调换。)

前　　言

"画法几何及机械制图"是机械类专业的重要专业基础课，其重要性源自机械零件图和装配图图样的重要性。这些图样不仅是设计者表达设计思路的技术语言，而且是生产加工和装配过程中的重要依据，同时也是检验零件加工完成后是否合格的重要标准。机械零件图样更是机械行业从业人员间交流的技术语言。掌握好画法几何及机械制图对以后能否顺利胜任机械类行业工作至关重要。

为此，我们根据教育部高等学校工程图学教学指导委员会制定的"高等学校工程图学课程教学基本要求"，以及近年来发布的机械制图、技术制图等最新国家标准，为满足机械类及近机类教学需求，精心编写了这本《画法几何及机械制图》教材。

在教材内容的选取上，我们充分考虑了工程图学的发展现状和知识结构的内在联系，同时结合工程实际需求，对内容进行了精心设计。在保持传统章、节结构的基础上，我们进一步细化了知识点，以确保教材内容的完整性和系统性。

本教材的特点如下：

（1）内容结构紧凑，逻辑清晰，内容优化，既适合作为机械类、近机类以及高职高专等其他类型院校相应专业的教学用书，也可供有关工程技术人员参考。

（2）文字精炼，针对重点和难点，我们力求所选图例既源于工程实际，又紧密结合专业需求。

（3）全书采用了技术制图与机械制图的最新国家标准及与制图有关的其他标准。

本书由一线教师根据多年教学改革成果及丰富的工程图学教学经验编写而成。参与本书编写工作的有崔海花（绪论、第一、五章、附录）、周吉生（第六、八章）、胡士齐（第四、九章）、解玉坤（第七章）、高娜（第二、三章）、马莉冰（第十、十一章）。全书由崔海花担任主编。

由于编者水平有限，书中难免存在不足之处，恳请读者给予批评指正。

编者

2024 年 4 月

目 录

绪论 ……………………………………………………………………………（ 1 ）
第一章 制图的基本知识和基本技能 ………………………………………（ 4 ）
 第一节 制图的基本规定 ……………………………………………（ 4 ）
 第二节 制图工具和仪器的使用方法 ………………………………（ 15 ）
 第三节 几何作图 ……………………………………………………（ 20 ）
 第四节 平面图形的分析、画法和尺寸注法 ………………………（ 28 ）
 第五节 草图画法 ……………………………………………………（ 32 ）
第二章 投影的基本知识 …………………………………………………（ 35 ）
 第一节 投影法及其分类 ……………………………………………（ 35 ）
 第二节 正投影的特性及三视图 ……………………………………（ 36 ）
第三章 点、直线、平面的投影 …………………………………………（ 44 ）
 第一节 点的投影 ……………………………………………………（ 44 ）
 第二节 直线的投影 …………………………………………………（ 49 ）
 第三节 平面的投影 …………………………………………………（ 69 ）
第四章 直线、平面的相对位置 …………………………………………（ 86 ）
 第一节 空间几何元素间的相对位置关系 …………………………（ 86 ）
 第二节 直线、平面的平行关系 ……………………………………（ 87 ）
 第三节 直线、平面的相交关系 ……………………………………（ 91 ）
 第四节 直线、平面的垂直关系 ……………………………………（ 96 ）
 第五节 点、线、面综合题的解法 …………………………………（102）
第五章 投影变换 …………………………………………………………（111）
 第一节 概述 …………………………………………………………（111）
 第二节 换面法 ………………………………………………………（112）
 第三节 旋转法 ………………………………………………………（121）
第六章 立体的投影 ………………………………………………………（130）
 第一节 基本体的三视图和尺寸 ……………………………………（130）
 第二节 带切口立体的三视图 ………………………………………（131）
 第三节 立体表面上点的投影 ………………………………………（134）
 第四节 立体表面交线 ………………………………………………（138）

第五节　画组合体的三视图和标注尺寸 ································ (149)
　　第六节　读组合体的视图 ·· (156)
第七章　轴测投影图 ·· (165)
　　第一节　轴测投影的基本知识 ·· (166)
　　第二节　正等轴测图 ·· (168)
　　第三节　斜二轴测图 ·· (177)
　　第四节　轴测剖视图 ·· (182)
第八章　机件常用的表达方法 ·· (185)
　　第一节　视图 ·· (185)
　　第二节　剖视图 ·· (189)
　　第三节　断面图 ·· (200)
　　第四节　图样的简化画法和局部放大图 ································ (204)
　　第五节　机件表达方法小结和综合应用举例 ························ (209)
　　第六节　第三角画法简介 ·· (211)
第九章　标准件和常用件 ·· (214)
　　第一节　螺纹 ·· (214)
　　第二节　螺纹紧固件 ·· (224)
　　第三节　螺纹紧固件的连接形式及其画法 ···························· (226)
　　第四节　键连接 ·· (232)
　　第五节　销连接 ·· (235)
　　第六节　弹簧 ·· (236)
　　第七节　齿轮 ·· (241)
　　第八节　滚动轴承 ·· (246)
第十章　零件图 ·· (250)
　　第一节　概述 ·· (250)
　　第二节　零件视图的选择 ·· (252)
　　第三节　零件上常见的工艺结构 ·· (255)
　　第四节　零件图的尺寸标注 ·· (259)
　　第五节　零件图上的技术要求 ·· (267)
　　第六节　识读零件图 ·· (286)
　　第七节　零件测绘 ·· (295)
第十一章　装配图 ·· (298)
　　第一节　概述 ·· (298)
　　第二节　装配图的表达方法 ·· (300)
　　第三节　装配图的视图选择 ·· (303)
　　第四节　装配图的尺寸标注、技术要求、零、部件序号和明细栏 ·········· (306)

第五节　装配结构合理性简介 …………………………………………（309）
　　第六节　识读装配图 ……………………………………………………（311）
附录 ………………………………………………………………………………（316）
参考文献 …………………………………………………………………………（356）

绪 论

一、本课程的研究对象

画法几何及机械制图是一门研究绘制和阅读机械图样、图解空间几何问题的理论和方法的技术基础课。

二、本课程的内容和要求

1. 内容

本课程的内容可分为画法几何和机械制图两部分。

（1）画法几何。画法几何的内容可归纳为两个方面：

1）图示法：研究用投影法表达空间几何形体的基本理论和方法。

2）图解法：研究图解空间几何问题的基本理论和方法。

可见画法几何除用以图解空间几何问题外，还为机械制图中用图形表达空间几何形体提供了基本理论和基本图示方法，是机械制图的理论基础。因此，同学们必须熟练掌握画法几何的基本理论、基本知识和基本图示方法。

（2）机械制图。机械制图的主要内容有制图的基本知识和基本技能、投影制图以及运用投影法绘制和阅读机械图样。一切机器、仪器等都是按照图样来进行生产的。所谓图样，就是根据投影原理、标准或有关规定表示工程对象的技术说明图。它是表达和交流技术思想的重要工具，是工程技术部门重要的技术文件。一句话，它是工程界的技术语言。因此，要求学生必须精通这种"语言"。

2. 要求

（1）画法几何部分。掌握用投影法表达空间几何形体和图解空间几何问题的基本理论和方法。

（2）机械制图部分。培养绘制和阅读零件图及装配图的基本能力。

三、本课程的学习目的

1）掌握用投影法（主要是正投影法）在平面上表示空间几何形体的图示法和图

解空间几何问题的图解法。

　　2）培养绘制和阅读机械图样的能力。

　　3）培养空间逻辑思维和形象思维能力。

　　4）培养分析问题和解决问题的能力。

　　5）培养认真负责的工作态度和严谨细致的工作作风。

四、本课程的学习方法

　　本课程是一门既有系统理论，又有较强实践性的技术基础课。本课程的两部分内容紧密联系又各有特点。为了学好本课程，这里简要地介绍一下各部分内容的学习方法。

1. 画法几何部分

　　学好画法几何的关键是根据它的特点进行学习。

　　画法几何的第一个特点是系统性强，前后内容联系紧密。因此，学习时一定要在消化、理解前面内容的基础上，再学习后面的内容，不能"欠账"。只有熟练掌握前面介绍的各种基本作图方法，才能顺利解决后面遇到的各种综合性作图问题。

　　画法几何的第二个特点是逻辑性强。因此在学习过程中，要特别注意学习和掌握课程中解题时所采用的逻辑推理的分析方法，从而不断提高自己的逻辑思维，以及分析问题和解决问题的能力。

　　画法几何的第三个特点是空间和平面联系紧密。因此在听课、复习和做作业时，要经常进行空间几何关系的分析，建立空间图形与平面图形间的联系。

　　画法几何的第四个特点是它的理论只有通过实际解题和作图，才能深刻理解，真正掌握。因此在复习理论内容的基础上，一定要多做题、多练习。

2. 机械制图部分

　　机械制图的第一个特点是实践性强；第二个特点是以画法几何为基础，空间和平面联系紧密；第三个特点是有严格的作图标准，机械图样是"工程界的技术语言"，因此在图样格式、画法和尺寸注法等方面都有国家标准规定；第四个特点是准确度高，机械图样是直接用来指导生产和进行技术交流的重要技术文件，图样的任何差错都会直接导致经济损失等严重后果。因此学习这部分内容时，应善于联系和运用画法几何的知识，尤其应注重实践，多看实物（模型、机器零部件和各种机械产品的实物和生产图样）、多做练习，经常由物画图、由图想物，做到图物对照、读（图）画（图）结合，多读多画、反复实践。对于图样中的尺寸，应做到前后联系"不断线"，分析比较找差别，全面归纳作总结。从标注尺寸的基本规定到平面图形的尺寸标注，基本体和组合体的尺寸标注，零件图的尺寸标注，装配图的尺寸标注等前后一线贯穿。要善于分析、比较,如组合体与零件图尺寸标注的共性和个性,零件图和装配图尺寸标注的差异等。还应注意归纳总结,从而得出标注尺寸应正确(符合国家标准规定)、完整、清晰、合理的基本要求。在制图作业中,要正确使用绘图工具和仪器,并熟悉和严格遵守技术制图、机械制图国家标准和其他相关的国家标准。一定要养成认真、负责的工作态度和严谨、细致的工作作风,以保证画出符合要求的高质量的图样。

第一章　制图的基本知识和基本技能

第一节　制图的基本规定

机械图样是设计和制造机械过程中的重要资料,是交流技术思想的语言,因此国际上对图样画法、尺寸注法等有统一规定。国际标准化组织(ISO)制定了"技术制图"和"机械制图"的国际标准即"ISO"标准。我国作为世界贸易组织(WTO)的成员国,必须与国际接轨。为此,中国国家质量监督检验检疫总局、中国国家标准化管理委员会,以国际标准为基础,即在等效、等同或参照采用国际标准的原则下,制定了中华人民共和国国家标准,用 GB、GB/T 或 GB/Z[①] 表示,通常称为制图标准。制图标准一般包括制图的基本规定、基本表示法、特殊表示法和图形符号四类标准。本节先介绍制图基本规定方面的一些标准。

一、图纸幅面和格式（GB/T 14689—2008）

（一）图纸幅面

图纸的基本幅面共有五种,分别用幅面代号 A0、A1、A2、A3、A4 表示,见图 1-1。其中 A0 的幅面尺寸规定为 841 mm×1189 mm,由 A0 幅面对折裁开的次数就是所得图纸的幅面代号数。由此得到的各种幅面代号和尺寸见表 1-1。

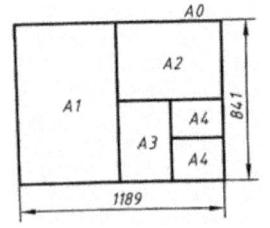

图 1-1　图纸的五种基本幅面

绘制技术图样时,应优先采用基本幅面。必要时,也允许选用国家标准 GB/T 14689—2008《技术制图　图纸幅面和格式》中所规定的加长幅面。

---

① GB 为强制性国家标准,GB/T 为推荐性国家标准,GB/Z 为指导性国家标准。

(二) 图框格式

在图纸上必须用粗实线画出图框,图样必须画在图框之内。图框格式分为不留装订边和留有装订边两种。但同一产品的图样只能采用一种格式。不留装订边的图纸,其图框格式见图 1-2(a)、(b);留有装订边的图纸,其图框格式见图 1-2(c)、(d)。图框尺寸 e、c、a 需符合表 1-1 的规定。

表 1-1 图纸基本幅面代号和尺寸 （单位:mm）

幅面代号	A0	A1	A2	A3	A4
$B×L$	841×1189	594×841	420×594	297×420	210×297
e	20	20	10	10	10
c	10	10	10	5	2
a	25	25	25	25	25

二、标题栏（GB/T 10609.1—2008）

每张技术图样中均应画出标题栏。国家标准 GB/T 10609.1—2008《技术制图 标题栏》规定的标题栏的内容、格式和尺寸见图 1-3。在学生的制图作业中,建议采用图 1-4 所示的学生用标题栏。

标题栏的位置一般应位于图纸的右下角,见图 1-2。看图的方向应与看标题栏的方向一致,即标题栏中的文字方向为看图方向。此外,标题栏的线型、字体、(签字除外)和年、月、日的填写格式均应符合相应国家标准的规定。

三、比例（GB/T14690—1993）

图样中图形与其实物相应要素的线性尺寸之比称为比例。比例按其比值大小可分为:①原值比例——比例为1的比例,即1∶1;②放大比例——比值大于1的比例,如2∶1等;③缩小比例——比值小于1的比例,如1∶2等。

绘制图样时,应首先选择表 1-2 中"优先选用的比例",必要时也可选择"允许选用的比例"。

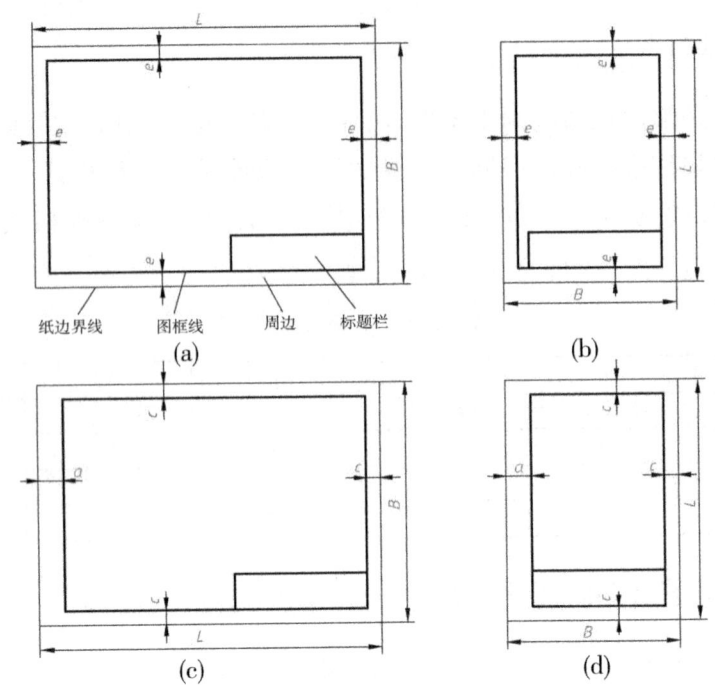

图 1-2 图框格式

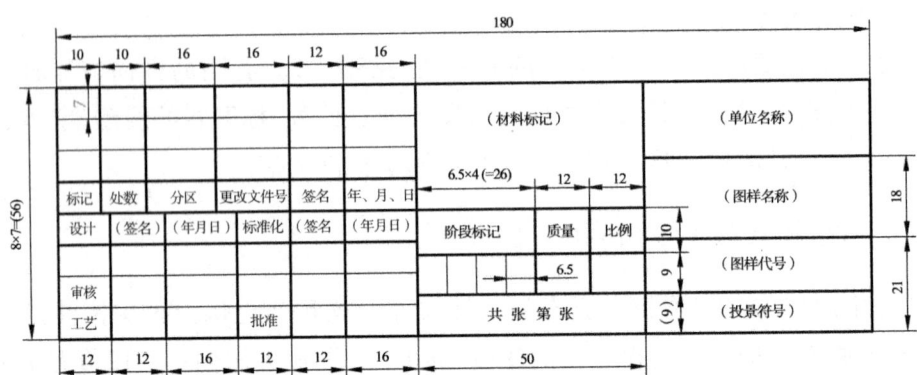

图 1-3 标题栏

图 1-4 学生用标题栏

表 1-2 绘图的比例

	优先选用的比例	允许选用的比例
原值比例	1∶1	—
放大比例	5∶1　　2∶1 5×10^n∶1　2×10^n∶1　1×10^n∶1	4∶1　　2.5∶1 4×10^n∶1　2.5×10^n∶1
缩小比例	1∶2　　1∶5　　1∶10 1∶2×10^n　1∶5×10^n　1∶1×10^n	1∶1.5　　1∶2.5　　1∶3　　1∶4　　1∶6 1∶1.5×10^n　1∶2.5×10^n　1∶3×10^n　1∶4×10^n　1∶6×10^n

注：n 为正整数

比例用符号"∶"表示，如 1∶1、1∶500、20∶1 等。比例一般应标注在标题栏中的比例栏内；必要时，可在视图名称的下方标注比例，如 $\frac{I}{2:1}$、$\frac{A}{1:100}$、$\frac{B-B}{25:1}$ 等。

四、字体（GB/T14691—1993）

国家标准 GB/T 14691—1993《技术制图 字体》规定了技术图样及有关技术文件中的汉字、字母和数字的结构形式及基本尺寸。

（一）基本要求

1) 图样中书写的字体必须做到：字体工整、笔画清楚、间隔均匀、排列整齐。

2) 字体高度（h）的公称尺寸系列为：1.8 mm，2.5 mm，3.5 mm，5 mm，7 mm，10 mm，14 mm，20 mm。该数系的公比为 $1/\sqrt{2}$（≈1∶1.4）。字体高度的毫米数就是字体的号数。

3) 汉字应写成长仿宋体，并应采用中华人民共和国国务院正式公布推行的《汉字简化方案》中规定的简化字。汉字的高度 h 不应小于 3.5 mm，其字宽一般为 $h/\sqrt{2}$（≈0.7h）。

4) 字母和数字分 A 型和 B 型。A 型字体的笔画宽度 d 为字高 h 的 1/14；B 型字体的笔画宽度 d 为字高 h 的 1/10。在同一图样上只允许使用一种形式的字体。

5) 字母和数字可写成斜体或直体。斜体字字头向右倾斜，与水平基准线成 75°。

（二）汉字、字母和数字（A 型斜体）示例

长仿宋体汉字示例：

　　　　字体工整　笔画清楚　间隔均匀　排列整齐
　　　　横平竖直注意起落结构均匀填满方格

长仿宋字的书写要领是：横平竖直，注意起落，结构均匀，填满方格。

拉丁字母示例：

ABCDEFGHIJKLMNOPQRSTUVWXYZ

abcdefghijklmnopqrstuvwxyz

希腊字母示例：

ΑΒΓΔΕΖΗΘΙΚΛΜΝΞΟΠΡΣΤΥΦΧΨΩ

αβγδεζηθικλμνξοπρστυφχψω

阿拉伯数字示例：

0123456789

罗马数字示例：

Ⅰ Ⅱ Ⅲ Ⅳ Ⅴ Ⅵ Ⅶ Ⅷ Ⅸ Ⅹ

(三) 综合应用规定

1) 用作指数、分数、极限偏差、注脚等的数字及字母，一般应采用小一号的字体。示例：

$10^3 \quad S^{-1} \quad D_1 \quad T_d \quad \phi 20^{+0.070}_{-0.023} \quad 7^{\circ+1^\circ}_{-2^\circ} \quad \dfrac{3}{5}$

2) 其他应用示例：

$R8 \quad 5\% \quad \dfrac{\text{II}}{2:1} \quad \dfrac{A\frown}{5:1} \quad \sqrt{Ra\,6.3}$

五、图线

在绘制机械图样时，必须采用国家标准 GB/T 4457.4—2002《机械制图 图样画法 图线》中规定的图线。

（一）图线的线型

在上述国家标准中，共规定了九种线型。其中常用的图线的名称、图线形式、宽度和一般应用见表 1-3 和图 1-5。

表 1-3 机械图样上常用的图线

图线名称	图线形式	图线宽度	一般应用
粗实线	——————	$d=0.5 \sim 2$ mm	可见轮廓线
细实线	——————	约 $d/2$	尺寸线，尺寸界线，剖面线，引出线
波浪线	～～～～	约 $d/2$	断裂处的边界线，视图或剖视的分界线
双折线	—/\—/\—	约 $d/2$	断裂处的边界线
虚线	－ － － －	约 $d/2$	不可见轮廓线
细点画线	— · — · —	约 $d/2$	轴线，对称中心线
粗点划线	— · — · —	d	有特殊要求表面的表示线
双点划线	— ·· — ·· —	约 $d/2$	假想投影轮廓线，中断线

（二）图线的尺寸

1. 图线的宽度

1) 图线宽度的选择应根据图样的类型、尺寸、比例和缩微复制的要求确定，并在下列数系中选择：0.13 mm，0.18 mm，0.25 mm，0.35 mm，0.5 mm，0.7 mm，1.4 mm，2 mm。该数系的公比为 $1/\sqrt{2}$（$\approx 1:1.4$）。

2) 在机械图样上，采用粗、细两种线宽，它们的比例为 2∶1。粗线（粗实线、粗虚线、粗点画线）的宽度 d 在 0.25～2 mm 之间选择，而细线（细实线、波浪线、虚线、点面线和双点画线）的宽度均为 $d/2$，见表 1-3。并建议粗线的宽度 d 采用 0.5 mm。

3) 在同一张图样中，同类图线的宽度应保持一致。

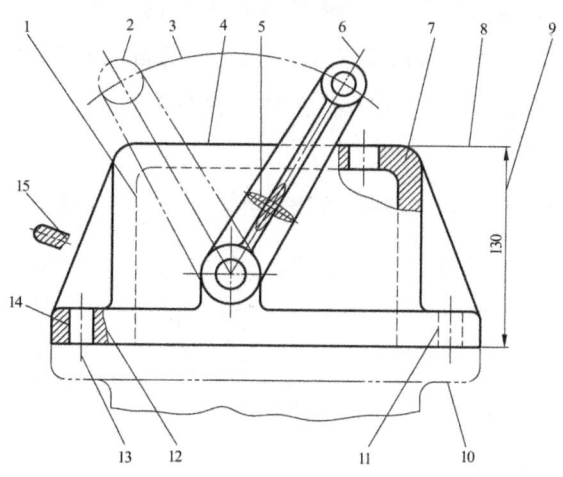

图 1-5 机械图样上常用的图线及应用示例

2. 图线中各线素的长度

图线中的虚线、点画线和双点画线等不连续线的独立部分,也就是组成这些图线的元素称为线素,如点、画和间隔等。为了同种图线画法的统一和图样的美观,国家标准 GB/T 17450—1998《技术制图 图线》将各种线素的长度分别规定为图线宽度 d 的倍数(本书未摘录)。在使用 AutoCAD 绘制图样时,应遵守标准中的具体规定;而在手工绘图时,则建议采用表 1-4 中的线素长度规格。并且在同一张图样中,各种线素的长度应各自大致相等。

表 1-4 各种线素的长度(手工绘图时)

虚线	点画线	双点画线
≈1 4~6	≈3 15~20 ≈1	≈5 15~20 ≈1

(三) 图线的画法

在绘制机械图样时,首先应根据图线的用途正确选用相应的线型,并应符合各种图线的宽度要求和各种线素的长度要求。同时还应遵循如下画法:

1) 平行画法。两条平行线之间的最小间隙不得小于 0.7 mm。

2) 相交画法。各种线型相交时,都应以画相交,见图 1-6。

3) 延伸画法。当虚线位于粗实线(直线或圆弧)的延长线上时,则在相接处,粗实线仍应画到位,而虚线则应留出少许空隙。

4) 重合画法。当有两种或多种图线重合时,通常应按如下顺序确定优先绘制的图线:粗实线→虚线→细实线→点画线→双点画线。

5) 其他画法。在绘制点画线和双点画线时,其首末两端应是线段,并应超出图形轮廓线 2~5 mm 见图 1-6(a)、(b)。在较小的图形上绘制点画线或双点画线有困难时,可用细实线代替,见图 1-6(c)。

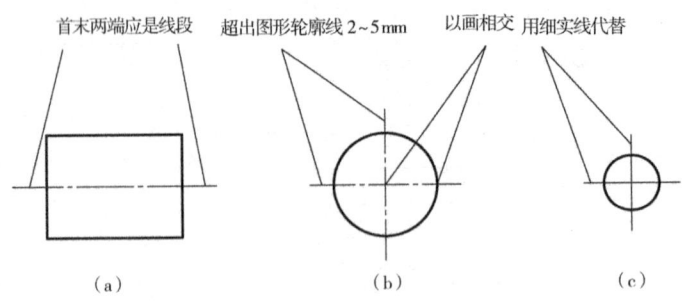

图 1-6 图线的画法

六、尺寸注法

图样中的图形（视图）用于表达机件的结构形状，而机件的大小则需要用尺寸来表示。为此，下面介绍国家标准 GB/T4458.4—2003《机械制图 尺寸注法》中的一些基本内容。

（一）基本规则

1）无论采用何种比例绘制图样，都必须标注机件的实际尺寸，即图样上的尺寸表示机件的真实大小。

2）图样（包括技术要求和其他说明）中的尺寸，以毫米为单位时，不需要标注单位符号（或名称）；如采用其他单位，则必须注明相应的单位符号。

3）图样中所标注的尺寸，为该图样所示机件的最后完工尺寸，否则应另加说明。

4）机件的每一尺寸，一般只标注一次，并应标注在反映该结构最清晰的图形上。

（二）尺寸的组成

一个完整的尺寸，一般应由尺寸界线、尺寸线（包括箭头）和尺寸数字（包括符号）组成，见图 1-7。

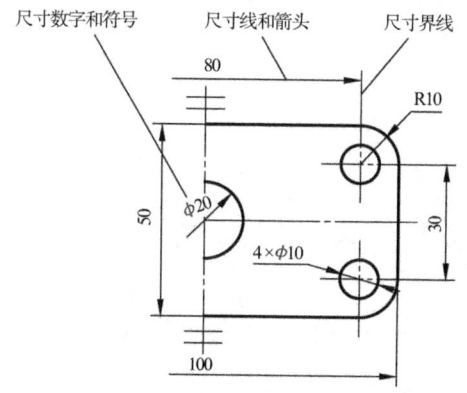

图 1-7 尺寸的组成

（1）尺寸界线。尺寸界线用细实线绘制，并应由图形的轮廓线、轴线或对称中心线处引出。也可利用这些图线作为尺寸界线，如尺寸 4×∅10。

（2）尺寸线和箭头。尺寸线用细实线绘制，其终端应画出箭头，并指到尺寸界线；箭头的形式见图 1-8。尺寸线必须单独画出，不得借用其他图线，也不得画在其他图线的延长线上。当对称机件的图形只画出一半或略大于一半时，尺寸线应略超过对称中心线或断裂处的边界线,此时仅在尺寸线的一端画出箭头,见图1-7中的尺寸80、100和 Ø 20。

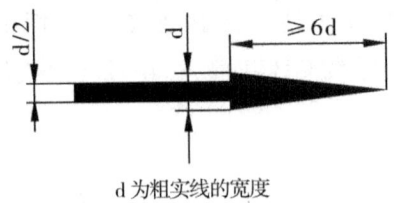

图1-8 箭头的形式

（3）尺寸数字和符号 尺寸数字的注法和符号规定等,在下面各类尺寸的注法中介绍。需要强调的是:尺寸数字不可被任何图线所通过。当无法避免时,必须把该处图线断开,见图1-7中的尺寸 Ø 20 等。

(三) 各类尺寸的注法

（1）线性尺寸的注法。

标注线性尺寸时,尺寸线必须与所标注的线段平行。尺寸界线一般应与尺寸线垂直(必要时才允许倾斜),并超出尺寸线2～3 mm。线性尺寸的数字应按图1-9所示的方向注写。即水平方向的尺寸注写在尺寸线的上方,字头向上;垂直方向的尺寸注写在尺寸线的左方,字头向左;倾斜方向的尺寸注写在尺寸线的斜上方,字头也向着斜上方(也允许将尺寸数字注写在尺寸线的中断处,但字头方向的规定不变)。应尽可能避免在图示30°范围内标注尺寸。当无法避免时,可按图1-10(a)或图1-10(b)的形式引出标注。

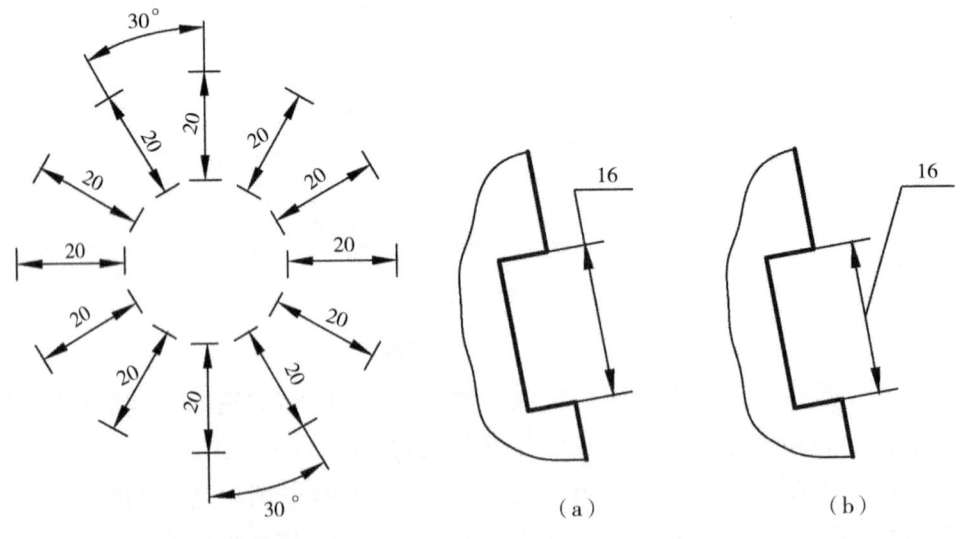

图1-9 线性尺寸数字的注法　　图1-10 尺寸数字的引出标注

(2) 圆、圆弧及球面尺寸的注法。

1) 标注圆的直径时,应在尺寸数字前加注符号"∅";标注圆弧半径时,应在尺寸数字前加注符号"R"。圆的直径和圆弧半径尺寸线的终端应画成箭头,并按图 1-11 所示的方法标注。

2) 当圆弧的半径过大或在图样范围内无法按常规标出其圆心位置时,可按图 1-12(a)的形式折弯标注;若不需要标出其圆心位置时,可按图 1-12(b)的形式标注。

3) 标注球面的直径或半径时应在尺寸数字前分别加注符号"Sφ"或"SR",见图 1-13。

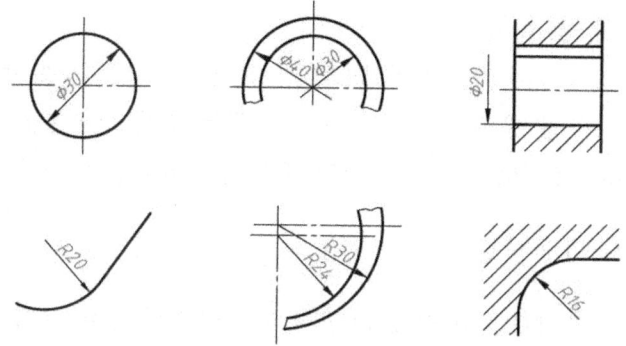

图 1-11 圆及圆弧尺寸的标注

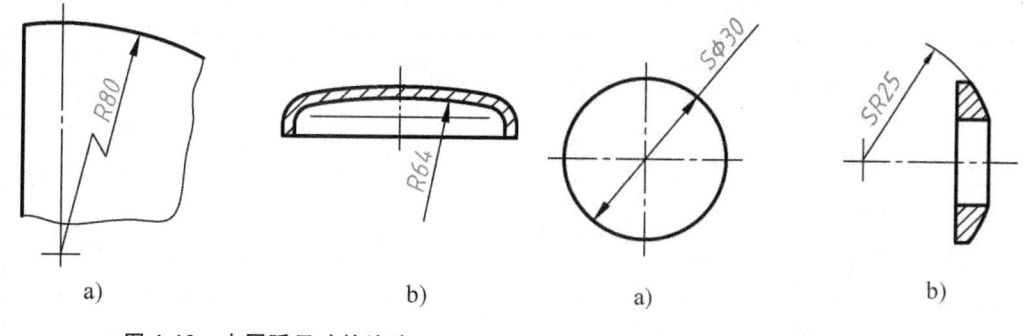

图 1-12 大圆弧尺寸的注法
(a)折弯标注 (b)不需标出圆心位置时

图 1-13 球面尺寸的注法
(a)球直径的注法 (b)球半径的注法

4) 圆、圆弧以及球面的尺寸均属于线性尺寸,所以其尺寸数字也按图 1-9 所示的方向注写。

(3) 角度尺寸的注法。

标注角度时,尺寸界线应自径向引出,尺寸线应画成圆弧,其圆心是该角的顶点,见图 1-14(a);角度的数字一律写成水平方向,一般注写在尺寸线的中断处,见图 1-14(a)、(b),必要时也可按图 1-14(c)的形式标注。角度尺寸必须注明单位,见图 1-14。

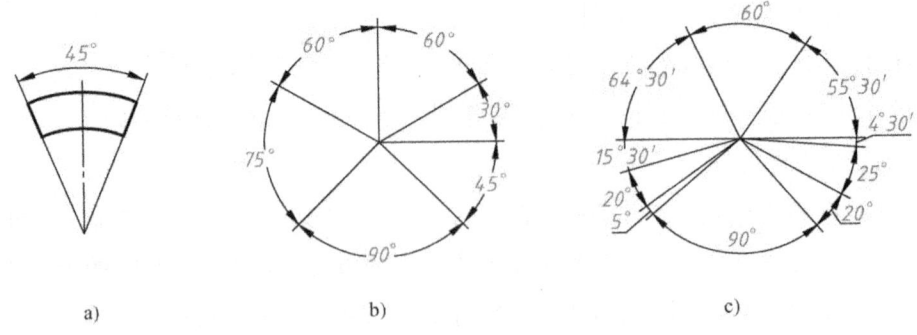

图 1-14 角度尺寸的注法

(4) 小间距尺寸的注法。

对于小间距尺寸,即两条尺寸界线间的距离很小的尺寸,在没有足够的位置画箭头或注写数字时,可按图 1-15 的形式标注,即尺寸箭头可从外向里指到尺寸界线,并可用实心小圆点代替箭头,尺寸数字可采用旁注或引出标注。

(四) 尺寸符号和缩写词

标注尺寸时,应尽可能使用符号和缩写词。常用的符号和缩写词见表 1-5。部分标注示例见图 1-16。

表 1-5 标注尺寸时常用的符号和缩写词 (GB/T4458.4—2003)

直径	半径	球直径	球半径	厚度	45°倒角	均布
$\varnothing$	R	$S\varnothing$	SR	t	C	EQS
正方形	深度	沉孔或锪平	埋头孔	弧长	斜度	锥度
□	↓	⊔	∨	⌒	∠	▷

注:符号的线宽为 $h/10$ (h 为字体高度)。

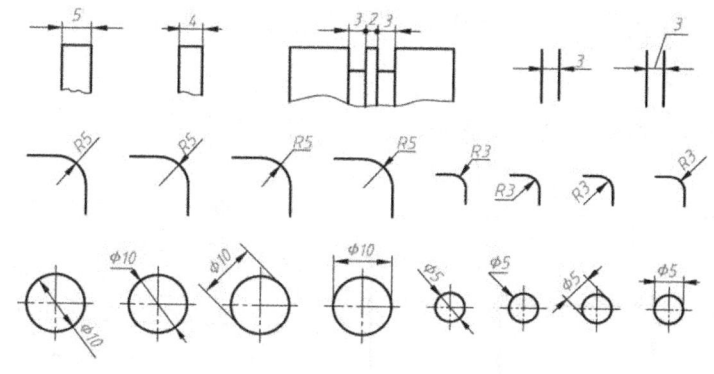

图 1-15 小间距尺寸的注法

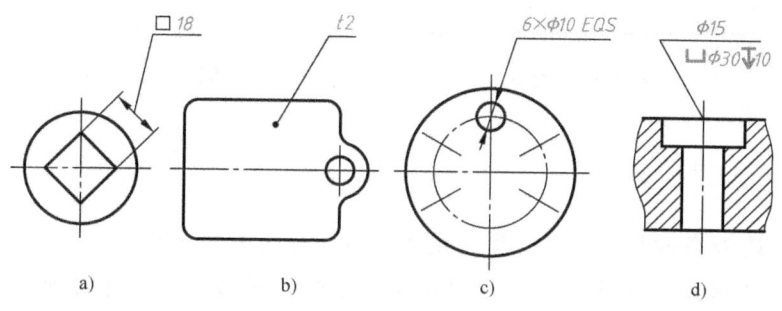

图 1-16 采用符号和缩写词标注尺寸示例

第二节 制图工具和仪器的使用方法

手工绘制机械图样时，需要使用绘图工具和仪器，因而正确、熟练地使用绘图工具和仪器可以提高图样的质量，加快绘图的速度。为此将常用的绘图工具和仪器的使用方法介绍如下。

一、图板

图板主要用来铺放和固定图纸（见图 1-17），且各种绘图工具和仪器均需借助于平整、光滑的图板板面进行绘图。此外，丁字尺也以图板平直的工作边（左边）为依靠进行移动和工作。

二、丁字尺

丁字尺由尺头和尺身两部分组成，见图 1-18。尺头的右边和尺身的上边为工作边。丁字尺的主要用途是与图板配合画水平线。画线时用左手扶住尺头，并使尺头工作边与图板工作边靠紧,上、下移动丁字尺至画线位置,即可用笔沿尺身工作边从左向右画出水平线。

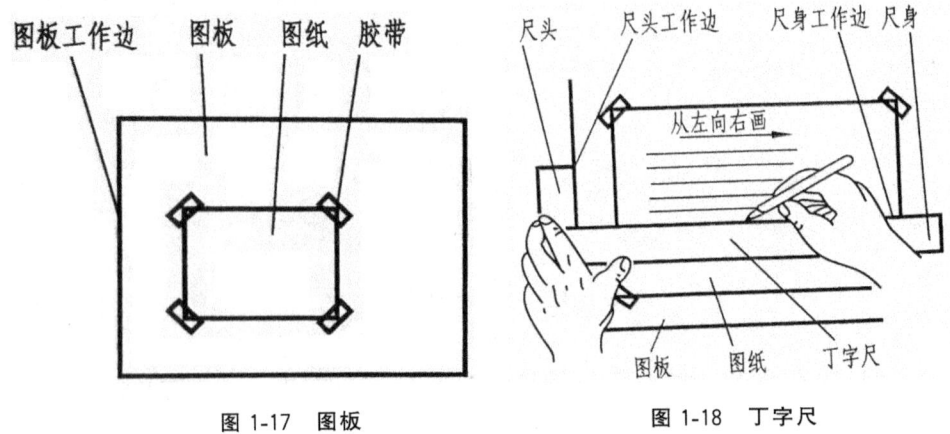

图 1-17 图板　　　　　　　　　图 1-18 丁字尺

三、三角板

一副三角板有两块:一块是两锐角均为45°的直角三角形,另一块是两锐角分别为30°和60°的直角三角形;三角板与丁字尺、图板配合,可以用来画水平线的垂直线,见图1-19。画线时,三角板的一个直角边靠紧丁字尺的尺身工作边,另一直角边置于左侧,左、右移动三角板至画线位置即可自下向上画出水平线的垂直线。

一副三角板与丁字尺、图板配合,还可以画出与水平线成15°整数倍角度的倾斜线,见图1-20。

此外,一副三角板配合,还可以画出任意已知直线的平行线或垂直线,见图1-21。如画平行线时见图1-21(a),将一个三角板的一边对准已知直线,即与已知直线重合;然后将另一个三角板的一边贴紧在第一个三角板的另一边上,并固定不动;再将第一个三角板沿两三角板的贴紧边移动至需要的位置即可在该位置处画出已知直线的平行线。画已知直线的垂直线见图1-21(b),其画法与画平行线相似,请读者自行分析。

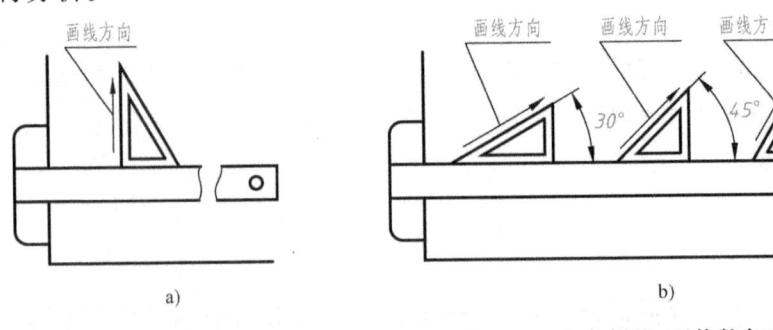

　　　a)　　　　　　　　　　　　b)

图 1-19 三角板画垂直线　　　图 1-20 三角板画15°倍数角度的倾斜线

四、绘图仪器

市场上有各种不同件数的绘图仪器出售。图 1-22 所示为一盒十三件绘图仪器。下面就其中的分规和圆规及其附件的用法简要介绍如下。

(一) 分规

分规的两腿均装有钢针,当分规的两腿合拢时,两针尖应合成点,见图 1-22。分规主要用于量取尺寸和截取线段,见图 1-23。其中图 1-23(c)为截取若干等长线段时的情况。截取时应使分规的两腿交替为轴,沿给出的直线连续截取,这样不但操作方便,而且截取线段的误差小。

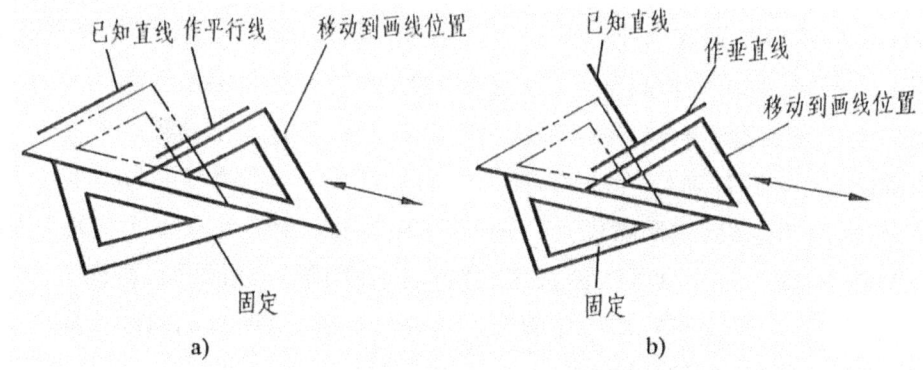

图 1-21 三角板画已知直线的平行线和垂直线
(a)画已知直线的平行线 b)画已知直线的垂直线

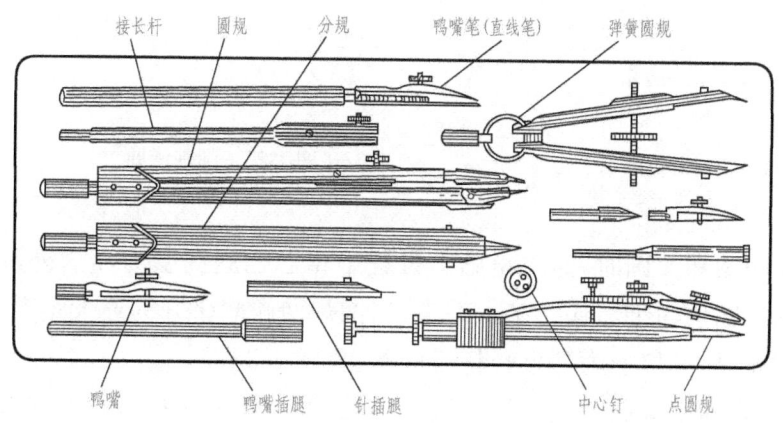

图 1-22 绘图仪器

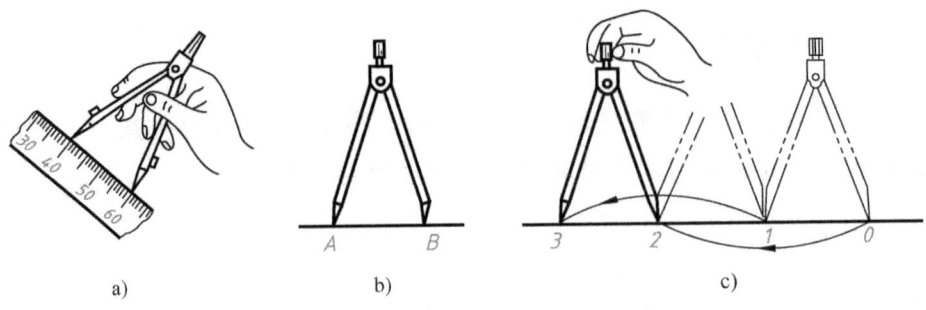

图 1-23 分规
(a)量取尺寸 (b)截取线段 (c)截取若干等长线段

(二) 圆规

圆规主要用来画圆和圆弧。圆规有两条腿,其中一条腿上装有一枚钢针,钢针两端的形状不同:一端是长圆锥形,呈缝衣针状;另一端是短圆锥形,并有一个台阶。另一条腿上可安装铅芯插腿,用于画铅笔圆,或安装鸭嘴,用于画墨线圆。

画圆时,应将铅芯削好,将钢针有台阶的一端朝下,并调节两者适当的伸出长度,使台阶面与铅芯尖(或鸭嘴尖)平齐;然后采用单手定心法或双手定心法将钢针尖对准圆心(见图1-24),并扎入图板至台阶面抵住图板、接触纸面;再调节两腿间的距离,使其为所画圆的半径;最后按顺时针方向转动圆规(圆规的两腿应向转动方向稍微倾斜)画出该圆,见图1-25。

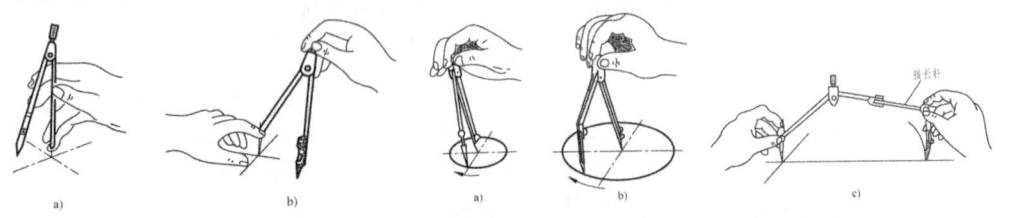

图 1-24 圆规定圆心　　　　　图 1-25 圆规画圆
(a)单手定心法 (b)双手定心法

画较大的圆和大圆时,为防止画圆过程中铅芯插腿因受力而向外滑动,应调节钢针和铅芯插腿均与纸面保持基本垂直;当圆规两腿间张开的最大距离已不能满足画大圆的需要时,可接上附件接长杆后画圆,见图1-26。

此外,若将圆规画圆时用的钢针调头使用,同时将铅芯插腿也换成针插腿,这样圆规就可以作为分规使用,实现分规的用途。

画小圆和特别小的圆时,可分别使用弹簧圆规和点圆规,见图1-22。用法请读者实践之。

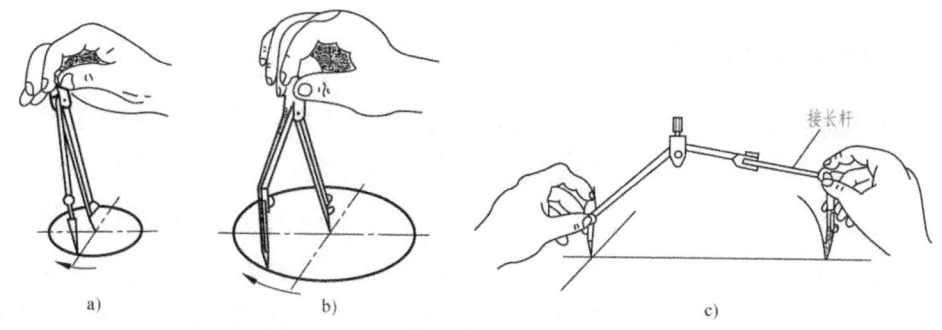

图 1-26 圆规画大圆

五、铅笔（QB/T 2774—2006）

绘图铅笔一般根据铅芯的软硬不同，分为 H～10H、HB、F 和 B～6B 共 18 种规格。H 前数字越大，表示铅芯越硬，B 前数字越大表示铅芯越软，HB 表示软硬适中。

画图时可根据不同的用途来选择不同规格的铅笔，并推荐按表 1-6 选用。

表 1-6 铅笔硬度的选择

用途	打底稿	加深图线或写字	圆规用铅芯
硬度代号	H(HB)	HB(B)	B(2B)

注：画图时，习惯用力较轻者，可选用括号内的铅笔。

铅笔芯的伸出长度以 6～8 mm 为宜，见图 1-27(a)。其常用的削制形状有两种：①圆锥形，见图 1-27(b)，当画细实线等宽度为 $d/2$ 的各种线型时，宜削制成尖圆锥形，写字时则可削制成钝圆锥形；②矩形，见图 1-27(c)，画粗实线时，宜削制成宽度为 d 的矩形，这样可以减少的削制次数，加快画图速度。

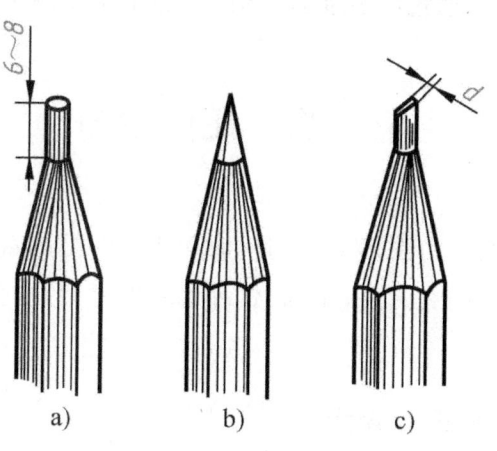

图 1-27 铅笔铅芯的削制形状

六、图纸及其固定

图纸应洁白、坚韧、耐擦,又不易起毛,并应符合国家标准规定的幅面尺寸。固定图纸时,见图1-28(a),应先将图纸置于图板的左下方(下方留出的尺寸应不小于丁字尺尺身的宽度),并使图纸上面的图框线(对于未印图框线的图纸,则将图纸上面的纸边界线)对准丁字尺的尺身工作边,然后将图纸的四角用胶带(不宜使用图钉或浆糊)粘贴在图板上。当图纸的幅面尺寸较大时,为防止图纸的中间部分翘起,可在每边的适当位置加贴胶带固定,见图1-28(b)。

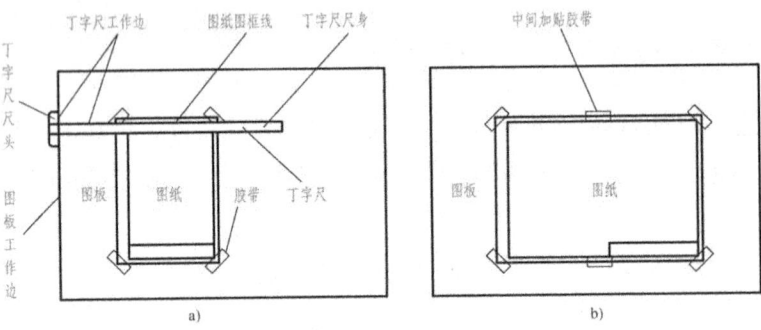

图1-28 图纸的固定

以上所述是手工绘图所使用的最基本的绘图工具、仪器和用品。随着制图技术的日益发展,许多实用的多功能的制图工具在不断问世,如擦线板、多用模板、管式制图笔、机械式绘图仪等,不一而足。这些工具的使用都有利于提高制图质量和制图速度。近年来,由于计算机技术的迅猛发展,用计算机绘图,并用打印机或自动绘图机出图,已得到了普遍使用,逐渐代替了手工绘图。但手工绘图是计算机绘图的基础。因此,同学们必须通过绘图实践,熟练掌握手工绘图工具的正确使用方法。

第三节 几何作图

图样是由一组平面几何图形组成的。而几何图形是用直线、圆弧和非圆曲线等通过几何作图方法画成的。因此,正确、熟练地掌握常用几何作图方法,可以提高绘制图样的质量和速度。

一、作线段的垂直平分线

已知:线段 AB,见图1-29。

求作:它的垂直平分线。

作图:分别以 A 和 B 为圆心,以大于 AB/2 为半径画两圆弧得交点 C 和 D,则连线 CD 即为线段 AB 的垂直平分线。

二、作已知圆弧的圆心和半径

已知:圆弧 $\overset{\frown}{AC}$,见图 1-30。

求作:它的圆心和半径。

作图:在圆弧 $\overset{\frown}{AC}$ 上适当位置处取一点 B,连接 AB 和 BC,并分别作它们的垂直平分线 12 和 34,

其交点 O 即为所求的圆心,而线段 OA(或 OB、OC)即为圆弧 $\overset{\frown}{AC}$ 的半径 R。

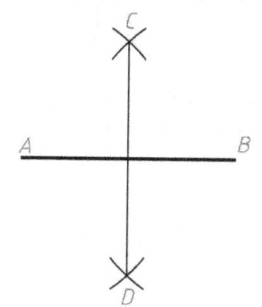

图 1-29 作线段的垂直平分线

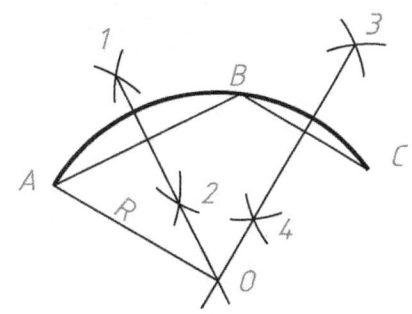

图 1-30 求已知圆弧的圆心和半径

三、等分已知线段

已知:线段 AB,见图 1-31。

求作:线段 AB 三等分。

作图:从线段 AB 的端点 A,在适当位置作射线 AK,并用分规在射线 AK 上取三个适当的等长线段 A1=12=23;再连接 3B,并过 1、2 两点分别作 3B 的平行线交 AB 于点 C 和 D,则点 C 和 D 即为等分点,即 AC=CD=DB。从而完成了线段 AB 的三等分。同理可以将线段 AB 进行任意等分。

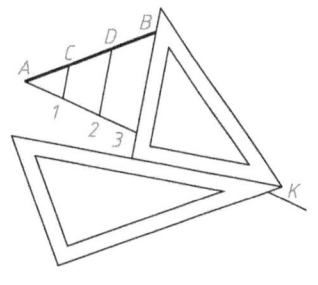

图 1-31 等分线段

四、作正六边形

在后面学习紧固件螺栓、螺母时,经常需要画正六边形。

1) 已知:正六边形的对角长度 D。

求作:正六边形。

作图:画法(一),见图 1-32(a)。以 D/2 为半径画圆,并通过圆心 O 作两条互相垂直的中心线，设其中的水平中心线与圆周的交点为 A 和 D；再分别以 A 和 D 为圆心，D/2 为半径画弧，与圆周分别相交于 B、F 和 C、E 四点，顺次连接 A、B、C、D、E、F、A 各点，即得所求的正六边形。

画法（二），见图 1-32(b)。以 D/2 为半径画圆，并通过圆心 O 作两条互相垂直的中心线，设其中的水平中心线与圆周的交点为 A 和 D；再用两锐角分别为 30°和 60°的三角板，分别过 A 和 D 作 60°斜直线 AF 和 CD；翻转三角板，再过 A 和 D 作反向的 60°斜直线 AB 和 DE；最后连接 BC 和 EF，即得所求的正六边形。

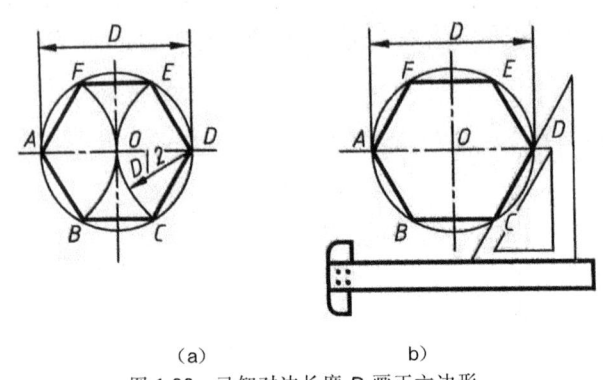

图 1-32 已知对边长度 D 画正六边形

2) 已知：正六边形的对边长度 S。

求作：正六边形。

作图：其画法见图 1-33。具体作图步骤请读者自行分析。

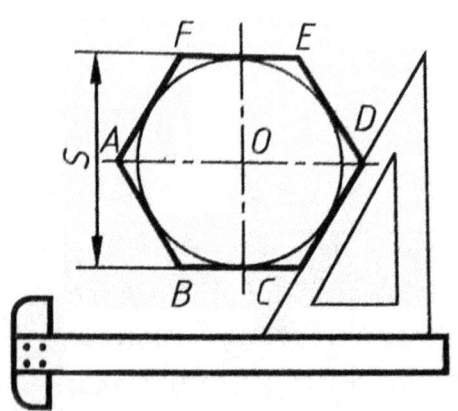

图 1-33 已知对角长度 S 画正六边形

五、斜度（GB/T 4096—2001　GB/T 4458.4—2003）

（一）定义

一直线（或平面）相对于另一直线（或平面）的倾斜程度称为斜度，用 K 表示。其值为两者夹角的正切，在图样上通常化成 $1:n$ 的比例形式标注。在图 1-34(a) 中，直线 AC 对直线 AB 的斜度 K 可写为：

$$K = \tan\alpha = BC/AB = 1:n$$

（二）画法

已知：一水平直线 AB。
求作：直线 AC 对直线 AB 的斜度 $K = 1:4$。
作图：把直线 AB 四等分，见图 1-34(b)，设每等分为 a，即 $AB = 4a$；再由点 B 作直线 AB 的垂线，并向上截取 $BC = a$，则直线 AC 对 AB 的斜度为 $K = BC/AB = a:4a = 1:4$，故直线 AC 即为所求的直线。

（三）标注

斜度应标注斜度符号和斜度值。斜度符号的画法见图 1-34(c)（参见表 1-5），斜度的标注见图 1-34(d)。需要注意：斜度符号的倾斜方向应与斜度的方向一致。

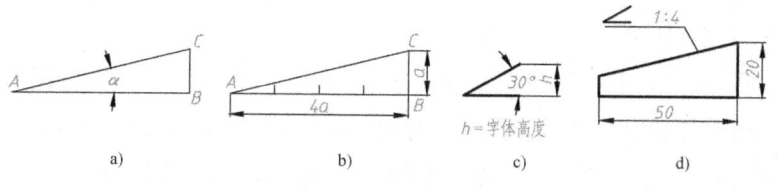

图 1-34　斜度
(a) 定义　(b) 画法　(c) 符号　(d) 标注

六、锥度（GB/T 157—2001　GB/T 4458.4—2003）

（一）定义

两个垂直圆锥轴线截面的圆锥直径 D 和 d 之差与该两截面之间的轴向距离 L 之比称为锥度，用 C 表示，见图 1-35(a)。

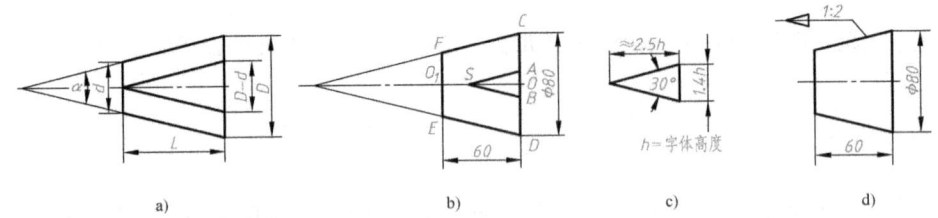

图 1-35 锥度
(a)定义 (b)画法 (c)符号 (d)标注

即：
$$C = \frac{D-d}{L}$$

由图可知，锥度 C 与圆锥角 a 的关系为

$$C = 2\tan\frac{\alpha}{2} = 1:0.5\cot\frac{\alpha}{2}$$

锥度一般用比例 $1:n$ 或分式形式表示。

(二) 画法

已知：圆锥台的底圆直径 $D=80$ mm，长度 $L=60$ mm，锥度 $C=1:2$。

求作：此圆锥台。

作图[见图 1-35(b)]：

1) 自水平直线上的点 S 向右截取 2 个单位长度得点 O；自点 O 作 SO 的垂线，并分别向上、向下各量取半个单位长度得 A、B 两点；连接 SA 和 SB，则所得的圆锥 SAB 的锥度 $C=AB/SO=1:2$。

2) 自点 O 向上、向下取 $OC=OD=40$ mm，得 C、D 两点；并在 OS 直线上量取 $OO_1=60$ mm 得点 O_1；再过 C、D 两点分别作 $CF//SA$，$DE//SB$，与过点 O_1 且垂直于 OO_1 的直线相交于 E、F 两点，则 $CDEF$ 即为所求的圆锥台。

(三) 标注

在图样中，锥度用锥度符号和锥度值表示。锥度符号的画法见图 1-35(c)(参见表 1-5)；锥度的标注见图 1-35(d)。需要注意的是锥度符号的方向应与锥度的方向一致。

与圆锥相关的内容可查阅国家标准 GB/T 157—2001《产品几何量技术规范 (GPS)圆锥的锥度与锥角系列》和 GB/T 4458.4—2003《技术制图 圆锥的尺寸和公差注法》等。

七、圆弧连接

在绘制机械图样时,经常需要用一已知半径的圆弧同时与两个已知线段(直线或圆弧)彼此光滑过渡(即相切),这种情况称为圆弧连接。此圆弧称为连接弧,两个切点称为连接点。为了保证光滑地连接,必须正确地定出连接弧的圆心和两个连接点,且两相互连接的线段都要正确地画到连接点处。

(一) 圆弧连接的作图原理

1) 与已知直线 I 相切且半径为 R 的圆弧,其圆心 O 的轨迹是两条直线 II 和 III,它们与已知直线平行且距离为 R。自选定的圆心 O 向已知直线作垂线,垂足 K 就是连接点,见图 1-36(a)。

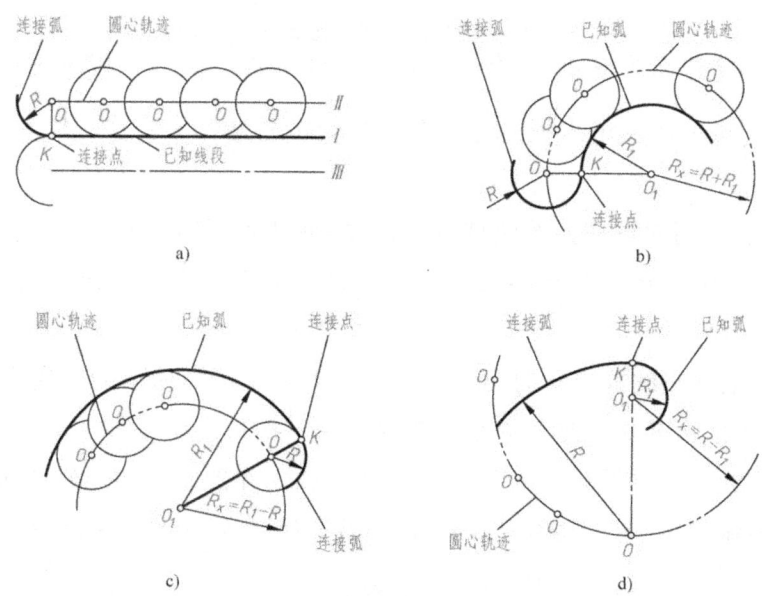

图 1-36 圆弧连接的作图原理
(a)圆弧与直线相切 (b)两圆弧外切 (c)两圆弧内切且 $R_1 > R$ (d)两圆弧内切且 $R > R_1$

2) 与已知圆弧(圆心为 O_1,半径为 R_1)相切的圆弧(半径为 R)的圆心 O 的轨迹是已知圆弧的同心圆,该圆的半径 R_x 要根据相切情况而定:当两圆弧外切时,$R_x = R_1 + R$,见图 1-36(b);当两圆弧内切且 $R_1 > R$ 时,$R_x = R_1 - R$,见图 1-36(c);当两圆弧内切且 $R > R_1$ 时,$R_x = R - R_1$,见图 1-36(d)。而连接点 K 为两圆弧连心线或其延长线与已知弧的交点,见图 1-36(b)、(c)、(d)。

(二) 圆弧连接的画法

1. 用半径为 R 的圆弧连接两已知直线

图 1-37(a)所示的平面图形由直线段Ⅰ、Ⅱ、Ⅲ、Ⅳ和四段连接圆弧 R10 组成。其中Ⅰ、Ⅱ间成钝角,Ⅱ、Ⅲ间成锐角,Ⅲ、Ⅳ间和Ⅰ、Ⅳ间成直角。虽然角度不同,但连接弧 R10 的作法相同,见图 1-37(b)、(c)、(d)。具体的作法和步骤如下:

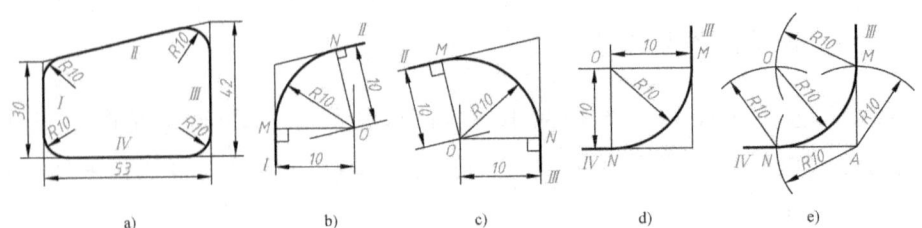

图 1-37 用半径为 R 的圆弧连接两已知直线
(a)给定的平面图形和尺寸 (b)两直线成钝角时 (c)两直线成锐角时 (d)两直线成直角时

1) 以连接弧半径 R10 为距离分别作被连接两直线的平行线,其交点 O 即为连接弧的圆心。

2) 由点 O 分别向被连接的两直线作垂线,垂足 M 和 N 即为两个连接点。

3) 以 O 为圆心,R10 为半径,自点 M 至点 N 作弧,则 $\overset{\frown}{MN}$ 即为连接两直线的连接弧。

当被连接的两直线成直角时,还可用图 1-37(a)右下角所示的简便作法。

2. 用半径为 R 的圆弧连接两已知圆弧

(1) 用半径为 R 的圆弧同时外切两已知圆弧。在图 1-38 中,圆弧 R15 同时外切于两已知圆弧 R10(∅20)和 R5(∅10),其连接弧 R15 的作法见图 1-38(b)。

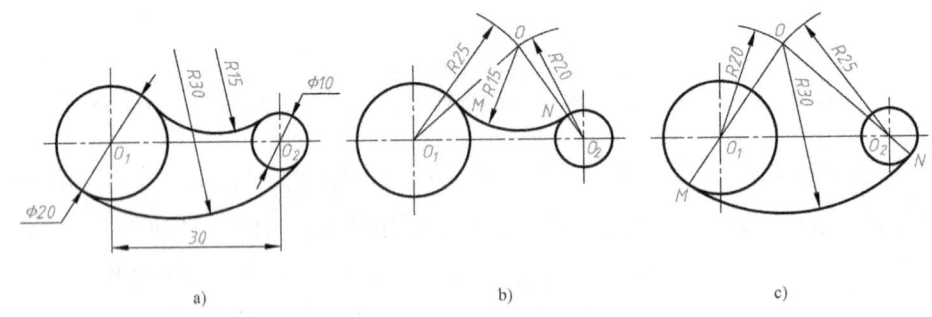

图 1-38 用半径为 R 的圆弧连接两已知圆弧(一)
(a)给定的平面图形和尺寸 (b)R15 与两已知圆弧均外切 (c)R30 与两已知圆弧均内切

1) 分别以 O_1、O_2 为圆心,$R_{x1}=R10+R15=R25$ 和 $R_{x2}=R5+R15=R20$ 为半径作两圆弧,其交点 O 即为连接弧 R15 的圆心。

2) 连 OO_1 交已知弧 $R10$ 于点 M，连 OO_2 交已知弧 $R5$ 于点 N，则 M、N 即为两个连接点。

3) 以 O 为圆心，$R15$ 为半径，自点 M 到点 N 作弧，则 $\overset{\frown}{MN}$ 即为所求的连接弧。

（2）用半径为 R 的圆弧同时内切两已知圆弧。在图 1-38(a)中，连接弧 $R30$ 同时内切于两已知圆弧 $R10(\varnothing 20)$ 和 $R5(\varnothing 10)$，其作法见图 1-38(c)。

1) 分别以 O_1 和 O_2 为圆心，$R_{x1}=R30-R10=R20$ 和 $R_{x2}=R30-R5=R25$ 为半径作两圆弧，其交点 O 即为所求连接弧 $R30$ 的圆心。

2) 连 OO_1，并延长交已知圆弧 $R10$ 于点 M，连 OO_2，并延长交已知圆弧 $R5$ 于点 N，则 M、N 即为两个连接点。

3) 以 O 为圆心，$R30$ 为半径，自点 M 到点 N 作圆弧，则 $\overset{\frown}{MN}$ 即为所求的连接弧。

（3）用半径为 R 的圆弧分别内、外切于两已知圆弧。在图 1-39(a)中，圆弧 $R28$ 与圆弧 $R8(\varphi 16)$ 内切，同时与圆弧 $R5$ 外切，其作图法见图 1-39(b)，请读者自行分析。

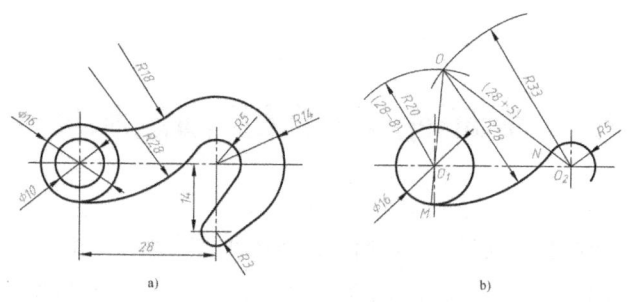

图 1-39　用半径为 R 的圆弧连接两已知圆弧(二)
(a)给定的平面图形和尺寸　(b)作连接弧 $R28$（一内切、一外切）

3. 用半径为 R 的圆弧连接一直线和一圆弧

1) 在图 1-40(a)中，圆弧 $R5$ 与已知直线相切连接，并与已知圆弧 $R32(\varnothing 64)$ 相内切，其连接弧 $R5$ 的作法见图 1-40(b)。

2) 在图 1-40(a)中，圆弧 $R10$ 与已知直线相切连接，并与已知圆弧 $R14(\varnothing 28)$ 相外切，其连接弧 $R10$ 的作法见图 1-40(c)。

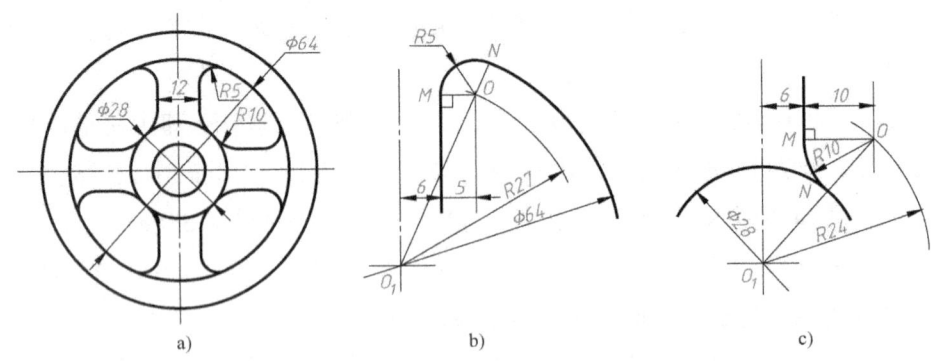

图 1-40 用半径为 R 的圆弧连接一圆弧和一直线
(a)给定的平面图形和尺寸 (b)作连接弧 R5 (c)作连接弧 R10

综上所述可知,无论何种情况下的圆弧连接,都是根据连接弧与两个已知线段相切的条件,分别求得其圆心的轨迹,则两轨迹的交点就是连接弧的圆心,而连接点为已知弧和连接弧的连心线或其延长线与已知弧的交点,或连接弧的圆心向已知直线作垂线的垂足。

第四节 平面图形的分析、画法和尺寸注法

平面图形的分析,内容包括:①分析平面图形中所注尺寸的作用,确定组成平面图形的各个几何图形的形状、大小和相互位置;②分析平面图形中各线段所注尺寸的数量,确定组成平面图形各线段的性质和相应画法。总之,通过分析,搞清尺寸与图形之间的对应关系,从而可以解决以下两个问题:①通过对平面图形的尺寸分析,确定各线段的性质和画图顺序,即由尺寸分析,确定平面图形的画法;②运用尺寸分析,确定平面图形中应该标注哪些尺寸,不该标注哪些尺寸,即由尺寸分析,确定平面图形的尺寸注法。

一、平面图形的分析

(一)分析平面图形中尺寸的作用

平面图形中的尺寸,可根据其作用不同,分为定形尺寸和定位尺寸两类。用于表示平面图形中各个几何图形的形状和大小的尺寸称为定形尺寸;而用于表示各个几何图形间的相对位置的尺

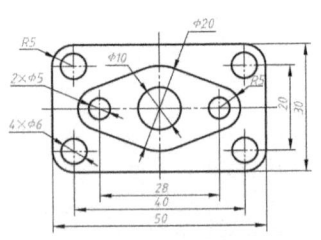

图 1-41 平面图形的尺寸分析

寸称为定位尺寸。如图1-41所示，尺寸20、40和28都是定位尺寸，而其他尺寸均为定形尺寸。

平面图形中的线段（圆弧或直线段）可按其所注定形、定位尺寸的数量分为已知线段、中间线段和连接线段三类。

图1-42(a)为瓶盖扳子的内、外轮廓形状，图1-42(b)为其外形轮廓和小孔及其所注的尺寸。今以图1-42(b)中的圆弧为例加以讨论。

(二) 分析平面图形中各线段所注尺寸的数量，确定平面图形中线段的性质和画法

(1) 已知弧：注有完全的定形尺寸和定位尺寸，即给出了圆弧半径 R、圆心的两个坐标 x 和 y 三个尺寸的圆弧称为已知弧。

已知弧可以直接画出，如图1-42(b)中的 $\emptyset 6$、$R5.5$ 和 $R20$。

(2) 中间弧：只给出定形尺寸和一个定位尺寸，即给出圆弧半径 R 和圆心的一个坐标 x（或 $\hat{y}$）两个尺寸，需利用它与一个已知线段相切的条件，求出圆心的另一个坐标 y（或 $\hat{x}$）方能画出的圆弧称为中间弧，如图1-42(b)中的 $R6$。

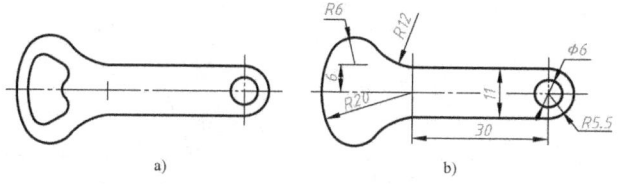

图1-42 平面图形的线段分析

(3) 连接弧：只给出定形尺寸，没有定位尺寸，即只给出圆弧半径 R 一个尺寸，需利用它与相邻两个已知线段都相切的条件，求出圆心的两个定位尺寸 x 和 y 后，方能画出的圆弧称为连接弧，如图1-42(b)中的 $R12$。

连接弧的画法在圆弧连接中已经作了介绍，中间弧的画法与其相似，请读者自行分析。

对于直线段也可作类似的分析：过两个已知点或过一已知点并已知其方向的直线段为已知直线段；过一已知点或已知直线的方向且与已知圆弧相切的直线段为中间直线段；两端分别与两已知圆弧相切的直线段为连接直线段。

由上面的分析可知，在画平面图形时，必须首先画出已知线段，然后画出中间线段，最后画出连接线段。

二、平面图形的画法

今以图1-42(b)为例，说明平面图形的画法：

(1) 画出作图基准线。画平面图形时，一般先要画出两条正交直线（相当于坐标轴），作为作图的基准线，见图 1-43(a)。

(2) 画已知线段。根据定位尺寸 30 定出已知线段 $\varnothing 6$、$R5.5$ 和 $R20$ 的圆心位置，并画出这些已知线段，再根据尺寸 11，分别画出与弧 $R5.5$ 上下相切的两条平行直线段，见图 1-43(b)。

(3) 画中间线段。画中间线段 $R6$ 时，可由定形尺寸 $R6$、定位尺寸 6 以及它和已知线段 $R20$ 相内切的条件作出，见图 1-43(c)。需要说明：画出中间弧 $R6$ 后，对于连接弧 $R12$ 来说，此时 $R6$ 就是已知弧了。

(4) 画连接线段。画连接线段 $R12$ 时，可由定形尺寸 $R12$，以及它和已知直线段、已画出的中间弧 $R6$ 都相切的条件作出，见图 1-43(d)。

(5) 完成全图。擦去多余的作图线，按线型要求加深图线，完成全图，见图 1-42(b)。

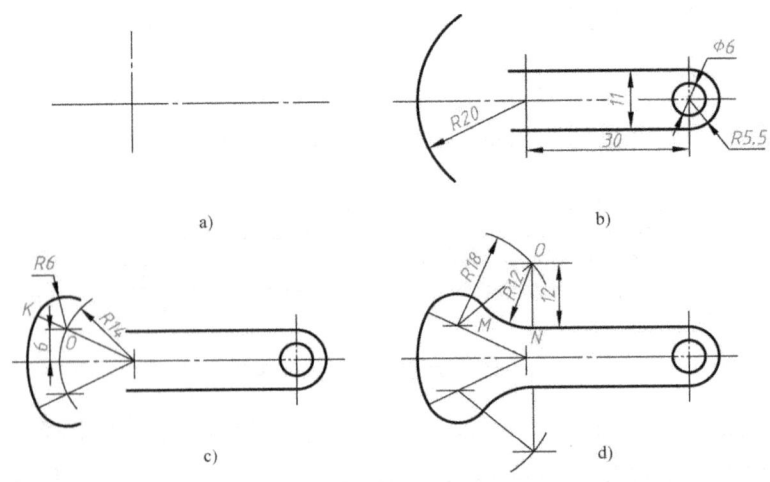

图 1-43 平面图形的画法
(a)画作图基准线 (b)画已知弧 $\varnothing 6$、$R5.5$ 和 $R20$ (c)画中间弧 $R6$ (d)画连接弧 $R12$

三、平面图形的尺寸注法

分析图 1-44(a)所示的平面图形，可以知道应该标注的定形尺寸有 $\varnothing 30$、20、$2\times\varnothing 6$ 和 $4\times\varnothing 5$ 等；应标注的定位尺寸有 $\varnothing 15$（它是 $4\times\varnothing 5$ 的定位圆直径，而 $4\times\varnothing 5$ 在定位圆上为均匀分布，在图 1-44(a)中已示明，故一般省去该定位尺寸或标注为 $4\times\varnothing 5 EQS$）和 22（确定 $2\times\varnothing 6$ 的位置）。

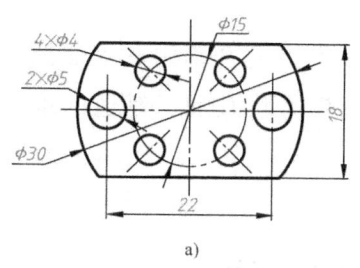 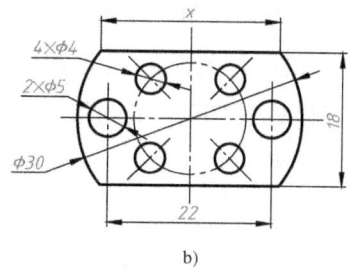

图 1-44 平面图形的尺寸注法（一）
(a) 正确 (b) 错误

分析图 1-44(b) 所示的尺寸注法，图中尺寸 x 可以由尺寸 $\varnothing 30$ 和 20 作图确定（也可由这两个尺寸计算得出），所以是多余尺寸，不应标注；而 $4\times\varnothing 5$ 则缺少一个定位尺寸 $\varnothing 15$。

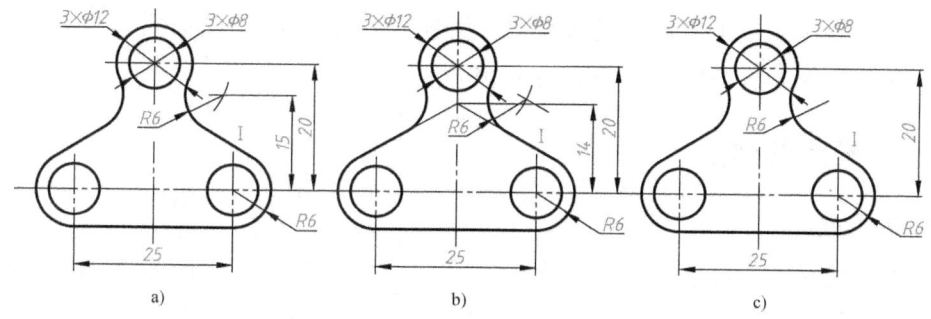

图 1-45 平面图形的尺寸注法（二）

再分析图 1-45 所示平面图形，可以知道图 1-45(a) 和图 1-45(b) 的尺寸注法都是正确的。而在图 1-45(c) 中，$R6$ 是连接圆弧，直线Ⅰ是连接线段，这样要画出 $R6$，必须先画出直线Ⅰ，而要画出直线Ⅰ又必须先画出 $R6$，因这两个线段都无法作出。

这就是说，图 1-45(c) 中所注尺寸不全，需要增加一个定位尺寸 15，使 $R6$ 成为中间弧，见图 1-45(a)；或增加一个定位尺寸 14，使直线Ⅰ成为中间线段，见图 1-45(b)。但如果在图 1-45(c) 中同时增加尺寸 15 和 14，则两个尺寸之一是多余的，必将导致尺寸矛盾而无法作图。

通过上面两个实例分析，可以得出如下结论：

1) 在两个已知线段间，可以有任意个中间线段，但只能有一个连接线段。

2) 对于连接弧，只要注出其定形尺寸半径 R，而不必注出其圆心位置的两个定位尺寸；对于中间弧，只要注出其定形尺寸半径 R 和圆心位置的一个定位尺寸，而它们的圆心位置的确定可通过相切条件由作图决定。即凡可由作图决定的尺寸（一定也可以由已标注的尺寸经过计算得到）均不必标注。

3) 同一平面图形通常都可以有不同的尺寸注法，见图 1-45(a)、(b)，其线段性质和画图过程也相应不同,请读者自行分析。

4) 同一平面图形的不同尺寸注法,虽然都可以完全确定其平面图形,但平面图形作为表达零件的视图时,不同尺寸注法将直接影响其加工制造的难易程度,从而影响产品的成本和质量。

第五节 草图画法

以目测估计图形与实物的比例,按一定画法要求徒手绘制的图称为草图。在表达初步设计方案、参观学习或进行机器的测绘时,往往由于时间的要求或现场条件的限制,都需要采用徒手目测的方法迅速地画出草图。草图的内容一般与仪器图是一样的。它的基本要求是画图速度要快,目测尺寸比例要准,图面质量要好。因此,草图决不意味着是潦草的图。下面介绍其画法。

一、图线的画法

1. 画直线

画各种直线时,运笔的方向如图1-46箭头所示。要注意眼睛看着画线的终点,并使笔尖向着要画的方向作近似的直线移动。画短线时可以手腕运笔,画长线时则以手臂动作,手腕最好不悬空。画线时也可根据各人的习惯,将图纸旋转一适当的角度放置,画线时比较顺手。

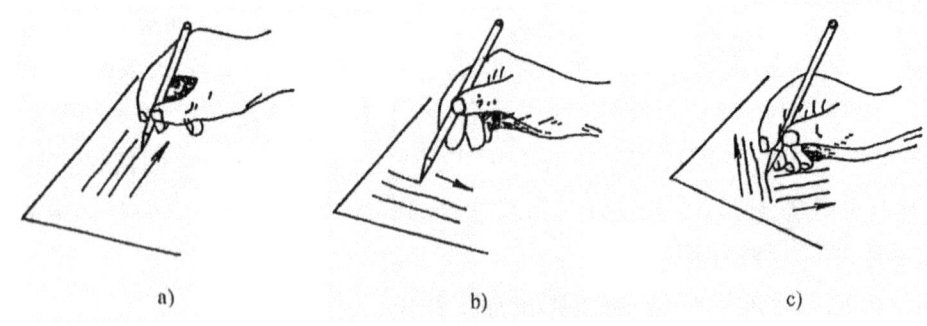

图1-46 徒手画直线
(a)画水平线 (b)画垂直线 (c)画倾斜线

2. 画角度线

对于30°、45°和60°等常用角度,可根据两直角边的近似比例关系定出两端点,然后连接两点即为所画的角度线,见图1-47(a)、(b)、(c);如画10°、15°等角度线,可先画出30°角,然后再等分求得,见图1-47(d)。

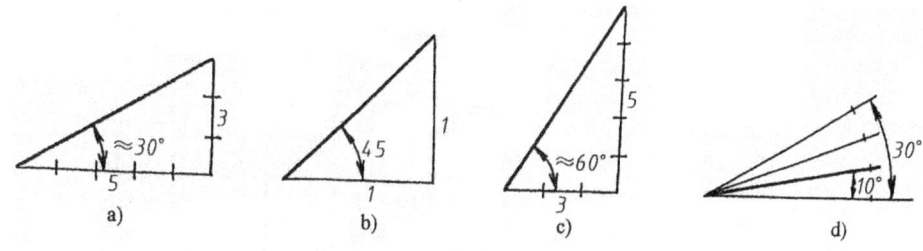

图 1-47 徒手画角度线
(a)画 30°角度线 (b)画 45°角度线 (c)画 60°角度线 (d)画 10°角度线

3. 画圆

画圆时,先作出两条互相垂直的中心线,其交点定为圆心,然后根据圆半径的大小,在两条中心线上定出四条半径线的端点,并通过这四个端点画圆,见图 1-48(a)。徒手画较大的圆时,应通过圆心再加画两条 45°斜线,定出另四条半径线的端点,并通过这八个端点画圆,见图 1-48(b)。

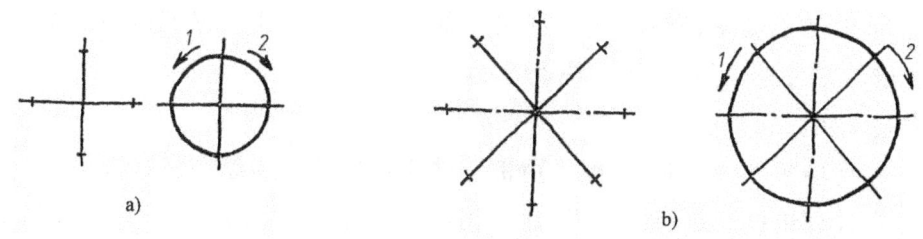

图 1-48 徒手画圆
(a)小圆画法 (b)大圆画法

二、平面图形的画法

画表示物体的平面图形(视图)时,除按上述方法画线外,更要注意保持物体各部分的尺寸比例和投影关系。因此在开始画图时,一定要仔细确定物体长、宽、高的相对比例,然后在画某个局部和细节部分时,要随时与已拟定的总体尺寸比例进行比较并协调一致。

对于初学画草图者,可以用方格纸来画。画图时应充分利用方格纸的格线,使轴线、中心线、对称线等定位线与格线重合,各部分的尺寸大小也可按方格纸的读数(一般每格为 5 mm×5 mm)来控制。

这样既容易画线,又便于控制图形各部分的比例和保持投影关系,见图 1-49。

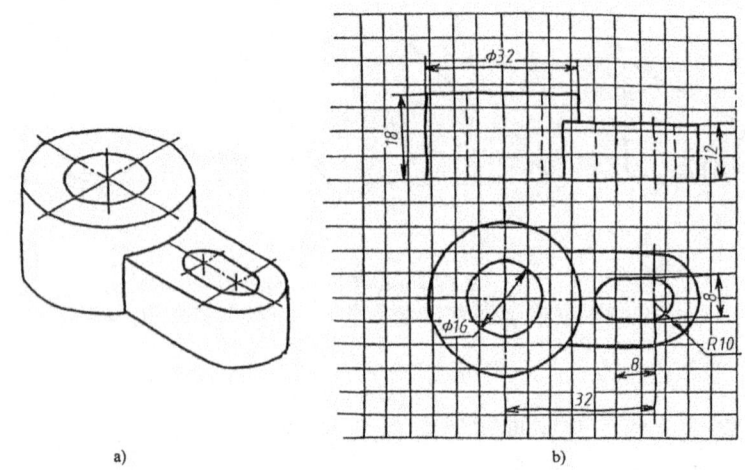

图 1-49　徒手画平面图形（视图）

总之，画草图的关键一是"目测"，二是"徒手"。所以要画好草图，必须目测尺寸比例正确，并掌握徒手作图的基本技能。而这决不是一朝一夕就能达到的，为此除掌握一定的方法外，还必须经常练习，反复实践。

需要说明：

1) 在现场条件许可时，草图也可部分使用绘图仪器来绘制。

2) 在计算机已经普及的今天，建议将零部件测绘时徒手画的草图，在返回办公地后，立即用CAD软件重新绘制，以确保图样正确和清晰。

第二章 投影的基本知识

第一节 投影法及其分类

一、投影法

将投射线通过物体,向选定的面投射,并在该面上得到图形的方法称为投影法。根据投影法所得到的图形称为投影图(投影);投影法中得到投影的面(P)称为投影面,见图 2-1。

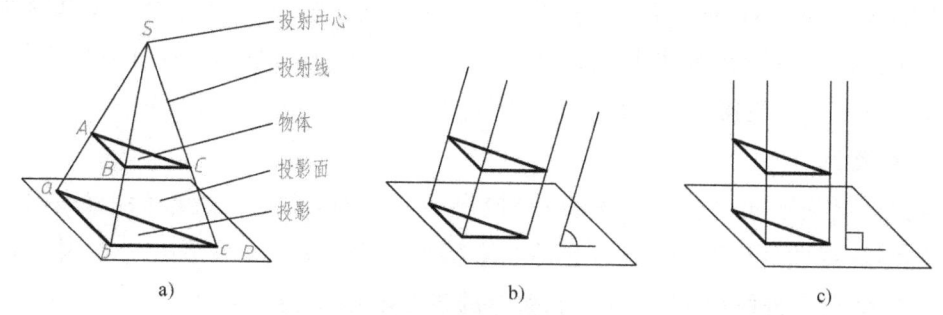

图 2-1 影法及其分类
(a)中心投影法 (b)平行投影法—斜投影法 (c)平行投影法—正投影法

二、投影法的分类

根据投射线是否汇交或平行的特征,投影法可分为:

1. 中心投影法

投射线汇交于一点的投影法称为中心投影法,见图 2-1(a)。投射线的汇交点 S 称为投射中心。

2. 平行投影法

投射线相互平行的投影法称为平行投影法,见图 2-1(b)、(c)。在平行投影法中,又因为投射线与投影面的相对位置(垂直或倾斜)不同而分为以下两种。

(1) 斜投影法:它是指投射线倾斜于投影面的平行投影法,见图 2-1(b)。由此法得到的图形,称为斜投影图(斜投影)。

(2) 正投影法:它是指投射线垂直于投影面的平行投影法,见图 2-1(c)。由此法得到的图形,称为正投影图(正投影)。

由于正投影法所得到的正投影图,能真实地表达空间物体的形状和大小,作图也比较方便,因此国家标准 GB/T 17451—1998《技术制图 图样画法 视图》中明确规定,机件的图样按正投影法绘制。

本书主要讨论的也是这种投影方法。

第二节　正投影的特性及三视图

一、正投影的特性

1. 实形性

当物体上的平面(或直线)与投影面平行时,其在投影面上的投影反映实形(或实长),这种投影特性称为实形性。如图 2-2(a)中,压板上的 P 平面平行于投影面 H,它在 H 面上的投影 p 反映平面 P 的实形。

2. 积聚性

当物体上的平面(或柱面、直线)与投影面垂直时,则其在投影面上的投影积聚为一条直线(或曲线,或一个点),这种投影特性称为积聚性。如图 2-2(b)中,压板上的平面 Q 垂直于投影面 H,它在 H 面上的投影 q 积聚为一直线。

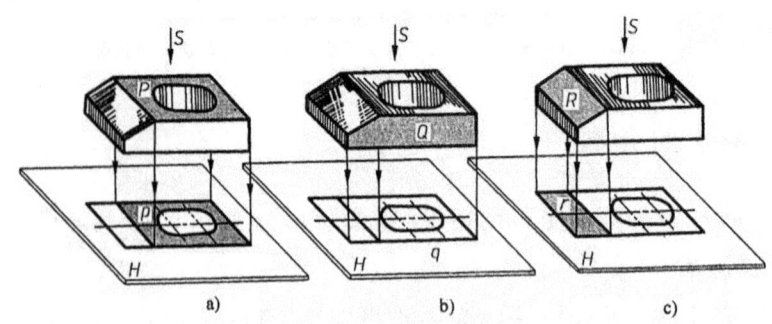

图 2-2　平面的正投影特性
(a) P//H,有实形性　(b) Q⊥H,有积聚性　(c) R 倾斜 H,有类似性

3. 类似性

当物体上的平面（或直线）与投影面倾斜时，其投影的面积缩小了（或长度变短了），但投影的形状仍与原来形状类似，这种投影特性称为类似性。如图 2-2(c)中，压板上的平面 R 倾斜于投影面 H，它在 H 面上的投影 r，不反映实形，也不积聚成直线段，而是一个面积缩小而边数和顶点数不变的类似图形。

二、视图

下面来讨论物体的正投影图。将物体（撞块）如图 2-3 放置，则物体上的 A、B 面平行于投影面 V，其投影 a'、b' 反映 A、B 面的实形，而 C、D、E、F 等面均垂直于 V 面，所以它们在 V 面上的投影积聚成 c'、d'、e'、f' 等线段，这样就得到了物体在 V 面上的正投影图。这种正投影图又称为视图，这是因为假想人（观察者）的视线为正投影时的投射线，并由此观察得到的结果而得名。

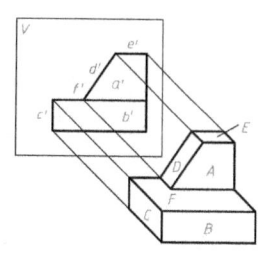

图 2-3　撞块的正投影图—视图

三、三视图

上面已经用正投影法获得了撞块的一个视图，见图 2-4(a)；如果把撞块上部的竖板向前移动一定距离，见图 2-4(b)；或者把底板斜切去一部分，见图 2-4(c)；显然，这三个不同的物体得到的是一个完全相同的视图，见图 2-4。这就说明了一个视图是不能唯一地确定物体的结构形状的。

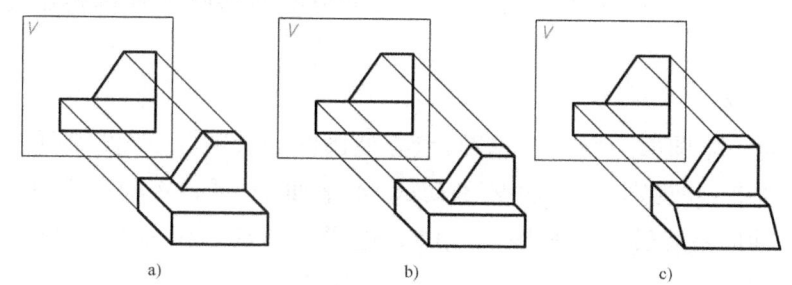

图 2-4　物体的一个视图不能完整表达物体的空间结构形状
(a)上下形体后表面平齐　(b)上部形体前移　(c)下部形体斜切去一部分

1. 三投影面体系

为了唯一地确定物体的结构形状，需要采用多面投影和多个视图。

通常选用三个互相垂直相交的投影面，建立一个三投影面体系，见图 2-5(a)。三个投影面分别称为：①正立投影面，简称正面，以 V 表示；②水平投影面，简称水平面,以 H 表示;③侧立投影面,简称侧面,以 W 表示。三个投影面之间的交线 OX、OY、OZ 称为投影轴。三根互相垂直的投影轴的交点 O 称为原点。

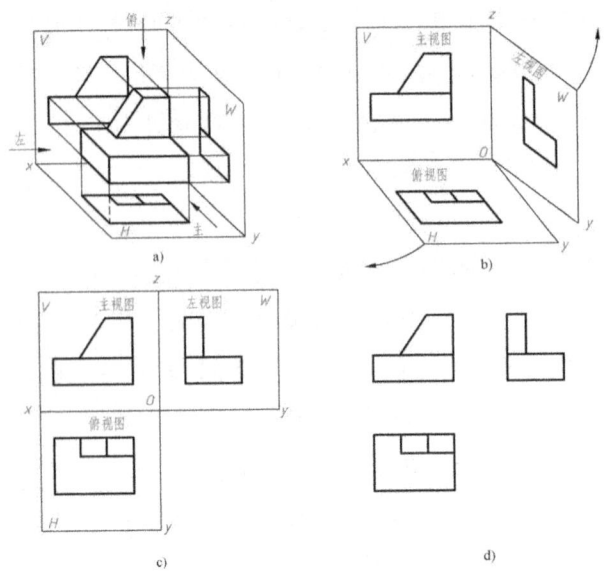

图 2-5　物体的三视图
(a)物体在三投影面体系中的投影　b)投影面的展开方法
(c)投影面展开摊平后的三面视图　(d)三视图

2. 三视图的形成

见图 2-5(a),将物体放在三投影面体系中,用正投影法分别向三个投影面投射,就得到了三个视图,称为三面视图,简称三视图。其中,由前向后投射在 V 面上得到的视图称为主视图;由上向下投射在 H 面上得到的视图称为俯视图;由左向右投射在 W 面上得到的视图称为左视图。这三个视图能够唯一地确定物体的结构形状。

3. 展开方法

为了在同一张图面上画出三视图,以方便画图和看图,三个投影面必须展开、摊平在一个平面上,并规定:①正面 V 不动;②水平面 H 绕 OX 轴向下旋转 $90°$;③侧面 W 绕 OZ 轴向右旋转 $90°$,见图 2-5(b)。这样 $V-H-W$ 面就展开、摊平在一个平面上,见图 2-5(c)。

三视图的配置关系:俯视图在主视图的正下方,左视图在主视图的正右方。

在画图时,投影面边框线和投影轴均不必画出,同时按上述方法展开时,即按投影关系配置视图时,也不需要标明视图的名称,最后得到的三视图见图 2-5(d)。

四、三视图反映物体的位置关系

物体有上下、左右、前后六个方向的位置关系,见图 2-6(a),而每一个视图只能反映四个方向的位置关系,见图 2-6(b)。其中,主视图反映了物体左右、上下之间的位置关系,即反映了物体的长度和高度;俯视图反映了物体前后、左右之间的位置关系,即反映了物体的宽度和长度;左视图反映了物体前后、上下之间的位置关系,即反映了物体的宽度和高度。

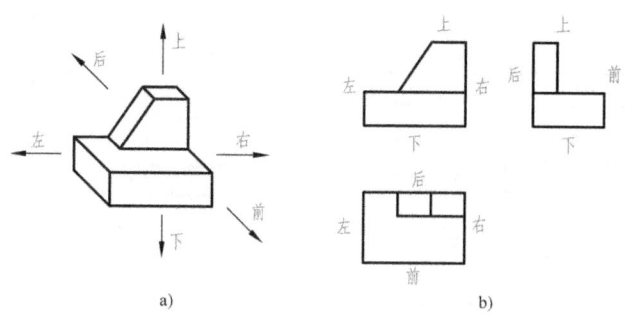

图 2-6 三视图反映物体的位置关系
(a)轴测图表示物体的位置关系 b)三视图反映物体的位置关系

由此可见,必须将三视图中任意两个视图组合起来,才能确定物体各部分的相对位置。其中在俯视图和左视图中,由于投影面 H、W 在展开时各旋转了 90°,所以前后位置容易搞错,需要特别注意。如图 2-6(b)中,俯、左视图在靠近主视图的一侧表示物体的后面,而远离主视图的一侧,表示物体的前面。因此,在俯、左视图上量取宽度时,不但要注意量取的起点,还要注意量取的方向。

根据上述三视图所反映的物体的位置关系,由撞块的三视图可以判定,其直角梯形竖板位于长方体底板的上方、右方和后方。

五、三视图之间的投影关系

由上面的讨论可知,在三视图中,见图 2-7:

主、俯视图同时反映了物体左右面之间的长度,即两视图的长相等;

主、左视图同时反映了物体上下面之间的高度,即两视图的高相等;

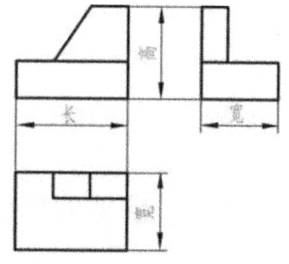

图 2-7 物体整体的投影关系

俯、左视图同时反映了物体前后面之间的宽度,即两视图的宽相等;

同时,三个视图又是按上述规定方法展开后得到的,所以,三个视图之间就一定保持这样的对应关系:

主、俯视图长对正;

主、左视图高平齐;

俯、左视图宽相等。

这个"三等"关系,就是三视图的投影规律。它对于物体的整体是如此,同时对于物体上的每个部分,甚至物体上的任何一点来说也都是适用的,见图2-8、图2-9。因此,它是画图和看图时必须遵循的规律。

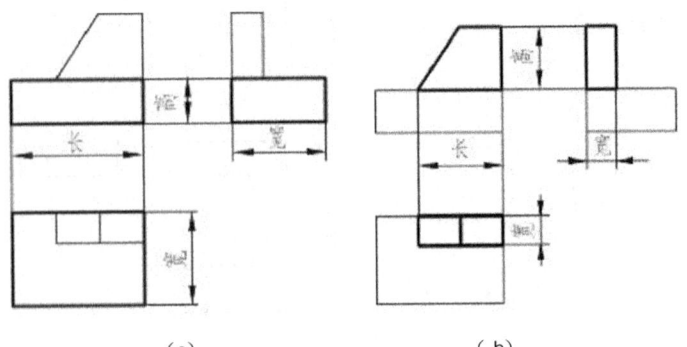

图2-8 物体上每个部分的"长对正,高平齐,宽相等"的投影关系
(a)底板部分 (b)竖板部分

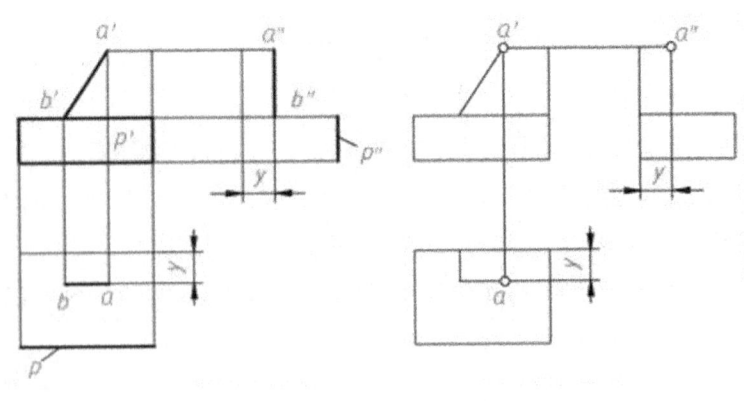

图2-9 物体上的"长对正、高平齐、宽相等"的投影关系
(a)直线的对应关系 (b)点的对应关系

六、常见的回转体

一动线(直线、圆弧或其他曲线)绕一定直线回转一周后形成的曲面称为回转面。形成回转面的定直线称为轴线。由回转面或回转面与平面围成的实心立体称为回转体。

常见的回转体有:圆柱、圆锥、圆球和圆环等。今以圆柱体为例说明回转体三视图的画法。

1. 正圆柱体的形成

正圆柱体(简称圆柱体)是由圆柱曲面和上下两圆形平面所围成的,而圆柱曲面可以看成是由一直线绕与它平行的定直线(轴线)回转一周而成的,见图2-10(a)。

因此，圆柱曲面上的素线都是平行于轴线的直线。

2. 圆柱体的投影分析

图 2-10(b)是轴线垂直于水平面的圆柱体的三视图。它的俯视图是一个圆(作图时先画出)，主、左视图是大小相同的矩形，需要注意：在任何回转体的投影图中，必须用点画线画出轴线和圆的中心线。

从图 2-10(b)中可以看出：水平投影这个圆是整个圆柱面的水平投影。因此它具有积聚性。当然这个圆也是上、下两个水平底圆的水平投影，这时反映了实形性。

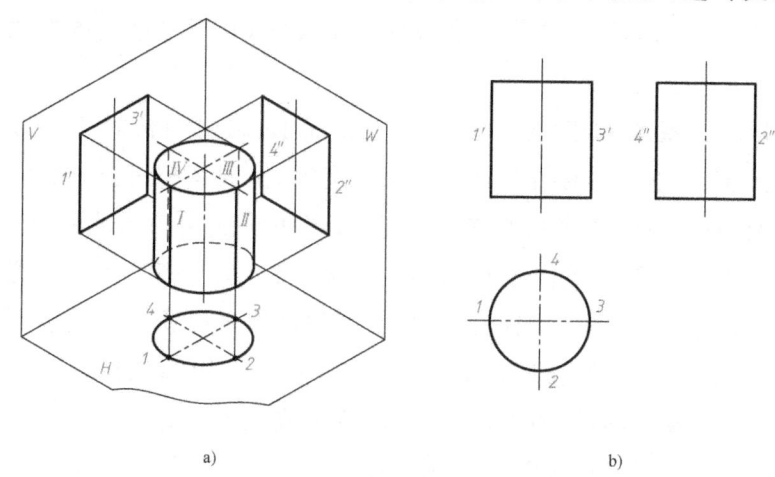

图 2-10　圆柱体的三视图
(a)轴测图 (b)三视图

主视图上左、右两条轮廓线 $a'a'_1$、$c'c'_1$ 是最左、最右两条素线 AA_1、CC_1 的正面投影，由此确定了圆柱体正面投影的范围，故称为正面的投影轮廓线。AA_1、CC_1，也是可见的前半个圆柱体与不可见的后半个圆柱体的分界线。在左视图上 AA_1、CC_1 的投影位于轴线处，不应画出，故轴线处仍为点画线。

同理，最前与最后两条素线 BB_1、DD_1 即为可见的左半个圆柱体与不可见的右半个圆柱体的分界线，对应的侧面投影 $b''b''_1$、$d''d''_1$，确定了圆柱体侧面投影的范围，故称为侧面的投影轮廓线。BB_1、DD_1 在主视图上的投影位于轴线处，也不应画出。而圆柱体的上、下底面(圆)在主、左视图上均积聚成直径长的直线。

七、画三视图举例

下面以轴承架为例说明运用三视图之间的位置关系和投影关系画出三视图的方法和步骤。

1)形体分析，从几何角度看，任何一个物体大多可看成是由简单的棱柱、棱锥、圆柱、圆锥、球、环等基本几何体组合而成的。在本课程中，常把由基本几何体按一定形式组合起来的物体称为组合体。图2-11(a)所示的轴承架是由长方体的底板Ⅰ、半圆端竖板Ⅱ和三棱柱形肋板Ⅲ三个部分组成的。在底板上还有一个通槽和四个通孔,竖板半圆端轴心处也有一个通孔,见图2-11(a)。

2) 确定比例和图幅。

3) 选择主视图的投射方向,并画出作图基准定位线。见图2-11(a),选择A方向作为主视图的投射方向,因为A方向能较多地反映轴承架的形状特征,并分别以左右对称面的投影作为长度方向的基准线,底板底面的投影作为高度方向的基准线,底板和竖板后表面的投影作为宽度方向的基准线,并画出这些基准线,见图2-11(b)。

4) 画底板的三视图,画图时要以垂直线保证主、俯视图长对正;以水平线保证主、左视图高平齐、在俯、左视图上量取底板的宽度,保证宽相等,见图2-11(c)。

5) 画竖板的三视图,画图时应先画出反映竖板正面实形的主视图。要先画出半圆和圆孔的中心线,然后画出半圆和圆。再按"长对正""高平齐"和"宽相等"分别画出俯视图和左视图。其中半圆端在左视图上除画出具有积聚性的前后表面外,还需画出半圆柱对侧面投影的投影轮廓线。同理,竖板上的圆孔在俯、左视图上也应画出各自的投影轮廓线,但均为不可见,故均应画成虚线,见图2-11d。需要注意:竖板位于底板的后方,在俯、左视图上不能搞错。

6) 画三棱柱形肋板的三视图,画法和步骤与4)、5)相似,见图2-11(e)。但也应注意肋板与底板竖板间的相对位置。

7) 画出底板上的凹槽及圆孔等细节结构。

8) 画完底稿后,应仔细检查、改正错误,然后擦去多余的作图线,并按线型要求加深图线,完成全图,见图2-11(f)。

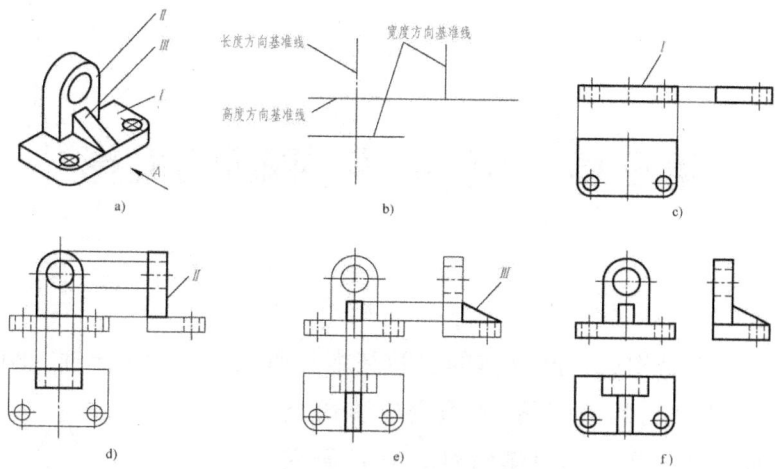

图 2-11 轴承架的画图步骤
(a)布置视图、画作图基准线 b)画底板 (c)画半圆端竖板 (d)画肋板
e)画底板上的凹槽及圆孔 (f)校对、擦去作图线,加深图线

第三章 点、直线、平面的投影

点、直线、平面是构成空间物体的空间基本几何元素。为了迅速、正确地画出物体的视图,或解决空间几何问题,还需进一步研究点、直线、平面的投影规律和投影特性。它是研究图示和图解问题的重要理论基础。

通过第二章的学习及画图实践,可以体会到画一个物体的三视图,实质上是画出围成物体的各个面的投影,而各个面是由各棱线围成的,各棱线是由两个端点决定的。

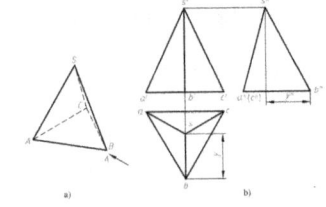

图 3-1 三棱锥的三视图和轴测图
(a)轴测图 (b)三视图

图 3-1 所示的三棱锥是由四个平面:△ABC、△ACS、△ABS 和△BCS 围成的,也可看成是由 AB、AC、AS、BC、BS、CS 六条棱线组成的,还可认为是由 A、B、C、S 四个顶点所决定的。因此,下面对点、直线、平面的投影逐一进行讨论。

第一节 点的投影

一、点在三投影面体系中的投影

通过第二章的讨论知道,通常把物体放在三投影面体系中进行投影。为此,下面先研究点在三投影面体系中的投影。

如图 3-2 所示;设有一空间点 A,由点 A 分别向 H、V 和 W 面投影,可得到 A 点的水平投影 a、正面投影 a' 侧面投影 a''。图中每两条投射线分别确定一个平面,它们与三投影轴分别相交于 a_x、a_y 和 a_z,则以空间点 A,三个投影 a、a' 和 a'',a_x、a_y、a_z 和原点 O 为顶点可构成一个长方体。

将各投影面展开(展开方法见第二章)可得 A 点的投影图,见图 3-2(b)。在点的投影图中一般不画出投影面的边界线,也不标出投影面的名称和点 a_x、a_y、a_z 等,而只画出坐标轴 OX、OY、OZ 轴(简称 X、Y、Z 轴)及点的投影 a、a' 和 a'',见图 3-2(c)。

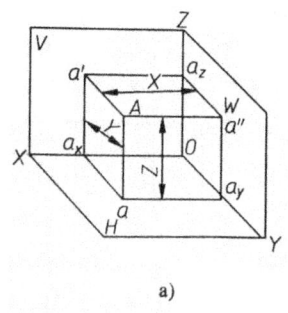 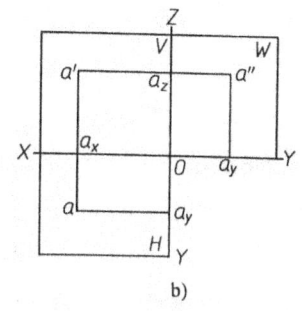 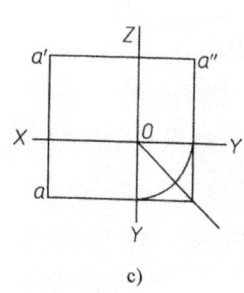

图 3-2 点在三投影面体系中的投影
(a)三投影面体系中点的投影 (b)展开图 (c)投影图

如果把三投影面体系看作空间直角坐标系，即把投影面 H、V、W 视为坐标面，投影轴 OX、OY、OZ 视为坐标轴，则空间点 A 分别到三个投影面的距离 Aa''、Aa'、Aa 可用 A 点的三个直角坐标 X_A、Y_A 和 Z_A 表示，记为 $A(X_A、Y_A、Z_A)$。同时 A 点的三个投影 a、a'、a'' 也可以用坐标来确定，水平投影 a 可由 X_A 和 Y_A 确定，反映了空间点 A 到 W 面和 V 面的距离 Aa'' 和 Aa'；正面投影 a' 可由 X_A 和 Z_A 确定，反映了空间点 A 到 W 面和 H 面的距离 Aa'' 和 Aa；侧面投影 a'' 可由 Y_A 和 Z_A 确定，反映了空间点 A 到 V 面和 H 面的距离 Aa' 和 Aa。

根据上述分析，可以得到点在三投影面体系中的投影规律如下：

1) 点 A 的正面投影 a' 和垂直投影 a 具有相同的 X 坐标，其连线垂直于 OX 轴，即 $a'a \perp OX$，且有 $a'a_z = aa_y = Oa_x = X_A$。

2) 点 A 的正面投影 a' 和侧面投影 a'' 具有相同的 Z 坐标，其连线垂直于 OZ 轴，即 $a'a'' \perp OZ$，且有 $a'a_x = a''a_y = Oa_z = Z_A$。

3) 点 A 的垂直投影 a 到 OX 轴的距离，等于侧面投影 a'' 到 OZ 轴的距离，即 $aa_x = a''a_z = Oa_y = Y_A$。

上述点的投影规律与三视图的投影规律"长对正、高平齐、宽相等"是完全一致的。

综上所述，可以得出以下几点重要结论：

1) 当给出一点的三个坐标，如 $A(X_A, Y_A, Z_A)$，即可确定该点的空间位置和唯一的一组投影 a、a'、a''，即可作出 A 点的投影图。

2) 如已知 A 点的任意两个投影（a、a' 或 a、a'' 或 a'、a''），均可确定点的三个坐标和点的空间位置，也就可以作出其投影图，即可求出点的第三投影。

3) 在需要利用点的投影规律 $aa_x = a''a_z = Oa_y = Y_A$ 来作图时（如由 a、a' 求 a'' 或由 a'、a'' 求 a），则可用分规量取 $aa_x = a''a_z = Oa_y = Y_A$；但通常是以原点 O 为圆心，$Oa_y(Y_A)$ 为半径作圆弧求得，或自 O 点作 45°辅助线求得，见图 3-2(c)。

例 3—1 已知空间点 $A(10,7,14)$，求它的三面投影图，见图 3-3。

作图：

1) 由原点 O 向左沿 OX 轴量取 $10\ mm$ 得 a_x，过 a_x 作 OX 轴的垂线，在垂线上自 a_x 向前量取 $7\ mm$ 得 a，向上量取 $14\ mm$ 得 a'。

2) 过 a' 作 OZ 轴的垂线交 OZ 轴于 a_z，在垂线上自 a_z 向前量取 $7\ mm$ 得 a''（a'' 也可由 a 通过作圆弧或 $45°$ 辅助线求得）。a、a'、a'' 即为 A 点的三面投影，可记为 $A(a$、a'、$a'')$。

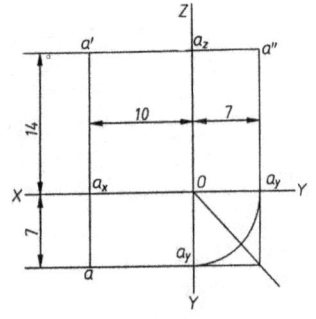

图 3-3 由点的坐标作点的三面投影图

例 3—2 已知空间点 B 的正面投影 b' 和水平投影 b，见图 3-4(a)，求该点的侧面投影 b''。

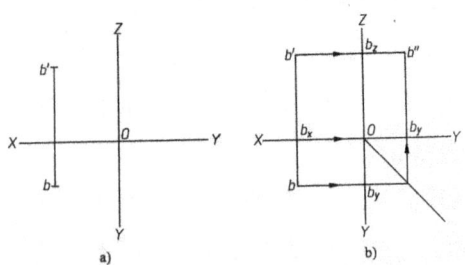

图 3-4 由点的两个投影求第三投影
(a)已知 B 的两个投影 bb' (b)求 B 的侧面投影 b''

分析：

由点的投影规律可知：$b'b'' \perp OZ$ 轴，所以 b'' 一定在过 b' 且垂直于 OZ 轴的直线上，又因 b 到 OX 轴的距离 bb_x 等于 b'' 到 OZ 轴的距离 $b''b_z$，便可以求得 b''。

作图：

见图 3-4(b)，由 b' 作 OZ 轴的垂线与 OZ 轴交于 b_z，在此垂线上自 b_z 向前量取 $b_zb''=bb_x$，即得 B 点的侧面投影 b''。（或由 b 通过作 $45°$ 辅助线求得 b''。）

二、空间点的相对位置

1. 两点的相对位置

见图 3-5(a)，A、B 两点对投影面的相对位置，也就确定了 A、B 两点各自的坐标，而 A、B 两点间的相对位置是由各方向的坐标差来决定的。

见图 3-5(b)，设 A 点和 B 点的坐标分别为 (X_A,Y_A,Z_A) 和 (X_B,Y_B,Z_B)，如以 A 点为基准点，当 B 点与它比较时，则 B 点对 A 点的一组坐标差：

△X(X轴方向坐标差)=X_B-X_A,决定两点左、右相对位置;
△Y(Y轴方向坐标差)=Y_B-Y_A,决定两点前、后相对位置;
△Z(Z轴方向坐标差)=Z_B-Z_A,决定两点上、下相对位置。

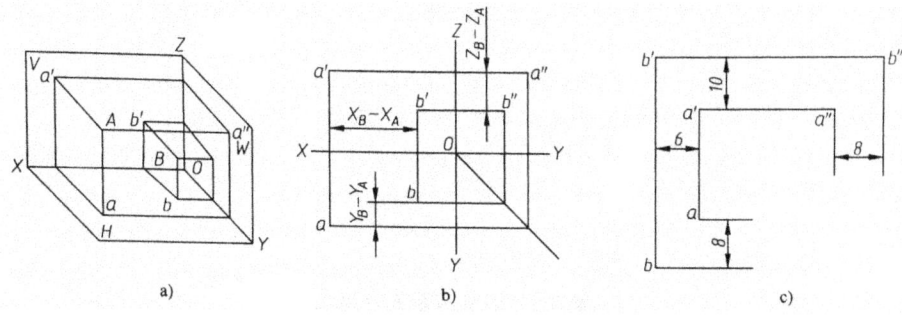

图 3-5 两点的相对位置
(a)直观图 (b)投影图 (c)无轴投影图

以上一组坐标差(△X,△Y,△Z)称为 B 点对 A 点的相对坐标,相对坐标的正、负以基准点为准,规定:

△X、△Y、△Z 为正时,分别在基准点左方、前方、上方;

△X、△Y、△Z 为负时,分别在基准点右方、后方、下方。

不难看出,两点的相对坐标只与其中基准点有关,而与投影面(反映在投影图上即为投影轴)的位置无关。因此,只要给出两点中任一点的投影,不必画出坐标轴就可根据它们的相对坐标作出另一点的投影。

例 3-3 已知 A 点的三面投影 a、a'、a'',见图 3-5(c),并知 B 点在 A 点左方 6 mm,在 A 点上方 10 mm,在 A 点前方 8 mm,求作 B 点的三面投影 b、b'、b''。

作图:

1) 在 a、a' 的左方 6 mm 处作铅垂直线,在 a'、a'' 的上方 10 mm 处作水平直线,所作两直线的交点即为 b'。

2) 在 a 点的前方 8 mm 处作水平直线,与过 b' 点的铅垂直线的交点即为 b。

3) 在 a'' 点的前方 8 mm 处作铅垂直线,与过 b' 点的水平直线的交点即为 b''。

即得到 B 点的三面投影 b、b'、b''。

图 3-5(c)中省去了坐标轴,故称为无轴投影图。这是在画物体的三视图时,一律不画坐标轴的理论依据。

2. 重影点和可见性

如果空间两点位于某一投影面的同一条垂直线上,则这两点在该投影面上的投影重合为一点,则此两点称为对该投影面的重影点。即某投影面的两个重影点,它们有两对相等的坐标,见图 3-6(a),A、B 两点的 X、Z 坐标相等,而 Y 坐标不等,则它们的正面投影重合为一点，所以称为对 V 面的重影点。

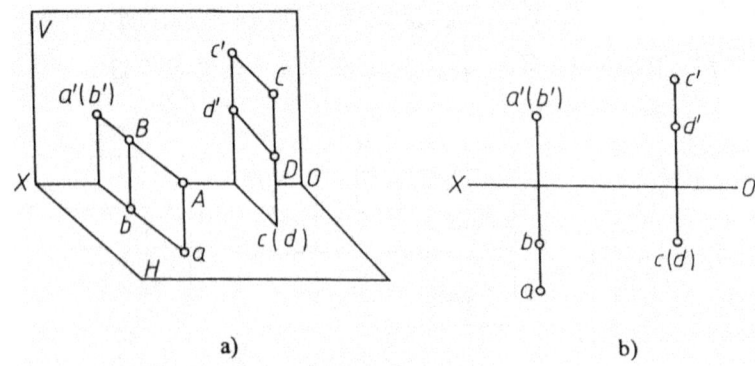

图 3-6 重影点及其可见性
(a)直观图 (b)投影图

重影点一般需要判别其可见性，如 A、B 两点向 V 面投影时，由于 A 点的 Y 坐标大于 B 点的 Y 坐标，即 A 点在 B 点的前方，沿着对 V 面的投射线方向 A 点遮住了 B 点，所以，称 A 点的 V 面投影为可见，B 点的 V 面投影为不可见。其 V 面投影标记为 $a'(b')$，但其 H 面投影 a、b 均为可见，见图 3-6(b)。

同理，图 3-6 中 C、D 两点为对 H 面的重影点，也可作上述分析，其 H 面的投影标记为 $c(d)$，见图 3-6(b)。

总之，空间两点有两对坐标对应相等时，则两点对某一投影面重影。重影点的可见性由不等的那个坐标决定，坐标大者可见，小者不可见。

三、各种位置点的投影

空间一点相对于三投影面体系，可能有以下几种位置关系：

1) 当点的三个坐标(X，Y，Z)都为正值时，该点位于三投影面所限定的空间(第 I 分角)内的一般位置，见图 3-2 中的 A 点。

2) 当点的一个坐标为零时，该点是在某个投影面内，点的一个投影与自身重合，另两个投影在投影轴上，见图 3-7 中的 B 点。

3) 点的两个坐标等于零时，该点位于某个投影轴上，点的两个投影与自身重合，第三个投影位于坐标原点 O 上，见图 3-7 中的 C 点。位于投影面内及投影轴上的点。

4) 点的三个坐标都为零时，该点位于坐标原点 O 上，它的三个投影均与自身重合。

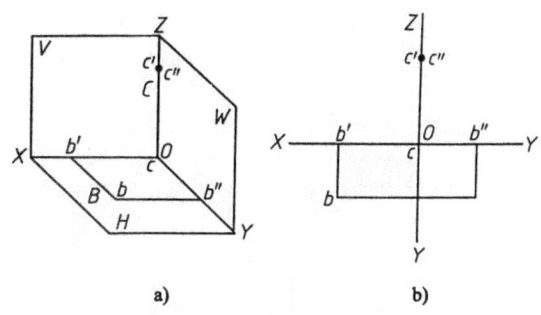

图 3-7 位于投影面内及投影轴上的点
(a)直观图 (b)投影图

第二节 直线的投影

一、直线的单面投影

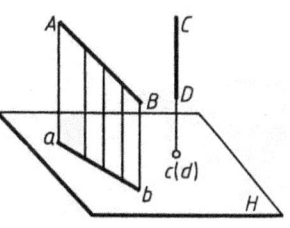

如图 3-8 所示,过 AB 线上各点向 H 面作投射线,则这些投射线形成了一个垂直于 H 面的投射面该投射面与 H 面的交线 ab,就是 AB 直线在 H 面上的投影。因此可以说,直线的投影一般情况下仍为直线,但当直线 CD 平行于投射线时,即 CD 线垂直于投影面时,其投影积聚为一点 c(d)。

图 3-8 直线的单面投影

二、直线的确定

直线可由线上两点确定它的位置,也可由线上一点和直线的方向(如平行于另一条直线)来确定。而直线的投影可由线上任意两点(一般取两端点)的投影来决定,即直线的投影可由线上两点在同一个投影面上的投影(同面投影)相连而得,所以要作出直线 AB 的三面投影,可先作出其两端点 A 和 B 的三面投影 a、a′、a″和 b、b′、b″,见图 3-9(a),然后将其同面投影相连,即得 AB 直线的三面投影 ab、a′b′ 和 a″b″,见图 3-9(b)。

若只给出直线的任意两个投影(如 ab 和 a′b′),见图 3-10(a),能否唯一地确定空间直线 AB 呢?

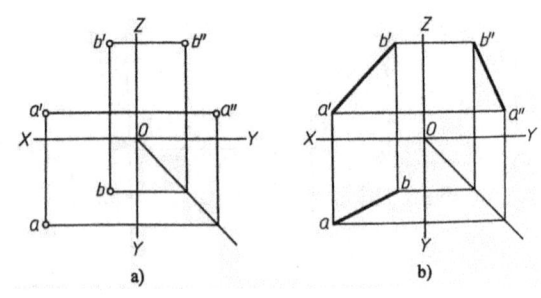

图 3-9 两点决定一直线
(a)直线 AB 两端点的三面投影 (b)直线 AB 的三面投影

根据点的两面投影可确定一点,并可求出第三投影的道理,由 a、a' 及 b、b' 可确定空间两点 A 和 B,又由于两点确定一直线,所以直线 AB 的空间位置是唯一确定的。由此即可在三投影面体系中,作出它的第三投影 $a''b''$。见图 3-10(b)。

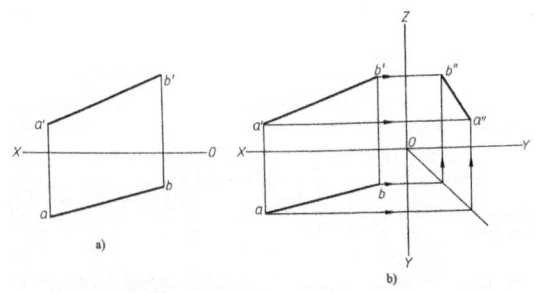

图 3-10 直线的两投影确定空间一直线
(a)已知直线 AB 的水平、正面投影 (b)求直线 AB 的侧面投影

三、直线对投影面的相对位置及其投影特性

根据空间直线对三个投影面的相对位置不同,直线可分为三类:

1. 投影面平行线

平行于某个投影面,同时倾斜于另外两个投影面的直线,称为投影面平行线。由于投影面的不同,投影面平行线又分为:

1）水平线——平行于水平投影面 H 的直线。
2）正平线——平行于正面投影面 V 的直线。
3）侧平线——平行于侧面投影面 W 的直线。

以水平线 AB 为例,见表 3-1,由于它平行于 H 面,即对 H 面的倾角 $\alpha=0$,故 AB 线上各点至 H 面的距离相等（Z 坐标相同）。因此,水平线具有下列投影特性:

1）水平线的水平投影反映线段的实长,即 $ab=AB$。
2）水平线的正面投影 $a'b'$ 平行于 OX 轴,侧面投影 $a''b''$ 平行于 OY 轴。

3) 水平线的水平投影与 OX 轴的夹角等于该直线对 V 面的倾角 β,与 OY 轴的夹角等于该直线对 W 面的倾角 γ。

正平线和侧平线也有类似的投影特性,见表 3-1。

表 3-1 投影面平行线

名称	直观图	投影图	投影特点
水平线 (//H 面)	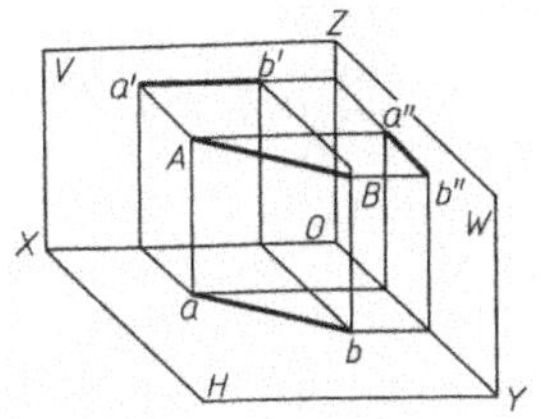	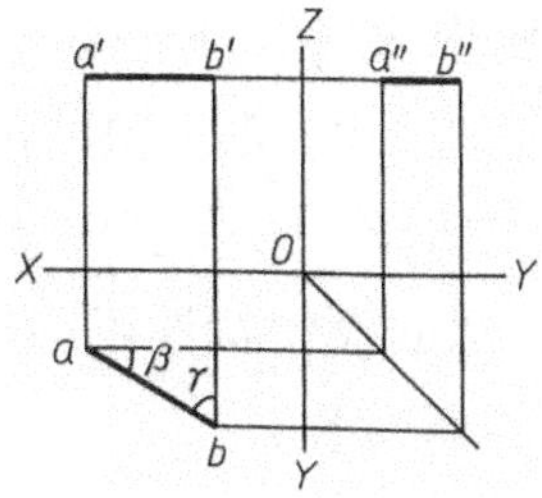	1. $ab=AB$ 2. $a'b'//OX$,$a''b''//OY$ 3. 反映 β、γ
正平线 (//V 面)	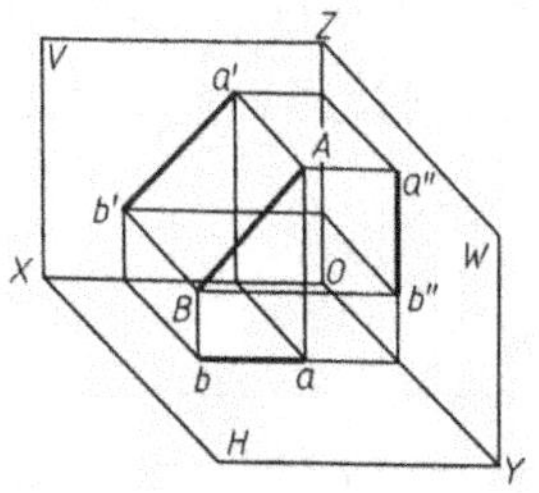	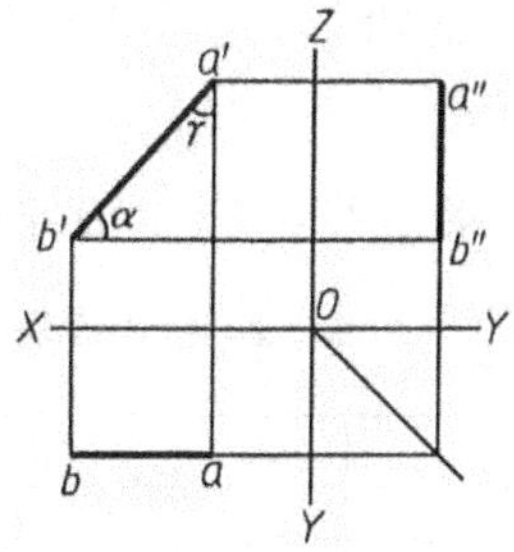	1. $a'b'=AB$ 2. $ab//OX$,$a''b''//OZ$ 3. 反映 α、γ
侧平线 (//W 面)	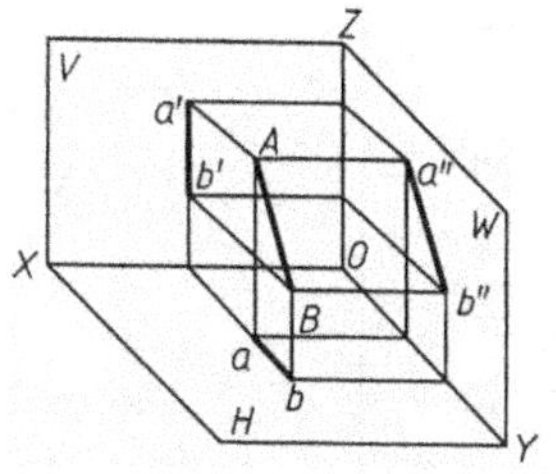	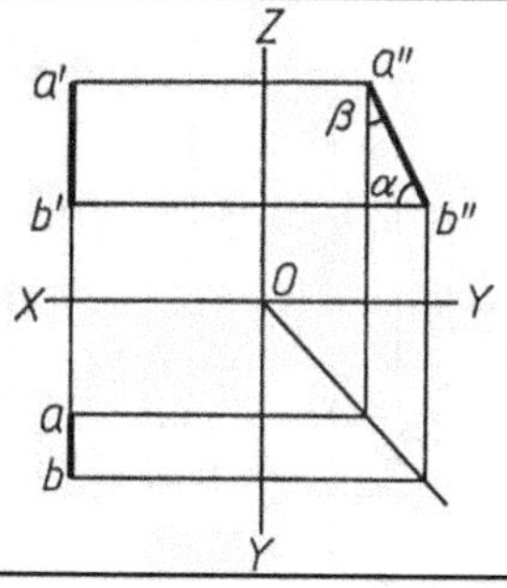	1. $a''b''=AB$ 2. $ab//OY$,$a'b'//OZ$ 3. 反映 α、β

总之,投影面平行线的投影特性:

1) 在其所平行的投影面上的投影反映实长,并且它与两投影轴的夹角就是直线与相应两个投影面的倾角。

2) 其余两个投影都小于空间线段的实长,而且与相应的投影轴平行。

这些投影特性也是识别投影面平行线的依据。

2. 投影面垂直线

垂直于某个投影面的直线,称为投影面垂直线。

因为 $V-H-W$ 三投影面互相垂直,所以,垂直于一个投影面的直线必同时平

行于另外两个投影面。由于投影面的不同,投影面垂直线又分为:

1) 铅垂线——垂直于水平投影面 H 的直线。

2) 正垂线——垂直于正面投影面 V 的直线。

3) 侧垂线——垂直于侧面投影面 W 的直线。

以铅垂线 AB 为例,见表 3-2,由于它垂直于 H 面,则同时必平行于 V 面和 W 面。因此,铅垂线具有下列投影特性:

1) 铅垂线的水平投影积聚成一点,即 $a(b)$。

2) 在另外两个投影面上的投影,都反映线段的实长,即 $a'b'=a''b''=AB$。且垂直于相应的投影轴即 $a'b'\perp OX$ 轴,$a''b''\perp OY$ 轴。

正垂线和侧垂线具有类似的投影特性,见表 3-2。

总之,投影面垂直线的投影特性:

1) 在直线所垂直的投影面上,其投影积聚为一点。

2) 在另外两个投影面上的投影,垂直于相应的投影轴,且反映线段的实长。

这些投影特性,尤其是一个投影积聚为一点,是识别投影面垂直线的依据。

投影面平行线和投影面垂直线统称为特殊位置直线。

表 3-2 投影面垂直线

名称	直观图	投影图	投影特点
铅垂线 ($\perp H$ 面)			1. ab 成为一点,有积聚性 2. $a'b'\perp OX$,$a''b''\perp OY$, $a'b'=a''b''=AB$
正垂线 ($\perp V$ 面)			1. $a'b'$ 成为一点,有积聚性 2. $ab\perp OX$,$a''b''\perp OZ$, $ab=a''b''=AB$

名称	直观图	投影图	投影特点
侧垂线（⊥W 面）			1. $a''b''$ 成为一点，有积聚性 2. $ab \perp OY$，$a'b' \perp OZ$，$ab = a'b' = AB$

应该注意以下几点：

1) 投影面平行线与投影面垂直线两者的区别。例如铅垂线垂直于 H 面，它必平行于 V、W 面，但此直线不能称为正平线或侧平线。

2) 位于某一个投影面内的直线为投影面平行线（或投影面垂直线）的特殊情况。它具有投影面平行线（或投影面垂直线）的投影特性，它的投影特性是必有一个投影与直线本身重合，另外两个投影在投影轴上。如图 3-11 所示为位于 H 面内的水平线 AB 的投影。图 3-12 所示则为位于 V 面内的铅垂线 CD 的投影。

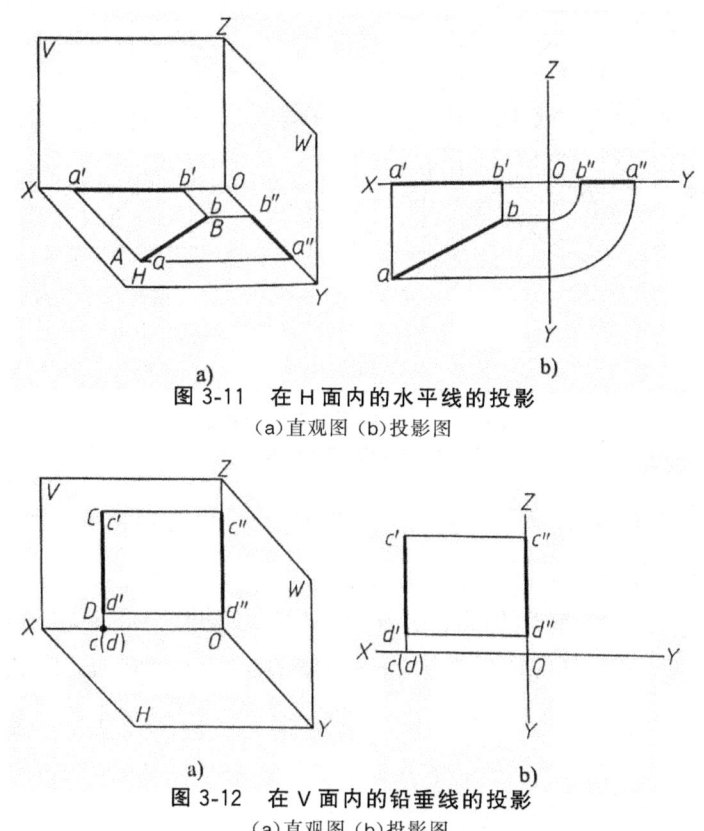

图 3-11 在 H 面内的水平线的投影
(a)直观图 (b)投影图

图 3-12 在 V 面内的铅垂线的投影
(a)直观图 (b)投影图

3) 直线在投影轴上是投影面垂直线的特殊情况。它的投影特性是必有两个投影与直线本身重合,另一个投影积聚在坐标原点上,见图 3-13。

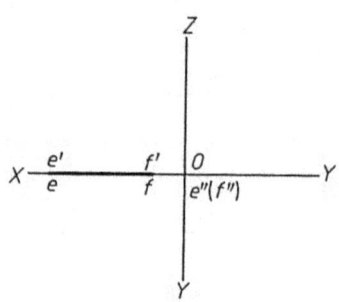

图 3-13 在 OX 轴上的直线的投影

3. 一般位置直线

倾斜于所有投影面的直线称为一般位置直线。空间直线与投影面之间的夹角称为直线对投影面的倾角,直线 AB 对 H、V 和 W 面的倾角分别用 α、β 和 γ 表示,见图 3-14(a)。它们是直线本身和直线在各投影面上的投影之间的夹角。如倾角 α 是直线 AB 与水平投影 ab 之间的夹角。

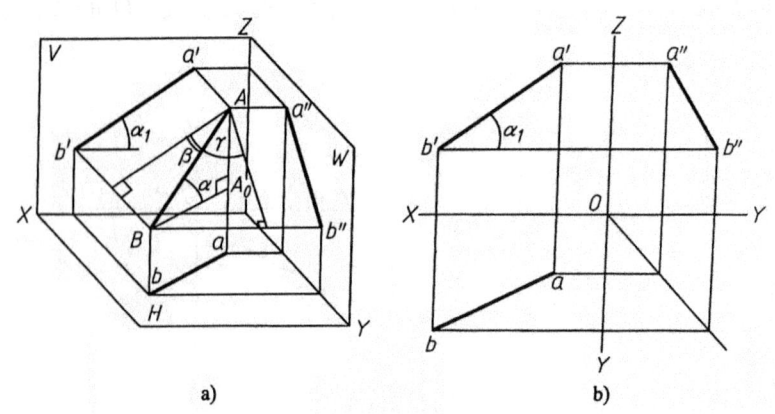

图 3-14 一般位置直线的投影
(a)直观图 (b)投影图

需要注意一般位置直线的投影与投影轴之间的夹角,不反映 α、β 和 γ,见图 3-14(b)中 $α_1$ 不等于 α。

由于一般位置直线 AB 的两个端点 A 和 B 到各投影面的距离都不相等,所以它们的三个投影 ab、a'b' 和 a"b" 都与投影轴倾斜。这时,$ab = AB\cos α$;$a'b' = AB\cos β$;$a"b" = AB\cos γ$。因为 α、β 和 γ 都不等于零,所以三个投影的长度都小于线段的实长。

由此可知,一般位置直线的投影特性为:

1) 直线的三个投影都倾斜于投影轴,且都小于线段的实长。

2) 直线的三个投影与投影轴的夹角,均不反映空间直线与投影面倾角的真实大小。

四、一般位置直线的实长及其对投影面的倾角

如上所述,一般位置直线段的投影不能反映线段的实长及其对投影面的倾角,但是一般位置直线段的两个投影已完全确定它的空间位置和线段上各点间的相对位置.因此,可在投影图上根据线段的投影求出线段的实长及对各投影面的倾角 α、β 和 γ。

下面介绍用图解法——直角三角形法求出该线段的实长和对各投影面的倾角。

1. 直角三角形法的作图原理

图 3-14(a)表示三投影面体系中一般位置直线 AB 与其投影间的几何关系。

图中 AB 直线向 H 面投影形成投射平面 $ABba$,由此平面内 B 点作水平投影 ab 的平行线交 Aa 于 A_0,即得直角三角形 ABA_0。该直角三角形的一条直角边 $BA_0=ab$,另一条直角边 $AA_0=Aa-Bb=Z_A-Z_B=\triangle Z$($AB$ 线段两端点的 Z 坐标差)。由于两直角边的长度在投影图上均为已知,因此,可以作出这个直角三角形,从而求得空间线段 AB 的实长及其对 H 面的倾角 α 的大小。

2. 直角三角形法的作图方法

直角三角形可在投影图上或任何空白位置处作出,但为了作图简便、准确,通常直接在已有的投影图上,即在直线 AB 的投影上或其坐标差上进行作图,见图 3-15。如求线段 AB 的实长及对 H 面的倾角 α 的作图步骤如下:

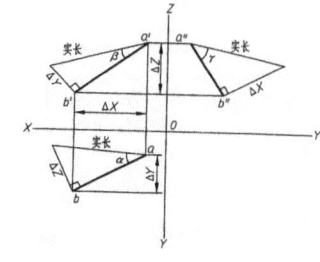

图 3-15 直角三角形法

1) 直接以线段 AB 的水平投影 ab 为一直角边。

2) 以线段的两端点 A 和 B 的坐标差 $\triangle Z$ 为另一直角边(该坐标差可由线段的正面投影或侧面投影上量得)。

3) 所作直角三角形的斜边,即为线段 AB 的实长。斜边与水平投影 ab 的夹角为线段 AB 对水平投影面 H 的倾角 α。

同理,由 AB 的正面投影 $a'b'$ 和坐标差 $\triangle Y$ 为两直角边的直角三角形,可求出线段 AB 的实长和对 V 面的倾角 β。

由侧面投影 $a''b''$ 和坐标差 $\triangle X$ 为两直角边的直角三角形,可求出线段 AB 的实长和对 W 面的倾角 γ。

应该注意以下几点:

1) 直角三角形中四个参数之间的对应关系见图 3-16。要注意线段对投影面的

倾角是线段的实长与其投影之间所夹的那个锐角。

2) 构成直角三角形的四个参数中,已知任意两个参数就可以作出此直角三角形,并可求得其他两个参数。

3) 利用线段 AB 的任何一个投影和相应的坐标差,均能求得线段的实长,但求得的倾角不同,分别为 α、β 和 γ。

例 3-4　已知直线 AB 的水平投影 ab,点 A 的正面投影 a' 及 AB 对 H 面的倾角 α＝30°,见图 3-17(a),求 $a'b'$。

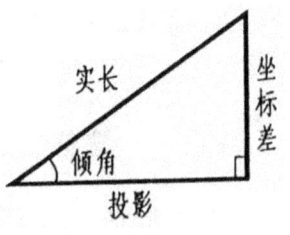

图 3-16　"直角三角形法"中四个参数的对应关系

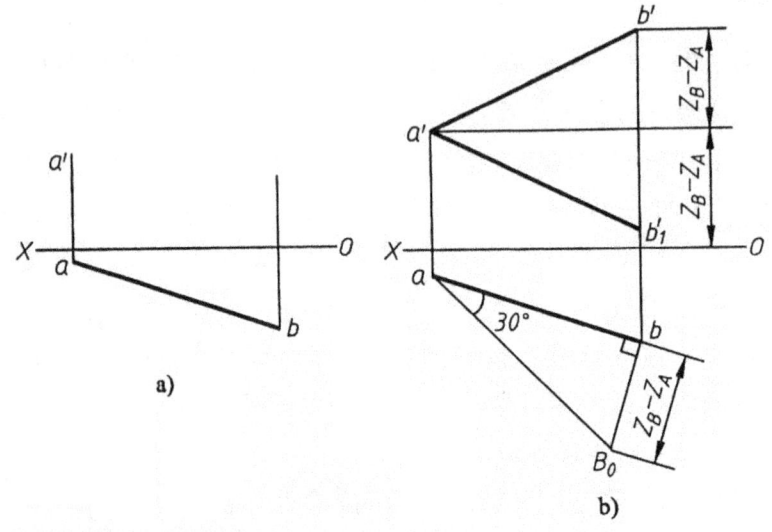

图 3-17　用直角三角形法求线段的投影
(a)给题　(b)求 $a'b'$

本例中求 $a'b'$,由于 a' 为已知,所以只需求出 b';又因为 b 为已知,所以 b' 必在过 b 点所作 OX 轴的垂线上。因此,只需求出 $a'b'$ 两点的坐标差 △Z,即可定出 b' 点的位置。而 △Z 可从已知的 ab 和 α＝30°作出的直角三角形中求得。

作图见图 3-17(b):

1) 由已知 ab 和 α＝30°作直角三角形 abB_0。

则 $bB_0 = Z_B - Z_A = △Z$。

2) 由 a' 作 OX 轴平行线,由 b 作 OX 轴的垂直线,并由两直线的交点向上量取 bB_0,即得 B 点的正面投影 b'。

3) 连线 $a'b'$ 即为所求。

从图中知:由于 bB_0 也可向下量取而得 b'_1,所以 $a'b'_1$ 也为所求,故本题有两解。

五、直线与点的相对位置

直线与点的相对位置有两种情况,即点在直线上和点在直线外(即点不在直线上)。

如图 3-18(a)所示,K 点在直线 AB 上,由 K 点向 V 面所作的投射线 Kk' 必在投射面 $ABb'a'$ 上,Kk' 与 V 面的交点 k' 也必然在 $ABb'a'$ 与 V 面的交线 $a'b'$ 上,亦即 K 点的正面投影 k' 在 AB 线的正面投影 $a'b'$ 上。

同理,对于其他两投影:k 必在 ab 上,k'' 必在 $a''b''$ 上。

由于投射线 $Aa' // Kk' // Bb', Aa // Kk // Bb, Aa'' // Kk'' // Bb''$,所以

$$\frac{AK}{KB}=\frac{ak'}{k'b'}=\frac{ak}{kb}=\frac{a''k''}{k''b''}。$$

由此可见,如果点在直线上,则点的各个投影必在直线的同面投影上,且点分割直线长度之比等于点的投影分割直线投影长度之比。反之,如果点的各投影均在直线的同面投影上,且分直线各投影长度之比相同,则该点必在此直线上,见图 3-18(b)。

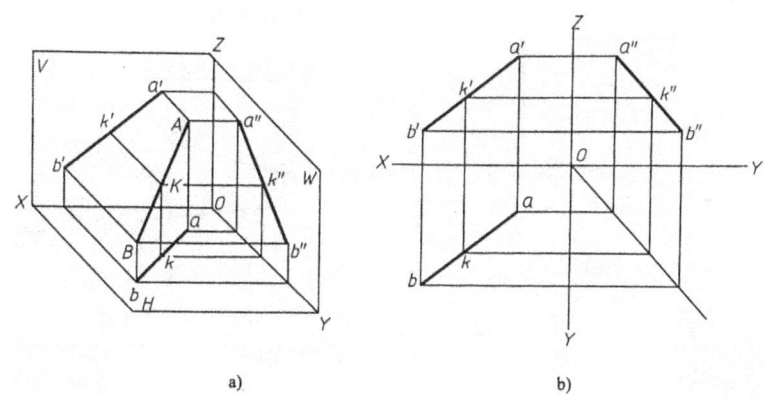

图 3-18 直线上点的投影
(a)直观图 (b)投影图

在投影图上判别点是否在直线上,一般只需观察两个投影即可直接确定。但当直线为投影面平行线,且给出的两个投影又都平行于投影轴时,则需观察第三个投影确定,还可通过检查分点的投影分直线的同面投影长度之比是否相同的比例法确定。如图 3-19(c)所示,C 点的水平投影 c 和正面投影 c',虽都在侧平线 AB 的两面投影上,但要判定 C 点是否在直线 AB 上,尚需作出其侧面投影,如图 3-19(b)所示。由于 c'' 不在 $a''b''$ 上,所以 C 点不在直线 AB 上。或者也可如图 3-19(c)所示,过 a 点作任意一直线,并在该直线上截取 $aC_1,=a'c',C_1B_1=c'b'$,然后连接 bB_1,再过 C_1 点作 bB_1 的平行线交 ab 于 c_1 点,则由于 c 与 c_1 点不重合,即 $ac:cb \neq a'c':c'b'$,因

此也可判定 C 点不在直线 AB 上。

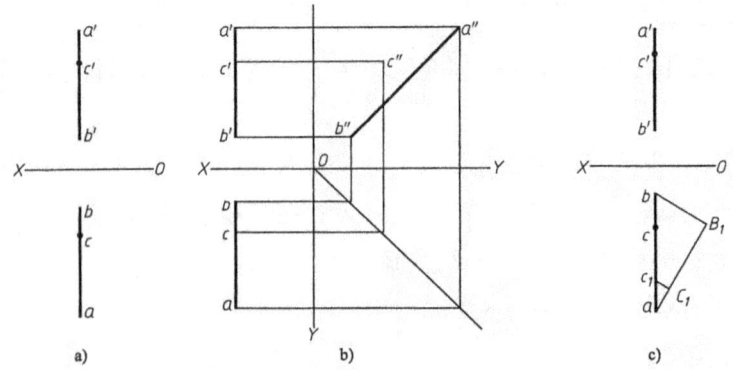

图 3-19　点不在直线上
(a)给题 (b)用第三投影判定 (c)用比例法判定

例 3-5　已知线段 AB 的投影图，见图 3-20(a)，试将 AB 线分成 $2：3$ 两段，求分点 C 的投影。

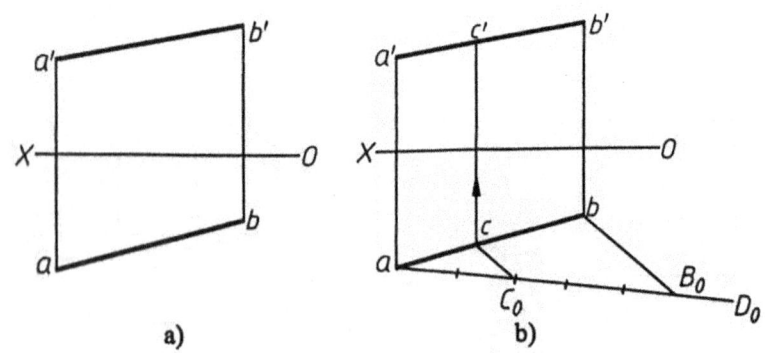

图 3-20　位于直线上点的投影
(a)给题 (b)求分点 C 的投影

作图[见图 3-20(b)]：

1) 自 AB 线的水平投影 ab 的 a 点任作一辅助线 aD_0。
2) 在该辅助线上任取 5 等分，得端点 B_0。
3) 连接 $B_0 b$。
4) 在 aB_0 上取等分点 C_0，满足 $aC_0 : C_0 B_0 = AC : CB = 2:3$。
5) 过 C_0 点作 $B_0 b$ 的平行线交 ab 于 c 点
6) 由 c 点作 OX 轴的垂线交 $a'b'$ 于 c' 点。

则 $C(c、c')$ 即为所求。

例 3-6　已知直线 AB 的两个投影 ab 和 $a'b'$，见图 3-21(a)，试在该直线上取一点 C，使 $AC=15$ mm，求作 C 点的投影和 c 和 c'。

分析：

必须先用直角三角形法求得 AB 线的实长，方可在实长上截取 15 mm 得分点 C，再根据 C 点分直线 AB 所成线段之比等于分投影之比和 C 点的投影一定在 AB 直线的同面投影上，即可求得 C 点的投影 c 和 c′。

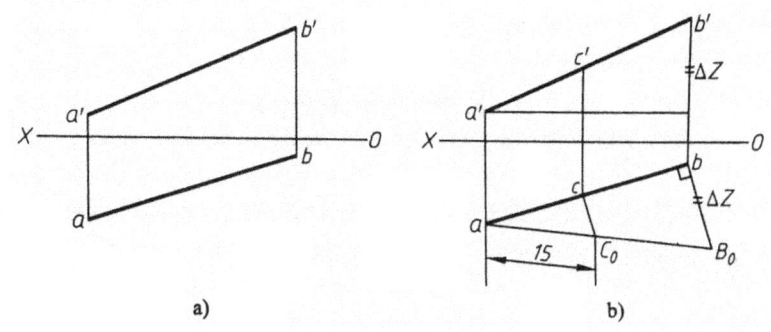

图 3-21　直线上取分点
(a)给题　(b)求分点 C 的投影

作图[见图 3-21(b)]：

1) 以 ab 和坐标差 $\triangle Z$ 为两直角边作直角三角形 abB_0，得 AB 的实长 aB_0。

2) 在 aB_0 上由 a 点起量取 15 mm 得 C_0 点。

3) 过 C_0 点作 bB_0 的平行线交 ab 于 c 点。

4) 由 c 点作 OX 轴的垂线交 $a′b′$ 于 $c′$ 点，

则 $C(c、c′)$ 即为所求。

本题还可以由 $a′b′$ 和 $\triangle Y$ 为两直角边作直角三角形进行求解，作法相似，请读者自行分析。

六、两直线的相对位置

空间两直线的相对位置有平行、相交和交叉三种情况。其中，平行、相交两直线为同面两直线而交叉两直线为异面两直线。

1. 平行两直线

平行两直线的投影特性：两直线的三组同面投影必互相平行，且平行两直线段长度之比等于其投影长度之比，如图 3-22(a)所示。因为两条平行的直线，向同一投影面投射时，构成两个互相平行的投射平面，所以与投影面的交线（即两直线的投影）也必互相平行。即 $AB//CD$，则 $ab//cd$、$a′b′//c′d′$，$a″b″//c″d″$，且 $ab/cd=a′b′/c′d′=a″b″/c″d″=AB/CD$，见图 3-22(b)，反之，如果两直线的各同面投影互相平行且投影比相等，则此两直线在空间一定互相平行。

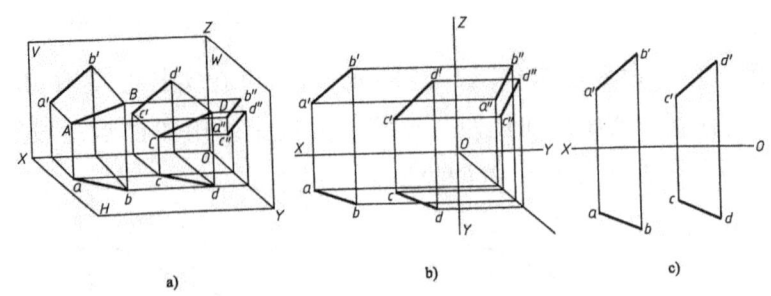

图 3-22 平行两直线的投影
(a)直观图 (b)平行两直线的三面投影 (c)平行两直线的两面投影

在投影图上判别两直线是否平行时,若两直线处于一般位置,则只需检查两直线的任何两组同面投影是否互相平行即可确定,如图 3-22(c)中 $a'b'//c'd'$、$ab//cd$ 则 $AB//CD$。

若两直线同时平行于某一投影面时,还必须检查两直线在所平行的那个投影面上的投影是否互相平行来确定,或者利用同面投影长度之比判断。如图 3-23(a)所示,AB、CD 为两条侧平线,其投影 $a'b'//c'd'$、$ab//cd$,检查侧面投影 $a''b''//c''d''$,则 $AB//CD$。而在图 3-23(b)中,$a'b'//c'd'$、$ab//cd$,但 $a''b''$ 不平行于 $c''d''$,所以 AB 不平行于 CD;也可根据 $a'b'/c'd' \neq ab/cd$ 判定直线 AB 和 CD 不平行。

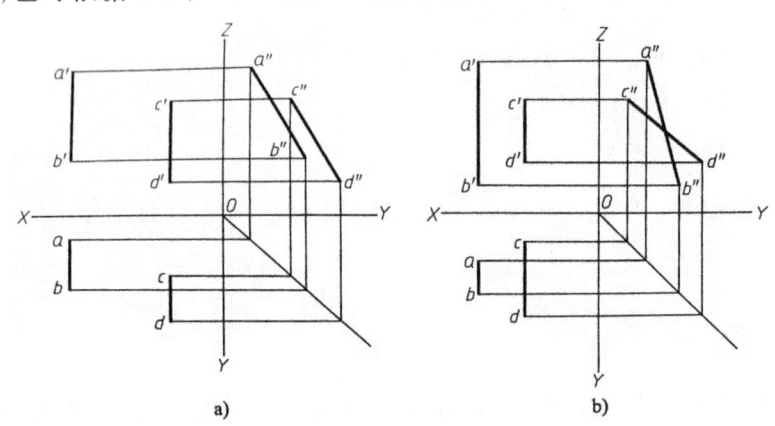

图 3-23 两条侧平线的投影
(a)两直线平行 (b)两直线交叉

另外,还要指出,互相平行的两直线,如果垂直于同一投影面(是同一投影面的两条垂直线),则它们的两组投影互相平行(且平行于相应的投影轴),而在两直线与之垂直的投影面上的投影积聚为两点,两点之间的距离反映两直线在空间的真实距离,见图 3-24。

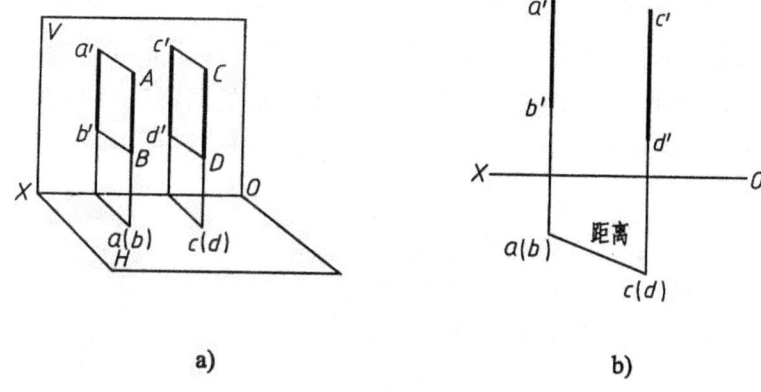

图 3-24 两条铅垂线的投影

2. 相交两直线

如图 3-25(a)所示，AB、CD 两直线相交于 K 点，即 K 点为 AB、CD 的共有点，当 AB、CD 向 H、V、W 面投影时（图中未画出），其投影 ab 和 cd、$a'b'$ 和 $c'd'$、$a''b''$ 和 $c''d''$ 的交点 k、k' 和 k'' 必是交点 K 的三面投影，见图 3-25(b)。故相交两直线的投影特性：

1) 两直线的同面投影必相交，且交点必符合点的投影规律，即 $kk' \perp OZ$ 轴、$kk_x = k''k_z$。

2) 交点 K 将两直线 AB、CD 分别分成具有不同定比的线段，在各自投影上也分成相应的同一比例；反之，如果两直线的各同面投影都相交，且各投影的交点符合点的投影规律，则此两直线在空间必相交。

一般情况下，判别两直线在空间是否相交，根据两组投影就可以直接判断，见图 3-25(c)。但如果两直线中有一条直线平行于某一投影面时，见图 3-26(a)，CD 线为一般位置直线，AB 线为侧平线，这时仅根据两直线的正面投影和水平投影均相交，还不能确定两直线是否相交。此时可用以下两种方法加以判断：

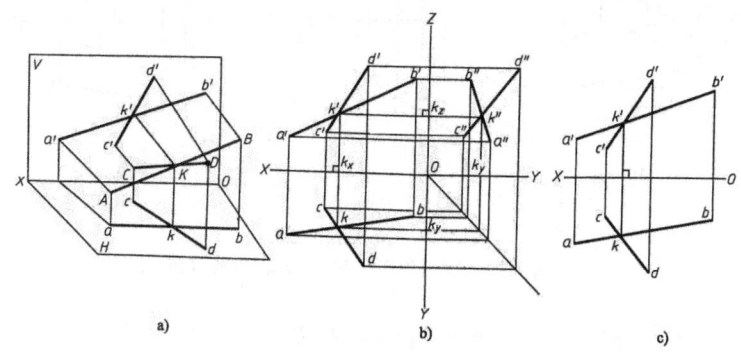

图 3-25 相交两直线
(a)直观图 (b)相交两直线的三面投影 (c)相交两直线的两面投影

1) 利用第三投影法,见图 3-26(b),求出 AB、CD 两直线的侧面投影的交点 k'',由于 $k'k''$ 的连线不垂直于 OZ 轴,所以两直线 AB 和 CD 不相交。

2) 利用定比关系法,见图 3-26(c),以 k' 分割 $a'b'$ 的同样比例分割 ab 求出 k_1,由于 k_1 与 k 不重合,同样可以断定 AB、CD 两直线不相交。

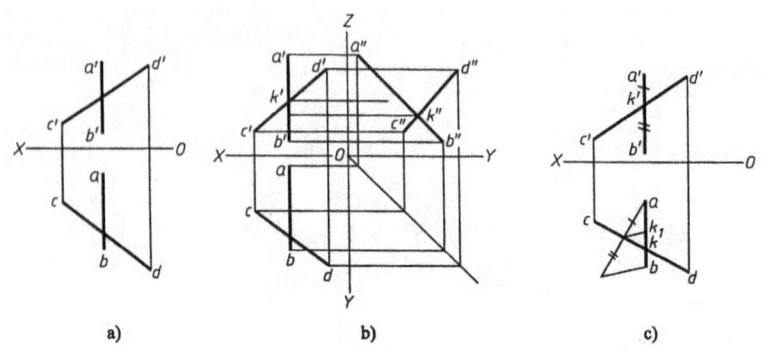

图 3-26 判别两直线是否相交
(a)给题 (b)用第三投影法判定 (c)用定比关系法判定

3. 交叉两直线

在空间既不平行、也不相交的两直线称为交叉两直线,即为异面两直线。

显然,交叉两直线的投影不具备平行或相交两直线的投影特点。

(1) 交叉两直线的投影特性。

1) 交叉两直线可能有一组、两组,甚至三组同面投影相交,但是,它们的交点绝不会符合空间同一点的投影规律,两直线投影的交点实际上是两直线对投影面的重影点,见图 3-23(b)、图 3-26(b)、图 3-27(b)。

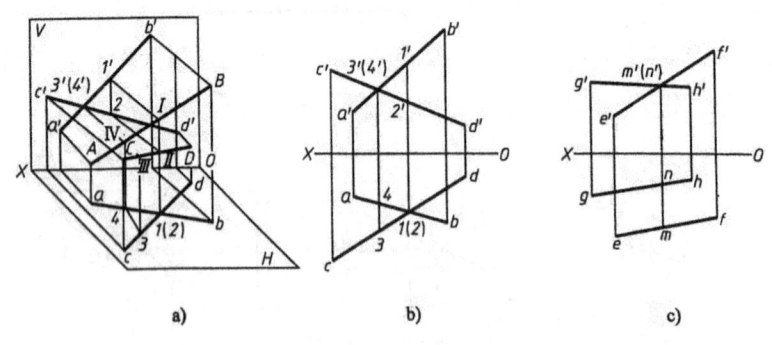

图 3-27 交叉两直线
(a)直观图 (b)两组同面投影相交 (c)同面投影一组相交一组平行

2) 交叉两直线可能有一组或两组同面投影互相平行,见图 3-23(b)、图 3-27(c),但是交叉两直线的三组同面投影绝不会同时都平行。

因此,若两直线的投影既不符合平行两直线的投影特性,又不符合相交两直线的投影特性,则必是来交叉两直线。

(2) 重影点和可见性 从图 3-23(b)、图 3-26(b)、图 3-27(b)、图 3-27(b)可以看出,交叉两直线虽然在空间不相交,但在其投影图上往往出现交点。如图 3-27(b)中水平投影 ab 和 cd 的交点 1(2)是 AB 直线线上的Ⅰ点与 CD 直线上的Ⅱ点对水平投影的重影点,同理,$3'(4')$是位于 CD 直线上的Ⅲ点与位于 AB 直线上的Ⅳ点对正面投影的重影点。根据重影点可见性的判别方法(见本章第一节)可知,在图 3-27(b)的水平投影中,位于 AB 线上的Ⅰ点可见,位于 CD 线上的Ⅱ点不可见。正面投影中,位于 CD 线上的Ⅲ点可见,位于 AB 线上的Ⅳ点不可见。因此,投影分别标记为 1(2) 和 $3'(4')$。

在图 3-27(c)的正面投影中,位于 EF 线上的 M 点可见,位于 GH 线上的 N 点不可见,故标记为 $m'(n')$;水平投影中,M、N 两点都可见。

以上判别可见性的方法也是直线与平面、平面与平面相交时判别可见性的重要依据。归纳起来,两直线的相对位置及其投影特性,见表 3-3。

表 3-3 两直线的相对位置及其投影特性

两直线相对位置	两直线平行	两直线相交	两直线交叉
投影图	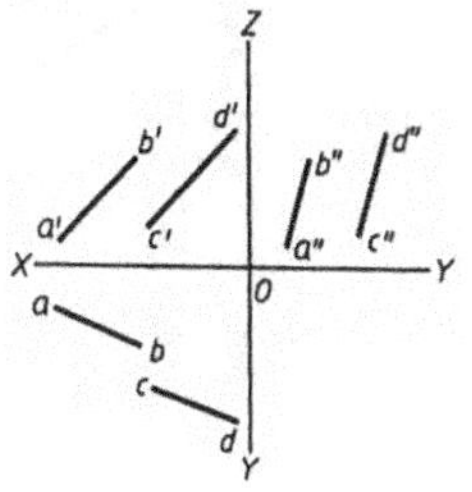 (图)	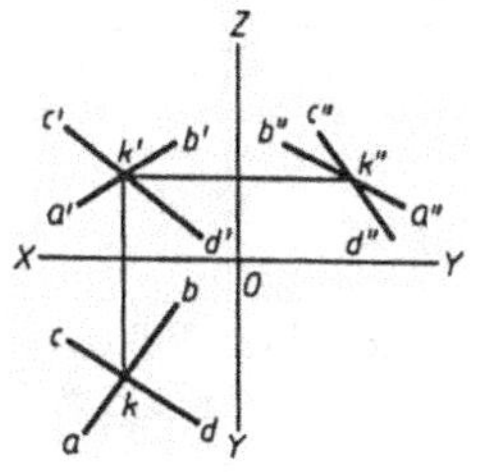 (图)	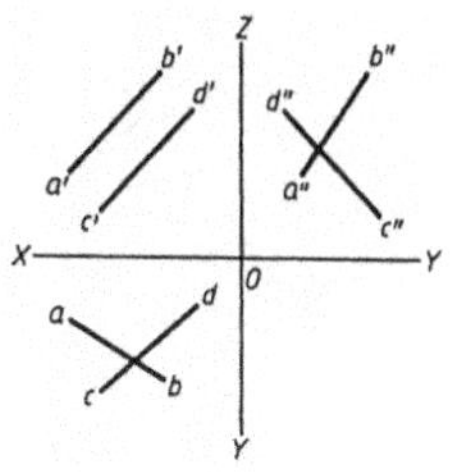 (图)
投影特性	若两直线平行,则它们的同面投影也互相平行。	若两直线相交,则它们的同面投影也必相交,且交点的投影符合点的投影规律。	两直线交叉,它们的三组同面投影不可能都平行;若三组同面投影都相交,其交点不可能符合点的投影规律。

这里必须指出:

1) 根据投影图判别两直线的相对位置时,若两直线都处于一般位置,则只需查看它们的任意两组同面投影即可确定;若两直线中有一条是投影面平行线,则需查看该直线所平行的那个投影面上的投影方可确定。

2) 两交叉直线的同面投影若相交,其交点并非是一个点的投影,而是分别在两条直线上的两个点的重影,其可见性需从另一组同面投影上判别,坐标大者可见,小者不可见。

七、直角的投影

一般来说,要使两相交直线(或两交叉直线)之间的夹角,不变形地投射在某一投影面上,必须使此角的两边都平行于该投影面。

当相交两直线都不平行于同一投影面时,见图 3-28(a),平面 P 和 Q 垂直于 H 面,并与 H 面相交于 ab、bc,在平面 P 和 Q 内分别任意取直线 AB 和 BC 不平行于 H 面,由于 AB 和 BC 是任意选取的,因此,$\angle ABC$ 可大可小,但其水平投影都是 $\angle abc$,可见 $\angle ABC$ 一般不等于 $\angle abc$。这就是说,如果相交两直线都不平行于某一投影面,则此两直线所成的平面角在该投影面上的投影,一般都不等于平面角的真实大小。但是,对于直角,只要有一边平行于某一投影面,则此直角在该投影面上的投影仍为直角。

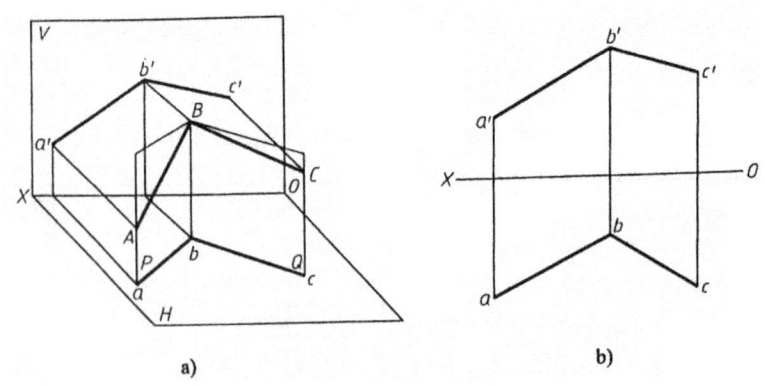

图 3-28 相交两直线都不平行于同一投影面
(a)直观图 (b)投影图

1. 垂直相交两直线的投影——直角投影定理

在图 3-29(a)中,设相交两直线 $AB \perp BC$,且 $BC // H$ 面,因 $BC \perp AB$,$BC \perp Bb$,所以 BC 垂直于由相交两直线 AB 和 Bb 所决定的平面 $ABba$,又因 $BC // H$ 面,故 $bc // BC$,则 $bc \perp ABba$ 平面,也就垂直于平面内过垂足 b 的两相交直线 Bb 和 ab,所以 $bc \perp ab$,即 $\angle abc = 90°$,反映 $\angle ABC$ 的实角,见图 3-29(b)。

定理:若垂直相交的两直线中有一条直线平行于某一投影面时,则此两直线在该投影面上的投影仍然互相垂直(成直角)。

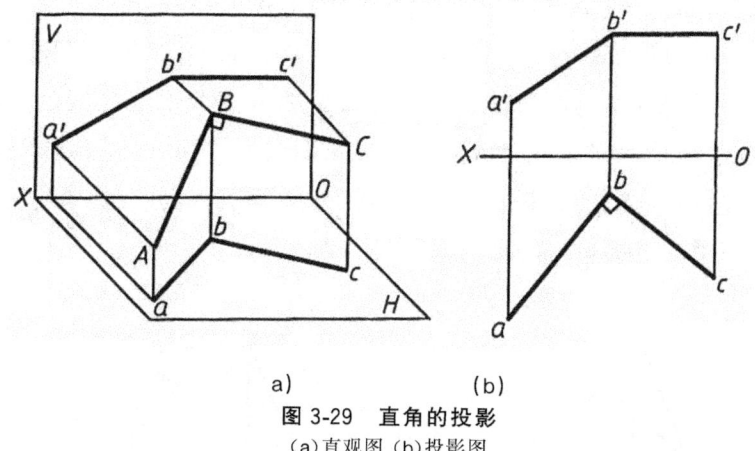

a)　　　　　　　(b)

图 3-29　直角的投影
(a)直观图 (b)投影图

反之,若相交两直线在某一投影面上的投影互相垂直,且有一条直线平行于该投影面时,则此两直线在空间也一定互相垂直(成直角)。见图 3-30,BC 为水平线,AK(为一般位置直线,$ak \perp bc$,则 $AK \perp BC$。

例 3-7　已知直线 BC 和直线外一点 A 的两面投影,见图 3-31(a),求 A 点到直线 BC 的距离。

分析:

过点作直线的垂线,垂线的实长即为点到直线的距离。关键是在投影图中如何作 BC 线的垂线,因为图

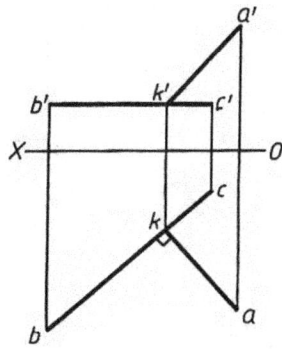

图 3-30　两直线垂直相交

3-31(a)中 BC 线为水平线,根据直角投影定理,过 A 点作直线 BC 的垂线,其水平投影仍垂直。

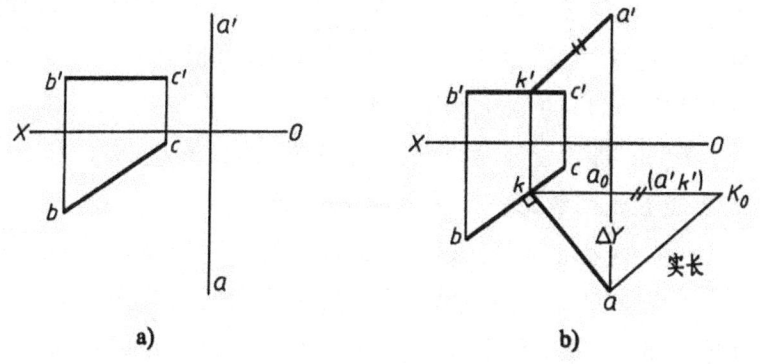

a)　　　　　　　b)

图 3-31　求 A 点到 BC 直线的距离
(a)给题 (b)求垂线及实长

作图见图 3-31(b):

1) 过 a 作 bc 的垂线得交点 A，A 便是垂足 K 的水平投影。
2) 过 k 作 OX 轴的垂线与 $b'c'$ 相交于 k'，k' 就是垂足 K 的正面投影。
3) 连接 a'、k' 和 a、k，则 $AK(a'k'、ak)$ 即为过 A 点所作 BC 线的垂线。
4) 用直角三角形法求得 AK 的实长 K_0a，即为所求 A 点到 BC 直线的距离。

例 3—8 已知等腰三角形 ABC 的一腰为 AB，它的底边 BC 在正平线 BD 上，见图 3-32(a)，求作此等腰三角形的投影。

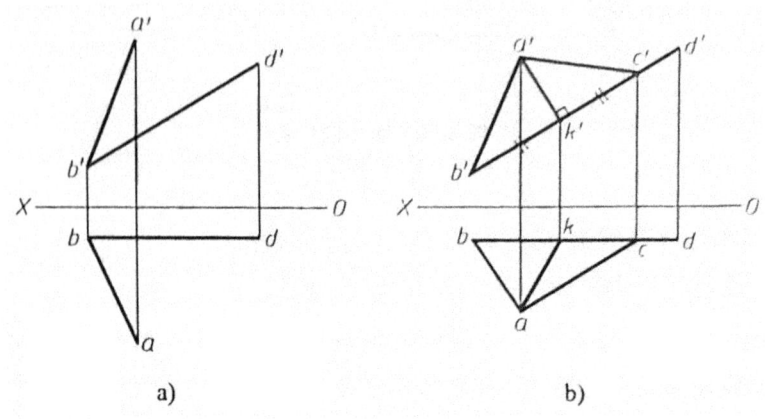

图 3-32　求等腰三角形的投影
(a)给题　(b)求解

分析：

根据等腰三角形的高垂直平分底边，又知底边在正平线 BD 上，根据直角投影定理，可直接作出等腰三角形的高。即由 A 点作 BD 线的垂线 AK，再在 BD 线上求出 C 点即得△ABC。

作图[见图 3-32(b)]：

1) 过 a' 点作 $a'k' \perp b'd'$，并求出 ak，则 $AK(a'k'、ak)$ 即为三角形的高。
2) 由于底边为正平线，所以正面投影反映实长，可量取 $k'c' = k'b'$，并求出水平投影 c 点，即为等腰三角形的另一个顶点。
3) 连接 $a'c'$ 和 ac，即得所求等腰三角形 ABC 的投影△$a'b'c'$ 和△abc。

2. 垂直交叉两直线的投影——直角投影定理

根据初等几何中的规定，对交叉两直线的夹角是这样度量的：过空间任意点作两直线分别平行于已知的交叉两直线，所得相交两直线的夹角，即为交叉两直线所成的角度。由此可知，直角投影定理不仅适用于相交成直角的两直线，也同样适用于交叉成直角的两直线。

例 3—9 试过定点 A 作直线，垂直于已知直线 EF，见图 3-33(a)。

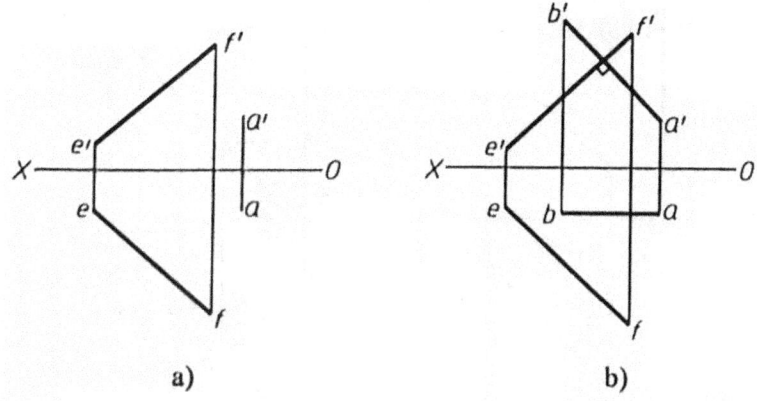

图 3-33 两直线垂直交叉
(a)给题 (b)求出正平线 $AB \perp EF$

作图[见图 3-33(b)]：

过点 A 作一正平线 AB，使 $a'b' \perp e'f'$，$ab // OX$；则 $AB(a'b'、ab)$ 便是一个解答，见图 3-33(b)。也可过点 A 作一水平线 AB，使 $ab \perp ef$，$a'b' // OX$，则 AB 是第二个解答（图中未画出）。

本题应有无穷多解，这里只是两个特解，其他解的求法将在后面章节中加以讨论。

例 3-10 设交叉两直线 AB、CD，且 AB 为铅垂线，CD 为一般位置直线，见图 3-34(a)，求两直线之间的距离。

分析：

设直线 AB、CD 之间的公垂线分别与 AB、CD 垂直相交于 E 和 F，则 EF 的实长就是 AB、CD 两直线间的距离。因 AB 线为铅垂线，故公垂线 EF 必是水平线。根据直角投影定理，则公垂线 EF 的水平投影必垂直于直线 CD 的水平投影 cd。又 AB 线的水平投影有积聚性，故垂足 E 的水平投影 e 也必在点 $a(b)$ 上，即公垂线的水平投影 ef 必过 $a(b)$ 点。

作图[见图 3-34(b)]：

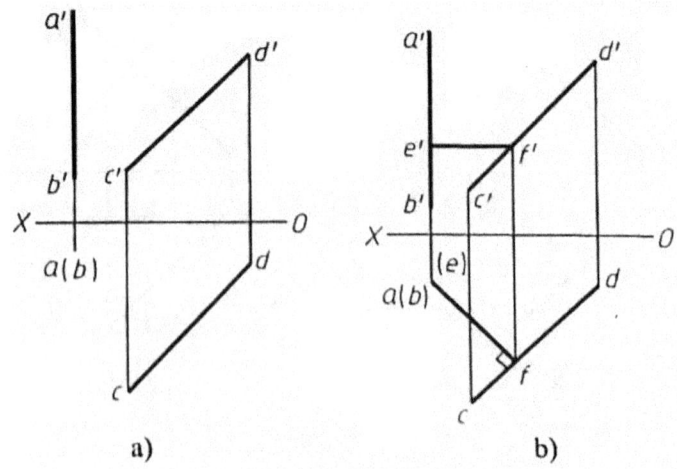

图 3-34 求交叉两直线 AB、CD 之间的距离
(a)给题 (b)求出公垂线 EF 及其实长

1) 过 $a(b)(e)$ 点作 $ef \perp cd$。

2) 由 f 点作 OX 轴的垂线交 $c'd'$ 于 f' 点。

3) 过 f' 作 $f'e'//OX$ 轴交 $a'b'$ 于 e' 点;因为 EF 为水平线,故 ef 反映 EF 的实长,ef 即为所求的距离。

例 3-11 已知菱形 ABCD 的对角线 AC 的两个投影 ac、$a'c'$,另一条对角线 BD 位于 EF 直线上,且已知 EF 线的正面投影 $e'f'$,见图 3-35(a),又 BD 线长为 30 mm,求菱形的投影。

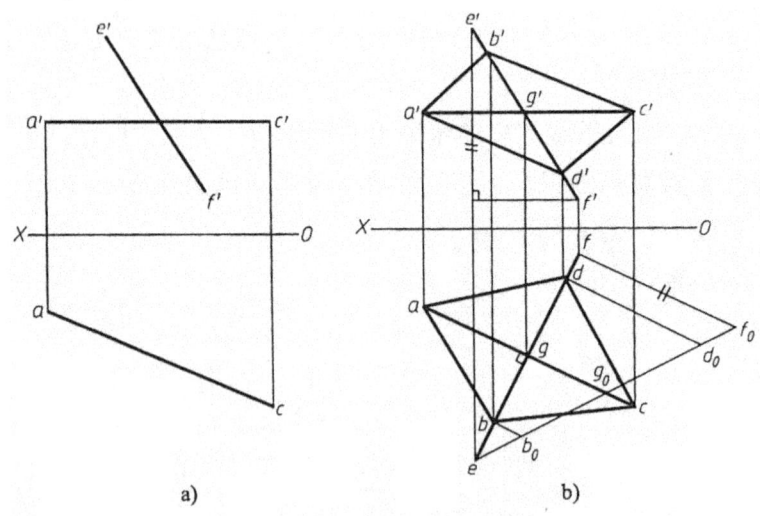

图 3-35 作菱形的两投影
(a)给题 (b)求解菱形

分析：

菱形的两条对角线是互相垂直平分的，由图 3-35(a)可知，对角线 AC 为水平线，根据直角投影定理；对角线 BD 的水平投影 bd 必垂直于 ac，又已知 BD 的长度为 30 mm，所以应用直角三角形法求出 BD 的投影长度后就可画出菱形的投影。

作图［见图 3-35(b)］：

1) 过 ac 中点 g 作直线 ef⊥ac。
2) 用直角三角形法求得 EF 的实长 ef_0。
3) 在 ef_0 上截取 $g_0b_0=g_0d_0=15$ mm 得 b_0、d_0 点。
4) 过 b_0、d_0 点分别作 $b_0b//d_0d//g_0g$，交 ef 线于 b、d，再由 b、d 点求得 b′、d′。
5) 顺次连接 a′、b′、c′、d′、a′ 及 a、b、c、d、a 各点，即得菱形 ABCD 的投影。

第三节　平面的投影

一、平面在投影图上的表示法

1. 几何元素表示法

平面的空间位置可由下列任何一组几何元素来确定，见图 3-36。

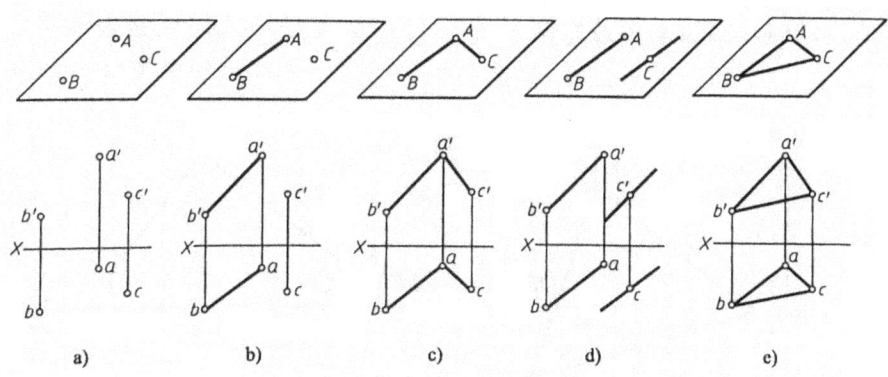

图 3-36 平面的几何元素表示法
(a)三点表示法 (b)一点一直线表示法 (c)相交直线表示法
(d)平行直线表示法 (e)平面图形表示法

1) 不在同一条直线上的三点，见图 3-36(a)。
2) 一直线与直线外的一点，见图 3-36(b)。
3) 相交两直线，见图 3-36(c)。
4) 平行两直线，见图 3-36(d)。

5) 任意平面图形,如三角形、四边形、圆形等,见图3-36(e)。

以上用几何元素表示平面的五种形式,它们之间是可以互相转换的,即可以从其中一种形式转换为另一种形式。例如连接 A、B 两点,则从形式1转换为形式2,然而,它们之间的转变只是形式上的变化,表示的仍是空间同一个平面。

2. 迹线表示法

表示平面的方法虽然有上述五组几何元素,但是为了使平面的空间位置比较明显和表示方便起见也常用平面与投影面的交线,即平面的迹线来表示平面。

图3-37(a)中,一般位置平面 P 与 H、V、W 三投影面分别相交得交线 P_H、P_V 和 P_W,其中 P_H 称为平面 P 的水平迹线,P_V 称为平面 P 的正面迹线,P_W 称为平面 P 的侧面迹线。P_V、P_H 和 P_W 又两两相交得交点 P_x、P_y 和 P_z,P_x、P_y 和 P_z 称为迹线集合点。

迹线具有双重性:既是投影面内的一直线,也是某个平面内的一直线。如图3-37(a)中的 P_H,便是既在 H 面内又在 P 平面内的一直线。由于迹线在投影面内,便有一个投影和它本身重合,另外两个投影便与相应的投影轴重合。如图3-37(a)中的 P_H,其水平投影即与 P_H 重合,正面投影和侧面投影分别与 X 轴和 Y 轴重合。在投影图上,通常只将迹线与自身重合的那个投影画出,并用符号标记,凡和投影轴重合的,则省略标记,见图3-37(b)。

为了说明简便起见,凡用上述五组几何元素所表示的平面称为非迹线平面,凡用迹线表示的平面称为迹线平面。显而易见,平面的迹线表示法和几何元素表示法的本质是一样的。实质上用迹线表示平面可以认为是用几何元素表示平面的特殊情况,如图3-37(a)所示的平面 P 就是一个三边位于不同投影面上的三角形平面。

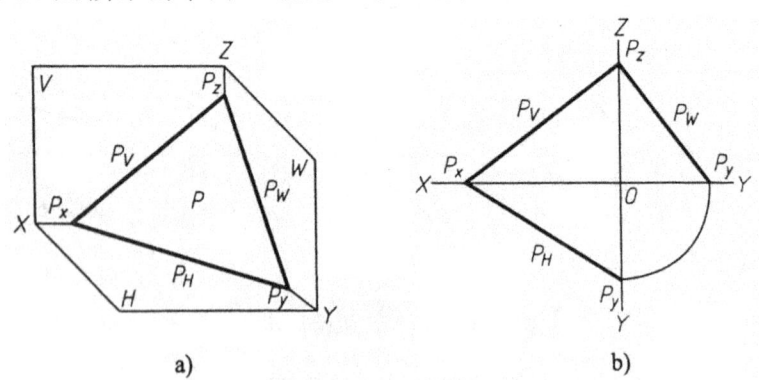

图3-37 平面的迹线表示法
(a)直观图 (b)投影图

二、平面对投影面的相对位置及其投影特性

根据空间平面对三个投影面的相对位置不同,平面可分为三类:

1. 投影面垂直面

凡垂直于某一投影面，且同时倾斜于其他两个投影面的平面称为投影面垂直面。由于所垂直的投影面的不同，投影面垂直面又分为：

1) 铅垂面——垂直于水平投影面 H 的平面。
2) 正垂面——垂直于正面投影面 V 的平面。
3) 侧垂面——垂直于侧面投影面 W 的平面。

其中，正垂面的投影特性：

1) 正面投影积聚成一直线段。
2) 正面投影与 OX 轴的夹角，反映平面对 H 面的倾角 α，正面投影与 OZ 轴的夹角，反映平面对 W 面的倾角 γ。
3) 正垂面的水平投影和侧面投影具有类似性。

从表 3-4 可见，铅垂面和侧垂面也有与正垂面类似的投影特性。

总之，投影面垂直面的投影特性：

1) 在所垂直的投影面上的投影积聚为一条与该投影面内两个投影轴都倾斜的直线，该斜直线与投影轴的夹角，反映该平面对相应投影面的倾角。
2) 它的另外两个投影具有类似性。

当用迹线表示平面时，通常只画出具有积聚性的迹线（斜线）来表示垂直面，即铅垂面只画出迹线 P_H，正垂面只画出迹线 P_V，侧垂面只画出迹线 P_W。

表 3-4 投影面垂直面

投影面垂直面	直观图	投影图	投影特性	
铅垂面 （⊥H 面） 铅垂面 （⊥H 面）	非迹线平面			水平投影成一直线段，且有积聚性，反映 β、γ 角，正面投影和侧面投影具有类似性
	迹线平面			$P_V \perp X$ 轴 $P_W \perp Y$ 轴 P_H 有积聚性 反映 β、γ 角

续表

投影面垂直面	直观图	投影图	投影特性	
正垂面 ($\perp V$ 面)	非迹线平面			正面投影成一直线段,且有积聚性,反映 α、γ 角,水平投影和侧面投影具有类似性
	迹线平面			$P_H \perp X$ 轴 $P_W \perp Z$ 轴 P_V 有积聚性 反映 α、γ 角
侧垂面 ($\perp W$ 面)	非迹线平面			侧面投影成一直线段,且有积聚性,反映 α、β 角,正面投影与水平投影具有类似性
	迹线平面			$P_V \perp Z$ 轴 $P_H \perp Y$ 轴 P_W 有积聚性 反映 α、β 角

2. 投影面平行面

各个投影面平行面详见表 3—5。

表 3-5 投影面平行面

投影面平行面	直观图	投影图	投影特性	
(// H 面)	非迹线平面			正面投影和侧面投影积聚成一直线段,且分别平行于 OX 轴和 OY 轴;水平投影反映实形
	迹线平面			P_V // OX 轴,P_W // OY 轴,且都具有积聚性,没有 P_H,平面内任何图形的水平投影均反映实形

续表

投影面垂直面	直观图	投影图	投影特性
正平面 (//V 面)	非迹线平面		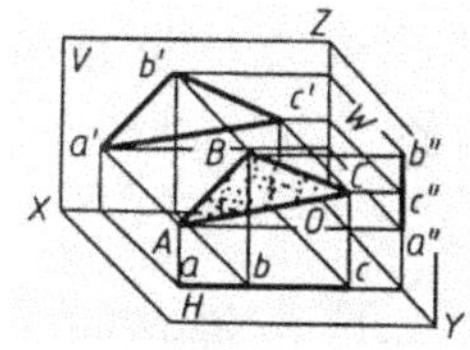 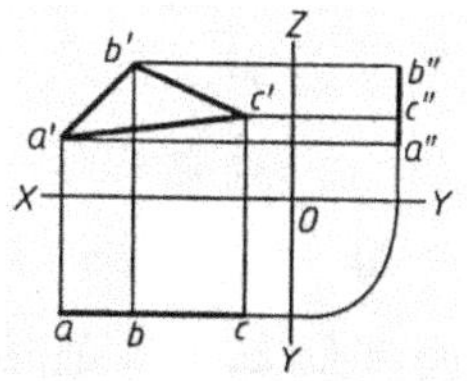 水平投影和侧面投影积聚成一直线段,且分别平行于 OX 轴和 OZ 轴;正面投影反映实形
正平面 (//V 面)	迹线平面		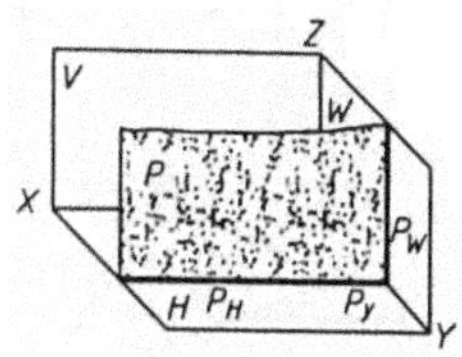 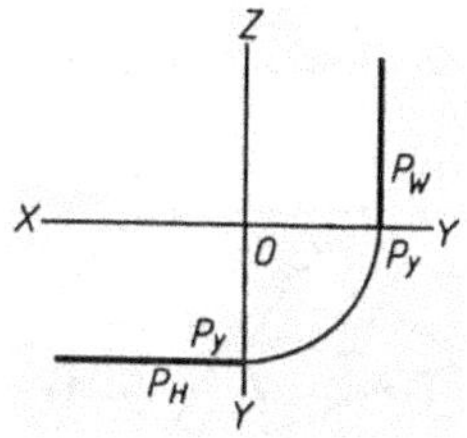 P_H//OX 轴,P_W//OZ 轴,且都具有积聚性,没有 P_V,平面内任何图形的正面投影均反映实形
水平面 (//W 面)	非迹线平面		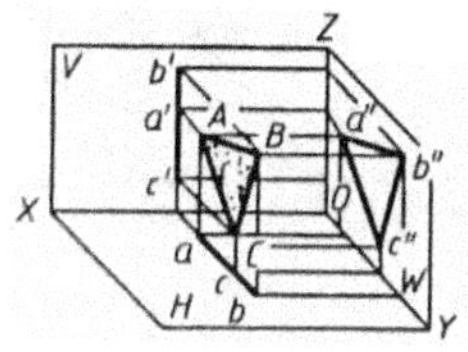 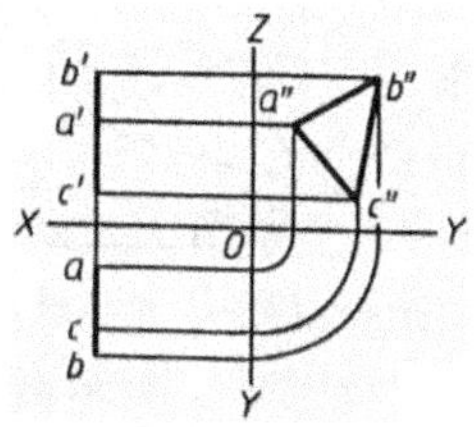 正面投影和水平投影积聚成一直线段,且分别平行于 OZ 轴和 OY 轴;侧面投影反映实形
水平面 (//W 面)	迹线平面		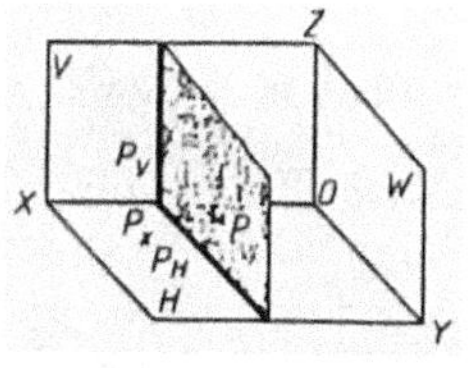 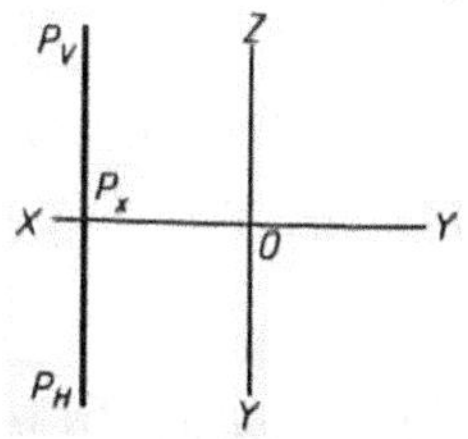 P_V//OZ 轴,P_H//OY 轴,且都具有积聚性,没有 P_W,平面内任何图形的侧面投影均反映实形

凡平行某一投影面也即垂直于其他两个投影面的平面称为投影面平行面。由于所平行的投影面的不同,投影面平行面又分为:

1) 水平面——平行于水平投影面 H 的平面。
2) 正平面——平行于正面投影面 V 的平面。
3) 侧平面——平行于侧面投影面 W 的平面。

不难看出,投影面平行面与一个投影面平行,必同时与其他两个投影面垂直。

其中,水平面的投影特性:

1) 水平投影反映平面的实形。
2) 正面投影和侧面投影都积聚成一直线段,且分别平行于 OX 轴和 OY 轴。

从表 3-5 可见，正平面和侧平面也有类似的投影特性。

总之，投影面平行面的投影特性为：

1) 在它所平行的投影面上的投影反映平面的实形。

2) 在另外两个投影面上的投影均积聚为一条直线，且平行于相应的投影轴。平行面只有两条迹线（都具有积聚性），通常可画出任一条来表示此平面。

3. 一般位置平面

凡与各投影面都倾斜的平面称为一般位置平面，或称为投影面倾斜面，见图 3-38。

由图 3-38 可见，它的三个投影既没有积聚性，又不反映实形，而只具有类似性。

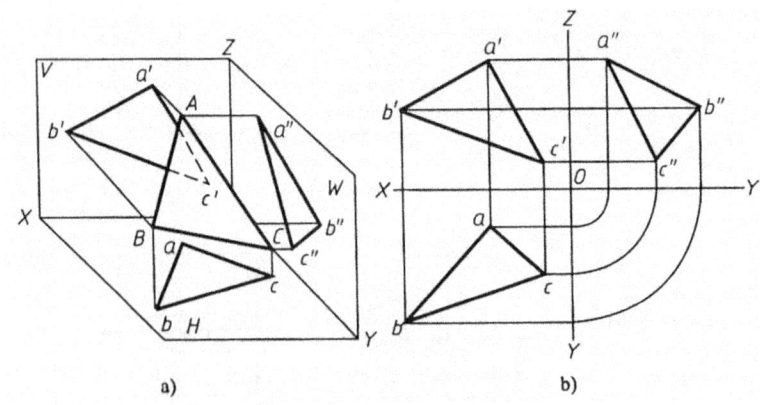

图 3-38 一般位置平面的投影
(a)直观图 (b)投影图

例 3—12 △ABC 为一正垂面，已知其水平投影△abc，顶点 A 的正面投影 a' 及三角形平面对 H 面的倾角 $\alpha=45°$ 见图 3-39(a)，试求其正面投影和侧面投影。

分析：

因为△ABC 为一正垂面，所以△ABC 的正面投影必为一直线，且它与 OX 轴的夹角即为△ABC 与 H 面的倾角 α。根据 $\alpha=45°$ 即可画出其正面投影，由正面投影和水平投影就可画出侧面投影。

作图[见图 3-39(b)]：

1) 过 a' 作与 OX 轴成 45°角的直线。

2) 再过 b、c 作 OX 轴的垂线与其交于 b'、c' 则线段 $a'c'b'$ 即为△ABC 的正面投影。

3) 分别求出各顶点的侧面投影 a''、b''、c''，并连接之，即得△ABC 的侧面投影 △$a''b''c''$。

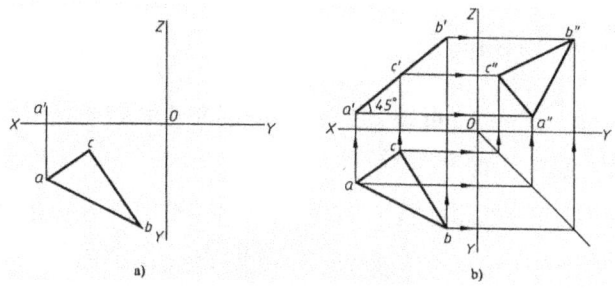

图 3-39 求 △ABC 的投影
(a) 给题 (b) 求解

显然，本题有两解。

例 3-13　已知侧平线 AC 的两面投影 ac 和 a′c′，见图 3-40(a)，试以 AC 为对角线，作正方形 ABCD 平行于侧面投影面。

分析：

已知 AC 为侧平线，故它的侧面投影反映实长，又因求作的正方形 ABCD 为侧平面，故它的侧面投影反映实形，且它的对角线互相垂直平分。作图 [见图 3-40(b)]：

1) 由 ac、a′c′ 求出 a″c″。

2) 作 a″c″ 的垂直平分线，并对称截取 b″d″ = a″c″，连接 a″、b″、c″、d″、a″ 即为正方形的侧面投影。

3) 根据正方形的正面投影、水平投影都具有积聚性的特点，由 b″、d″ 分别求出 b、b′ 和 d、d′ 即得正方形的正面投影 a′b′c′d′ 和水平投影 abcd。则 ABCD 即为所求平行于侧面的正方形。

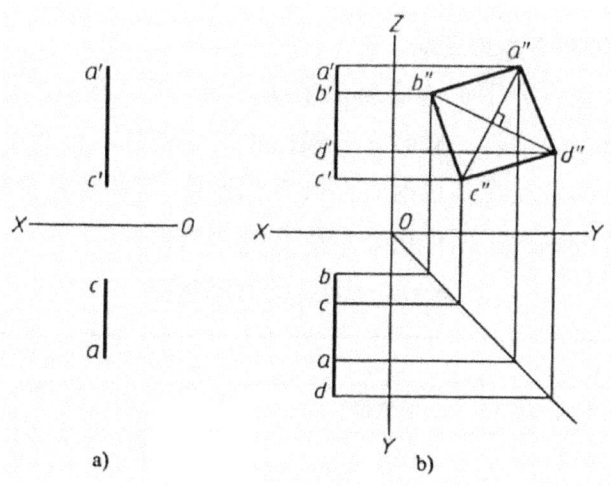

图 3-40　作平行于侧面的正方形的投影
(a) 给题 (b) 求解

三、 平面内的直线和点

具备下列两个条件之一的直线,必位于给定的平面内:
1) 直线上有两点在平面内。
2) 直线上有一点在平面内,且直线平行于平面内的某一条直线满足下列条件的点,必位于给定的平面内:点在某直线上,而该直线在平面内。

(一) 在一般位置平面内取点和直线

1. 在平面内取直线

如图 3-41(a)、(b)所示,平面 P 由相交两直线 AB 和 BC 所决定,在 AB 和 BC 线上各取一点 D 和 E,则 D、E 两点必在平面 P 内。因此,D、E 连线必在平面 P 内。

若通过 BC 线上任一点 E 作 $EF/\!/AB$,则 EF 直线必在平面 P 内,见图 3-41(c)、(d)。

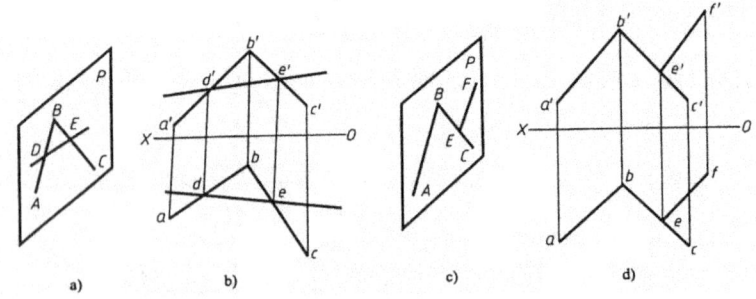

图 3-41 平面内的直线和点
(a)平面内两点连直线直观图 (b)平面内两点连直线投影图
(c)平面内一点一方向直观图 (d)平面内一点一方向投影图

2. 平面内可取哪些位置直线

由于几何元素直线和平面本身都具有方向性,所以在不同位置平面内取直线时,必须注意它们这一特性。例如,在一般位置平面内就不可能作出投影面垂直线,这是因为垂直线上的各点在某投射方向具有积聚性,而一般位置平面内的直线不能满足这一条件。各种位置平面内可作出的直线,见表 3-6。

表 3-6 在已知平面内取直线

已知平面	在已知平面上可作何种位置直线		
一般位置平面	一般位置直线	平行线	(不能作垂直线)
垂直面 {铅垂面 正垂面 侧垂面	一般位置直线	水平线 正平线 侧平线	铅垂线 正垂线 侧垂线

续表

已知平面	在已知平面上可作何种位置直线		
平行面 { 水平面 正平面 侧平面	（不能作一般位置直线）	水平线 正平线 侧平线	正垂线、侧垂线 铅垂线、侧垂线 铅垂线、正垂线

3. 在平面内取点

1) 直接在平面内的已知直线上选取，如果点在平面内的任一直线上。则此点必在该平面内，此点的各投影必在该平面内通过该点的直线的同面投影上，见图 3-41(a)、(b)中 D、E 两点都在由两相交直线 AB、BC 所决定的平面内。

2) 先在平面内取一直线（辅助线），然后在该直线上选取符合要求的点，见图 3-42(a)。有时为了作图简便，使辅助线通过平面内的一个顶点，见图 3-42(b)。或平行于某已知直线，见图 3-42(c)。

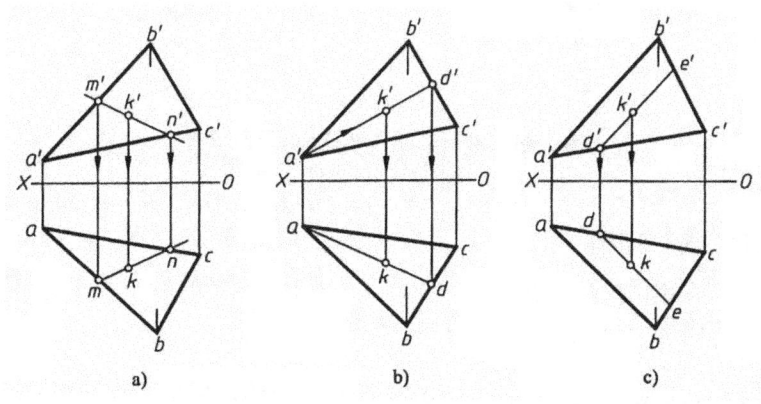

图 3-42 在平面内作辅助线取点
(a)面内任一辅助线取点 (b)过顶点的面内辅助线取点 (c)平行一边的面内辅助线取点

4. 在平面内取点与取直线两者之间的关系

如图 3-42(a)所示，为了在 △ABC 平面内取一直线 MN，需先取两点 M、N，而点 M、N 又取自平面内的直线 AB 和 AC。可见，两者是互为因果关系的。因此，在投影图上若不运用取点和取直线的这种关系，直接在平面内取点是不可能的。

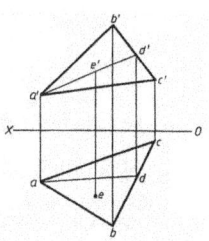

图 3-43 点 E 不在 △ABC 平面内

例 3-14 试判别图 3-43 中的点 E 是否在 △ABC 平面内。

解：在 △ABC 平面内作辅助线 AD，使其正面投影 a'd' 通过 e'，再作出水平投影 ad，如果 ad 也通过 e，则点 E 在 △ABC 平面内，否则点 E 不在 △ABC 内。由图 3-43 可知，点 E 不在 △ABC 平面内。

例 3—15 已知五边形平面 $ABCDE$ 的水平投影 $abcde$ 和正面投影 $a'b'c'$，又知其边 $AB//CD$，见图 3-44(a)，试完成此五边形的正面投影分析：

可利用平面内的辅助线 BE 和 AC 求得交点 $F(f、f')$，从而作出 e'，再根据 $CD//AB$，则 $c'd'//a'b'$，以及 $dd' \perp OX$ 轴，可作出 d'，于是问题得到解决。

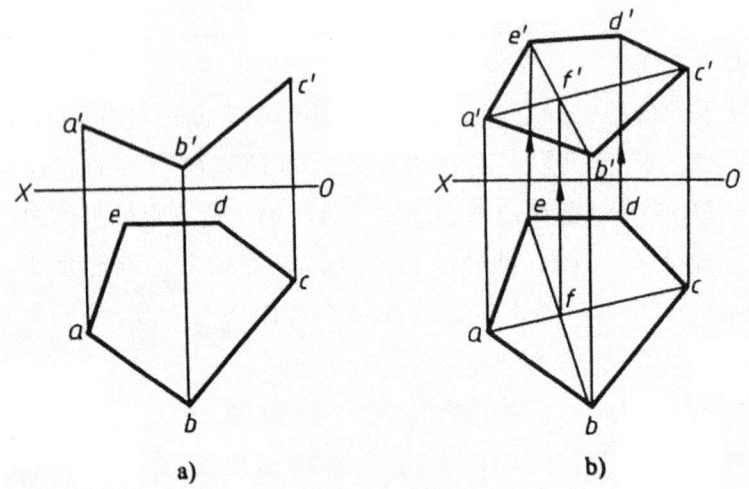

图 3-44 求五边形 $ABCDE$ 的正面投影
(a)给题 (b)求解

作图[见图 3-44(b)]：

1) 连 ac 及 be 相交于 f 点。
2) 在 $a'c'$ 上，由 f 求出 f'。
3) 连 $b'、f'$，其延长线，与过 e 点所作的 OX 轴的垂线相交得 e'。
4) 自 c' 点作 $c'd'//a'b'$，并与由 d 点所作的 OX 轴的垂线相交得 d' 点。
5) 最后连接 $c'd'、e'd'$ 和 $a'e'$，即完成五边形 $ABCDE$ 的正面投影 $a'b'c'd'e'$。

(二) 过已知直线或点作平面

上面讨论了在定平面内取点、取直线的问题，本节要讨论的是与其相反的问题，即过已知点或已知直线作平面。因此，它的作图方法是上述作法的逆推。

1. 过已知直线作平面

过已知直线作一般位置平面。见图 3-45，已知直线 AB，如果不附加其他条件过直线 AB 可作无数个平面。

作法一：

见图 3-45(b)，在已知直线 $AB(a'b'、ab)$ 外任取一点 $C(c、c')$ 则 $\triangle ABC(\triangle a'b'c'、\triangle abc)$，即为所求的一般位置平面。

作法二：见图 3-45(c)，过已知直线 AB 上任意一点 $E(e'、e)$ 任作一直线 CD，则 AB 和 CD 相交的两直线所决定的平面就是所求的包含直线 AB 的一般位置平面。

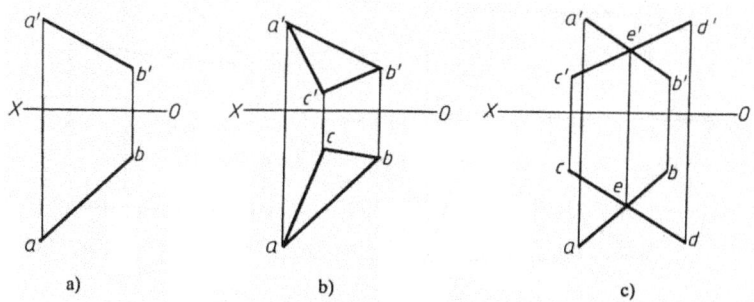

图 3-45　过已知直线作一般位置平面
(a)已知直线　(b)由直线及线外一点作平面　(c)由两相交直线构成平面

2) 过任意直线总可以作投影面垂直面。过一般位置直线 AB 作一铅垂面总是可能的，见图 3-46(a)，过 AB 直线上任意点如 B 点，作铅垂线 Bb，即 Bb 垂直于 H 面，则过 Bb 的一切平面均垂直于 H 面，即相交两直线 Bb 和 AB 确定的平面 S 必是铅垂面，S 平面与水平投影面 H 的交线 S_H 必与 AB 直线的水平投影 ab 重合。因此，在投影图上作图，可利用垂直面的积聚性，如图 3-46(b)为过直线 AB 所作的铅垂面；图 3-46(c)为过直线 AB 线所作的正垂面；同理，可过直线 AB 作侧垂面。

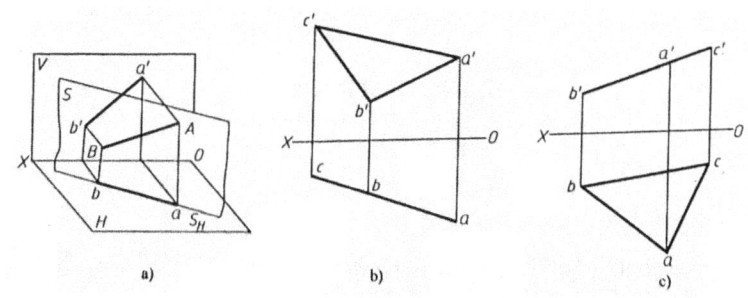

图 3-46　过直线作投影面垂直面
(a)直观图　(b)过 AB 线作铅垂面　(c)过 AB 线作正垂面

但应指出：因 AB 线是一般位置直线，过 AB 线不能作水平面或正平面。只有经过水平线才能作出水平面，如图 3-47(a)为过水平线 AB 作水平面；图 3-47(b)为过正平线 AB 作正平面。

3) 过投影面垂直线可以作投影面垂直面和平行面，但不能作一般位置平面。这是因为垂直线的某一投影具有积聚性，而一般位置平面则无这种特性。例如，图 3-48 为过铅垂线 AB 可作无数个铅垂面和一个正平面、一个侧平面。包含正垂线或侧垂线作平面的情况，请读者自行分析。

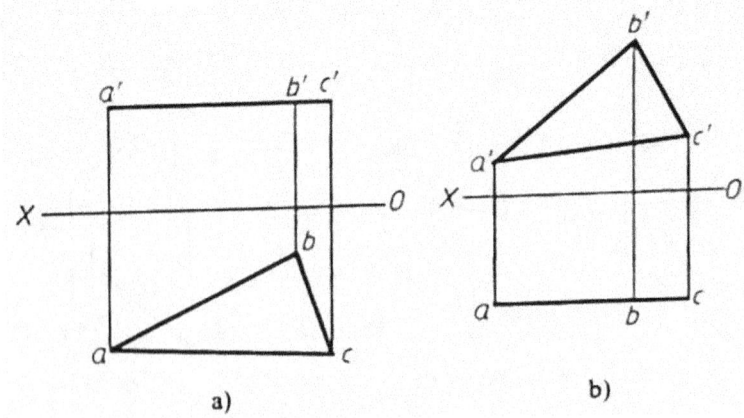

图 3-47 过已知直线作投影面平行面
(a)过水平线 AB 作水平面 (b)过正平线 AB 作正平面

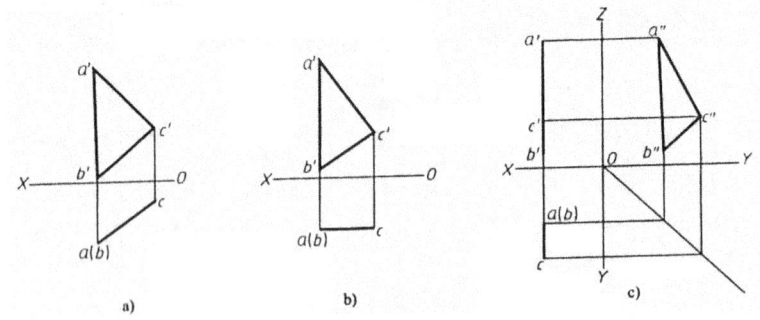

图 3-48 过垂直线作平面
(a)过 AB 线可作无数个铅垂面 (b)过 AB 线可作一个正平面
(c)过 AB 线可作一个侧平面

2. 过已知点作平面

过已知点作平面时,如果不附加其他条件,可作无数个一般位置平面或投影面垂直面,而对于正平面、水平面和侧平面则只能各作一个。鉴于作图方法比较简单,可由读者自行分析。

例 3-16 已知△ABC 的两个投影,见图 3-49(a),试在△ABC 平面内取一点 K,使 K 点的坐标为:

$X = 25$ mm, $Z = 10$ mm。

分析:

K 点的 Z 坐标,表示它与 H 面的距离,平面内的水平线是该平面内与 H 面等距离点的轨迹;k 点的 X 坐标,表示它与 W 面的距离,平面内的侧平线是该平面内与 W 面等距离点的轨迹。则此两轨迹的交点,即平面内的水平线与平面内的侧平线的交点,必同时满足与 H 面和 W 面为定距离的要求。

作图[见图 3-49(b)]：

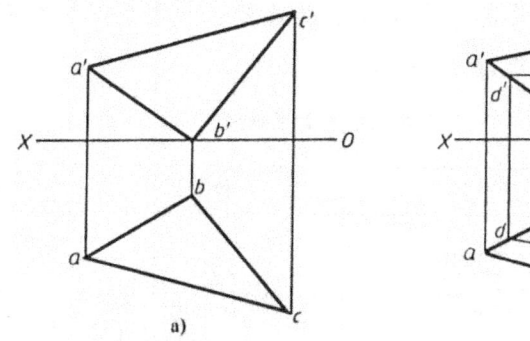
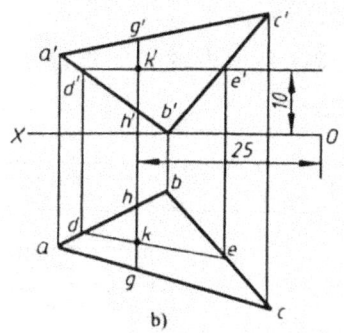

图 3-49 在平面内取点
(a)已知平面 ABC (b)平面 ABC 内取定点

1) 在△ABC 内作一条与 H 面距离为 10 mm 的水平线 DE，即使 $d'e'//OX$ 轴，且距 OX 轴为 10 mm，并由 $d'e'$ 求出 de。

2) 在△ABC 内作一条与 W 面距离为 25 mm 的侧平线 GH，即作 $g'h'$、gh 均平行于 OZ 轴，且距 OZ 轴(即 O 点)为 25 mm。

3) 水平线 DE 与侧平线 GH 的交点 $K(k、k')$ 即为所求。

四、平面内的特殊位置直线

前面已经讨论过在平面内一般可以画出各种不同位置的直线，其中在解决某些几何问题时经常用到的是下面两种特殊位置直线：

1) 平面内的投影面平行线。
2) 平面内对投影面的最大斜度线。

下面分别加以讨论。

1. 平面内的投影面平行线

在已知平面内，且与某一投影面平行的直线，称为平面内的投影面平行线。根据其所平行的投影面为 H、V 或 W 面，可分为：平面内的水平线、平面内的正平线和平面内的侧平线三种，见图 3-50。

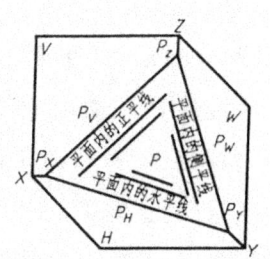

图 3-50 平面内的投影面平行线

位于一般位置平面内或投影面垂直面内的投影面平行线的方向是一定的，见图 3-50。位于一般位置平面 P 内的水平线均互相平行，且它们平行于平面 P 与 H 面的交线——水平迹线 P_H；平面 P 内的正平线互相平行，而且它们平行于 P 平面与 V 面的交线——正面迹线 P_V；同样，P 平面内的侧平线均互相平行，而且它们平行于平面 P 与 W 面的交线——侧

面迹线 P_W。

平面内的投影面平行线的作图依据是直线既要符合投影面平行线的投影特性，又要满足直线在平面内的几何条件，见表 3-7。

表 3-7 平面内的投影面平行线

名称	直观图	投影图	投影特性
平面内的水平线（AD）	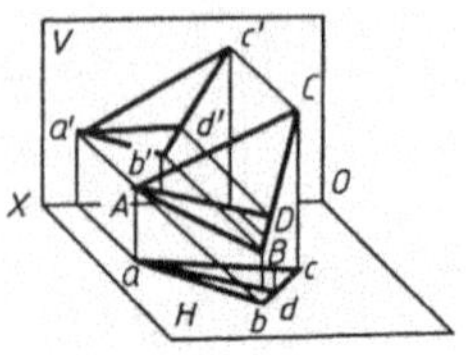	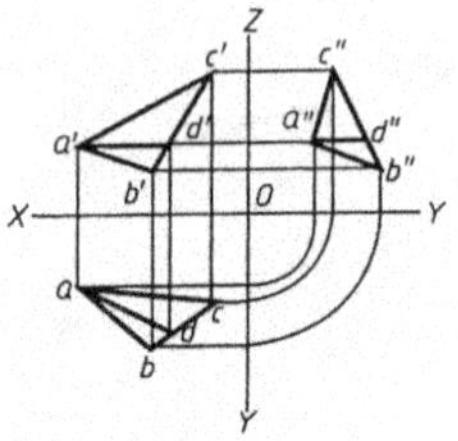	$a'd' // OX$ $a''d'' // OY$ $ad = AD$
平面内的正平线（CD）	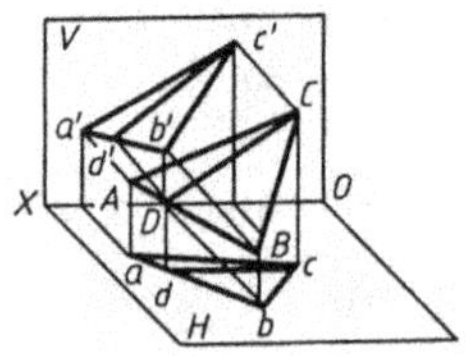	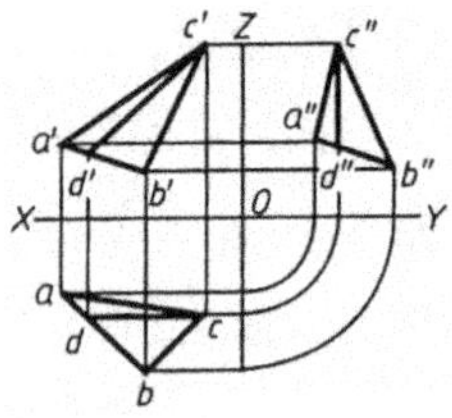	$cd // OX$ $c''d'' // OZ$ $c'd' = CD$
平面内的侧平线（BD）	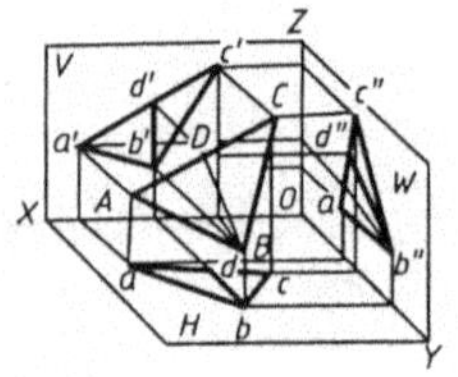	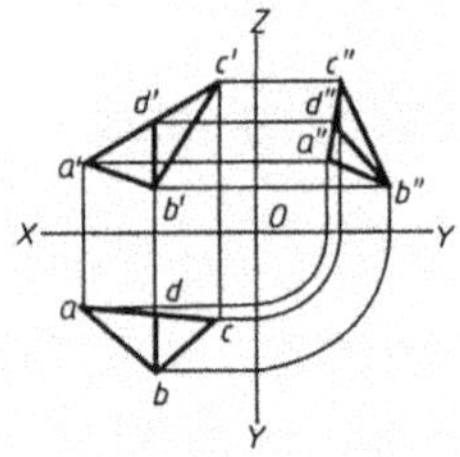	$b'd' // OZ$ $bd // OY$ $b''d'' = BD$

2. 平面内对投影面的最大斜度线

(1) 最大斜度线的概念：平面内对投影面倾角为最大的直线称为最大斜度线。见图 3-51(a)，P 平面为一般位置平面，P_H 为 P 平面的水平迹线，也是 P 平面内的水平线从 P 平面内的任意一点 N 作直线 $NM \perp P_H$ 和任意直线 NM_1、NM_2 等（图中只画出 NM_1），则在直角 $\triangle N\,mm_1$ 中，由于直角边小于斜边，所以 $NM < NM_1$，即 N 点到直线 P_H 上各点的距离以垂直距离 NM 为最短。它们在 H 面上的投影分别为 nm 和 nm_1，而 M、M_1 在 H 面内，所以 m、m_1 分别与 M、M_1 重合。由此可见，$\triangle NMn$ 和 $\triangle NM_1n$ 都是直角三角形，而 α 和 α_1 即为斜边 NM 和 NM_1 对 H 面的倾角。如将两个直角 $\triangle NMn$ 和 $\triangle NM_1n$ 重叠在一起，见图 3-51(b)，显然，它们的直角边 Nn 相同，而斜边最短者倾角为最大，由于 $NM_1 > NM$，所以 $\alpha > \alpha_1$，即以 NM（斜边最短）对 H 面的倾角 α 为最大。因此，NM 为平面 P 内过 N 点对 H 面的最大斜度线。

可见,最大斜度线 NM 是属于平面 P,并垂直于该平面内的投影面平行线 P_H 的直线。

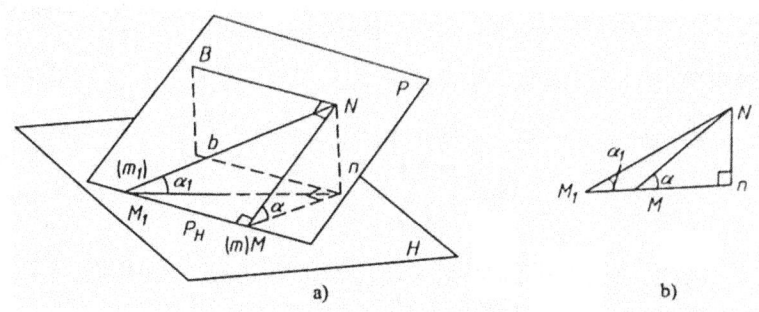

图 3-51 平面内对 H 面的最大斜度线
(a)直观图 (b)最大斜度线对投影面的倾角为最大

(2)最大斜度线的投影特性。由图 3-52 可见,平面内最大斜度线可分为:

平面内对 H 面的最大斜度线——垂直于该平面内的水平线和平面的水平迹线 P_H;

平面内对 V 面的最大斜度线——垂直于该平面内的正平线和平面的正面迹线 P_V;

平面内对 W 面的最大斜度线——垂直于该平面内的侧平线和平面的侧面迹线 P_W。

由以上分析可知,平面对投影面的最大斜度线,其方向必定垂直于此平面内的该投影面的平行线,

即在图 3-51(a)中 $NM \perp NB$(NB 为水平线),$mm \perp P_H$。由直角投影定理可知,最大斜度线在该投影面上的投影必定垂直于此平面内该投影面平行线的同面投影,即 $nm \perp nb$,$nm \perp P_H$。

(3)平面对投影面的倾角。图 3-51(a)中,$\angle NMn$(α 角)为平面 P 内对 H 面的最大斜度线 NM 与 H 面的夹角,此夹角即为平面 P 对 H 面的倾角。因此,最大斜度线的主要几何意义在于可以利用它来测定平面对投影面的倾角。

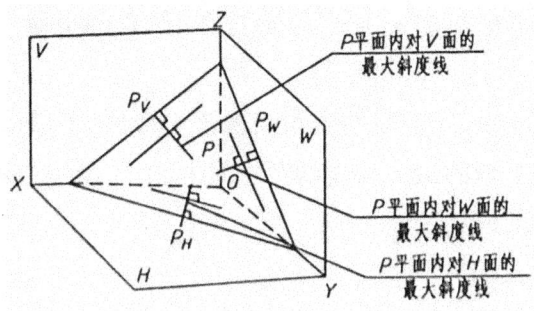

图 3-52 平面内的最大斜变线

(4) 最大斜度线的物理意义，如图 3-53 所示，当球或水珠落在屋顶上的斜坡平面上时，则它一定是沿着斜坡平面对水平面的最大斜度线的方向滚下来。而骑车上坡时，沿最大斜度线方向骑行，距离最短，但坡度最陡。

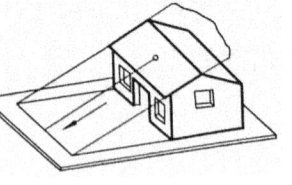

图 3-53　最大斜度线的物理意义

例 3-17　求 △ABC 平面对 H 面和 V 面的倾角 α 和 β，见图 3-54。

分析：

欲求平面 △ABC 对 H 面的倾角 α，也就是求 △ABC 平面内对 H 面的最大斜度线与 H 面的夹角 α。为此，应先在 △ABC 平面内作一水平线。并作出水平线的垂线，即对 H 面的最大斜度线，再求出它对 H 面的倾角 α，见图 3-54(a)。

作图[见图 3-54(b)]：

1) 在 △ABC 内作水平线 AE(ae、a'e')。

2) 过 b 作 bf 垂直于 ae，交 ac 于 f，再求出 f'，并连接 b'、f'，则 BF(bf、b'f') 为 △ABC 平面对 H 面的最大斜度线。

3) 用直角三角形法求出 BF 对面的夹角 α，即为所求。

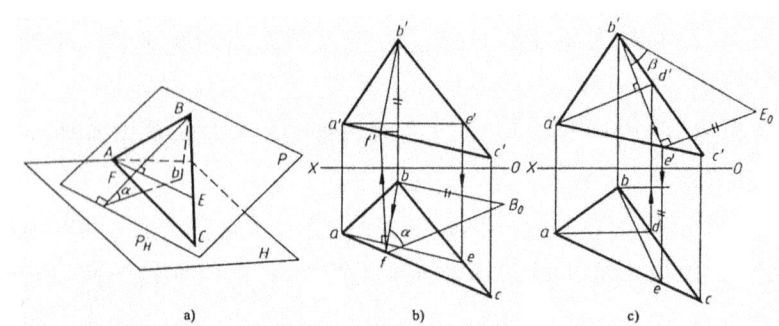

图 3-54　求 △ABC 平面对 H、V 面的倾角 α、β
(a)直观图　(b)求 △ABC 对 H 面的倾角 α　(c)求 △ABC 对 V 面的倾角 β

同理，可求出 β，见图 3-54(c)。

例 3-18　试过水平线 AB 作一与 H 面成 30°倾角的平面。

分析：

因平面内最大斜度线与 H 面的夹角反映该平面对 H 面的倾角。因此，只要作出一条与 H 面成 30°夹角的最大斜度线与 AB 线相交，那么，最大斜度线与 AB 线所决定的平面即为所求。

作图(见图 3-55)：

1) 在水平线 AB 上任取一点 C(c、c')，过 c 作与 ab 垂直的线段 cd。

2) 过 d 点作与 cd 夹角为 30°的直线与 ab 交于 e 点。

3) ec 为 CD 线的 Z 坐标差,并由此求出 d'。

4) 连接 $c'd'$。线段 CD 与水平线 AB 决定的平面即为所求。

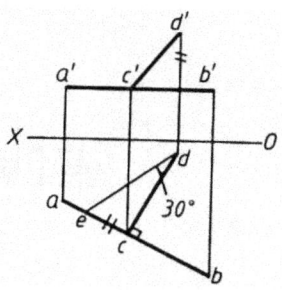

图 3-55　作与 H 面成 30° 倾角的平面

第四章　直线、平面的相对位置

第一节　空间几何元素间的相对位置关系

在点、直线和平面三种空间几何元素之间,如果去掉重合,则两空间几何元素间存在 13 种相对位置关系,归纳如下。

1. **相交关系**
①两直线相交;②两平面相交;③线面相交。

2. **平行关系**
①两直线平行;②两平面平行;③线、面平行。

3. **垂直关系**
①两直线垂直;②两平面垂直;③线、面垂直。

4. **交叉关系**
两直线交叉。

5. **从属关系**
①点、线从属关系;②点、面从属关系;③线、面从属关系。

以上 13 种相对位置关系中,前面已讨论过的有如下 7 种:3 种从属关系及两直线平行、两直线相交、两直线交叉和两直线垂直等。因此,本章主要讨论其余 6 种。

平行问题:直线与平面平行,平面与平面平行。

相交问题:直线与平面相交,平面与平面相交。

垂直(相交的特殊情况)问题:直线与平面垂直,平面与平面垂直。

第二节 直线、平面的平行关系

一、直线与平面平行

从初等几何学可知，若一直线和某平面上的任一直线平行，则此直线平行于该平面。如图 4-1(a)所示，直线 DE 平行于△ABC 平面内的直线 FG，则 DE 线平行于△ABC 平面，图 4-1(b)是它的投影图。

运用这个几何定理，可以在投影图中解决以下作图问题：
1) 判别直线与平面是否平行。
2) 过定点作直线平行于已知平面。
3) 过定点作平面平行于已知直线。

例 4-1　试判别直线 EF 是否平行于△ABC 平面，见图 4-2。

分析：

在△ABC 平面内是否能作出平行于 EF 的直线，若能作出，则 EF 平行于△ABC 平面；反之，不平行。

作图：

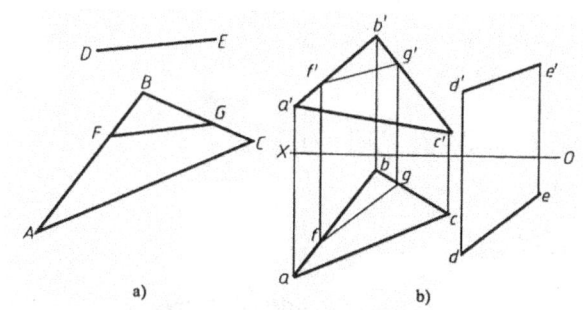

图 4-1　线与平面平行
(a)空间图 (b)投影图

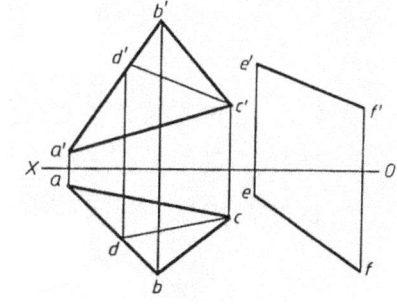

图 4-2　判别直线与平面是否平行

1) 在△ABC 内作一直线 CD，使 $c'd' \,/\!/\, e'f'$。
2) 求出 CD 线的水平投影 cd，因为 cd 不平行 ef，所以 EF 直线不平行于△ABC 平面。

例 4-2　已知平面△ABC 及其平面外一点 M 的投影，见图 4-3(a)，试过点 M 作一正平线 MN（长度任取），使它与△ABC 平面平行。

分析：

先在△ABC 内作一条正平线，再经过 M 点作一直线平行于这条直线，则过 M 点所作直线，便是平行于△ABC 平面的正平线。又因为，△ABC 内所有的正平线都是互相平行的，所以过 M 点只能作一条正平线平行于△ABC。

作图［见图 4-3(b)］：

1) 作 cd//OX 轴，并求得 $c'd'$，则 $CD(cd、c'd')$ 即为△ABC 平面内的一条正平线。

2) 过 $M(m、m')$ 点作 mn//cd，$m'n'$//$c'd'$，则 MN//CD//△ABC。

即 MN 为所求的平行于△ABC 平面的正平线。

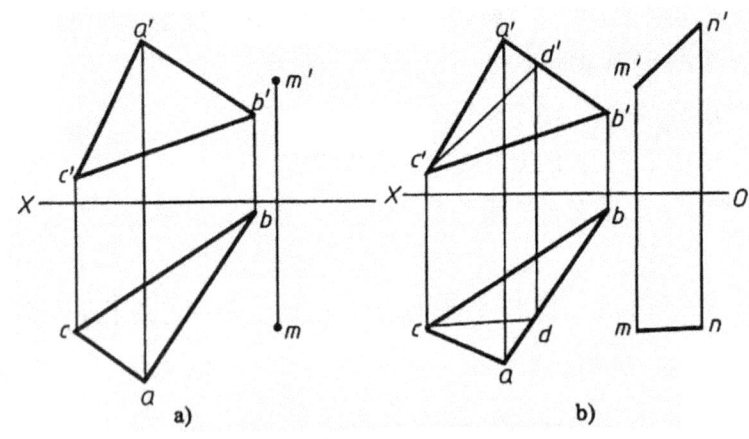

图 4-3 过 M 点作正平线平行于已知平面
(a)给题 (b)求解

例 4-3 已知直线 AB 和线外一点 C 的投影，见图 4-4(a)。

1) 试过 C 点作平面平行于直线 AB。

2) 试过 C 点作一铅垂面平行于直线 AB。

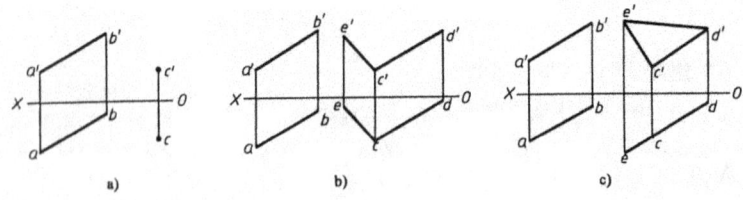

图 4-4 过一点作平面平行于已知直线
(a)给题 (b)作平面//AB (c)作铅垂面//AB

分析：

1) 过 C 点可作一条直线 CD//AB，再任意引一直线 CE，则 CD、CE 相交两直线所决定的平面，平行于直线 AB。

2) 为使过 C 点所作的铅垂面平行于已知直线 AB,则铅垂面的水平投影(积聚成直线)应平行于直线 AB 的水平投影 ab。

作图:

1) 见图 4-4(b),过点 $C(c、c')$ 作 $cd//ab$,$c'd'//a'b'$,则 $CD//AB$;再过 C 点任意作一直线 $CE(ce、c'e')$,则 CD、CE 相交两直线所决定的平面便是所求。

由于 CE 线可以任意作出,所以本问题可有无数个解。

2) 见图 4-4(c),过 C 点作直线 $CD//AB$,即作 $cd//ab$,$c'd'//a'b'$;再过 CD 直线作一铅垂面,即任取一点 e',并由 e' 作 OX 轴的垂线,交 cd 于 e 点,则 $\triangle CDE$($\triangle c'd'e'$ 和 $\triangle cde$)即为所求平面。

由于过 CD 线的铅垂面只能作一个,所以本题为唯一解。

二、平面与平面平行

从初等几何学知道,如果一个平面内的相交两直线,例如 P 平面内相交两直线 AB、BC,对应地平行于另一个平面内的相交两直线,例如 Q 平面内相交两直线 A_1B_1、B_1C_1,则此两平面互相平行,见图 4-5。

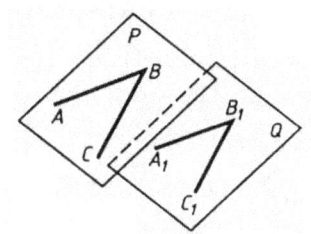

图 4-5 两平面平行

根据此几何定理,可在投影图上解决以下作图问题:

1) 判别两平面是否平行。
2) 过定点作平面平行于已知平面。

例 4-4 判别由 $\triangle ABC$ 和 $\triangle DEF$ 所表示的两平面是否互相平行,见图 4-6。

分析:

先在一个平面内取一对相交直线,然后在另一平面内看能否作出一对相交直线与第一对相交直线对应平行。如能作出,则表示该两平面互相平行,否则就不平行。

为了作图方便,通常取投影面平行线。

作图:

1) 在 $\triangle ABC$ 内作相交直线:正平线 AN(an 和 $a'n'$,$an//OX$ 轴)和水平线 CM(cm 和 $c'm'$,$c'm'//OX$ 轴)。

2) 在△DEF 内作两相交直线：正平线 EL（el 和 e'l'，el'//OX 轴）和水平线 DK（dk 和 d'k'，d'k'//OX 轴）。

3) 由于 a'n'//e'l'，an//el；同时另一组投影 c'm'//d'k'，cm//dk，故△ABC//△DEF。

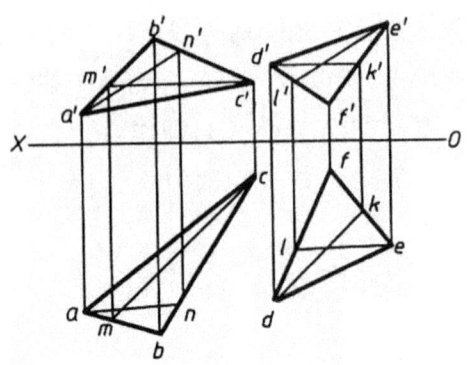

图 4-6 判别两平面是否平行

本题也可以在一个平面内的某一投影上取一对相交直线，使其与另一平面内的两条已知边对应地平行，然后检查在第二个投影上是否也有相同的平行关系，如果在两个同面投影上都相互平行，则表示两平面互相平行，否则就不平行。

例 4-5 过 K 点作平面平行于已知平面△ABC，见图 4-7(a)。

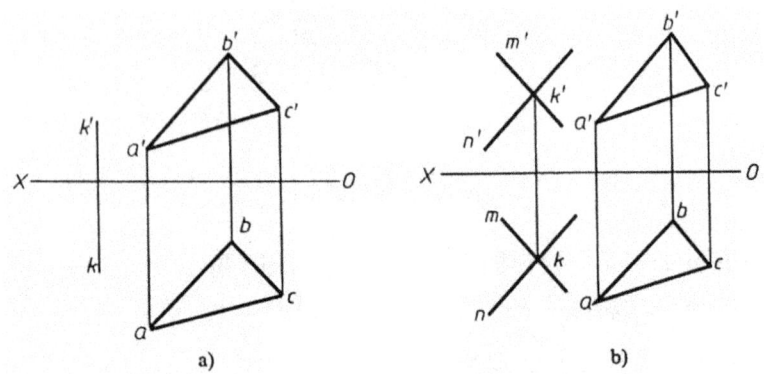

图 4-7 过 K 点作△ABC 的平行面
(a)给题 (b)求解

分析：

过点作平面平行于△ABC 平面时，只要过已知点作两相交直线分别平行于△ABC 的任意两边即可。

作图：见图 4-7(b)。

1) 过 K 点作直线 KM 平行于三角形的 BC 边，即作 k'm'//b'c'、km//bc。

2) 再过 K 点作直线 KN 平行于 AB 边，即作 k'n'//a'b'，kn//ab。

则过 K 点的两相交直线 KM 和 KN 所决定的平面一定平行于△ABC,故为所求。

对于两个同一投影面的垂直面,只要具有积聚性的两个投影互相平行,则两平面平行,否则两平面不平行。如图 4-8 中△ABC 及四边形 $DEFG$ 均为铅垂面,因其有积聚性的水平投影互相平行,所以此两平面必互相平行。反之,对于两个同一投影面的垂直面互相平行,则它们具有积聚性的同面投影必然互相平行。

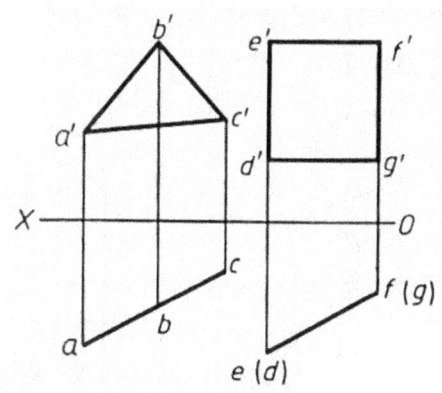

图 4-8　两铅垂面平行

第三节　直线、平面的相交关系

直线与平面、平面与平面不平行,则必相交。

直线与平面相交,只有一个交点,它既在直线上,又在平面上,因而交点是直线与平面的共有点。

两平面相交,则有交线,它是两平面的共有线,求作两平面的交线,只要作出交线上的两个共有点或者一个共有点和交线的方向均可确定,因而求作两平面的交线,可归纳为求直线与平面的交点的作图。

求直线与平面的交点的一般方法是辅助平面法,但当平面有积聚性时可以直接求得。

下面介绍求交点、交线的方法。

一、一般位置直线与特殊位置平面相交

由于特殊位置平面的某些投影有积聚性,交点可直接求出,如图 4-9(a)所示,直线 AB 与铅垂面 $CDEF$ 相交,交点 K 即是 AB 直线与 $CDEF$ 平面的共有点。如图

4-9(b)所示,因铅垂面 CDEF 的水平投影积聚成直线 $d(c)e(f)$,所以,交点 K 的水平投影为 ab 与 $d(c)e(f)$ 两直线的交点 k,由 k 可求出其正面投影 k'。即求出了直线 AB 与铅垂面 CDEF 的交点 $K(k,k')$。

求出交点后,为了增强图形的清晰性和直观性,还需对直线和平面(或面、面)投影的重叠部分判别它们的可见性。而线、面的交点(或面、面的交线)是可见与不可见的分界点(分界线)。在图 4-9(b)中,水平投影均为可见,并观察水平投影可知,ak 位于 $d(c)e(f)$ 的左前方,所以正面投影中。$a'k'$ 为可见,而 $k'b'$ 与 $c'd'e'f'$ 重叠部分 $k'g'$ 一段为不可见,应画成虚线。

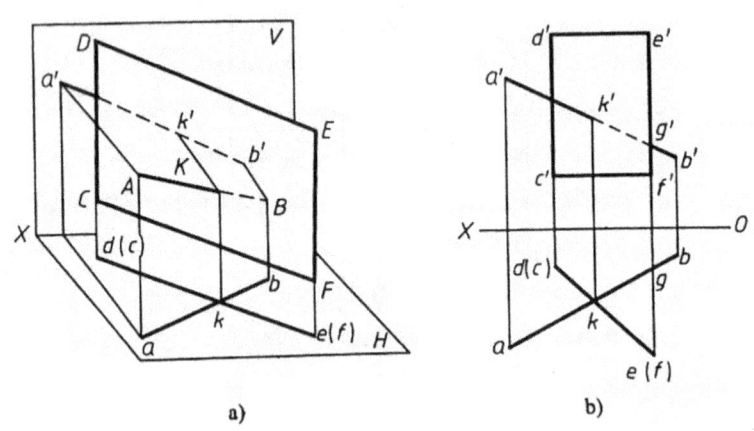

图 4-9　直线与特殊位置平面相交
(a)直观图　(b)投影图

二、 投影面垂直线与一般位置平面相交

如图 4-10(a)所示,AB 直线为铅垂线,其水平投影有积聚性。因为 AB 线与 ACDE 平面的交点在 AB 线上,故交点 K 的水平投影 k 必在 AB 线的水平投影 a(b)上。因此,交点的水平投影是已知的。交点 K 又在△CDE 平面内,故由 K 的水平投影 k 利用面内取点的方法,即可求得交点 K 的正面投影 k',见图 4-10(b)。

可见,求某一投影面垂直线与一般位置平面相交的交点,可归结为在面上取点。

三、 一般位置平面与特殊位置平面相交

通常把求两平面交线的问题看作是求两平面共有点的问题。欲求图 4-11(a)中两平面△ABC 和△DEF 的交线,只要求出交线上两点就可以了,如 AC、BC 两边与△DEF 的交点 K 和 L。

因为△DEF 是铅垂面,如前面已讨论过,利用其投影有积聚性的便利条件,可直接求出它与直线 AC 和 BC 的交点 K 和 L,连接 K 和 L,即为两平面的交线,具体

作图见图 4-11(b)。

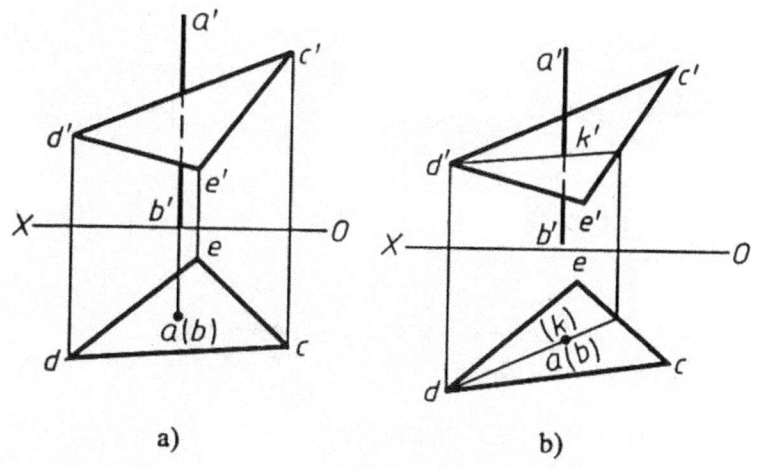

图 4-10 铅垂线 AB 与 △CDE 平面相交
(a)先求水平投影 (b)面上取点求正面投影

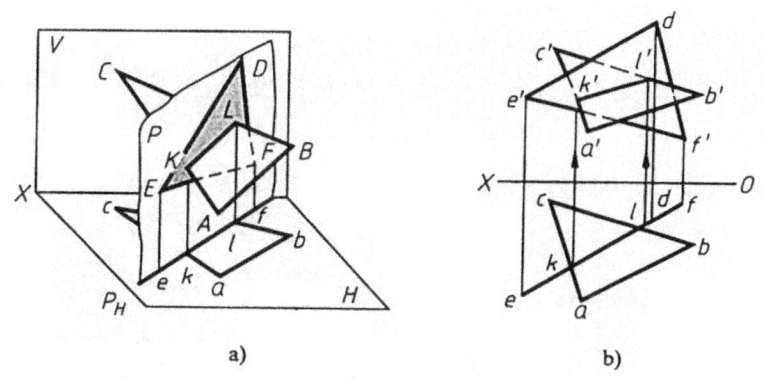

图 4-11 △ABC 平面与特殊位置平面相交
(a)直观图 (b)投影图

四、一般位置直线与一般位置平面相交

由于直线与平面均处于一般位置,见图 4-12(a),其投影都没有积聚性,所以这种情况,不能在图上直接定出交点来,要求出交点 K 可以这样考虑:

1) 包含 AB 直线作辅助平面 P,见图 4-12(b)。
2) 求出辅助平面 P 与 △CDE 的交线 MN,见图 4-12(c)。
3) 求出 AB 直线与 MN 线的交点 K,则点 K 既在直线 AB 上,又在直线 MN 上,即在 △CDE 上,故 K 点即为 AB 直线与 △CDE 平面的交点。

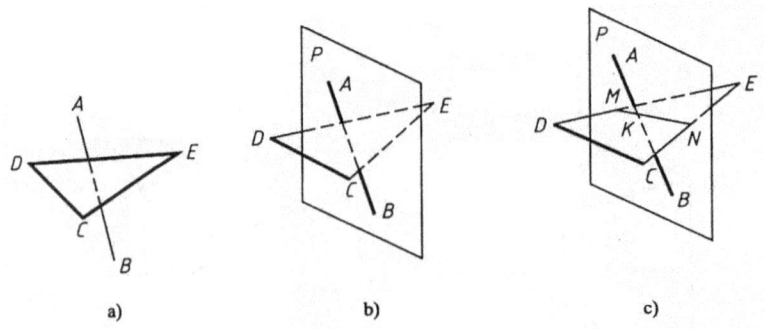

图 4-12 一般位置直线与一般位置平面相交
(a)给题 (b)过 AB 作辅助平面 P (c)求 P 与△CDE 交线,再求与 AB 的交点 K

例 4-6 求 AB 直线与△DEF 平面的交点,如图 4-13(a)所示。

作图：

1) 包含 AB 直线作辅助铅垂平面 P,以 P 平面的水平迹线 P_H。表示此平面,见图 4-13(b)。

2) 求 P 平面与△DEF 的交线 MN,见图 4-13(b)。

3) $m'n'$ 与 $a'b'$ 的交点 k',即是交点 K 的正面投影,然后由 k' 求出 k,见图 4-13(b)。

4) 判别可见性,见图 4-13(c)。

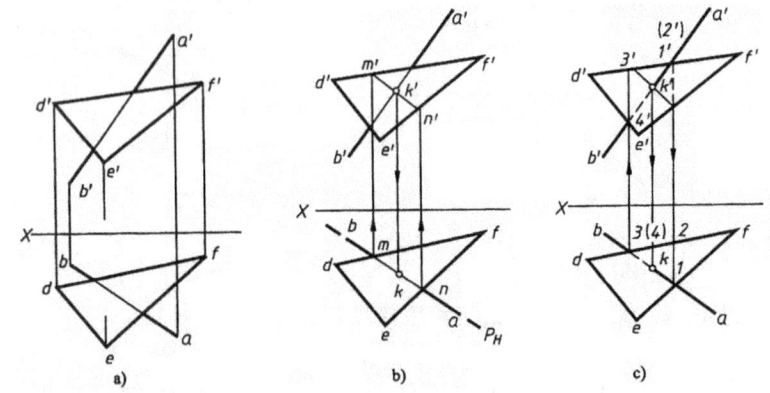

图 4-13 用辅助画法求直线与平面的交点
(a)给题 (b)求交点 K (c)判别可见性

由于直线 AB 与△DEF 各边均交叉,可用观察重影点的方法来判断可见性。图 4-13(c)中直线 AB 上的Ⅰ(1,1′)点和 DF 上的Ⅱ(2,2′)点的正面投影重影,从水平投影看Ⅰ点在前,Ⅱ点在后,在正面投影中 1′点可见,2′点不可见,应记为 1′(2′),故知 1′k′为可见,画成粗实线,而另一段与△DEF 重叠的部分为不可见,应画成虚线。

同理,利用 DF 边与 AB 直线的重影点 3(4),可以判断在 AB 直线的水平投影中,ak 一段为可见应画成粗实线,而另一段与 $\triangle DEF$ 重叠的部分为不可见,应画成虚线。

五、两个一般位置平面相交

1. 用求一般位置直线与平面的交点的方法求两平面的交线

对两个一般位置平面相交来说,可用求一平面内的直线与另平面的交点的方法(辅助平面法),来确定共有点,求得两个共有点的连线即为所求的两平面的交线。

例 4-7　求 $\triangle ABC$ 与 $\triangle DEF$ 的交线,见图 4-14(a)。

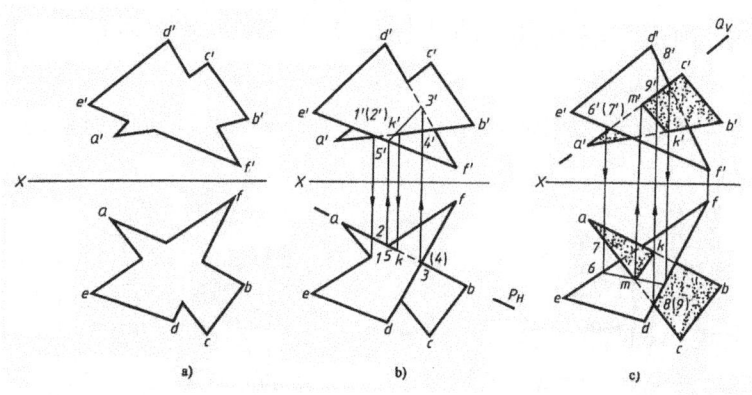

图 4-14　求 $\triangle ABC$ 与 $\triangle DEF$ 的交线
(a)给题　(b)求 AB 与 $\triangle DEF$ 的交点 K　(c)求 AC 与 $\triangle DEF$ 的交点 M

分析:

除平行以外,一个三角形平面的各边与另一个三角形平面必定相交。因此,任取一个三角形平面的一边,一般均可求出这条边与另一个三角形平面的交点。同理可求得另一个交点,则两点连线即为所求的交线。

作图:

1) 过 $\triangle ABC$ 的 AB 边作铅垂面 P_H,求得 AB 边与 $\triangle DEF$ 的交点 $K(k、k')$,并判别 AB 边的可见性,见图 4-14(b)。

2) 过 $\triangle ABC$ 的 AC 边作正垂面 Q_V 求得 AC 边与 $\triangle DEF$ 的交点 $M(m、m')$,并判别 AC 边的的可见性,见图 4-14(c)。

3) 连接 $K、M$ 的同面投影,即得所求交线 $KM(km、k'm')$。

4) 判别两平面的可见性。投影图上两个三角形平面未重叠部分均是可见的,交线的各投影也是可见的,它是两个三角形重叠部分中可见与不可见部分的分界线。根据直线 $AB、AC$ 的可见性判别,可判定两三角形平面的可见性,见图 4-14(c)。

2. 利用三面共点的方法求两平面的交线

在图 4-15(a)中，$\triangle ABC$ 和 DE、FG 两平行直线各决定一个一般位置平面，两者在有限范围内不相交。为了求出它们的交线，可作辅助平面 P 与两平面分别相交于 Ⅰ Ⅱ 和 Ⅲ Ⅳ，由于这两条交线在同平面上，因此，将它们延长后如不平行，则一定相交于一点，如 K_1，且 K_1 点必为两平面的共有点。用同样方法再作辅助平面 Q，可求得另一共有点 K_2，连接直线 K_1K_2，即为所求交线。其投影图的作法见图 4-15(b)。先由 12 与 34 分别延长相交，得到的交点 k_1 即为共有点 K_1 的水平投影，由 k_1 求出其正面投影 k'_1。同理，由 56 与 78 分别延长相交，得到的交点 k_2 即为共有点 K_2 的水平投影，由 k_2 求出其正面投影 k'_2。连接两个共有点的同面投影得 k_1k_2、$k'_1k'_2$ 即为所求交线 K_1K_2 的两投影。K_1K_2 为两平面扩大后的交线位置，故不必判别投影的可见性。

为了作图方便，通常采用如图 4-15 所示的投影面平行面作为辅助面。

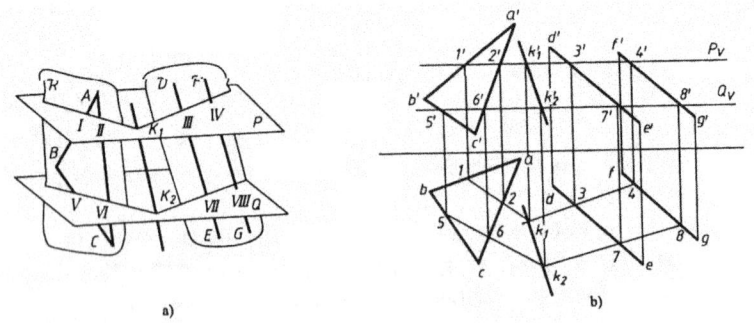

图 4-15 用三面共点法求两平面的交线
(a)直观图 (b)求交线

第四节 直线、平面的垂直关系

一、直线与平面垂直

垂直于平面的直线，称为该平面的垂线或法线，直线与平面垂直是直线与平面相交的一种特殊情况。这里主要讨论直线与平面垂直时的投影特点及在投影图上定出平面的法线的方向问题。

由初等几何学知道：若一直线垂直于平面内的任意两条相交直线（不论交点是否为垂足），则该直线垂直于此平面，同时，垂直于平面内的一切直线。

如图 4-16(a)中直线 $MK \perp AD$，$MK \perp EF$，则 $MK \perp \triangle ABC$ 平面，同时，MK

垂直于该平面内的一切直线。

根据直角投影定理可知：如果一直线垂直于一平面，则该直线的水平投影一定垂直于该平面内任一水平线的水平投影。直线的正面投影一定垂直于该平面内任一正平线的正面投影。如图 4-16 中，直线 $MK \perp \triangle ABC$，则 $m'k' \perp e'f'$，$mk \perp ad$。

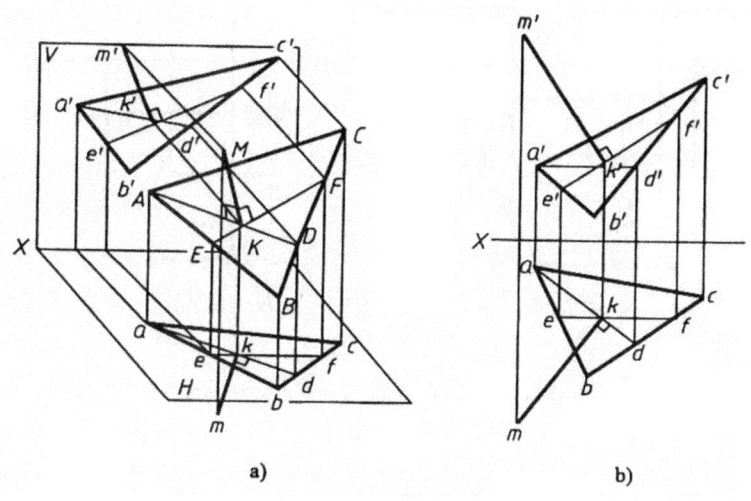

图 4-16　直线与平面垂直
(a) 直观图　(b) 投影图

反之，若一直线的水平投影垂直于定平面内的水平线的水平投影，直线的正面投影垂直于定平面内的正平线的正面投影，则直线必垂直于该平面。即 $m'k' \perp e'f'$，$mk \perp ad$，则 $MK \perp \triangle ABC$。

例 4-8　已知正垂面 ABCD 和平面外一点 M 的正面投影和水平投影，见图 4-17(a)。求 M 点到正垂面 ABCD 的距离，并求其垂足。

分析：

若一直线与平面垂直，而该平面又垂直于某一投影面时，则直线必平行于该投影面。图中 ABCD 为一正垂面，故过 M 点作它的垂线必为正平线，它的正面投影与正垂面 ABCD 的正面投影成直角。

作图[见图 4-17(b)]：

1) 由 M 点的正面投影 m' 向 $a'b'c'd'$ 作垂线，并交于 k' 点，$m'k'$ 为垂线的正面投影，由于 $a'b'c'd'$ 有积聚性，故 k' 即为垂足 K 的正面投影。

2) 根据分析 MK 为一正平线，故过 m 点作一直线 mk 平行于 OX 轴，并由 k' 作 OX 轴的垂线 kk'，两直线的交点 k 为垂足 K 的水平投影。则 $m'k'$ 反映 MK 的实长，即为所求的距离。

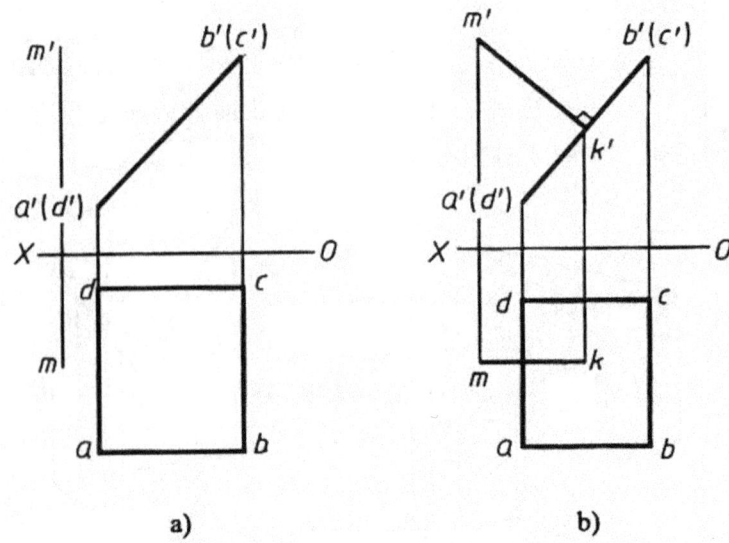

图 4-17 求 M 点到 ABCD 平面的距离
(a)给题 (b)求解

例 4-9 已知△ABC 平面和平面外一点 M 的两个投影,见图 4-18(a),求 M 点到△ABC 平面的距离。

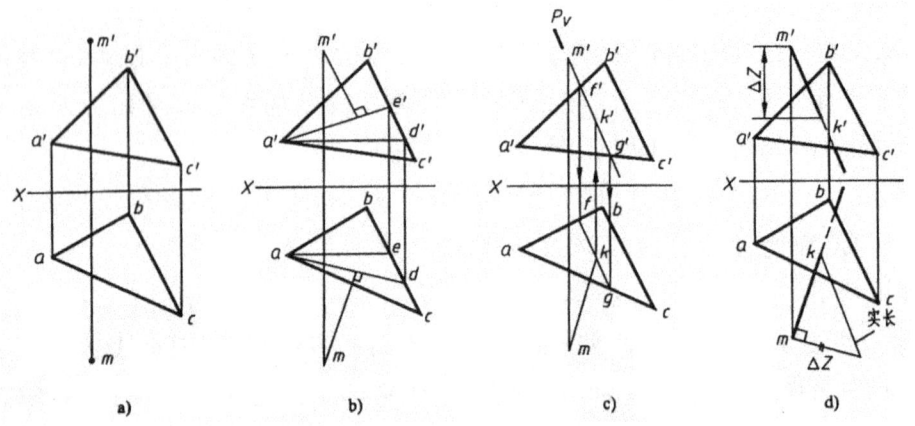

图 4-18 求 M 点到△ABC 平面的距离
(a)给题 b)作垂线 (c)求垂足 (d)求距离的实长

由于△ABC 为一般位置平面,则由 M 点作△ABC 平面的垂线也是一般位置直线,求出垂线与平面的垂足 K 后,利用直角三角形法求出 MK 的实长,即为所求。

作图:

1) 在△ABC 内作水平线 AD(ad、a'd')和正平线 AE(ae、a'e'),见图 4-18(b)。

2) 自 M 点向△ABC 作垂线,即过 m'作直线垂直 a'e',过 m 点作直线垂直 ad,

见图 4-18(b)。

3) 利用求直线与一般位置平面交点的一般方法,求出垂线与平面的垂足 K,见图 4-18(c)。

4) 用直角三角形法求出垂线 MK 的实长,即为 M 点到 $\triangle ABC$ 的真实距离,见图 4-18d。

应注意:辅助线 AD 和 AE 不是过垂足的直线,因此,垂线 MK 和它们是不相交的。此处仅利用 AD 和 AE 的方向来确定垂线 MK 的方向而与垂足无关。垂线与平面的交点即垂足 K 必须按直线与平面相交求交点的作图过程求得。

二、平面与平面垂直

两平面垂直相交是两平面相交的一种特殊情况,在解决两平面的互相垂直问题时,立体几何中有下述定理:若直线垂直于平面,则包含此直线的一切平面都与该平面垂直。

由此可知,绘制相互垂直的平面有两种方法:

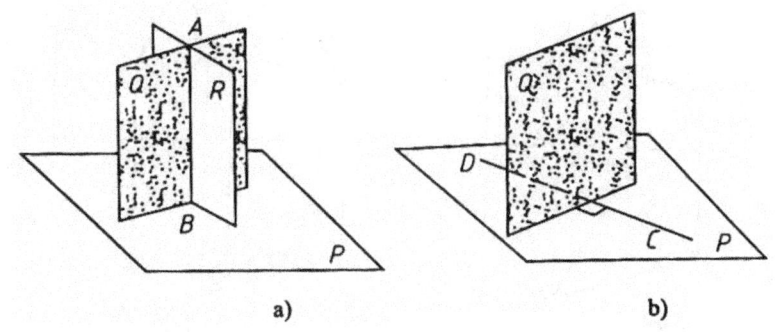

图 4-19 平面与平面互相垂直
(a) $AB \perp P$,则 $Q \perp P$、$R \perp P$ (b) $Q \perp CD$,则 $Q \perp P$

1) 使平面经过垂直于已知平面的直线,见图 4-19(a)。
2) 使平面垂直于已知平面内的一直线,见图 4-19(b)。

反之,如两个平面互相垂直,则由第Ⅰ平面内的任意一点向第Ⅱ平面所作的垂线一定在第Ⅰ平面内,如图 4-20(a)中,Ⅰ平面垂直于Ⅱ平面,故从Ⅰ平面内的 C 点作Ⅱ平面的垂线 CD,定在Ⅰ平面内。若 CD 不在Ⅰ平面内,则Ⅰ、Ⅱ两平面肯定不垂直,见图 4-20(b)。

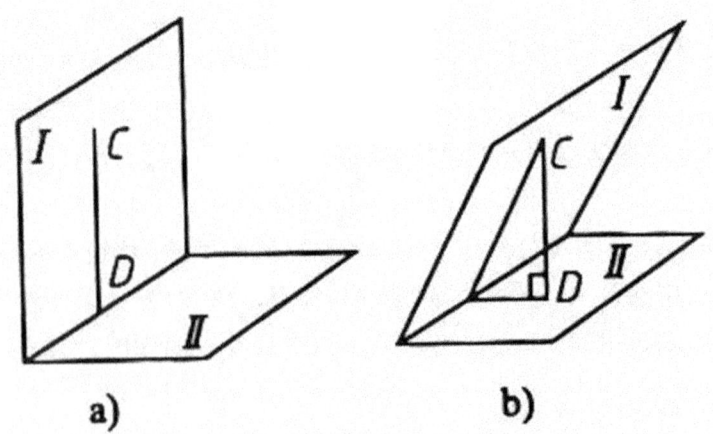

图 4-20 判别两平面是否垂直
(a)两平面垂直 (b)两平面不垂直

例 4-10 过定点 M 作平面垂直于△ABC 平面,见图 4-21(a)。

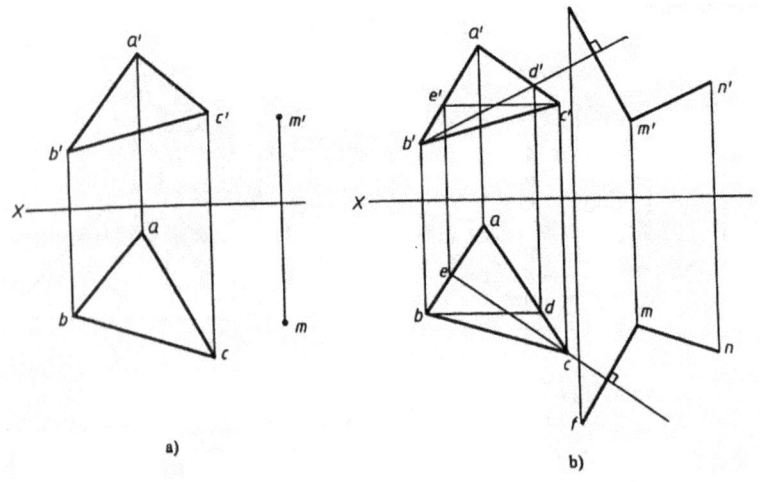

图 4-21 过定点作平面的垂直面
(a)给题 (b)求解

作图[见图 4-21(b)]:

1) 首先过点 M 作△ABC 的垂线 MF(mf、$m'f'$)。

2) 由于包含垂线 MF 的一切平面均垂直于△ABC,所以可作任意一直线 MN(mn、$m'n'$)与 MF 直线相交。则相交两直线 MN、MF 所确定的平面即为所求。

由于直线 MN 为任意作出的,故本题有无穷个解。

例 4-11 试判别△GMN 与相交两直线 AB、CD 所给定的平面是否垂直,见图 4-22。

作图：

1) 过△GMN 内任意一点（如 M 点）作 AB 和 CD 所确定的平面的垂线 MS。
2) 从图中可看出 MS 不在△GMN 内，所以两平面不垂直。

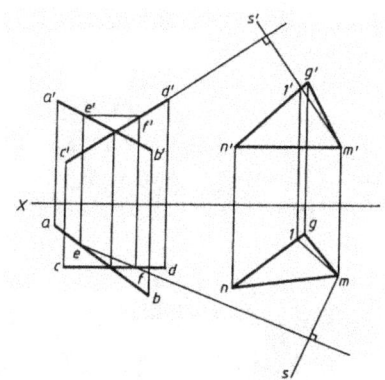

图 4-22　判别两平面是否垂直

例 4-12　试过 A 点作直线与已知一般位置直线 EF 正交，见图 4-23(a)。

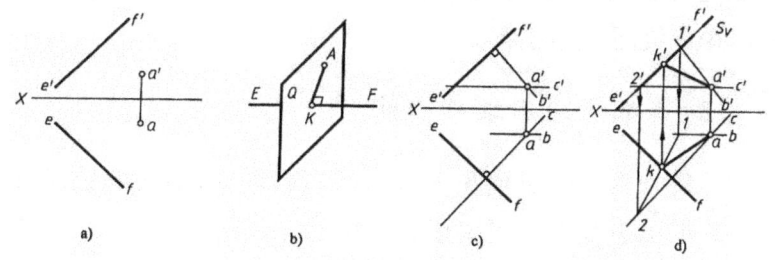

图 4-23　过定点作直线与一般位置直线正交
(a)给题　(b)直观图　(c)过 A 点作 EF 线的垂直面　(d)求垂足 K 得垂线 AK

分析：

根据给出的投影图 4-23(a)，直线 EF 处于一般位置，故垂直于 EF 的直线一般也处于一般位置。由直角投影的特性可知，若两一般位置直线在空间垂直相交，则此两直线的同面投影的交角都不等于直角。因此，在投影图上，如果要过定点作一般位置直线的垂线时，无法从已知的投影直接作出。

解决这个问题，要用上述直线和平面相互垂直的原理，作垂直于直线的辅助面。如图 4-23(b)所示。若有直线 AK⊥EF，则 AK 必在垂直于 EF 的平面 Q 内。因此，应先过定点 A 作 EF 的垂直面 Q，再求出 EF 与平面 Q 的交点 K，连直线 AK 即为所求。

作图：

1）过点 A 作垂直于直线 EF 的辅助平面，该平面由水平线 AC 和正平线 AB 给定，见图 4-23(c)。

2）求辅助平面与直线 EF 的交点。为此，过 EF 作辅助正垂面 S（图中以 S_v 表示），求出交点 $K(k、k')$，并连接 $AK(ak、a'k')$，即为所求，见图 4-23(d)。

第五节　点、线、面综合题的解法

解答点、线、面综合题，如求空间几何元素的交点、交角，确定其自身位置等定位问题，以及求某些几何元素的实长、实形、距离、角度、等度量问题时，情况往往比较复杂，解题过程中常常要遇到几何元素间的多种相对位置关系，需运用求它们的交点、交线等多种基本作图原理和方法。因此，应善于依照题目中的已知条件，按严密的逻辑推理，通过一系列分析、综合，找出已知条件与求解之间的关联因素，以确定解题方案，并求得最终所需的答案。

一、常用的基本作图原理和方法

解题时，常用的基本作图原理和方法，除了点、直线、平面的投影规律和投影特性外，还要熟练掌握以下基本作图原理和方法。

1）用直角三角形法求线段的实长和对投影面的倾角。
2）点将线段定比分割。
3）一条边平行于投影面的直角投影定理。
4）平面上取点、取直线。
5）过点或直线作平面。
6）作平面的最大斜度线。
7）两直线间的相对位置关系（平行、相交、交叉）。
8）直线与平面之间的相对位置关系（平行、相交、垂直）。
9）平面与平面之间的相对位置关系（平行、相交、垂直）。

二、解题的一般步骤

1. 弄清题意

解题时，应首先分清哪些是已知条件，它是解题的依据和出发点；哪些是所求的问题，它是思考的方向。

2. 空间分析

综合分析已知条件和所求问题。根据几何元素之间的从属关系和相对位置关系，拟出空间解题方案，明确解题思路、方法和步骤。当一个题目可用多种解法时，应尽量使用较简便的方法。由于每一个基本作图（如求线、面的交点，过点向面作垂线等）方法中又有几个作图步骤，因此，在拟定空间解题方案的步骤时，要分清层次和枝干关系，主要是拟定出大致的解题步骤，这是解题的关键一步。

对于某些复杂的综合题，为了帮助分析，借助于简单的用具（铅笔、三角板等），比拟空间几何元素之间的相对位置关系，建立空间几何模型，有助于启发解题思路和方法。

3. 投影分析

分析各几何元素的投影面之间的相对位置及其投影特性，从而选择、确定作图方法。特别要注意的是，充分利用特殊位置几何元素的投影特性，以达到简化作图的目的。

4. 拟定解题方法

点、线、面综合题常用的解题方法有：轨迹法、变形法、逆推法和第三投影法等。下面将分别介绍其具体方法并举例说明。

三、解题示例

1. 轨迹法

当题目要求的解答必须满足几项要求时，应该把题目的要求进行分解，即分别作出满足题目各项要求的轨迹，再求出这些轨迹的交点或交线等即得所求。

轨迹法的解题思路是，先考虑满足求解的某一要求，引出所有可能的解（一个轨迹），再一一引进其他要求（其他轨迹），并从中找出能同时满足这些要求的答案（几个轨迹的交点、交线）。

利用轨迹法作图，只是求解综合性问题的一个手段，根据不同题目，仍然需要结合应用其他图解法。

例 4-13　过点 A 作一直线与两直线 BC、DE 相交，见图 4-24(a)。

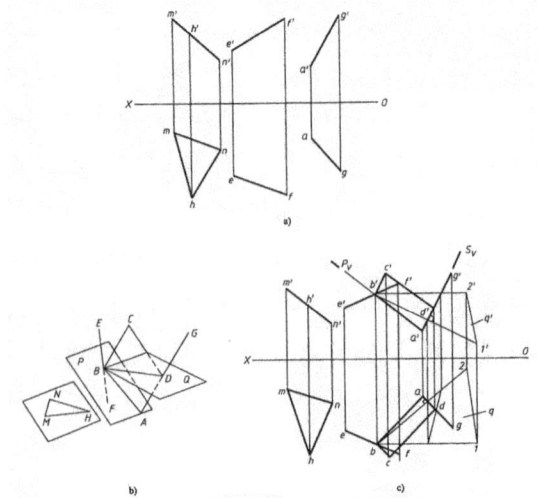

图 4-24 过 A 点作一直线与 BC、DE 相交
(a)给题 (b)求 C 与 △ADE 交点 K (c)连 AK 即为所求 (d)空间分析直观图 (e)求解直观图

分析：

过点 A 与 BC 相交的直线的轨迹为由 A 点与 BC 线所确定的平面 P；过点 A 与 DE 线相交的直线的轨迹是由 A 点与 DE 线所确定的平面 Q，见图 4-24d。

同时满足以上两个条件的直线就是 P、Q 两平面的交线。为了简化作图，不必作出 P、Q 两平面及其交线，而只需求出 BC 与 Q 面(△ADE)的交点 K，连接 AK，它一定与 BC、DE 都相交，见图 4-24(e)。

作图：

1) 连接 AE、AD 得平面△ADE(△$a'd'e'$、△ade)，过 BC 作正垂面 $S(S_V)$ 求得 BC 线与△ADE 的交点 $K((k'、k))$，见图 4-24(b)。

2) 连接 AK($a'k'$、ak)，并延长 AK，与 DE 直线相交于 F(f'、f)，见图 4-24(c)。则直线 AKF($a'k'f'$、akf)即为所求。

例 4—14 已知直线 AC、EF 和△MNH 的两投影，见图 4-25(a)，试作一平行四边形 ABCD，使 AB 边平行于△MNH，点 B 在直线 EF 上，D 点在直线 AG 上，对角线 BD 垂直于 AG。

分析[见图 4-25(b)]：

AB 边平行于△MNH，则 AB 边必在过点 A 且平行于△MNH 的平面 P 上 (AB 线的轨迹)；点 B 在 EF 上，则点 B 必是平面 P 与直线 EF 的交点；BD 垂直于 AG，则 BD 必在过 B 点，且垂直于 AG 的平面 Q 上 (BD 线的轨迹)；而点 D 在直线 AG 上，所以点 D 必是平面 Q 与 AG 线的交点。至此已求得 A、B、D 三点，即求得 AB 和 AD 两邻边，再根据平行四边形对边平行的原理即可作出平行四边形 AB-

CD。

作图[见图 4-25(c)]：

1）过 A 点作平面 $P/\!/\triangle MNH$，即过 A 点作正垂面 P，使其正面投影 P_V 平行于 $\triangle MNH$ 的有积聚性的投影 $m'n'h'$（图中省略 P 平面的水平投影）。

2）求出直线 EF 与平面 P 的交点 $B(b、b')$，并连接 $AB(ab、a'b')$。

3）过 B 点作平面 Q（Ⅰ B Ⅱ）垂直于 AG。

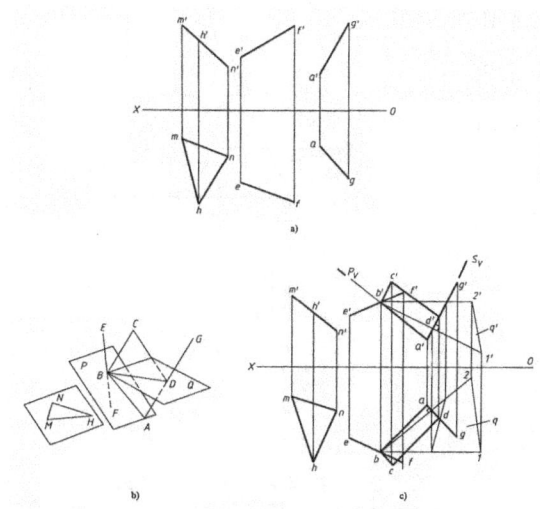

图 4-25 作平行四边形 $ABCD$
(a)给题 (b)空间分析直观图 (c)求解投影图

4）过 AG 作辅助正垂面 S，求出平面 Q 与 AG 的交点 D。

5）过 D、B 作 DC、BC 分别平行于 AB、AD，交于点 C，则平行四边形 $ABCD$ 即为所求。

2. 实形法

空间几何问题的解，常存在于相关元素所决定的平面之中，例如点到直线的距离，两条平行线的间距，两条相交直线的夹角，过点作直线与已知直线相交成定角等。上述已知相关元素都可决定一个平面，其解存在于该平面之中，故称为共面问题，一旦求出平面的实形，问题就迎刃而解。

实形法的解题思路：应首先求出共面的几何元素的实形，并在实形图上用几何作图的方法求解，再将所求得的几何元素返回到原投影体系中去。

例 4-15 已知 $\triangle ABC(\triangle abc、\triangle a'b'c')$，见图 4-26(a)，求作 A 角的角平分线。

分析：

求出 $\triangle ABC$ 的实形，便可在实形图上作出 A 角的角平分线，再返回到投影图上即得所求。

作图：

1) 用直角三角形法求出△ABC各边的实长，见图4-26(b)。

2) 作出△ABC的实形，在△ABC中作出A角的角平分线AM，交BC边于M点，见图4-26(c)。

3) 在图4-26(b)中的$b'C_0$上，自b'点量取线段$b'M_0=BM_0$。

4) 自M_0点作直线平行于$c'C_0$，交$b'c'$于m'点，由m'点求出m，则AM(am、$a'm'$)即为所求的A角的角平分线。

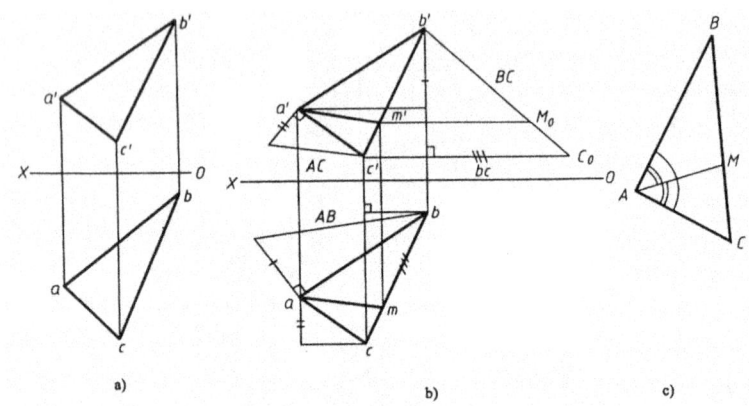

图 4-26　求作A角的角平分线
(a) 给题　(b) 求出△ABC边长AB、BC和AC　(c) 在△ABC实形中作A角平分线

本题若用投影变换的方法求解，则将更为方便，详见第五章。

例 4—16　已知三棱锥的底面△ABC(△abc和直线$a'b'c'$)及侧棱的长度SA、SB和SC，见图4-27(a)，求作三棱锥的两面投影。

分析：如图4-27(b)所示，因为三棱锥底面实形△ABC≌△abc，且三侧棱实长均为已知，所以可作出三棱锥各侧面的实形△S_1AB≌△SAB、△S_2BC≌△SBC和△S_3CA≌△SCA(图中只画出了前两个三角形)。若将△S_1AB、△S_2BC分别绕AB、BC旋转则交于S, S即为所求三棱锥的锥顶，据此便可画出三棱锥S−ABC。这里综合了两个共面问题。

作图[见图4-27(c)]：

1) 以b为圆心，SB为半径作圆弧，与以a为圆心，SA为半径所作的圆弧交于点S_1，与以c为圆心，SC为半径所作的圆弧交于点S_2，即得棱面△SAB和△SBC的实形△S_1ab与△S_2bc。

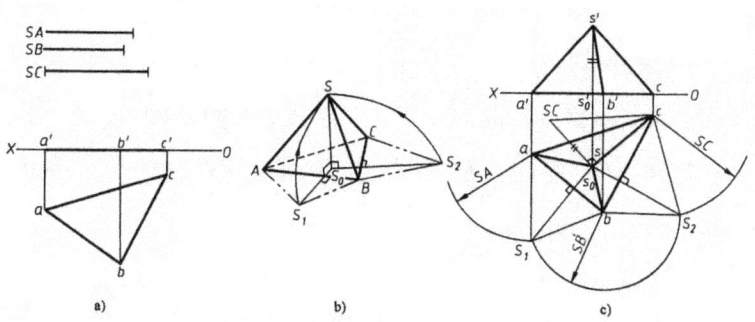

图 4-27 作三棱锥的投影
(a)给题 (b)三棱锥空间分析 (c)求解

2) 过点 S_1、S_2 分别向 ab、bc 作垂线，并交于点 $s(s_0)$，即为所求三棱锥锥顶 S 的水平投影，连 sa、sb 和 sc，则可作出该棱锥的水平投影。

3) 由于任一侧棱线的 Z 坐标差都等于锥高，而各棱线的实长及水平投影均为已知，故用直角三角形法即可求出锥高 SS_0 的正面投影 $s's'_0$（$s's'_0 \perp OX$），连 $s'a'$、$s'b'$、$s'c'$，即为三棱锥的正面投影。

3. 逆推法

先假设所要求的解答已经作出，然后应用有关几何原理进行分析，反过来推断该解答必须具备的几何条件，并逐步分析和确定这些几何条件与已知条件间的联系，由此，得出解题方法与步骤。

例 4—17 作直线 KL 与两交叉直线 AB、CD 相交且垂直于△BFG 平面，见图 4-28(a)。

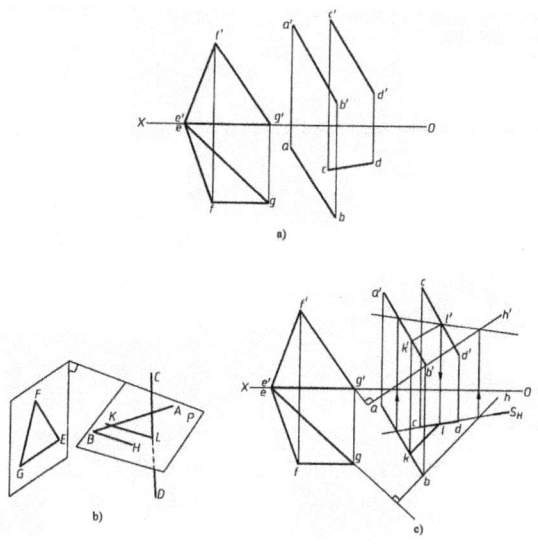

图 4-28 作直线垂直于△EFG，并与 AB、CD 相交
(a)给题 (b)空间分析直观图 (c)求解

分析：

设直线 KL 已经作出，见图 4-28(b)，则 KL 与 AB 构成平面 P，由于 $KL \perp \triangle EFG$，所以平面 $P \perp \triangle EFG$，同时 L 为平面 P 与 CD 线的交点，过 B 点作 $BH // KL$，则 $BH \perp \triangle EFG$。而题给 $\triangle EFG$ 的边线 EG、FG 为水平线和正平线，故可直接求出垂线的方向。

作图[见图 4-28(c)]：

1) 过 B 点作 BH 垂直于 $\triangle EFG$，则相交两直线 AB、BH 决定的平面 $P \perp \triangle EFG$。

2) 求平面 P 与 CD 线的交点 L。

3) 过 L 点作 $KL // BH$，交 AB 线于 K，则 KL 即为所求。

例 4-18 已知等边 $\triangle ABC$ 的一边 AB 的两投影，见图 4-29(a)，而顶点 C 在 H 面上，试画出 $\triangle ABC$ 的两投影。

分析：

设三角形顶点 C 已经作出，已知点 C 在 H 面上，点 C 的正面投影必然在 X 轴上，故可以得到 A、C 之间和 B、C 之间的 Z 坐标差这一隐蔽条件，再根据等边三角形三边相等的条件，在求出 AB 实长后。用直角三角形法就可以求出 AC、BC 边的水平投影长度，从而求出 $\triangle ABC$ 的两面投影。

作图[见图 4-29(b)]：

1) 用直角三角形法求出 AB 的实长。

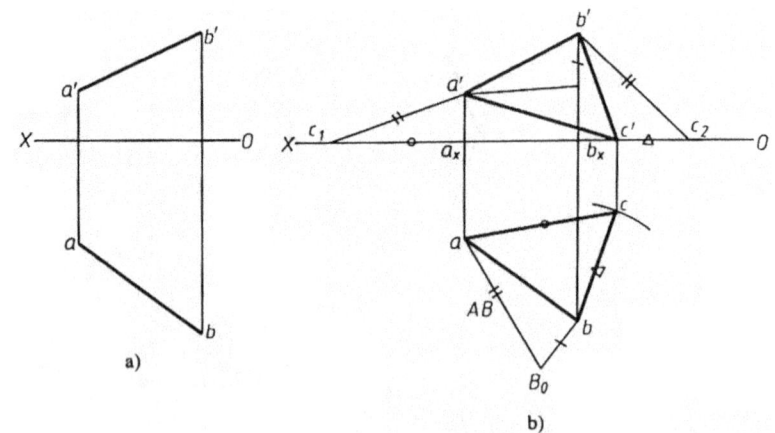

图 4-29 画出等边三角形的两投影
(a)给题 (b)求作 $\triangle ABC$

2) 以 AC 的 Z 坐标差为直角边，以 $AB = AC$ 长为斜边作一直角三角形，从而求得 AC 边的水平投影长度 $a_x c_1$，同理，求得 BC 边的水平投影长 $b_x c_2$

3) 作 $ac=a_xc_1$，$bc=b_xc_2$，完成 △ABC 的水平投影 △abc。

4) 由 c 求得 c'，连 a'c'和 b'c'，完成 △a'b'c'。

4. 利用投影特性作图法（第三投影法）

对于某些画法几何问题，当已知条件或需求的解答中含有与某投影面处于特殊位置的几何元素时，例如，相对于侧面为特殊位置时，在正面投影和水平投影往往不能真实反映某些几何特性，则可利用侧面投影，再结合其他图解方法，使问题得到解决，这种利用第三投影解题的方法称为第三投影法。

例 4-19　已知 AB、CD 两条管道，见图 4-30(a)，现欲架一条与 H 面、V 面均平行的管道与之连接，试画出此管道的投影图。

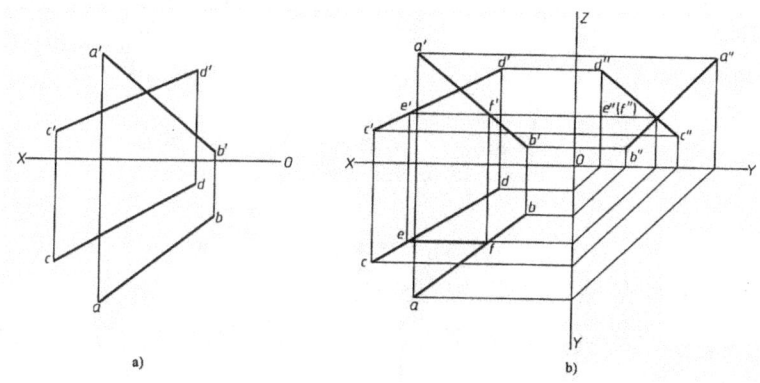

图 4-30　用平行于 H、V 投影面的管道连接两管道
(a)给题　(b)求解

分析：本题欲求的同时平行于 H 和 V 面的管道，它只能位于侧垂线位置，所以，它在平面上的投影积聚成一点，且此点必过 AB、CD 交叉两管道在 W 面上投影的重影点，故用第三投影法，先求出 AB、CD 两管道的 W 面投影，并沿重影点连接管道即可。

作图[见图 4-30(b)]：

1) 分别求出 AB、CD 两管道的侧面投影 $a''b''$、$c''d''$。

2) $a''b''$、$c''d''$的交点即为连接管道 EF 的侧面投影 $e''f''$。

3) 由 $e''f''$求出 ef 和 e'f' 则 EF(ef、e'f' 和 e''f'')即为所求的连接管道。

例 4-20　作直线 MN 与 V、H 面成相同的倾角，且与已知直线 AB 及 CD 相交，见图 4-31(a)。

分析：

如图 4-31(b)所示，所求的直线为 MN，由于 $mm=MN\cos\alpha$，$m'n'=MN\cos\beta$，显然，欲使直线 MN 与 V、H 面成相同的倾角；即 $\beta=\alpha$，则其正面投影长与水平投影长必须相等。也就是要求 Y、Z 坐标差相等的直线，不难证明，只要位于 $\alpha=45°$ 的侧垂面上的直线,均可满足条件。又该直线要与已知直线 AB 及 CD 相交,故可任作一 α=45°的侧垂面 S,并求出直线 AB、CD 与 S 面的交点,则两交点的连线,即为所求。

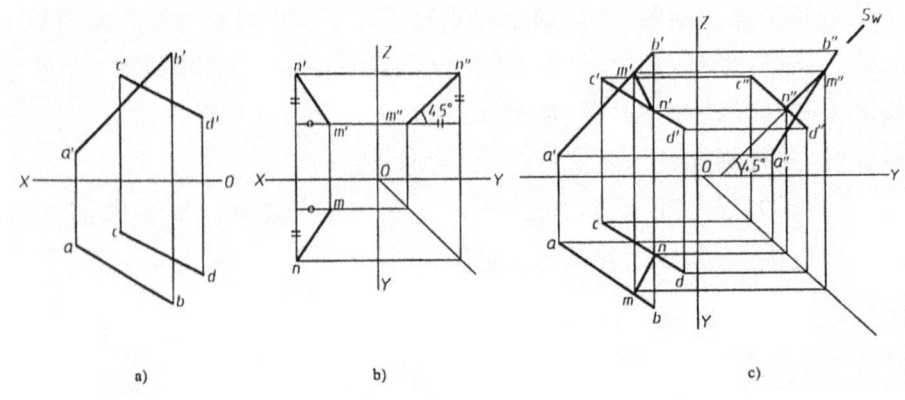

图 4-31 作直线与 V、H 面成等角且交于两直线
(a)给题 (b)投形分析 (c)求解

作图[见图 4-31(c)]:

1) 求出 AB、CD 的侧面投影 $a''b''$、$c''d''$。

2) 任作一 α=45°的侧垂面 S,则 S_W 与 $a''b''$、$c''d''$ 分别交于 m''、n'',并求出 m、n 及 m'、n'。

3) 连接 MN,即为所求直线。

此题有无数个解,直线 MN 对 H、V 面的倾角 α、β 一般小于 45°,当 MN 为侧平线时,则 α=β=45°;当 MN 为侧垂线时,则 α=β=0。

应当说明,以上介绍的解题的几种思考方法,一般不应截然分开,而应相辅相成综合运用。例如图 4-31 的解法,可以看作是逆推法和第三投影法的综合运用。

第五章 投影变换

第一节 概 述

通过前面章节的学习,知道当空间几何元素相对于投影面处于一般位置时,求解它们的定位和度量问题比较复杂。若空间几何元素相对于投影面处于特殊位置时,一些空间问题的求解就能得到简化,有利于解题。

如图 5-1(a)、(c)所示,当△ABC 平面处于特殊位置时,其实形或线面交点可由投影直接求得。而如图 5-1(b)、(d)所示处于一般位置时,则需要作图求解。由此得到启发:如果空间几何元素相对于投影面处于一般位置时,可设法改变几何元素对投影面的相对位置,使其由一般位置变换成有利于解题的特殊位置。投影变换就是研究如何改变空间几何元素与投影面的相对位置,从而达到简化解题的目的。

投影变换的方法较多,有换面法、旋转法、重合法和辅助投影法等。本章只介绍两种常用的方法。

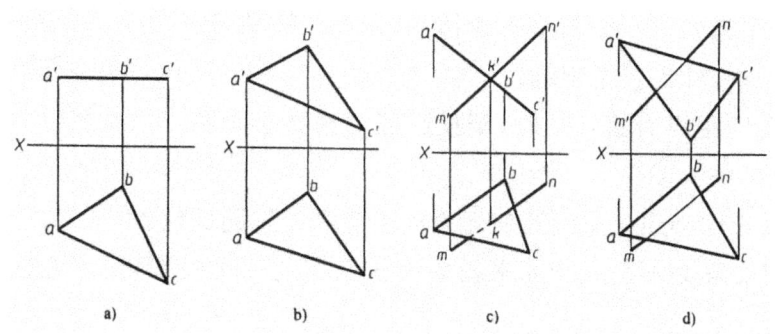

图 5-1 特殊位置与一般位置的比较
(a)求平面实形(易) (b)求平面实形(难) (c)求线面交点 k(易) (d)求线面交点(难)

一、换面法

若空间几何元素的位置保持不变,根据题目的具体条件,选定一新投影面代替原来的某个投影面,使空间几何元素在新投影面体系中与新的投影面处于有利于解题的特殊位置,这种方法称为变换投影面法,简称换面法。

二、旋转法

若投影面的位置保持不变,而将空间几何元素绕着某一选定的轴旋转,使其旋转到有利于解题的特殊位置,这种方法称为旋转法。

第二节 换面法

一、换面法的基本概念

在图 5-2 中,设 V 与 H 面是原来的两投影面体系,用 V/H 表示。它们的交线 X 称为旧投影轴。

△ABC 平面在 V/H 两投影面体系中是一个铅垂面,它的两个投影都不反映实形。现用一个平行于该三角形,且与 H 面垂直的新投影面 V_1,来代替原来的 V 面,使△ABC 平面在 V_1 面上的投影△$a'_1 b'_1 c'_1$ 反映实形。此时 V_1 与 H 面组成一个新投影面体系,用 V_1/H 表示。它们的交线 X_1,称为新投影轴。

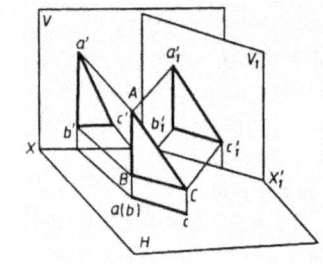

图 5-2 换面法

由此可见,用换面法解题时,新投影面的选择必须符合以下两个条件:

1) 新投影面必须与空间几何元素处于有利于解题的位置。

2) 新投影面必须垂直于原来投影面体系中的一个投影面,才能运用正投影原理来作图。

二、换面法的基本规律

点是最基本的几何元素,点的投影变换规律是换面法解题的作图基础。

1. 点的一次变换

(1) 变换 V 面。如图 5-3(a)所示,已知空间点 A 在 V/H 两投影面体系中,其

水平投影为 a,正面投影为 a'。若以 V_1 面代替 V 面,组成一个新的两投影面体系 V_1/H,然后,将点 A 向 V_1 面作正投影,便得到点 A 在 V_1 面上的投影 a'_1,a'_1 与 a 是点 A 在新投影面体系 V_1/H 中的两个投影。现在来分析新、旧投影之间的关系。显然在 V/H 和 V_1/H 两个体系中,点 A 到 H 面的距离(即 Z 坐标)是相同的,即 $a'a_x = Aa = a'_1 a_{x1}$。此外,根据正投影原理,当 V_1 面绕 X_1 轴旋转到与 H 面重合时,a 与 a'_1 的投影连线必定垂直于 X_1 轴。由此归纳出点在换面法中的投影变换规律:1)点的新投影 a'_1 和不变投影 a 的连线垂直于新投影轴 X_1,即 $aa'_1 \perp X_1$。

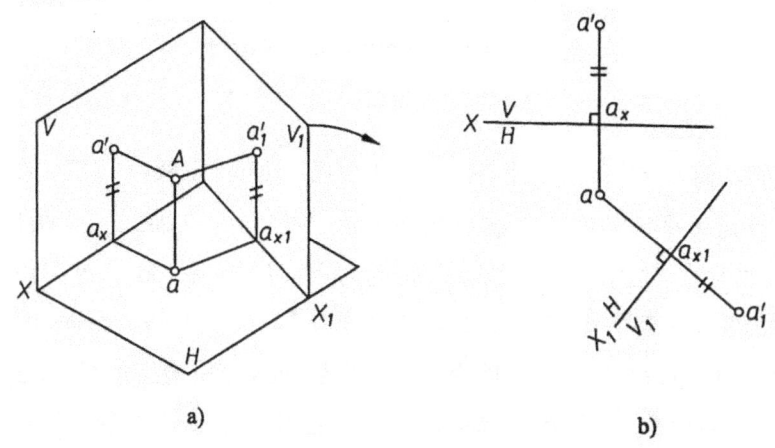

图 5-3 点的一次变换——变换 V 面

2)点的新投影 a'_1 到新投影轴 X_1 的距离,等于被代替的旧投影 a' 到旧投影轴 X 的距离,即 $a'_1 a_{x1} = a' a_x$。

根据上述的投影变换规律,点在一次换面中的作图步骤见图 5-3(b):

1)在适当位置作新投影轴 X_1,以 V_1 面代替 V 面,形成新体系 V_1/H。

2)过不变投影 a 向新投影轴 X_1 作垂线,得垂足 a_{x1}。

3)在垂线的延长线上截取 $a'_1 a_{x1} = a' a_x$,从而得到 A 点在 V_1 面上的新投影 a'_1。

(2)变换 H 面。在图 5-4(a)中,已知 A 点在 V/H 两投影面体系中的投影是 a 与 a',现用 H_1 面代替 H 面,形成新体系 V/H_1。其作图步骤见图 5-4(b):先作新投影轴 X_1,再过 a' 向 X_1 轴作垂线,并在垂线的延长线上截取 $a_1 a_{x1} = aa_x$,从而得到 A 点在 H_1 面上的新投影 a_1。

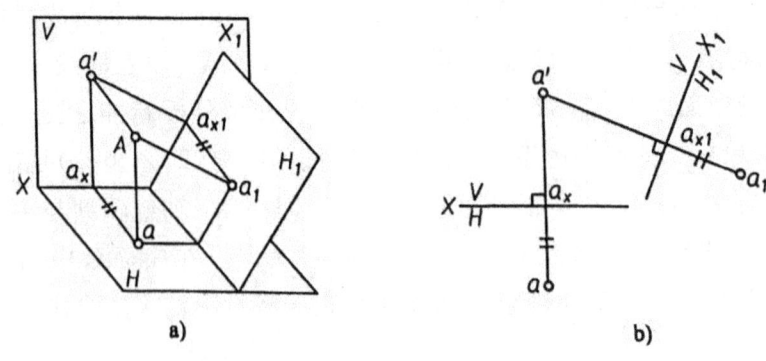

图 5-4 点的一次变换——变换 H 面

2. 点的多次变换

运用换面法解决实际问题时,有时通过一次变换不能解决问题,需要变换二次或多次才能得到解答。两次或多次换面的作图方法与一次换面完全类同,但换面必须交替进行,如第一次由 V_1 面代替 V 面成为 V_1/H 体系,第二次应以 H_2 面代替 H 面,使两投影面体系变为 V_1/H_2,第三次再以 V_3 面代替 V_1 面而变为 V_3/H_2 体系,以此类推。此外,在变换的过程中,新旧投影、投影面、投影轴的概念是相对而言的,随变换过程而改变。譬如 X_1 轴在第一次变换中是新投影轴,但它在第二次变换时则成为旧投影轴。图 5-5 是点 A 的二次变换过程。其作图步骤如下:

1)作及 X_1 轴,以 V_1 面代替 V 面。根据点的投影变换规律,作 $aa'_1 \perp X_1$, $a'_1 a_{x1} = a'a_x$,求得 A 点在 V_1 面上的新投影 a'_1。

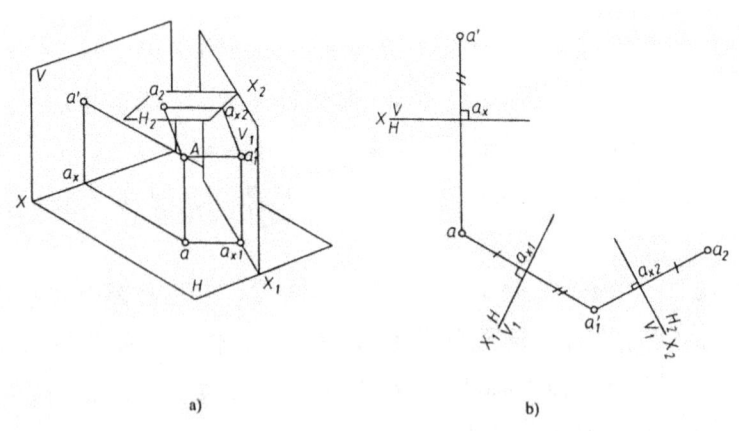

图 5-5 点的两次变换

2)作 X_2 轴,以 H_2 面代替 H 面,进行第二次变换。作 $a'_1 a_2 \perp X_2$, $a_2 a_{x2} = aa_{x1}$,求得点 A 在 H_2 面上的新投影 a_2。

点的两次变换也可以先变换 H 面,再变换 V 面。如果解题需要也可作多次变换。其作图过程由读者自己思考。

由于两点确定一直线，不在一直线上的三点确定一平面，因此掌握点的变换规律后，直线与平面的变换作图就有了基础。

三、四个基本问题

用换面法求解空间几何问题时，经常要碰到直线或平面的变换投影面问题，即怎样将一般位置的直线或平面，变换成与新投影面处于平行或垂直的位置。就其作图过程来看可以归纳为以下四个基本问题：

1) 将一般位置直线变换成投影面平行线。
2) 将一般位置直线变换成投影面垂直线。
3) 将一般位置平面变换成投影面垂直面。
4) 将一般位置平面变换成投影面平行面。

换面法解决这四个基本问题的方法分述如下：

1. 将一般位置直线变换成投影面平行线

一般位置直线经过一次变换能使其成为新投影面的平行线。只要选择一个新投影面，使其与已知线平行并垂直于原体系中保留的那个投影面，就可以实现这个变换。如图 5-6(a)所示，直线 AB 是 V/H 体系中的一般位置直线，用一条平行于直线 AB 并垂直于 H 面的 V_1 面来代替 V 面，使直线 AB 在 V_1/H 体系中变为 V_1 面的平行线，则直线 AB 在 V_1 面上的投影 $a'_1b'_1$ 反映直线 AB 的实长，而且 $a'_1b'_1$ 和 X_1 轴的夹角即为直线 AB 对 H 面的倾角。图 5-6(b)是投影图，其作图步骤如下：

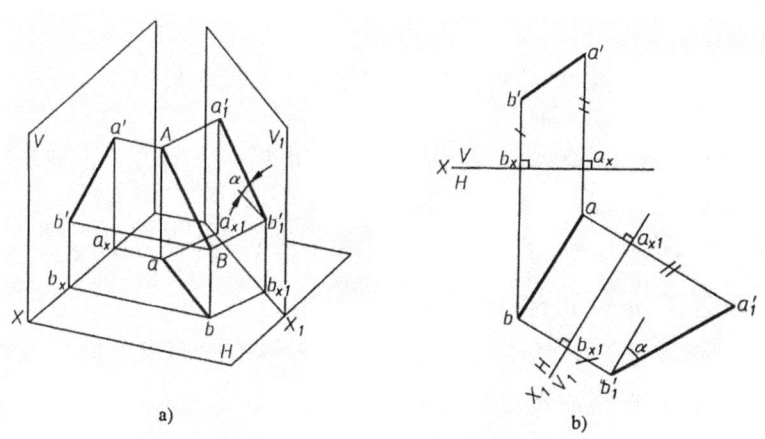

图 5-6 一般位置直线一次变换成投影面平行线

1) 作 X_1 轴 $//ab$（X_1 轴与 ab 的距离大小根据图形布局要求确定，与解题结果无关）。

2) 按点的变换规律变换直线的两端点 A 与 B，得到新投影 a'_1、b'_1。

3) 连接 a'_1、b'_1，则 $a'_1b'_1$ 即为直线 AB 在 V_1 面上的新投影。它反映了直线 AB 的实长，它与 X_1 轴的夹角 α 即为直线 AB 对 H 面的倾角。

如果需要求直线 AB 的实长及其对 V 面的倾角 β，则新投影轴 X_1，必须平行于 $a'b'$，即保留 V 面，而用 H_1 面代替 H 面。望读者自行作图。

2. 将一般位置直线变换成投影面垂直线

将一般位置直线变换成投影面垂直线时，由于通过一次变换不可能选择一个新投影面既垂直于一般位置直线，同时又垂直于保留的投影面，因此要进行两次变换：第一次先将一般位置直线变换成平行线，再将平行线变换成垂直线。如图 5-7(a) 所示，先用 V_1 面代替 V 面，使一般位置直线 AB 变换成为 V_1 面的平行线。然后再用 H_2 面代替 H 面，使直线 AB 变换成为新投影面 H_2 的垂直线。投影图的作图步骤见图 5-7(b)。

1) 作 X_1 轴 $//ab$，求得投影 $a'_1b'_1$〔作法同图 5-6(b)〕。

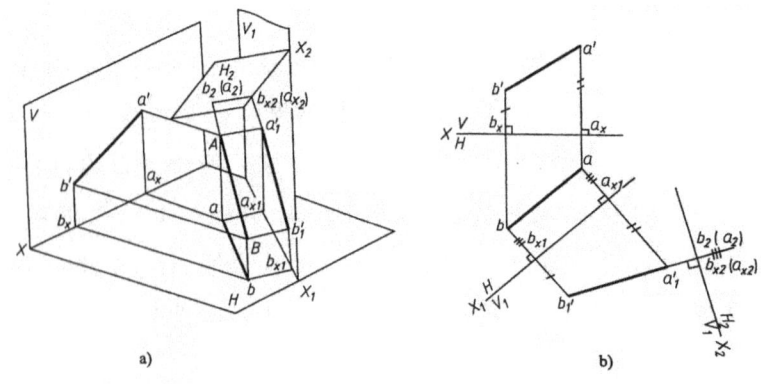

图 5-7 一般位置直线变换成投影面垂直线

2) 作 X_2 轴 $\perp a'_1b'_1$，在 $a'_1b'_1$ 的延长线上量取 a_2、b_2，到 X_2 轴的距离等于 a、b 到 X_1 轴的距离，得 a_2、b_2、a_2、b_2 积聚成一点。

也可以选用 H_1 面代替 H 面，再以 V_2 面代替 V 面，使一般位置直线 AB 变换成为 V_2 面的垂直线，请读者自行分析作图。

从图 5-7 的作图过程中可知：若直线是 V/H 体系中的投影面平行线，则只需经过一次换面就可使它变换成新投影面的垂直线。

3. 将一般位置平面变换成投影面垂直面

图 5-8(a)表示 V/H 体系中的一般位置平面 $\triangle ABC$ 变换成投影面 V_1 的垂直面的情况。由立体几何知道，只要将 $\triangle ABC$ 平面上的任意一条直线变换成新投影面的垂直线，则平面 $\triangle ABC$ 便垂直于新投影面。由于将一般位置直线变换成投影面

垂直线,必须变换两次投影面,而将投影面平行线变换成投影面垂直线只需变换一次投影面。为简化作图,应在△ABC 平面上任作一条投影面平行线为辅助线,再作新投影面垂直于它,在新投影面体系中,△ABC 平面就是新投影面的垂直面。图 5-8(b)是投影图,其作图步骤如下:

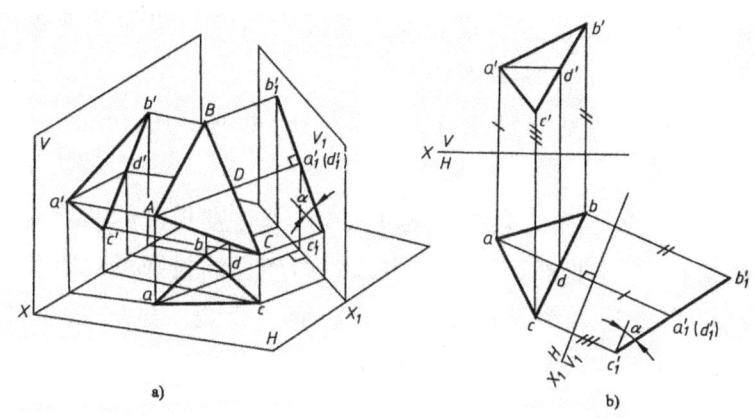

图 5-8　一般位置平面变换成投影面垂直面

1) 在平面△ABC 内作一条水平线 AD(其投影为 ad、$a'd'$,其中 $a'd'$//X 轴)。

2) 作 X_1 轴⊥ad。

3) 依次求出点 A、B、C 的新投影 a'_1、b'_1 和 c'_1。这三点必在同一直线上,即△ABC 平面是新投影面体系 V_1/H 中 V_1 面的垂直面。新投影 $a'_1b'_1c'_1$ 与 X_1 轴的夹角就是△ABC 平面对 H 面的倾角 α。

若需要求平面△ABC 对 V 面的倾角,可取△ABC 平面上的正平线作辅助线,用垂直于正平线的投影面 H_1,去代替 H,使△ABC 平面变换成 H_1 的垂直面,即可求得△ABC 平面对 V 面的倾角 β,请读者自行分析作图。

4. 将一般位置平面变换成投影面平行面

要将一般位置平面变换成新投影面的平行面,必须变换两次投影面。先将它变换成投影面垂直面,再将它变换成投影面平行面。其作图步骤见图 5-9:

1) 将△ABC 平面变换成 V_1 面的垂直面,求得 $a'_1b'_1c'_1$(作法同图 5-8(b))。

2) 作 X_2 轴//$a'_1b'_1c'_1$。

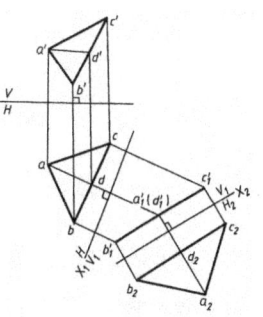

图 5-9　一般位置平面变换成投影面平行面

3) 依次求出 a_2、b_2、c_2,并将其连接成△$a_2b_2c_2$,则△ABC 平面即为 V_1/H_2 体系中的投影面 H_2 的平行面,△$a_2b_2c_2$ 反映△ABC 平面的实形。

四、应用举例

在应用换面法解题时,先要弄清题意,进行空间分析,分析清楚已知条件和所求问题之间的空间几何关系,进而确定需要变换直线还是变换平面;要变换一次投影面还是要变换两次投影面或多次投影面。然后运用换面法的基本规律和解决四个基本问题的方法进行求解。现举例如下:

例 5-1　过点 C 作直线与直线 AB 垂直相交,见图 5-10(a)。

分析:

设所求直线为 CK。由直角投影定理可知:当垂直相交的两直线中有一直线平行于某一投影面时,则垂直相交两直线在该投影面上的投影反映直角。为了能过 C 点作出垂线 CK,可先将直线 AB 变换成投影面平行线。显然,这是四个基本问题中的第一个问题,通过一次换面就可以解决。

作图[见图 5-10(b)]:

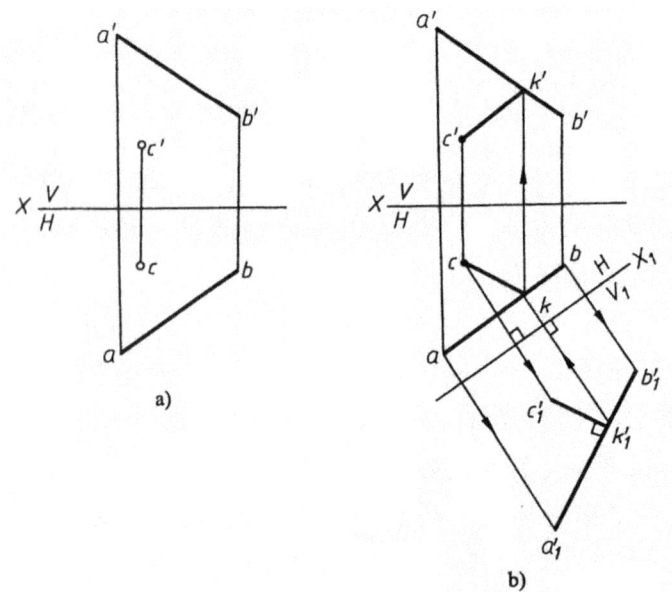

图 5-10　过点作直线与已知直线垂直相交

1) 作 X_1 轴 $//ab$,建立新体系 V_1/H。
2) 根据点的投影变换规律,求得直线 AB 和点 C 的新投影 $a'_1b'_1$ 和 c'_1。
3) 过 c'_1 向 $a'_1b'_1$ 作垂线,得垂足 k'_1。
4) 按点的投影变换规律,将 k'_1 返回到 V/H 体系中得 k、k',连接 ck、$c'k'$ 即为所求。

若用平行于直线 AB 的 H_1 面代替 H 面,也可得到同样的解答。

例 5-2　已知交叉两输油管轴线 AB 和 CD，见图 5-11(a)。现要在两管之间用一根最短的管子将它们连接起来，求连接点的位置和连接管的长度。

分析：

两输油管轴线 AB、CD 是交叉两直线，求它们之间的最短连接管的位置和长度，就是求解交叉两直线的公垂线问题。

如图 5-11(b)所示，若将交叉两直线中的直线之一（图中为 AB）变换成投影面垂直线，则公垂线 KL 必平行于该新投影面，其新投影 k_2l_2 反映实长，且与另一直线 CD 在新投影面上的投影反映直角（$k_2l_2 \perp c_2d_2$）。将一般位置直线 AB 变换成投影面（H_2）的垂直线可按解决第二个基本问题的方法作图。

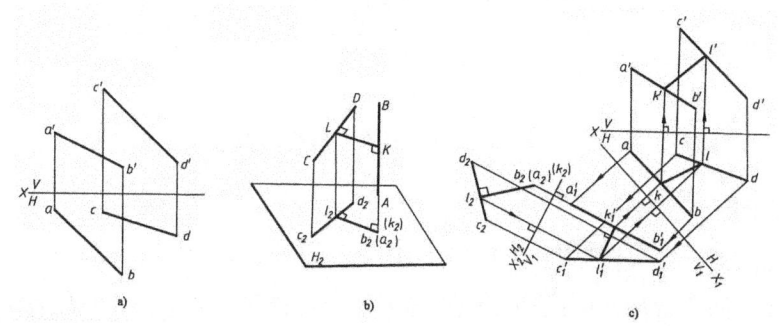

图 5-11　求交叉两油管的最短连接管的位置及长度

作图［见图 5-11(c)］：

1) 先将直线 AB 变换成 V_1/H 体系中 V_1 面的平行线（作 $X_1 // ab$），直线 CD 也随之变换，得 $a_1'b_1'$、$c_1'd_1'$。

2) 再将直线 AB 变换成 V_1/H_2 体系中 H_2 面的垂直线（作 $X_2 \perp a_1'b_1'$）。此时：直线 AB 在 H_2 面上的投影 $b_2(a_2)$ 积聚成一点，直线 CD 的投影为 c_2d_2。

3) 根据直角投影定理，过点 $b_2(a_2)(k_2)$ 向 c_2d_2 作垂线，与 c_2d_2 交于点 l_2，k_2l_2 即为所求连接管的实长。

4) 将 l_2 返回投影得 l_1'，因 KL 是 V_1/H_2 体系中 H_2 的平行线，故作 $k_1'l_1' // X_2$ 轴，与 $a_1'b_1'$ 相交于 k_1'。

然后再将 $k_1'l_1'$ 返回变换到 V/H 体系中，求得 KL（kl 和 $k'l'$）。点 $K(k、k')$、$L(l、l')$ 即为两管子 AB 和 CD 间距离最短的连接点位置。

例 5-3　试求平面 $\triangle ABC$ 和 $\triangle BCD$ 之间的夹角 θ，见图 5-12。

分析：

求平面 $\triangle ABC$ 和 $\triangle BCD$ 之间的夹角 θ，就是求由该两平面所形成的两面角的大小。如图 5-12(a)所示，当两平面同时垂直于某一投影面时，它们在该投影面上的投影均积聚为直线,此两直线的夹角就反映出空间两平面的夹角 θ。因此,必须选择一个与两平面交线垂直的平面作为新投影面。由于题中两平面交线 BC 为一般位置直线,所以要进行两次换面才能使它垂直于新投影面。

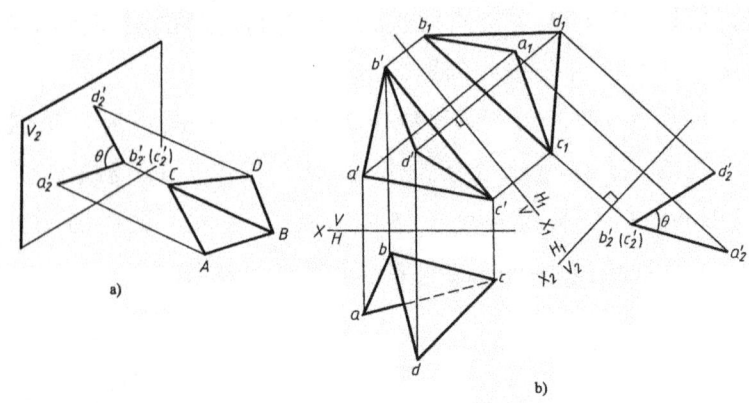

图 5-12 求两平面之间的夹角

作图[见图 5-12(b)]:

1) 作 X_1 轴 $//b'c'$,在新体系 V/H_1 中 $BC//H_1$。

2) 求出平面 $\triangle ABC$ 和 $\triangle BCD$ 在 H_1 面上的投影 $\triangle a_1b_1c_1$ 和 $\triangle b_1c_1d_1$。

3) 作 X_2 轴 $\perp b_1c_1$,在新体系 V_2/H_1 中 $BC \perp V_2$,即平面 $\triangle ABC$ 和 $\triangle BCD$ 均垂直于 V_2。

4) 求出平面 $\triangle ABC$ 和 $\triangle BCD$ 在 V_2 面上的积聚性投影 $a'_2b'_2c'_2$ 和 $b'_2c'_2d'_2$,则 $\angle a'_2b'_2c'_2$ 即为所要求的两平面的夹角 θ。

例 5-4 试求直线 AB 与平面 $\triangle EFG$ 之间的夹角 θ,见图 5-13(a)。

分析:

求直线与平面之间的夹角时,当直线平行于某一投影面,同时平面垂直于该投影面时(平面在该投影面上的投影积聚成为直线),则直线与平面在该投影面上的投影反映夹角的真实大小。图 5-13(b)中直线 AB 平行于新投影面 V_3,平面 $\triangle EFG$ 平行于 H_2,同时垂直于 V_3,则直线 AB 与平面 $\triangle EFG$ 的夹角 θ 在 V_3 面上的投影反映其真实大小。

由给题条件图 5-13(a)知:平面 $\triangle EFG$ 与直线 AB 都处于一般位置,用换面法来求它们的夹角,必须把它们变换到如图 5-13(b)所示的特殊位置,即使其同时成为新投影面 V_3 的平行线和垂直面。为此,可先按解第四个基本问题的方法,将 $\triangle EFG$ 变换成投影面 H_2 的平行面,再按解第一个基本问题的方法将直线 AB 变换成投影面 V_3 的平行线,此时 $\triangle EFG$ 也垂直于 V_3。可见用换面法解本题需要三次换面。

作图[见图 5-13(c)]：

1) 在△EFG 平面上作水平线 $FH(fh、f'h')$，并作 X_1 轴⊥fh；将△EFG 平面变换成 V_1 面的垂直面其 V_1 面上的投影积聚为直线 $e'_1 f'_1 g'_1$。直线 AB 的投影为 $a'_1 b'_1$。

2) 作 X_2 轴∥$e'_1 f'_1 g'_1$，使△EFG 平面∥H_2，并得其 H_2 面上的投影 △$e_2 f_2 g_2$，直线的相应投影为 $a_2 b_2$。

3) 作 X_3 轴∥$a_2 b_2$，将直线 AB 变换成投影面 V_3 的平行线，而平面△EFG 为 H_2 的平行面，必垂直于 V_3。求得平面△EFG 和直线 AB 在 V_3 面上的投影 $e'_3 f'_3 g'_3$ 及 $a'_3 b'_3$，它们之间的夹角 θ 即为所求直线 AB 与平面△EFG 之间的夹角。

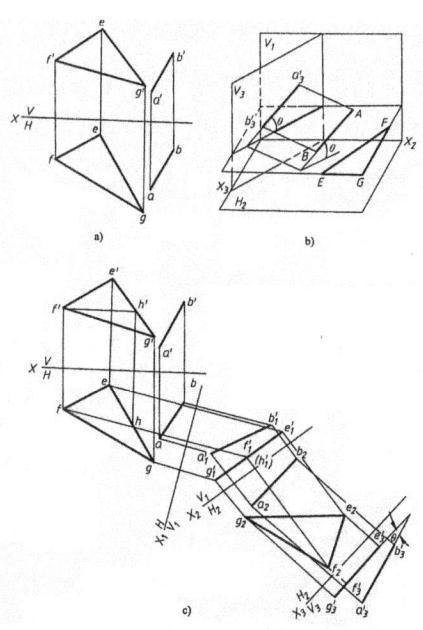

图 5-13 求直线与平面的夹角
(a)给题 (b)空间分析 (c)求解过程

第三节　旋转法

一、旋转法的基本概念

投影面保持不动，将空间几何元素绕某一轴旋转到相对于投影面处于有利于解题的位置，这种投影变换的方法称为旋转法。图 5-14 所示△ABC 平面为铅垂面，若以铅垂线 AB 为旋转轴,将△ABC 平面旋转成 V 面的平行面△ABC_1。此时△ABC_1 的投影△$a'b'c'_1$ 反映△ABC 平面的实形。

旋转轴对投影面可有各种相对位置。本节仅介绍绕重直于投影面的轴旋转,简称绕垂直轴旋转。

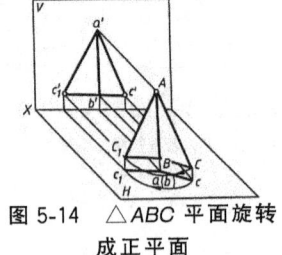

图 5-14　△ABC 平面旋转成正平面

二、点的旋转

图 5-15(a)表示空间点 M 绕重直于 H 面的旋转轴 OO(称为铅垂轴)旋转时,点 M 的两个投影的变化情况。当点 M 绕 OO 轴旋转时,它的运动轨迹是一个圆,该圆所在的平面垂直于旋转轴 OO,并平行于 H 面。因此该轨迹圆在 V 面上的投影是一条平行于 X 轴的直线,它在 H 面上的投影反映实形,即是以 O 为圆心,以 R 为旋转半径的圆。当点 M 旋转一任意的角度 θ 到新位置 M_1 时,其术平投影由 m 旋转同一角度 θ 到达 m_1 的位置,其正面投影由 m′ 到达 m'_1 的位置,m'、m'_1 的连线平行于 X 轴,图 5-15(b)是其投影图。

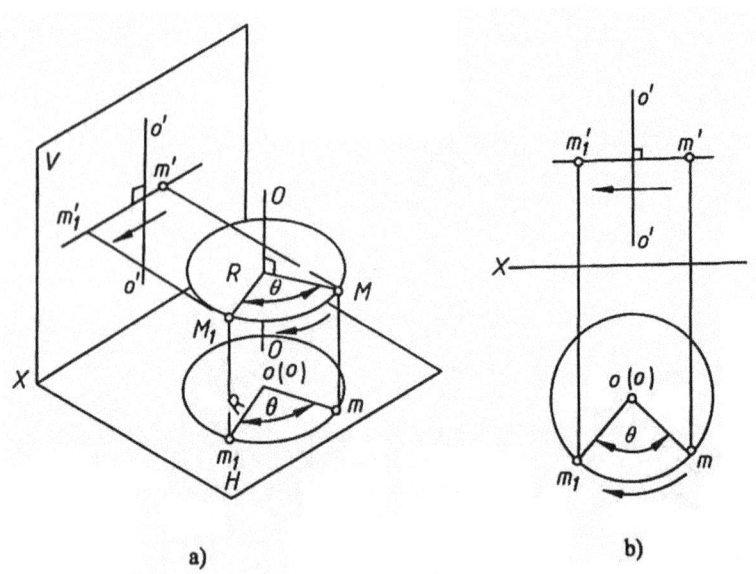

图 5-15　点绕铅垂轴旋转

图 5-16 表示点 M 绕垂直于 V 面的旋转轴 OO(称为正垂轴)旋转的情况。此时点 M 旋转所形成的圆平面平行于 V 面,所以它的 V 面投影反映实形,是一个以 o′ 为圆心,R 为半径的圆。而在 H 面上的投影是过点 m 且与 X 轴平行的直线。

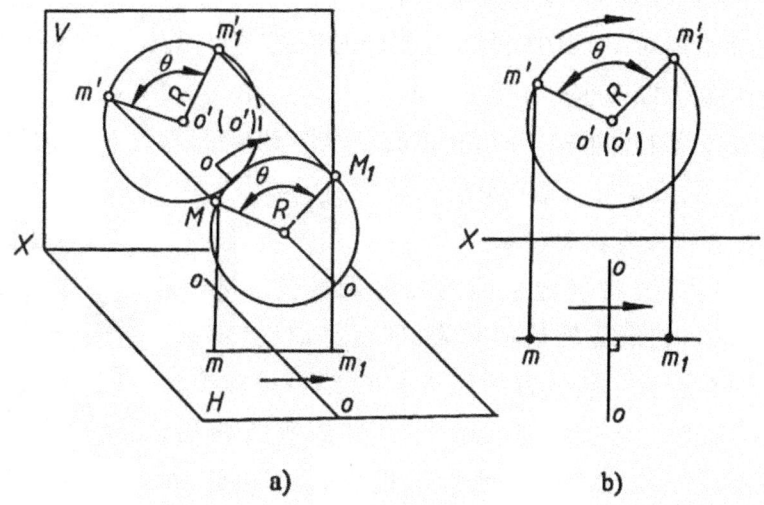

图 5-16 点绕正垂轴旋转

由此可见,点绕垂直轴旋转的规律:当点绕垂直于某一投影面的轴旋转时,点在该投影面上的投影作圆周运动,而在另一个投影面上的投影,则沿与投影轴平行的直线移动。

三、直线、平面的旋转

1. 直线的旋转及其投影特点

一直线由两点确定,旋转一直线段的作图实质是旋转直线段上的两个点,一般为直线段的两个端点。旋转时必须使两点绕同一轴,向同一方向、旋转同一角度(以下简称"三同"原则),然后把旋转后得到的两点的投影连接起来,就得到直线旋转后的新投影。图 5-17 所示为一般位置直线 AB 绕垂直于 A 面的轴 OO 旋转 θ 角的作图过程,其作图步骤如下:

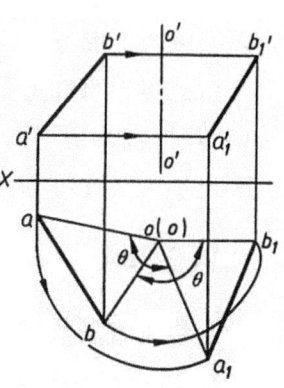

图 5-17 直线的旋转

1)先作水平投影。以 $o(o)$ 为圆心,将 a、b 两点分别以 oa、ob 为半径向同方向旋转 θ 角,求得新投影 a_1、b_1。

2)在正面投影中过点 a'、b' 分别作与 X 轴平行的直线,并在该直线上按点的投影规律由 a_1、b_1,确定 a'_1、b'_1。

3)连接 a_1、b_1 和 a'_1、b'_1,则连线 a_1b_1 和 $a'_1b'_1$ 即为直线 AB 绕 OO 轴旋转 θ 角后的新投影。

分析图 5-17 中的作图过程,可得直线旋转的投影特点:当直线 AB 绕铅垂轴

OO 旋转时,由于直线对 H 面的倾角 α 不变,所以其水平投影长度不变,即 $a_1b_1 = ab = AB\cos\alpha$。而直线对 V 面的倾角 β 在旋转时不断改变,其正面投影长度也随之改变,但直线段两端点的 Z 坐标不变。

同理,若直线绕正垂轴旋转时,其正面投影长度不变,直线对 V 面的倾角 β 也不变。而其水平投影长度与 α 角在旋转时将改变。

2. 平面的旋转及其投影特点

旋转平面时,只要将确定平面的几何元素按上述"三同"原则旋转,求出它们旋转后的投影,即得平面旋转后的新投影。图 5-18 表示一般位置平面 $\triangle ABC$ 绕铅垂轴旋转一 θ 角的情况。图中将三个顶点按"三同"原则旋转后,$\triangle ABC$ 的三条边 AB、BC、CA 的水平投影长度不变,即 $a_1b_1 = ab$,$b_1c_1 = bc$、$c_1a_1 = ca$。故图中 $\triangle ABC$ 的水平投影形状和大小不变,即 $\triangle a_1b_1c_1 \cong \triangle abc$。并且它对 H 面的倾角 α 也不变。而正面投影的形状、大小和 β 角在旋转时将改变,其作法与直线的旋转相同。

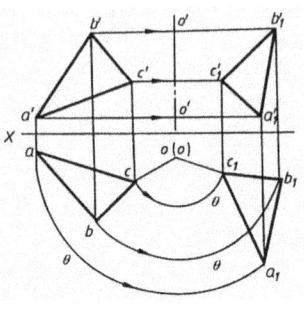

图 5-18 平面的旋转

同理,当平面图形绕正垂轴旋转时,它的正面投影的形状和大小不变,并且它对 V 面的倾角 β 也不变。而水平投影的形状、大小和 α 角在旋转时将改变。

由此得出直线或平面旋转时投影特点:当一直线或平面绕垂直于某一投影面的轴旋转时,直线或平面对该投影面的倾角不变,它们在该投影面上的投影的形状和大小也不变。此称为旋转时的不变性。

四、四个基本问题

用绕垂直轴旋转法解题时也经常要遇到以下四个基本问题:

1. 将一般位置直线旋转成投影面平行线

图 5-19 表示一般位置直线 AB 绕垂直于 H 面的轴旋转成正平线的情形。为了作图方便,使旋转轴通过端点 A,这样直线绕铅垂轴旋转时,点 A 保持不动,只要旋转一点 B 到达所需位置即可。具体作图步骤见图 5-19(b):

1) 以 a 点为圆心,将 ab 旋转成与 X 轴平行的 ab_1 位置。

2) 根据旋转法的投影特性,过点 B 的正面投影 b' 作 X 轴的平行线。再按点的投影规律由 b_1 求出 b'_1。

3) 连接 $a'b'_1$ 得直线 AB 新的正面投影,它反映直线 AB 的实长,它与 X 轴的夹角反映直线 AB 对 H 面的倾角 α。

同理,图 5-19(c)所示是将一般位置直线 AB 绕过点 B 的正垂轴旋转成水平线的情况,此时,要先旋转 $a'b'$ 使它转到平行于 X 轴的 a'_1b' 位置,再求出水平投影 a_1b,a_1b 与 X 轴的夹角反映直线 AB 对 V 面的倾角 β。

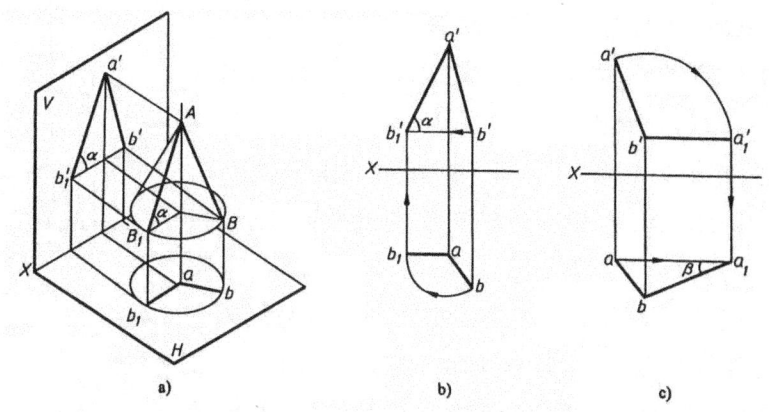

图 5-19 一般位置直线旋转成投影面平行线

2. 将一般位置直线旋转成投影面垂直线

图 5-20 表示一般位置直线 AB 旋转成为正垂线的过程。一般位置直线绕垂直轴旋转,不可能一次旋转成为投影面垂直线。因为一般位置直线绕某一投影面的垂直轴旋转时,对该投影面的倾角始终不变,总不能变为 0 或 $90°$。因此需要经过两次旋转,先将一般位置直线垂直于某一投影面(如 V 面)的轴旋转成为投影面平行线,然后将平行线绕垂直于另一投影面(如 H 面)的轴旋转成为投影面垂直线。具体作图步骤如下:

1) 以过点 A 的正垂线为旋转轴(图中未画出),将直线 AB 旋转成水平线 AB_1,其正面投影为 $a'b'_1$,水平投影为 ab_1。

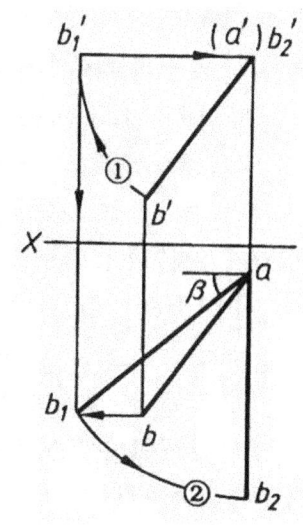

图 5-20 一般位置直线
旋转成正垂线

2) 再以过点 A 的铅垂线为旋转轴(图中未画出),将直线 AB_1 旋转成为正垂线 AB_2,其正面投影 $a'b'_2$ 积聚为一点,水平投影为 ab_2。

同理,也可将直线 AB,先绕铅垂轴旋转成为正平线,再将正平线绕正垂轴旋转成为铅垂线。

3. 将一般位置平面旋转成投影面垂直面

将一般位置平面旋转成投影面垂直面,只要将平面上的某一条直线旋转成为投影面垂直线即可。由直线的旋转可知,只有投影面平行线才能一次旋转成为投影面垂直线。因此,只需取平面上的投影面平行线作为辅助线,就可一次将其旋转成垂直线,则该平面也同时旋转成投影面垂直面。图 5-21 表示一般位置平面 $\triangle ABC$ 旋转成正垂面的作图过程。

作图步骤如下：

1) 在△ABC上任作一水平线CD。

2) 选过C点的铅垂线为旋转轴，将cd旋转到与X轴垂直的位置cd_1，同时按"三同"原则，分别将a、b转到a_1、b_1的位置，△a_1b_1c即为△ABC旋转后的水平投影。

3) 在正面投影图上，根据旋转法作图的投影特性，由点a_1、b_1、d_1求得a'_1、b'_1、d'_1必与c'重合。连接$a'_1b'_1c'_1$为一直线，即为正垂面△A_1B_1C的正面投影，它与X轴的夹角即为△ABC对H面的倾角α。

同理，若要将一般位置平面旋转成铅垂面，只要取该平面内的正平线作为辅助线，绕正垂轴经一次旋转成铅垂线，则该一般位置平面旋转成为铅垂面。

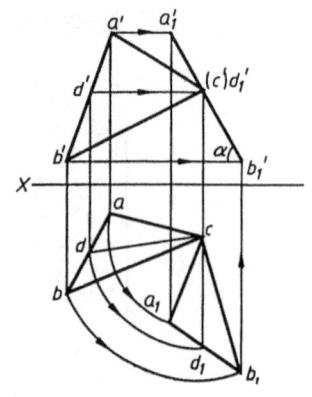

图 5-21 一般位置平面旋转成正垂面

4. 将一般位置平面旋转成投影面平行面

将一般位置平面旋转成投影面平行面，必须旋转两次。即先绕垂直于某个投影面（如H面）的轴，将一般位置平面旋转成投影面垂直面；然后绕垂直于另一个投影面（如V面）的轴，将垂直面旋转成投影面平行面。图 5-22 是将一般位置平面△ABC旋转成水平面的作图过程。

作图步骤如下：

1) 先在△ABC上作辅助水平线BD。

2) 以过点B的铅垂线为轴，旋转△ABC，使BD旋转成正垂线BD_1，则△ABC旋转成正垂面△A_1BC_1。

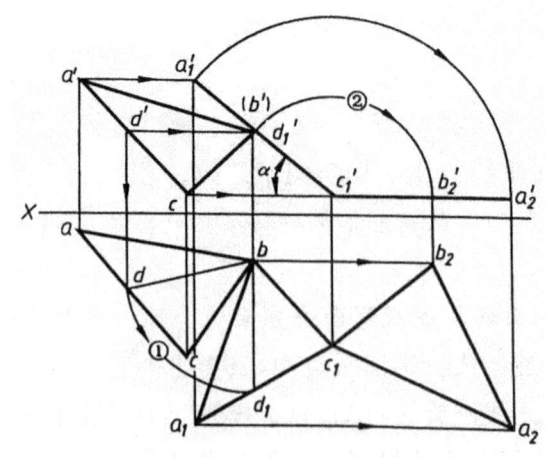

图 5-22 一般位置平面旋转成水平面

3) 再以过 C_1 点的正垂线为旋转轴,将正垂面△A_1BC_1,旋转成水平面 △$A_2B_2C_1$。

同理,也可将一般位置平面△ABC,先绕正垂轴旋转成铅垂面,再将该铅垂面绕铅垂轴旋转成正平面。

五、应用举例

从前面的讨论中得知,用旋转法以解决的基本问题与换面法是一样的,两种方法都能用来解决空间几何元素间的定位和度量问题,有的场合结合使用,更有利于解题。

例 5-5 求点 m 到平面△abc 的距离,见图 5-23(a)。

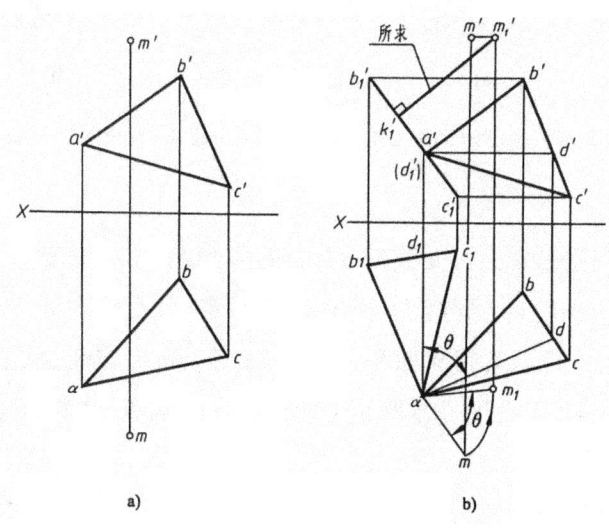

图 5-23 求点到平面的距离

分析:

若将平面△abc 旋转成垂直面,点 M 也按"三同"原则一起旋转,则点 M 到△abc 的距离可在投影图上直接反映出来。

作图[见图 5-23(b)]:

1) 在平面△abc 上作水平线 ad,选取过 a 点的铅垂线作旋转轴,将△abc 旋转成正垂面△ab_1c_1,(其中 AD_1,垂直于 V 面,故 a'、d'_1 重影)。其新投影为△ab_1c_1 和△$a'b'_1c'_1$。

2) 将 M 点随同△abc 一起旋转到新位置 M_1,其新投影为 m_1、m'_1。

3) 自 m'_1 向 $a'b'_1c'_1$ 作垂线相交于 k'_1,$m'_1k'_1$ 即为所求距离(K_1 点的水平投影可不必求出)。

例 5-6 试过△abc 平面上点 A,在该平面上作一条直线 AD 与 H 面倾角 α 等于45°,实长为20 mm,见图5-24(a)。

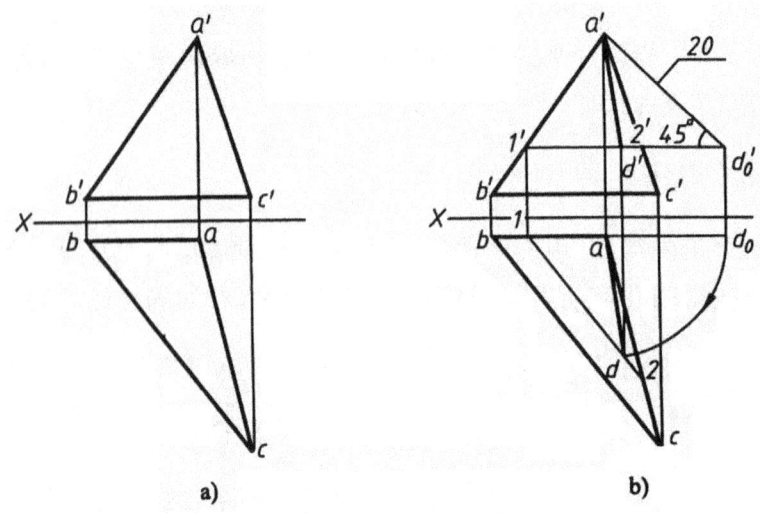

图5-24 在已知平面上求作过定点与H面成45°角的定长线段

分析：

过点 A 作一正平线 AD_0,使其对 H 面的倾角为45°,长度为20 mm;当直线绕过 A 点的铅垂轴旋转时,直线对 H 面的倾角不变,只要将直线上的另一端点 D_0 旋转到平面 $\triangle ABC$ 上,问题就得到解决。又因点 D_0 的旋转轨迹是一水平圆周,该圆周所在的平面与 $\triangle ABC$ 交于一水平线,所求直线的端点 D 是该水平线与水平圆周的交点。

作图[见图5-24(b)]：

1) 过点 A 作正平线 AD_0,使 $a'd_0'$ 与 X 轴成45°角,长度为20 mm,过 a 作 ad_0 平行于 X 轴。

2) 在平面 $\triangle ABC$ 上作与 D_0 点等高的水平线 Ⅰ Ⅱ (12、$1'2'$)。

3) 将点 D_0 绕过点 A 的铅垂轴旋转。即以 a 点为圆心,ad_0 为半径画弧与 12 交于点 d,再求得 d'。

4) 连接 $a'd'$、ad,则 AD($a'd'$、ad)即为所求的直线。

讨论：设给题条件中 $\triangle ABC$ 对 H 面的倾角为 α_1,本题中,$\alpha_1 > \alpha$ (α 为直线 AD 对 H 面的倾角),可得两解(图中只画出一解);若 $\alpha_1 = \alpha$,则只有一解;若 $\alpha_1 < \alpha$,则本题无解。

例5-7 已知直线 AB,见图5-25(a)。试作等边 $\triangle ABC$,使 C 点在 H 面上。

分析：

如图5-25(b)所示,设点 K 为直线 AB 的中点,KC 为所求等边 $\triangle ABC$ 的高。

将点 C 绕轴线 AB 旋转到 H 面上,问题就能得到解决。但直线 AB 是一般位置直线,故可先用换面法将直线 AB 变换成投影面垂直线,再以其作为旋转轴进行求解。

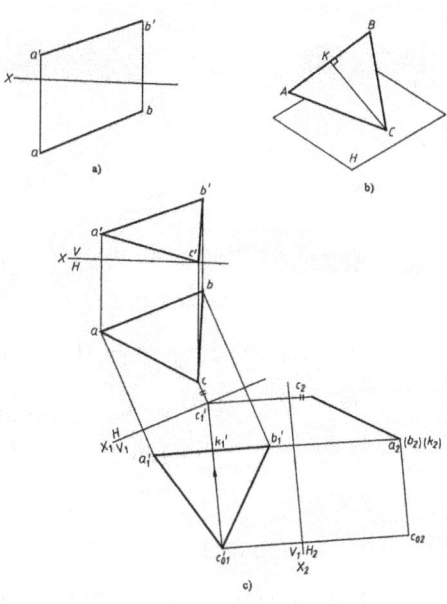

图 5-25　求作等边三角形 △ABC 的投影

作图[见图 5-25(c)]：

1) 将直线 AB 二次换面,使其垂直于 H_2 面,即成为 V_1/H_2 体系中的垂线 $a'_1b'_1$ 和 $a_2(b_2)$。

2) 在 V_1/H_2 体系中作等边三角形 $\triangle ABC_0 // V_1$ [即作 $a_2(b_2)c_{02} // X_2$ 轴,作等边三角形 $\triangle a'_1 b'_1 c'_{01}$ 反映 $\triangle ABC_0$ 的实形]。

3) 以直线 AB 为旋转轴,C_0K 为半径旋转 C_0 到 H 面上,得到 C(旋转时 C_0 点的 V_1 面投影 c'_{01} 的运动轨迹是一条平行于 X_2 轴的直线,该直线与 X_1 轴的交点 c'_1 即为所求 c 点的 V_1 面投影,返回作图求得 c、c')。

4) 同面投影相连,作出所求等边三角形 △ABC 的两面投影 △a'b'c' 和 △abc。

本题有两解,另一解图中未画出。

第六章　立体的投影

尽管立体的形状是千变万化的,但按照立体表面的几何性质的不同,可分为平面立体和曲面立体两类。

表面全部是平面的立体称为平面立体,如棱柱、棱锥等,表面既有平面、又有曲面或全部是曲面的立体称为曲面立体。其中表面是平面和回转面或全部是回转面的曲面立体称为回转体,它是工程上最常见的曲面立体,如圆柱、圆锥、圆球和圆环等。

立体按照其复杂程度不同,可分为基本立体(简称基本体)和组合立体(简称组合体)。形状简单的基本几何形体成为基本体,如棱柱、棱锥、圆柱、圆锥等。由若干个基本体按照一定的相对位置和组合方式(见本章第五节)组合而成的较为复杂的形体称为组合体。

第一节　基本体的三视图和尺寸

如上所述,任何较为复杂的组合体,都是由若干基本体组合而成的。因此要掌握组合体三视图的画法、尺寸标注以及读组合体的三视图,必须首先熟练掌握基本体的三视图、尺寸标注等,为此将常见的基本体分成平面立体与曲面立体,将它们的三视图、尺寸标注列于表 6-1。

表 6-1　基本体的三视图和尺寸标注

平面立体		曲面立体	
三棱柱	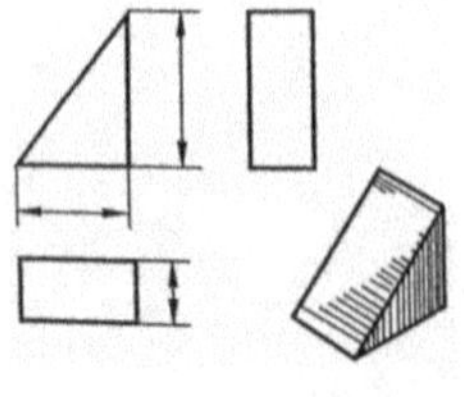	圆柱	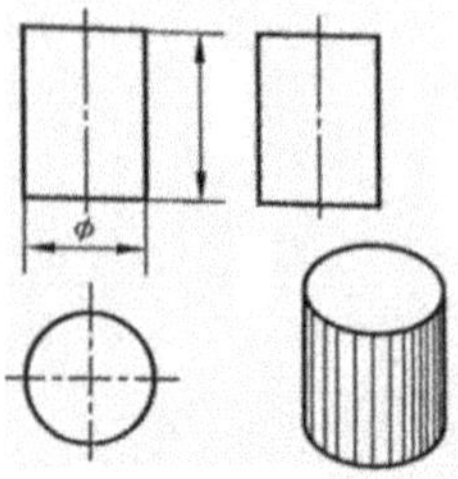

续表

平面立体		曲面立体	
四棱柱		圆锥	
六棱柱		圆球	
四棱锥		圆环	

第二节　带切口立体的三视图

本节通过几个实例进一步讨论工程上常见的带切口立体的三视图画法。

例 6-1　画出图 6-1(a)所示带切口正四棱台的三视图。

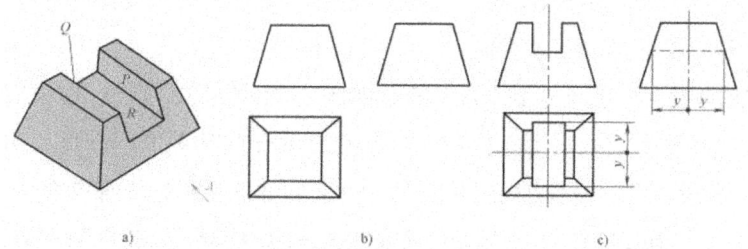

图 6-1　带切口正四棱台的三视图画法
(a)轴测图　(b)画出完整四棱台的三视图　(c)画出切口,得切口四棱台三视图

分析：

带切口正四棱台按图 6-1(a)所示位置放置和箭头所指 A 方向为主视图的投射方向时，切口有两个侧平面 P、Q 和一个水平面 R 切割得到，并形成通槽。因此，侧平面 P、Q 的正面投影和水平投影均积聚成直线，而侧面投影反映实形；水平面 R 的正面投影和侧面投影均积聚成直线，而水平投影反映实形。

作图：

1) 画出完整四棱台的三视图，见图 6-1(b)。

2) 画出切口的投影，见图 6-1(c)。

①在主视图上，由于平面 P、Q、R 均垂直于正面，所以正面投影积聚成三条直线段，可由切口的高度（槽深）和长度（槽宽）尺寸直接画出。

②在左视图上，水平面 R 为不可见，其侧面投影也有积聚性，积聚成一条水平直线，根据与主视图上 R 的投影高平齐的关系，即可画出它的投影——虚线。虚线以上的区域，即为 P、Q 平面的侧面投影，且反应实形。

③在俯视图上，侧面投影 P、Q 的水平投影积聚成两条直线段，根据与主视图上的投影长对正的关系即可画出其位置，直线的长度（宽）应与左视图上的投影虚（直）线宽相等，可对称量取 y 得到。再把两直线的同侧端点连线（为水平面 R 与四棱台前后侧棱面的交线），则四线段围成的区域即为水平面 R 的实形。

需要注意：四棱台上顶面上已被通槽切除的两段棱线已不再存在，因此，它在主、俯视图上的相应投影不能画出。

例 6-2　画出图 6-2(a)所示的开槽圆柱体的三视图，并标注尺寸。

分析：

开槽圆柱体采用图 6-2(a)所示位置放置和箭头所指 A 方向为主视图的投射方向。此时槽的两侧面 P、Q 为侧平面，它们与圆柱面的交线为四条平行于圆柱轴线的直素线；槽底面 R 为水平面，它与圆柱面的交线是同一圆上的两段圆弧。

作图：

1) 画出完整圆柱体的三视图。

2) 画通槽的投影，见图 6-2(b)。在主视图上根据槽宽（长度尺寸）和槽深（高度尺寸）可画出由平面 P、Q、R 积聚成的三条直线段；在俯视图上，侧面 P、Q 的投影积聚成两条直线段，可根据长对正关系画出，该两条直线段和所夹的两段圆弧就是水平面 R 的水平投影，且反应实形；在左视图上，圆柱体上部的两段投影轮廓线被通槽切除，所以不应再画，而应画出侧平面 P、Q 与圆柱面的交线－四条铅垂线的投影，且重影为两条直线段，可根据与水平投影（积聚成四点）保持宽相等的关系画出，即对称量取 y 得到；水平面 R 积聚成为直线段，其两端的一小段是可见的，应画成粗实线,中间部分被圆柱面遮挡为不可见,应画成虚线,该虚线以上部分的矩形线框就是平面 P、Q 的实形。

3) 标注尺寸。开槽圆柱体应标注圆柱体的定形尺寸:直径和高度;还应标注切口的相对位置尺寸,即通槽的长度和高度尺寸,见图 6-2(c)。而图 6-2(c)中的尺寸"x"是不必标注的,因为该尺寸已经有圆柱的直径和通常的长度尺寸确定。

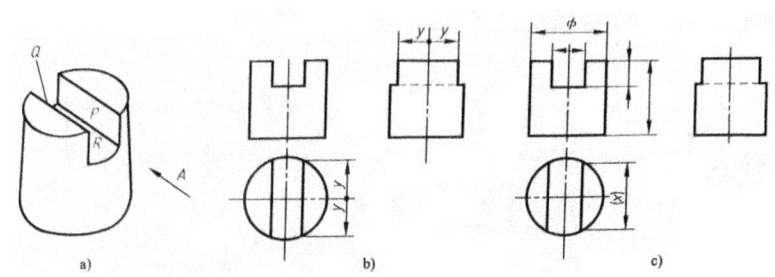

图 6-2 开槽圆柱体的三视图和尺寸
(a)轴测图 b)三视图 c)标注尺寸

例 6-3 画出图 6-3(a)所示开槽半圆球的三视图,并标注尺寸。

分析:开槽半圆球按图 6-3(a)表示位置放置和箭头所示 A 方向为主视图的投射方向,则槽的两侧面 P、Q 为侧平面,它们与半圆球的交线为两段等半径的圆弧,它们的侧面投影重影,并反映实形,在主、俯视图上的投影积聚成直线。槽的底面 R 为水平面,它与半圆球的交线为同一圆上的两段圆弧,且水平投影反应实形,它在主、左视图上的投影均积聚成直线。

作图:

1) 画出完整半圆球的三视图。

2) 画出通槽的投影,见图 6-3(b)。

①根据通槽的高度(槽深)和长度(槽宽)尺寸,画出形成通槽的平面 P、Q、R 在主视图上的投影——积聚为三条直线段。

②在俯视图上,根据与主视图长对正的关系,画出平面 P、Q 的水平投影,积聚成两条直线段,并以主视图上量得的 R_1 为半径画出两段同心圆弧,则由它们所围成的封闭图形就是通槽的水平投影,也是水平面 R 的实形。

③在左视图上,以主视图上量得的 R_2 为半径画出一段圆弧(侧平面 P、Q 与半圆球的交线),又根据与主视图高平齐的关系,画出水平面 R 的侧面投影,积聚为直线段,该直线段与 R_2 弧两交点以外的两小段为可见,应画成粗实线,中间部分为不可见,应画成虚线。

需要注意:在主、左视图上,已被通槽切除的投影轮廓线不能画出。

最后进行整理并加深图线,就得到了开槽半圆球的三视图。

3) 标注尺寸。开槽半圆球应标注球的定形尺寸球半径 SR，以及通槽的长度和高度尺寸，见图 6-3(c)。

注意，图 6-3(b) 中的平面 R、P 分别与半圆球的交线圆弧半径 R_1 和 R_2 仅供作图时使用，在标注尺寸时不应注出［见图 6-3(c)］，理由请读者来说明。并请读者注意比较：在本节带切口立体的三视图的三个例题中，形成切口（通槽）的平面 P、Q、R 在俯、左视图上的投影及其画法的不同之处。

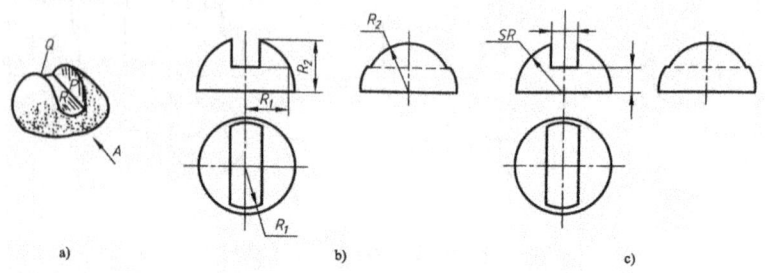

图 6-3 开槽半圆球的三视图和尺寸
(a)轴测图 (b)三视图 (c)标注尺寸

第三节 立体表面上点的投影

求作立体表面上点的投影通常称为立体表面取点。在后面求作立体表面交线——截交线和相贯线时，经常需要应用立体表面取点的方法。

在前面点的投影中已经介绍：在三投影面体系中，已知点的任意两个投影就可以确定点的空间位置，即一定可以求出第三个投影。对于立体表面上的点，在已知立体三视图的情况下，则一般只需知道点的一个投影即可求出其他两个投影。下面分两种情况介绍其求法。

一、位于立体表面上的点，当该平面的一个（或两个）投影具有积聚性，且点的一个已知投影不在积聚性的投影上

在这种情况下，可以直接利用积聚性作图求解。

例 6-4 已知：正六棱柱的三视图和左前棱面上的一点 D 在正平面投影 d'，见图 6-4(a)、(b)。

求作：另外两个投影 d 和 d''。

分析：

点 D 所在棱面为铅垂面，其水平投影积聚成直线，故点 D 的水平投影 d 必在

该直线上,且与 d' 长对正,由此可求得 d;再由 d' 和 d 根据"高平齐、宽相等"可求得 d''。

作图[见图 6-4(c)]:

1)根据"长对正",由 d' 作垂直线与左前棱面的水平投影——积聚性直线的交点即为 d。

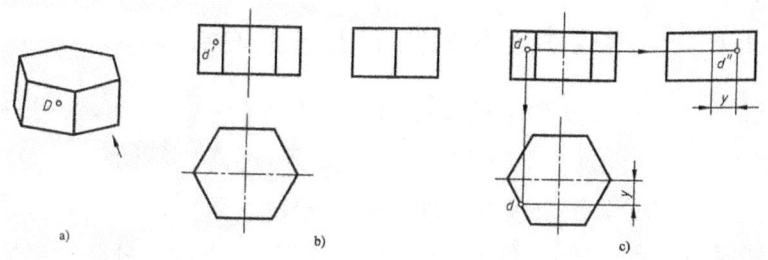

图 6-4 求正六棱柱表面上点的投影
(a)轴测图 (b)给题 (c)求解

2)根据"高平齐、宽相等",由 d' 和 d 可求得 d''。

例 6-5 已知:圆柱体的三视图和圆柱面上 A、B 两点的正面投影 a'、b',见图 6-5(a)、(b)。

求作:另外两个投影 a、a'' 和 b、b''。

分析:

圆柱的轴线垂直于侧面,圆柱面的侧面投影积聚成圆,故 A、B 两点的侧面投影 a''、b'' 必在该圆周上,且应满足"高平齐",据此可求得 a''、b'';再有"长对正、宽相等",可求得 a、b。

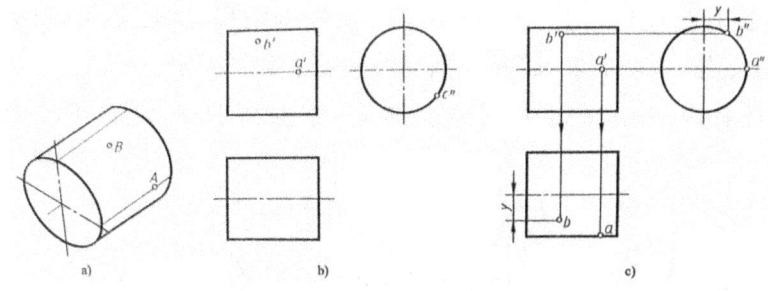

图 6-5 求圆柱体表面上点的投影
(a)轴测图 (b)给题 (c)求解

作图[见图 6-5(c)]:

1)由 a'、b' 分别作水平线,与左视图投影圆的两个交点即为 a'' 和 b''。由于 a'、b' 为可见(位于前半个圆柱体上),所以 a''、b'' 在右半个投影圆上。

2)由"长对正、宽相等"求得 a、b。

讨论：

1) 对圆柱表面上的点，若一个投影位于轴线上（如 a'），则另一个投影必位于投影轮廓线上（如 a）；反之亦然。

2) 若点的一个已知投影本身位于集聚性的投影上，如图 6-5(b)中的 c''，则无法求出其他两个投影 c 和 c'。

二、位于立体上投影无积聚性的表面上的点

已知立体的三视图和投影无积聚性的表面上点的一个投影，求另外两个投影时（此时无积聚性可利用），除需要利用"三等关系"外，还需要借助于"点在线上，线在面上，则点必定在面上"的关系来求解。即一般应先在表面上过该点取一辅助线——直线或圆。求得辅助线的各投影，再根据"三等关系"取得点的另外两个投影。

例 6-6 已知：三棱锥的三视图和棱面 SAB 上点 M 的水平投影 m，见图 6-6。

求作：点 M 的另外两个投影 m' 和 m''。

分析：

点 M 所在棱面 SAB 为一般位置平面，其三个投影都没有积聚性，所以必须通过作辅助线来求解。可过点 M 和三棱锥顶点 S 做辅助线 $S(M)D$ 或过点 M 做辅助水平线 $I(M)II$，见图 6-6(a)，并做出辅助线的各投影，再由 m 通过"三等关系"求得 m' 和 m''。

作图：

方法（一），见图 6-6(b)。

1) 连接 sm，并延长交 ab 于 d，得 sd。

2) 根据长对正，由 d 向上投射可求得 d'；根据宽相等，有 d 可求的 d''。从而可得到连线 $s'd'$、$s''d''$，则 m' 和 m'' 应分别在线段 $s'd'$ 和 $s''d''$ 上。

再根据长对正，由 m 向上投射可求得 m'；根据高平齐，由 m' 向右投射，可求得 m''。

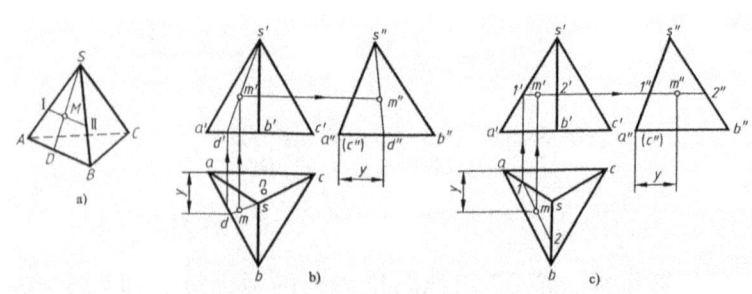

图 6-6 求三棱锥表面上点的投影

(a)轴测图 (b)作辅助线 S(M)D 求解 (c)作辅助水平线 I(M)II 求解

方法(二),见图 6-6(c)。

1) 过点 m 作线段 $12//ab$ 分别交 sa、sb 于 1、2 两点。

2) 根据长对正,由 1 向上投射,与 $s'a'$ 相交,其交点即为 $1'$。由于空间直线 I II $//AB$,且均为水平线[见图 6-6(a)],故 I II 的正面投影和侧面投影均为横平线,因此由 $1'$ 作横平线,即可求得 $1'2'$ 和 $1''2''$,则 m' 和 m'' 应分别在线段 $1'2'$ 和 $1''2''$ 上。

3) 根据长对正,由 m 向上投射可求得 m',根据宽相等,由 m 可求的 m''。

讨论:如果已知棱面 SAC 上的一点 N 的水平投影 n,见图 6-6(b),则由于棱面 SAC 在左视图上有积聚性,故可借助于积聚性来求解 n' 和 n'',而不必作出辅助线来求解。即属于这一情况,请读者试解之。

例 6-7 已知:圆锥的三视图和圆锥表面上一点 K 的正面投影 k',见图 6-7。

求作:点 K 的另外两个投影 k 和 k''。

分析:

因为圆锥表面的三个投影均无积聚性,所以由点的一个投影求其他两个投影,应在圆锥表面上过该点作辅助线来求解。即先作出辅助线的投影,再根据投影关系由 k' 求出 k 和 k''。常用的方法有辅助纬线(圆)法和辅助素线(直线)法两种。

作图:

方法(一)辅助纬线法,见图 6-7(a)、(b)。

1) 过点 K 作一平行于底面的辅助纬圆,即在正面投影中过点 k' 先做一横平线 $1'2'$,则 $1'2'$ 即为辅助纬圆的正面投影,并反映辅助纬圆的直径;再在水平投影上,以点 s 为圆心 $k'2'$ 为半径作圆,该圆即为辅助纬圆的水平投影。

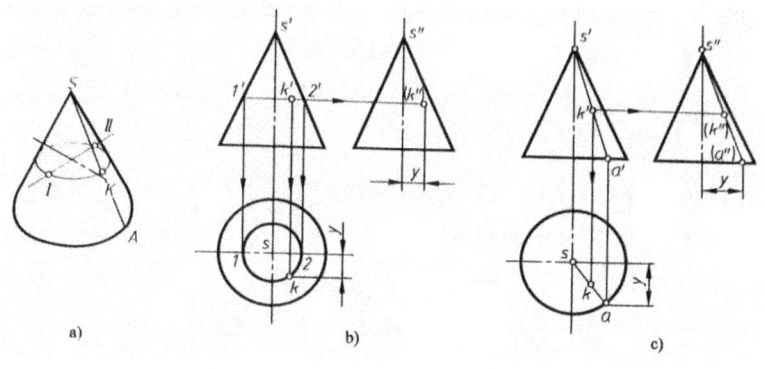

图 6-7 求圆锥表面上点的投影
(a)轴测图 (b)用辅助纬线法求解 (c)用辅助素线法求解

2) 因为点 K 在辅助纬圆上,所以点 K 的水平投影 k 一定在辅助纬圆的水平投影圆上,根据长对正由 k' 可求的 k。

3) 由 k' 和 k 可求得 (k'')。

讨论：如果已知圆锥表面上点 K 的水平投影 k 或侧面投影 (k'')，求另外两个投影。此时应如何用辅助纬线法求解？请读者自行完成。

方法（二）辅助素线法，见图 6-7(a)、(c)。

因圆锥表面的素线均为直素线，所以本题也可以过圆锥顶点 S 和点 K 做辅助素线 $S(K)A$，见图 6-7(a)，并求出其三个投影，再按投影关系由 k' 求出 k 和 (k'')，见图 6-7(c)。具体步骤请读者自己分析，需要说明的是：在本例题中，点 K 位于右半个圆锥面上，在左视图上的投影为不可见，故标记为 (k'')。

第四节　立体表面交线

在物体上经常遇到平面与立体表面相交以及立体与立体表面相交而产生的交线——截交线和相贯线。因此，为了迅速、正确的画出物体的三视图，除了要正确画出物体上的棱线和投影轮廓线的投影外，还必须熟练掌握这些立体表面交线的画法。下面分别予以介绍。

一、截交线

(一) 截交线的概念

平面与立体表面相交产生的交线称为截交线，见图 6-8；截切立体的平面称为截平面；而立体被截切后形成的平面，即截交线所围成的平面称为截断面或断面。

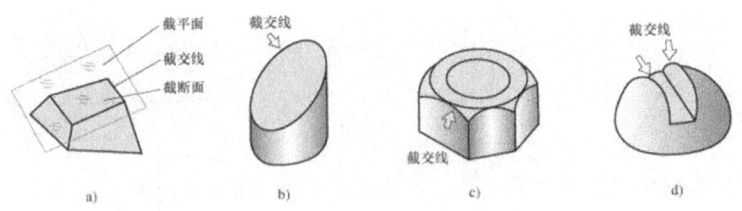

图 6-8　截交线
(a)截切平面立体　(b)截切圆柱体　(c)截切球体

(二) 截交线的性质

1) 截交线是截平面与立体表面的共有线，即截交线上的点都是两者的共有点，既在截平面上，又在立体表面上。

2) 截交线一般是由直线或曲线或直线和曲线围成的封闭的平面图形。

3) 截交线的形状取决于立体的形状以及截平面与立体的相对位置(其投影的形状则还取决于截平面与投影面的相对位置)。

(三) 几种常见曲面立体(回转体)的截交线

平面立体的截交线都是由直线围成的平面多边形,形状和画法都比较简单;而曲面立体的截交线一般都是由曲线或直线和曲线围成的平面曲线(特殊情况下,才是由直线围成的平面多边形),其形状和画法都比较复杂,是本节讨论的主要对象。其中,圆柱、圆锥和圆球的截交线尤为常见。

1. 圆柱的截交线

截切圆柱时,截平面与圆柱轴线的三种不同相对位置及其相应的截交线,见表6-2。

2. 圆锥的截交线

平面截切圆锥时,截平面与圆锥的各种相对位置及其相应的截交线形状,见表6-3。

3. 圆球的截交线

平面截切圆球时,无论截平面位置如何,都与球的轴线垂直,其截交线均为圆。只是截平面相对于投影面的位置不同,其截交线的投影可以是直线、圆或椭圆,见表6-4。

表 6-2 圆柱的截交线

截平面位置	与轴线平行	与轴线垂直	与轴线倾斜
截交线形状	矩形	圆	椭圆
轴测图	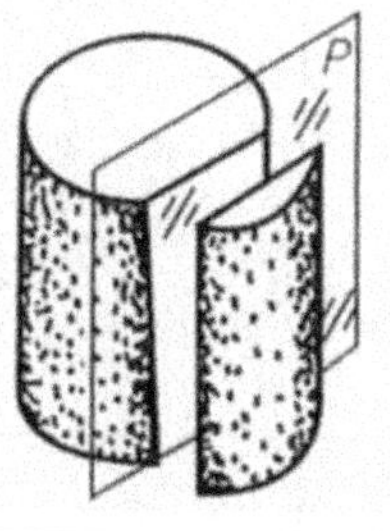	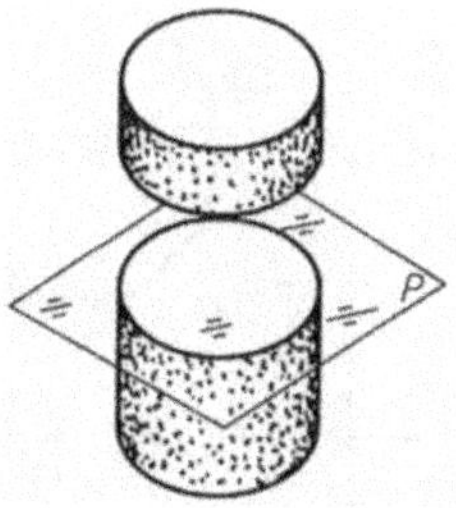	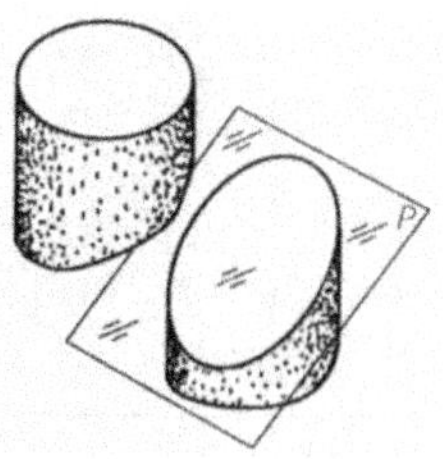
投影图	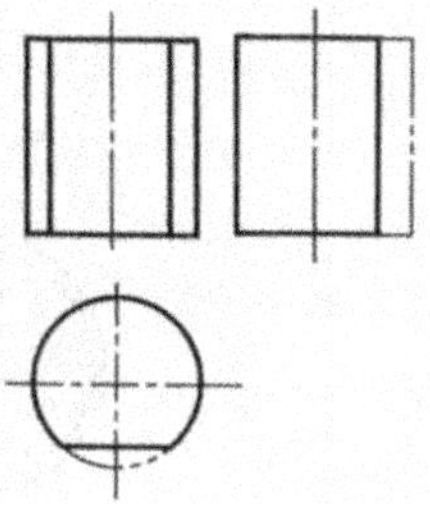	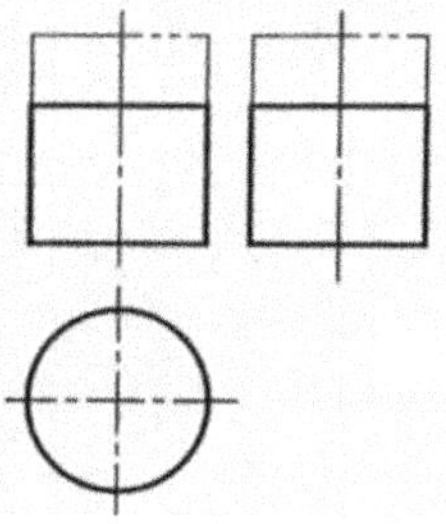	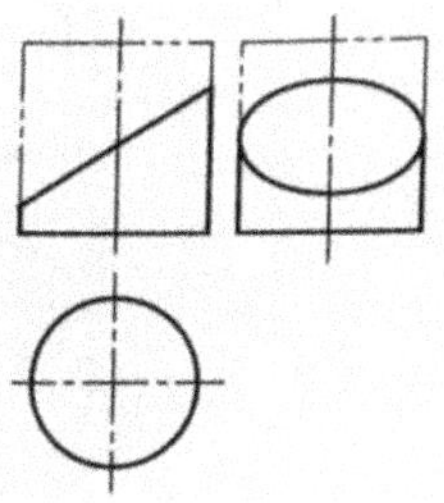

表 6-3 圆锥的截交线

截平面位置	垂直于轴线	与所有素线相交	平行于一条素线	平行于轴线	过锥顶
截交线形状	圆	椭圆	抛物线	双曲线	两直线
轴测图		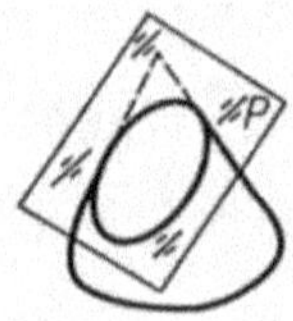	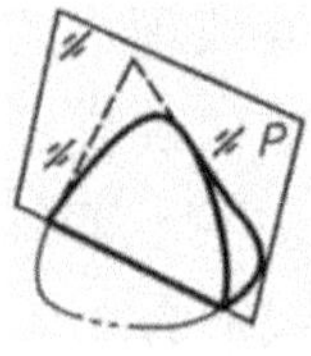	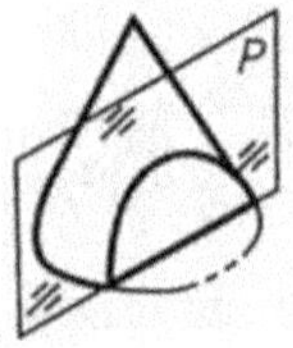	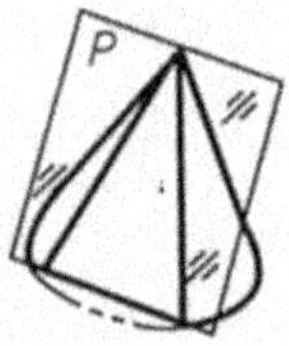
投影图	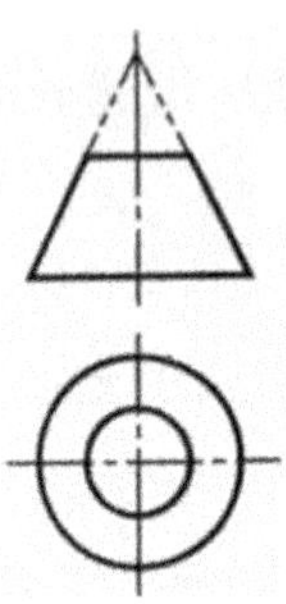	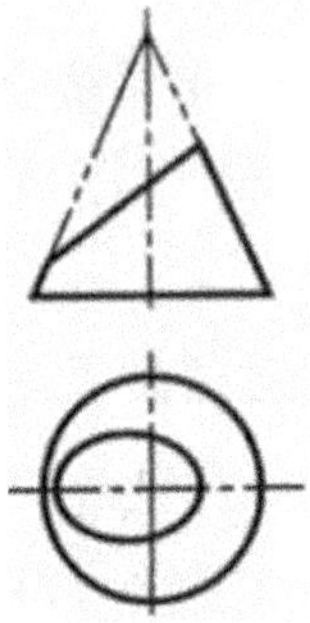	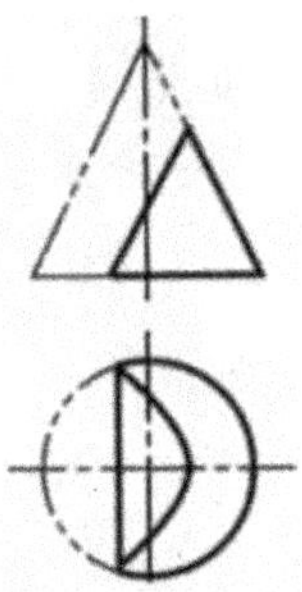	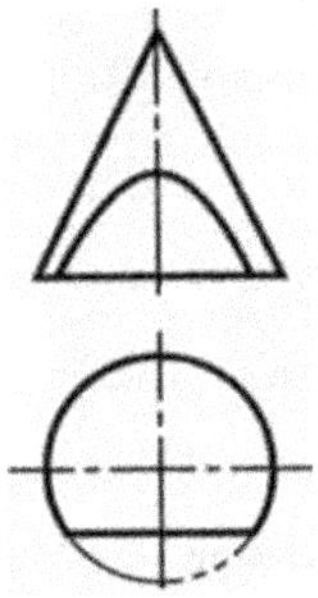	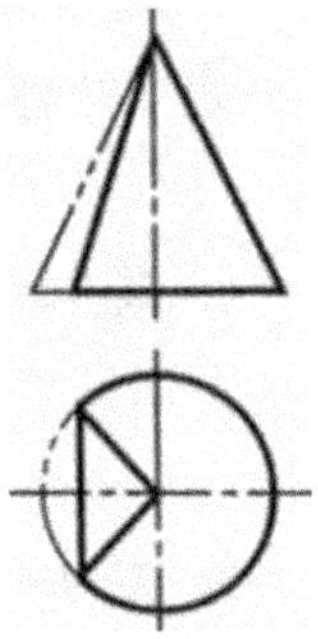

表 6-4 圆球的截交线

截平面位置	正平面	水平面	正垂面
截交线形状	圆	圆	圆
轴测图	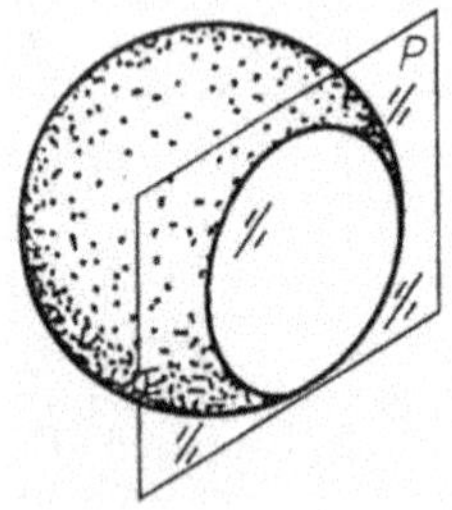	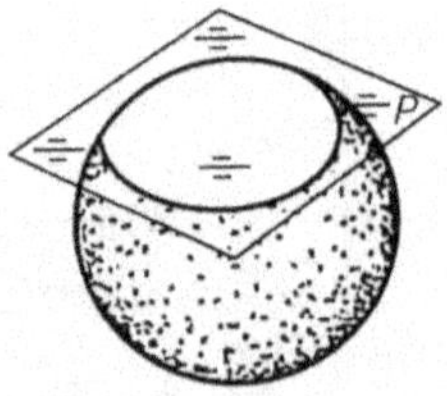	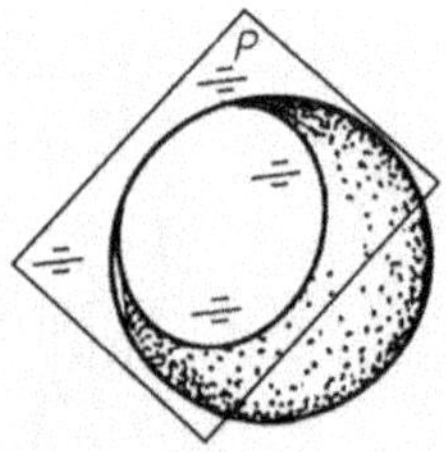
投影图	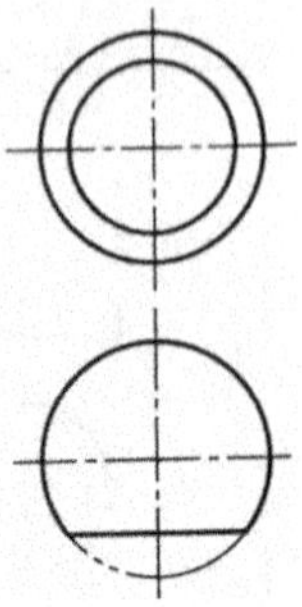	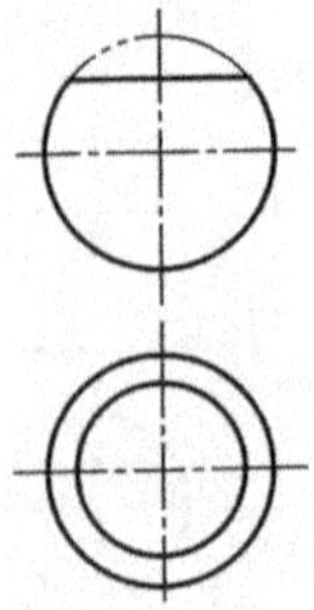	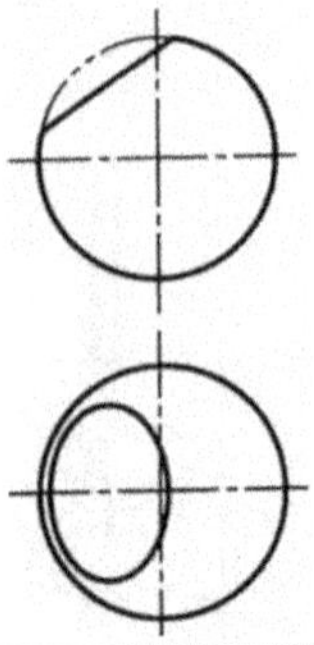

（四）截交线的画法

在前面讲述带切口立体的三视图时，事实上形成切口的平面就是截平面，它与立体表面的交线就是截交线。其中切口四棱台为平面与平面立体相交，切口圆柱体和切口半球体为平面与曲面立体相交，且截平面与它们的轴线平行或垂直，所以上述三例中，截交线均为直线和圆，比较容易画出，已在前面讲解。下面通过实例说明包含非圆平面曲线的截交线画法。

例 6-8　已知：圆柱被正垂面 P 斜截后的主、俯视图，见图 6-9(a)。
求作：它的左视图。
分析：

正垂面 P 与圆柱轴线斜交，由表 6-2 可知截交线为一椭圆，其正面投影积聚成直线，水平投影与圆柱的水平投影（圆）重合。所以，画出左视图主要是画出截交线的侧面投影。可利用圆柱表面取点（二求三）的方法求出截交线上一系列点的侧面投影，再光滑连接各点即可。

作图：

1) 求出截交线上特殊点的投影，如最低点 Ⅰ，最高点 Ⅱ（Ⅰ、Ⅱ 又是椭圆长轴的两端点和圆柱正面投影轮廓线上的点）、最前点 Ⅲ 和最后点 Ⅳ（Ⅲ 和 Ⅳ 又是椭圆短轴的两端点和圆柱侧面投影轮廓线上的点）等特殊点的侧面投影 1″、2″、3″、4″，见图 6-9(b)。

2) 用表面取点的方法，求得一般位置点 Ⅴ、Ⅵ、Ⅶ、Ⅷ 的侧面投影 5″、6″、7″、8″，见图 6-9(c)。

3) 按照各点水平投影中的顺序依次光滑连接侧面投影上的各点，即得截交线的侧面投影——椭圆。并画全斜截圆柱体的左视图，见图 6-9d。

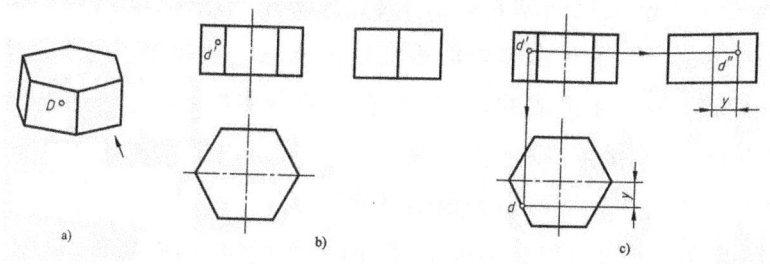

图 6-9　斜截圆柱体截交线的画法
(a)给题　(b)求特殊点侧面投影　(c)求一般点侧面投影　(d)光滑连接各点

例 6-9　已知：圆锥被侧平面截切后的主、俯视图，见图 6-10(a)、(b)。
求作：它的左视图。

分析：由于截平面是侧平面，与圆锥轴线平行，故由表 6-3 可知截交线为双曲线，并且其侧面投影反映实形，水平投影和正面投影均积聚成直线，所以截交线的投影也在这两条直线上，即截交线的两个投影是已知的，因此可用表面取点的方法求得侧面投影。

作图 [见图 6-10(c)]：

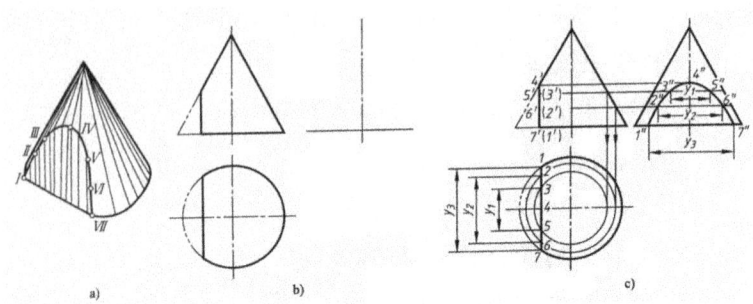

图 6-10 圆锥被侧平面截切的截交线画法
(a)轴测图 (b)给题 (c)求出截交线的侧面投影

1) 求出截交线上的特殊点 Ⅳ (最高点，又是正面投影轮廓线上的点)、Ⅶ (最前、最低点)、Ⅰ (最后、最低点) 的侧面投影和 4″、7″ 和 1″。

2) 用辅助纬线法求一般点 Ⅱ、Ⅵ 的侧面投影。在正面投影中，过点 6′、(2′) 做辅助纬圆——投影为一水平直线段，且反映辅助纬圆的直径；以此直径为直径，作出反映辅助纬圆实形的水平投影圆，该圆与截交线水平投影直线的两个交点即为 6 和 2，再由"高平齐、宽相等"即可求得侧面投影 6″ 和 2″。

3) 同理，沿用此法可求得截交线上的 Ⅲ、Ⅴ 等一系列一般点的侧面投影 3″ 和 5″ 等。

4) 依次光滑连接以上个各点，即得截交线的侧面投影。最后，再画全左视图。

讨论：本题也可以使用辅助素线法求解，只要作图正确，其结果一定是相同的。

上面两个例题介绍了基本体表面截交线的求法。当平面截切组合体时，首先必须分析它是由哪些基本体组成的，并找出它们的分界线；然后分别求出它们的截交线及其分界点，也是连接点，则连接点将几段不同的截交线连接而成的组合平面图形即为组合体的截交线。下面举例说明其求法。

例 6-10 已知：机床顶尖头部被 P、Q 两平面截切，形成切口，见图 6-11(a)。
求作：截交线的投影和顶尖的三视图。
分析：

图 6-11(a)所示的顶尖是由同轴线的圆柱和圆锥组成的，公共底圆是它们的分界线。按图 6-11(a)所示位置放置时，顶尖的轴线为侧垂线，P 为水平面，Q 为正垂

面。平面 P 截切圆锥的截交线为双曲线ⅡⅠⅢ，截切圆柱的截交线为两条直素线ⅡⅣ和ⅢⅤ；平面 Q 截切圆柱的截交线为椭圆弧ⅣⅥⅤ，由于平面 P 在主、左视图上均积聚成直线，平面 Q 在主视图上也积聚成直线，在左视图上与圆柱的投影圆重合（指截交线部分），因此截交线的正面投影和侧面投影均可视为已知，故只需求出水平投影。

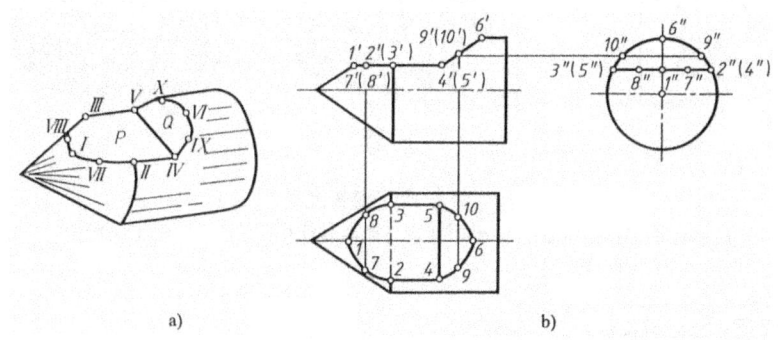

图 6-11　组合体截交线的求法
(a)轴测图　(b)作出截交线和三视图

作图[见图 6-11(b)]：

1) 作出水平面 P 截切圆锥所得的截交线——双曲线的水平投影（作法参见例 6-9），先做出特殊点Ⅰ、Ⅱ、Ⅲ的水平投影 1、2、3，再作出一般点Ⅶ、Ⅷ的水平投影 7、8；最后光滑连接 2、7、1、8、3 各点。

2) 作出正垂面 Q 截切圆柱所得的截交线——椭圆弧的水平投影（作法参见例 6-8）。先作出特殊点Ⅳ、Ⅴ、Ⅵ的水平投影 4、5、6；再作出一般点Ⅸ、Ⅹ的水平投影 9、10；最后光滑连接 4、9、6、10、5 各点。

3) 作出水平面 P 截切圆柱所得的截交线——两条直素线的水平投影。分别连接 2、4 和 3、5，则 24 和 35 即为所求两直线（因为 2、3、4、5 四点为三组截交线的连接点）。

4) 画出 P、Q 两平面交线的水平投影。连线 45 即为所求。

5) 补画圆柱和圆锥公共底圆的水平投影。过 2、3 两点的直线段，且 2、3 两点的外侧为粗实线，2、3 两点间为虚线。

6) 检查，整理，加深图线，完成全图。

二、相贯线

(一) 相贯线概念

两立体相交产生的表面交线称为相贯线。根据两立体的几何性质不同，相贯线又可分为:两平面立体相贯,见图 6-12(a);平面立体和曲面立体相贯,见图 6-12(b);两曲面立体相贯,见图 6-12(c)。前两种情况的相贯线比较简单,总有直线、平面曲线所组成,作图容易,所以本节只讨论两曲面立体相贯的相贯线。

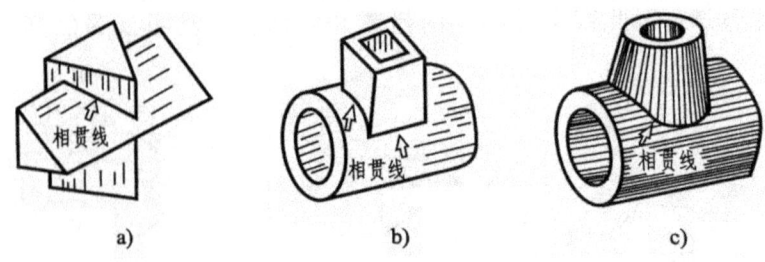

图 6-12　相贯线
(a)两平面立体相贯　(b)平面立体与曲面立体相贯　(c)两曲面立体相贯

(二) 相贯线的性质

两曲面立体的相贯线具有如下性质:

1) 相贯线是两曲面立体的共有线(相贯线上的点是两曲面立体的共有点),因此相贯线的投影必定在两曲面立体的公共投影部分。

2) 两曲面立体的相贯线在一般情况下是封闭的空间曲线,见图 6-12(c),特殊情况下可以是平面曲线(见图 6-16)或直线[参见图 8-12(b)]。

3) 相贯线的形状取决于两立体的形状及其相对位置。当两立体为回转体时,其相对位置有两立体的轴线正交(90°相交)、斜交(非 90°相交)和偏交(两轴线交叉)。本节只讨论最为常见的正交相贯。

(三) 求两曲面立体相贯线的方法

根据具体情况的不同,求两曲面立体的相贯线可分别采用如下三种不同的方法。

1. 表面取点法

当两曲面立体的投影均具有积聚性时,可利用积聚性并通过表面取点的方法求得相贯线。

例 6-11　已知两圆柱体的轴线垂直相交,见图 6-13(a)。

求作:它们的相贯线的投影。

分析:

由图 6-13(a)可知,两正交相贯圆柱的轴线分别垂直于水平面和侧平面,故小圆柱的水平投影和大圆柱的侧面投影均积聚为圆。又相贯体具有前后、左右的对称面,因此相贯线应为前后、左右对称的一条封闭的空间曲线。由于小圆柱全贯(所有素线都参加相贯)于大圆柱,因此相贯线的水平投影在小圆柱的投影圆上,而侧面投影在大圆柱投影圆的一段圆弧上(与小圆柱公共投影的部分),根据这两个已知投影,就可以用表面取点的方法求出相贯线的正面投影。

作图:

(1) 求特殊点 1′、2′为两圆柱正面投影轮廓线的交点,定是相贯线上的点。同时,它们又是相贯线的最高点,最左、最右点,相贯线在正面投影上可见与不可见部分的分界点,由投影关系可求得 1、2 和 1″、(2″);同理,在侧面投影上,3″、(4″)也是相贯线上的点,且为相贯线的最前、最后点,也是最低点,由投影关系可求得 3、4 和 3′、(4′)、,见图 6-13(b)。

(2) 求一般位置点 在相贯线水平投影的圆上取一般位置点 5,则根据"宽相等"可求得它在左视图上的相应投影 5″,再根据"长对正",由 5 向上投影,根据"高平齐",由 5″向左投影,其交点即为正面投影 5′。同理,可求得 6′、(7′)、(8′)等一系列一般位置点的正面投影,见图 6-13(c)。

(3) 依次连接可见点 1′、5′、3′、6′、2′,因相贯线前后对称,所以不可见部分与可见部分重影,不用连接,最后整理、加深,完成全图,见图 6-13(d)。

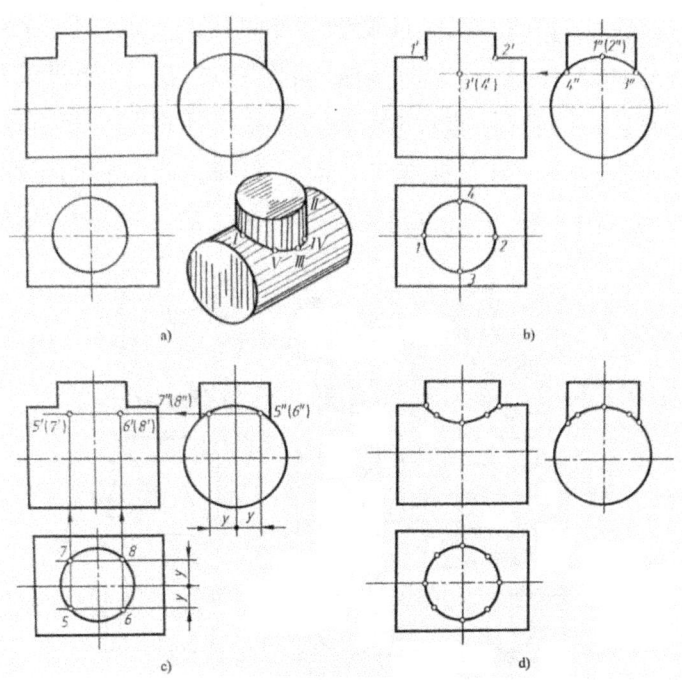

图 6-13 求两个正交圆柱的相贯线
(a)轴测图和已知两投影 (b)求特殊点的正面投影
(c)求一般点的正面投影 (d)连接各点并整理、加深

讨论：

1) 本例是两个实心圆柱即两个外圆柱面正面相贯，见图6-14(a)。若将垂直小圆柱变成一个圆柱孔，则变成内圆柱面和外圆柱面正交相贯，见图6-14(b)。或将两个圆柱同时变成两个圆柱孔，成为两个内圆柱面正交相贯，见图6-14(c)。从图6-14中可以看出，相贯线的形状并不发生变化，因此求其相贯线的作图方法也是一样的。

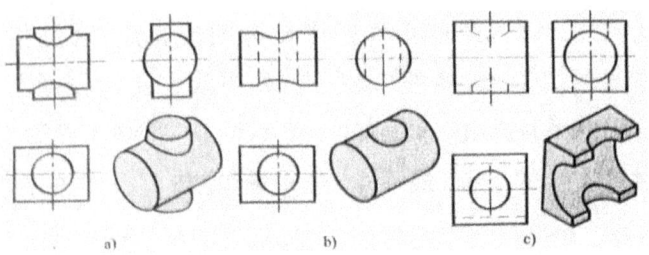

图6-14　两圆柱(或圆柱孔)正交相贯的三种形式
(a)两圆柱相贯　(b)圆柱与圆柱孔相贯　(c)两圆柱孔相贯

需要注意的是：此时孔的投影轮廓线[图6-10(c)中包括相贯线]均为不可见，应画成虚线。

2) 当正交相关两圆柱的直径相对变化时，相贯线的形状和位置也会随之变化，见图6-15。在图6-15(a)、(c)中可以看出，较小圆柱的素线全部与大圆柱相贯，而大圆柱只有一部分素线参与其相贯，因此两圆柱相贯线的正面投影必然向大圆柱内弯曲，即图6-15(a)时，相贯线是上、下两条曲线；图6-15(c)时，相贯线是左、右两条曲线。尤其要注意的是，当两圆柱直径相同时(简称等径相贯)，相贯线由两条空间曲线变化为两条平面曲线——两个垂直于正面的椭圆。此时它的正面投影为相交两直线，见图6-15(b)。图6-16所示为两圆柱等径相关的的三种常见情况。

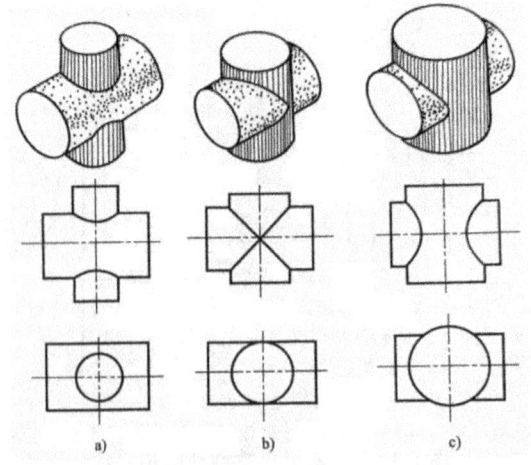

图6-15　圆柱(铅垂圆柱)直径变化时相贯线的变化
(a)铅垂圆柱直径小时　(b)等径相贯时　(c)铅垂圆柱直径大时

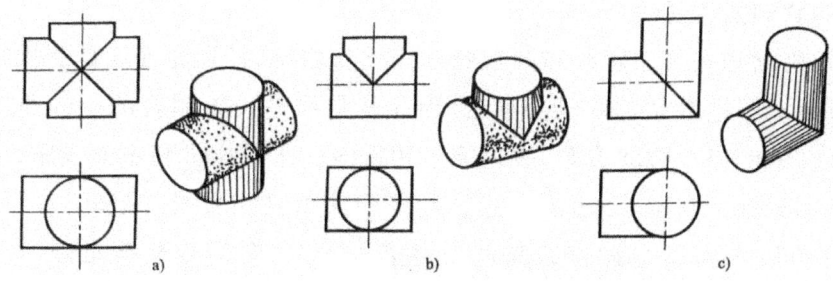

图 6-16 两圆柱等径相贯的三种常见情况

2. 辅助平面法

求两曲面立体的相贯线时,有时无积聚性可利用,此时可以作与两个曲面立体都相交(也可以与立体相切,有切线)的辅助平面切割这两个立体,产生两条截交线,这两条截交线(或切线)的交点是辅助平面和两曲面立体表面的三面共有点,即为相贯线上的点。如图 6-17 所示,P、Q 为两曲面,为求其表面交线(相贯线)MN,可作一辅助平面 R,面 R 分别与面 P、Q 相交产生交线 Ⅰ、Ⅱ,则 Ⅰ 和 Ⅱ 的交点 K 是 P、Q、R 三面的共有点,必是相贯线 MN 上的点。同理,再作若干个辅助平面,即可求得一系列的共有点,这些点的连线就是 P、Q 相交的相贯线 MN。

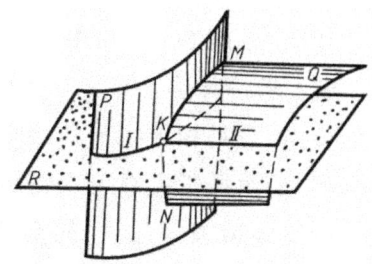

图 6-17 用辅助平面法求相贯线
原理—三面共点

例 6-12 已知:圆柱与圆台正交相贯,见图 6-18(a)。

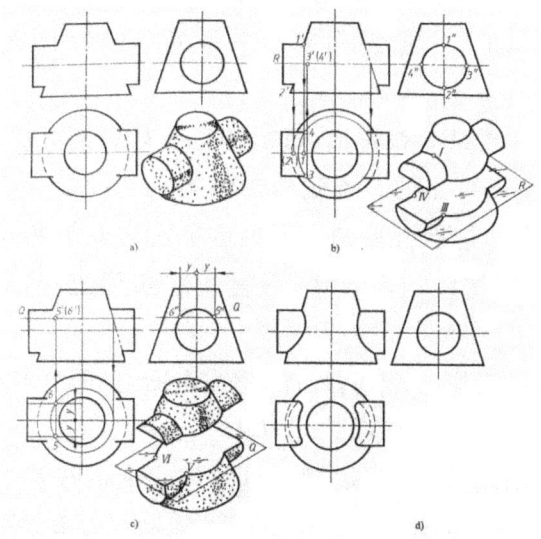

图 6-18 求作圆柱与圆台正交相贯时的相贯线
(a)轴测图和给题 (b)求特殊点 (c)求一般点 (d)连接各点并整理、加深

求作：它们的相贯线。

分析：由已知条件知圆柱和圆台的轴线垂直相交，且圆柱轴线是侧垂线，圆台轴线是铅垂线。圆柱贯穿（即全贯）圆台，因此相贯线是两条闭合的空间曲线，其侧面投影与圆柱的侧面投影圆重影，故只需求相贯线的水平投影和正面投影。由于这两个投影无积聚性可利用，因而需采用辅助平面法求其相贯线。显然，这里应以水平面为辅助平面，与圆柱的截交线是两条直素线，与圆台的截交线是圆，作图比较简便。又由于这里两条相贯线的水平投影和正面投影都是左、右对称的，作法也完全相同，所以下面只介绍一条相贯线的画法。

作图：见图 6-18(b)、(c)。

(1) 求特殊位置点。在图 6-18(b)中，1′、2′两点为圆柱与圆台的正面投影轮廓线的交点，也是相贯线上的最高点、最低点，又是相贯线在正面投影上可见与不可见的分界点，由投影关系可求得 1、(2) 和 1″、2″。再过圆柱轴线做辅助水平面 R，R 与圆台的交线为圆，与圆柱的交线为两条直素线，且为圆柱水平投影的投影轮廓线。画出两交线的水平投影，其交点 3、4 即为相关线上的点 Ⅲ、Ⅳ 的水平投影，且为相贯线水平投影中可见与不可见的分界点，由投影关系可求得 3′、(4′) 和 3″、4″。

(2) 求一般位置点。见图 6-18(c)，在适当位置作辅助水平面 Q，则面 Q 的正面投影与侧面投影积聚为两条等高的直线。其中侧面投影的直线与相贯线的侧面投影圆的两个交点，即为相贯线上的点 5″、6″，由 5″、6″根据"宽相等"可作出 Q 面与小圆柱截交线水平投影的两条直线；再作出面 Q 与圆台截交线的水平投影圆，则两直线与圆的两个交点即为 5、6；最后根据"长对正"由 5、6 向上投影，与面 Q 的正面投影直线的交点即为 5′(6′)。同理，可求得一系列一般位置点的投影（图中省略未作）。

(3) 判别可见性。对某一投影面来说，相贯线只有同时位于两立体的可见表面上才是可见的，否则是不可见的。本题相贯线的水平投影以点 3、4 为分界，在圆柱上半部是可见的，下半部是不可见的。可见点依次连成粗实线，不可见点依次连成虚线；在正面投影上，相贯线前后重影，只需用粗实线连接前面的可见点，见图 6-18d。

(4) 补全两立体的投影。整理，加深，完成全图，见图 6-18d。

3. 辅助球面法

用表面取点法求作相贯线时，必须是两立体表面的投影具有积聚性，才可利用其积聚性作图。用辅助平面法时，必须使所做辅助平面切割两立体时得到简单交线——直线或圆，才便于作图和求解，这在多数情况下是可行的。但在上例中，如果圆柱和圆锥的轴线斜交时，则将找不到这样合适的辅助平面，此时就需要用辅助球面法来求解。本书限于篇幅,不再介绍辅助球面法,需要时可参考其他有关书籍。

(四) 相贯线的简化画法

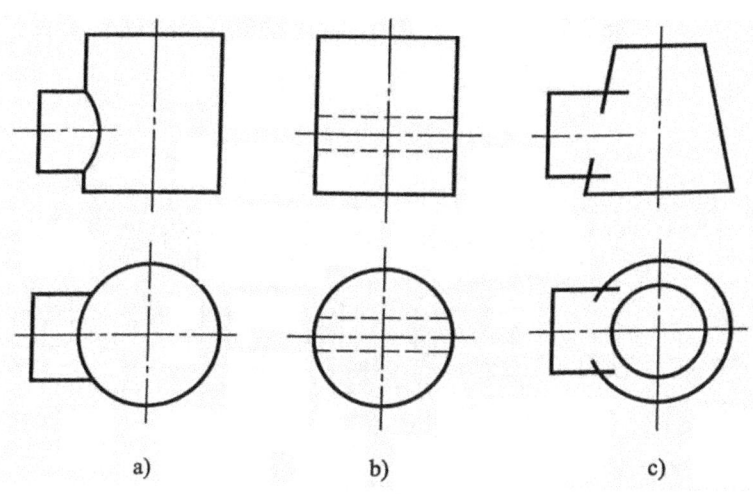

图 6-19 相贯线的简化画法
(a)圆弧代替画法 (b)直线代替画法 (c)模糊画法

立体上的相贯线,若按上述求点、连线的方法,即按真实投影绘制要花费不少精力和时间。在实际生产中,除钣金工下料等少数情况,要求将相贯线在图样上精确画出外,一般铸、锻、机械加工等则要求不高,可以采用简化画法。国家标准 GB/T 16675.1—2012《技术制图 简化表示法 第 1 部分:图样画法》中,规定相贯线可以采用代替画法或模糊画法。所谓代替画法,就是用圆弧或直线来代替非圆曲线的相贯线,见图 6-19(a)、(b);模糊画法:当两立体在各视图中已清楚表达出立体的形状、大小及相对位置的情况下,可在应有相贯线投影的视图上,将两立体的轮廓线画成相交,可伸出约 2~5 mm,见图 6-19(c)。

第五节 画组合体的三视图和标注尺寸

在工程制图中,通常把棱体、棱锥、圆柱、圆锥、圆球等比较简单的物体称为基本立体或基本形体,简称基本体。而把由若干基本体按一定方式组合而成的比较复杂的物体,称为组合立体或组合形体,简称组合体。

一、组合体的形成方式

组合体的形成方式可分为叠加和切割两种基本方式,以及既有叠加、又有切割的综合方式。

(一) 叠加

(1) 叠合:当两个基本体的表面互相重合时的叠加方式称为叠合。如图 6-20 所示,基本体Ⅰ的下底面与基本体Ⅱ的上表面互相叠合在一起。

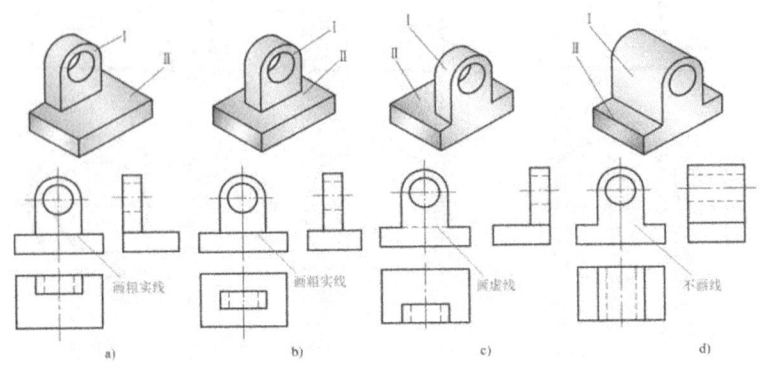

图 6-20　组合体的形成方式——叠合叠加
(a)前表面不平齐,后表面平齐　(b)前、后表面都不平齐
(c)前表面平齐,后表面不平齐　(d)前、后表面都平齐

需要注意:上、下两个基本体的前、后表面的相对位置有平齐或错开等多种情况,在画图时,相应在主视图上两形体的叠合面处的画法也不同。前表面不平齐、后表面平齐时应画粗实线,见图 6-20(a);前、后表面都不平齐时,虚线与粗实线重影,所以也只画粗实线,见图 6-20(b);前表面平齐、后表面不平齐应画虚线,见图 6-20(c);前、后表面都平齐时,应不画线,见图 6-20(d)。

(2) 相切:两个基本体表面(平面与曲面或曲面与曲面)相切的叠加方式称为相切。相切叠加时,在相切处光滑过渡,不存在轮廓线,故不画分界线。如图 6-21 所示的组合体,其底板前后两侧面与圆柱表面相切,在主、左视图上相切处均不画切线的投影,且底板的上表面在主、左视图上投影的直线均匀画到相切处的切点为止。

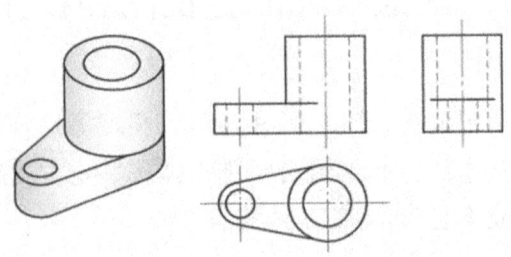

图 6-21　组合体的形成方式——相切叠加(不画切线)

(3) 相交:两个基本体的表面相交的叠加方式称为相交。相交叠加时,应画出

交线的投影。如图 6-22(a)所示组合体,左下方底板前后两侧面与圆柱表面相交,其交线应画出。图 6-22(b)中,带孔小圆柱与带孔大圆柱的内、外表面都相交,其内、外相贯线分别为虚线和实线,都应画出。

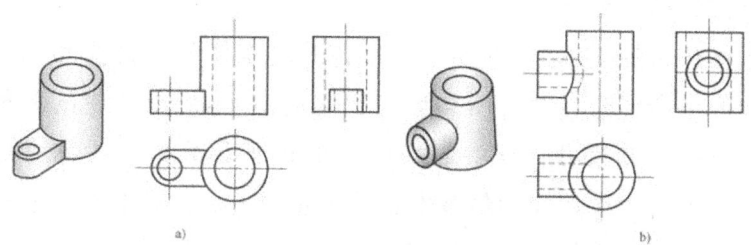

图 6-22 组合体的形成方式——相交叠加(画出切线)

需要注意:上述底板和圆柱体相切或相交叠加后,圆柱体在主视图上该位置处的投影轮廓线因叠加而消失,故此处不应再画线,见图 6-21 和图 6-22。

(二) 切割

组合体也可由切割方式形成。所谓切割,就是在某个(或某几个)基本体上切去一部分材料,从而在形体上形成沟、槽、坑、洼、孔等结构。如图 6-23(a)所示的底板,它是在基本体长方体上经切角、切口、开槽、穿孔等切割以后形成的组合体。图 6-23(b)是它的三视图。

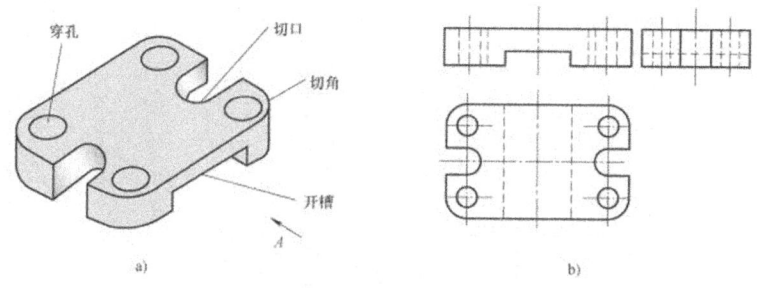

图 6-23 组合体的形成方式——切割
(a)轴测图 (b)三视图

(三) 综合方式

一般组合体既有叠加、又有切割的综合方式形成,见图 6-24(a)。

二、形体分析法

通常在画组合体三视图、标注组合体尺寸以及读组合体视图时,首先需要将组合体分解为若干基本体,分析其如何叠加,又经过了哪些切割,切割了什么形体,并分析各组成部分的相对位置如何,从而明确组合体由哪些基本体组合而成,明确切割情况以及它们的相对位置和组合方式,这种分析称为形体分析。通过形体分析,全面了解组合体的结构形状。

在上述形体分析的基础上,再逐一画出各个基本体的三视图和标注尺寸,并根据基本体组合为组合体时。对视图和尺寸引起的变化,做出相应的调整,从而最终得到组合体的三视图和尺寸。这种解决问题的过程和分析方法称为形体分析法。这是画组合体视图和标注尺寸的最基本也是最重要的方法,同时也是读组合体视图的基本方法。下面通过实例来说明如何进行形体分析,以及如何用形体分析法画组合体的三视图和标注尺寸。

三、 画组合体的三视图

下面举例说明用形体分析法画组合体三视图的具体步骤。

例 6-13 已知:支座的轴测图,见图 6-24(a)。

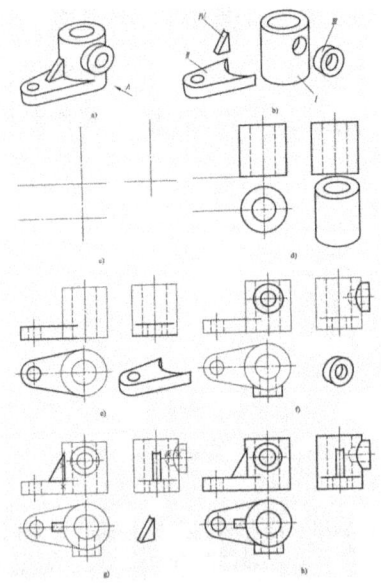

图 6-24 组合体(支座)三视图的画法

求作:它的三视图。

作图:

(1) 形体分析。图 6-24(a)所示的支座是由直立大圆筒Ⅰ、底板Ⅱ、小圆筒Ⅲ以及肋板Ⅳ四个基本体所组成的,见图 6-24(b),并在形体上Ⅰ、Ⅱ、Ⅲ都进行了切割(穿孔)。又底板Ⅱ位于大圆筒的左侧,与大圆筒相切叠加,并且两者的下底面平齐;

小圆筒Ⅲ位于大圆筒Ⅰ的前方偏上的位置,与大圆筒正交相贯;同时小圆筒的内孔与大圆筒的内孔也为正交相贯,肋板Ⅳ位于底板的上面,大圆筒的左侧,与底板叠合,与大圆筒相交。

(2) 选择主视图。画图前首先要选择主视图,即确定组合体的安放位置和主视图的投射方向(同时也就确定了俯、左视图的投影方向)。

一般应将组合体放稳、放正,主视图的投射方向应能较多的反映组合体的结构形状,称为形状特征原则。根据这一原则,支座应按图 6-20(a)所示的位置放置,并按图中箭头所指的 A 方向作为主视图的投射方向。

(3) 确定比例和图幅。根据组合体的大小和复杂程度选定绘图比例,并根据视图、尺寸和标题栏等所占的位置,确定所需的图纸幅面。

(4) 画图

1) 画作图基准线,以合理确定各视图的布局,见图 6-24(c)。基准线常选用组合体的底面、对称面、重要的端面以及回转体的轴线等。

2) 画大圆筒的三视图,见图 6-24(d)。

3) 画底板的三视图,底板与大圆筒相切处不画切线,见图 6-24(e)。

4) 画小圆筒的三视图,要画出它与大圆筒的内、外相贯线,见图 6-24(f)。

5) 画肋板的三视图,要正确画出它与大圆筒的交线,见图 6-24(g)。

6) 检查、改正、整理,如应删去图 6-24g 中打"×"处的多余图线等,最后加深图线,完成全图,见图 6-24(h)。

(5) 需要注意的事项。

1) 为了严格保持三视图之间"长对正、高平齐、宽相等"的投影关系,并提高画图速度,不应孤立的完成一个视图后再画其他两个视图,而应将每一个基本体的三视图联系起来同时作图。

2) 在逐个画出各基本体的三视图时,一般应先画出反映实形(圆或多边形等)的视图,而对于切口、槽、孔等被切割部分,则应从有积聚性的投影画起。

3) 注意叠合、相交、相贯、相切时的画法,以及由于形体组合而引起的其他变化,一并做出相应的调整,也可以边画图边调整(请读者分析本例题中做了哪些调整)。

四、组合体的尺寸标注

本节主要介绍如何完整、清晰的标注组合体的尺寸。

标注组合体尺寸的方法仍然是形体分析法。首先逐个标出各个基本体的形状和大小的尺寸——定形尺寸;然后标注出各基本体间的相互位置尺寸——定位尺寸；最后标注出组合体的总体尺寸（外形尺寸），并进行必要的尺寸调整。由此可见，前面介绍的基本体的尺寸标注是标注组合体尺寸的基础，必须熟练掌握。下面仍以支座为例说明组合体尺寸的标注方法。

例6-14　试在6-13中画出的支座的三视图上［见图6-24(h)］标注尺寸。

（1）形体分析。在上面介绍组合体三视图的画法时，已经对支座作了形体分析，所以此处不再重复。

（2）选择尺寸基准。在标注组合体的尺寸时，通常选取回转体的轴线、组合体的对称面、重要的端面、底面等作为标注尺寸的起点，称为尺寸基准。在组合体的长、宽、高三个方向上一般至少都应有一个尺寸基准。对于支座，可选用底板的底面作为高度方向的尺寸基准；支座前后的基本对称面为宽度方向的尺寸基准；大圆筒和小圆筒轴线所在的平面为长度方向的尺寸基准，见图6-25。

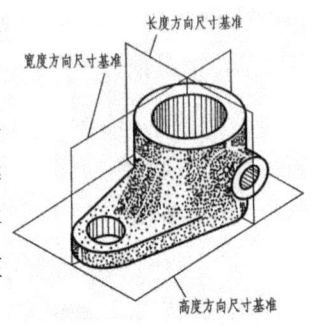

图6-25　尺寸基准的选择

（3）逐个标注出组成支座的各基本体的尺寸。

1）标注大圆筒的尺寸，见图6-26(a)。

2）标注底板的尺寸，见图6-26(b)。

3）标注小圆筒的尺寸，见图6-26(c)。

4）标注肋板的尺寸，见图6-26(d)。

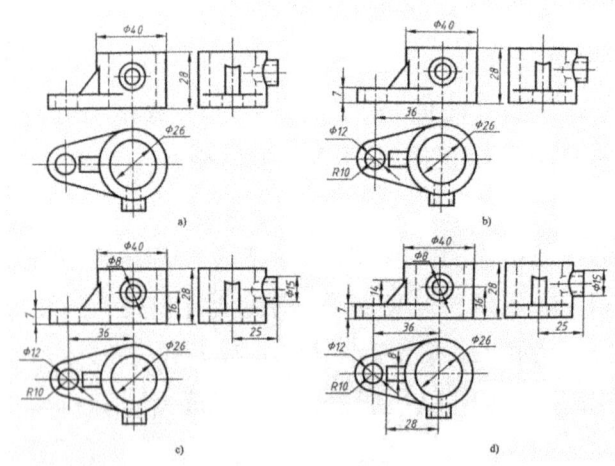

图6-26　组合体的尺寸标注

需要注意的是：在标注组合体中各基本体的尺寸时，除了要标注其定形尺寸，还要同时标注各基本体之间的定位尺寸，如底板尺寸36，小圆筒尺寸16，肋板尺寸28等。

（3）标注组合体的总体尺寸并进行必要的尺寸调整 一般应直接标出组合体长、宽、高三个方向的总体尺寸，即总长、总宽、总高。但当在某个方向上的组合体的一端或两端为回转体时，则应标注出回转体的定形尺寸和定位尺寸，总体尺寸不再直接注出。如支座长度方向注出了定位尺寸 36 以及定形尺寸 $R10$ 和 $\varnothing40$，通过计算可间接得到总长尺寸为 66。同理，通过计算尺寸 25 和 $\varnothing40$ 可得到总宽尺寸为 45。大圆筒的高度尺寸 28 同时又是组合体的总高尺寸。

组合体在按上述步骤和方法进行尺寸标注，满足正确、完整要求的同时，还应注意尺寸的配置要有条不紊，使所注尺寸清晰易看，不致造成误解和错误。为此，应注意以下几点：

1）组合体的尺寸应尽量集中标注在反映各形体形状特征的视图上。例如在图 2-26 中，底板的尺寸 $\varnothing12$、$R10$、36（除厚度 7 外）都集中标注在反映底板实形的俯视图上。显然其中的圆弧半径 $R10$ 不宜标注在主视图上，更不能标注在左视图上。

2）直径尺寸一般标注在非圆视图上较为清晰，而在圆上尤其是在一系列的同心圆上标注多个直径尺寸时会很不清晰，见图 6-27。

3）尺寸一般应标注在视图的外面，以免尺寸线、尺寸界限、尺寸数字与投影轮廓线交错重叠，影响清晰。但当某些结构的投影位于视图的里面，而将尺寸注到视图外面，则所注尺寸距离所注部位太远，尺寸界限引出过长，会穿过许多图线，造成不清晰；此时若视图里面有足够的位置标注尺寸，不甚影响清晰度时，就可以标注在视图里面，如图 6-26（d）俯视图中肋板的宽度尺寸 8。

4）在视图的同一侧有多个平行尺寸时，应小尺寸靠近视图，大尺寸依次向外配置，以免尺寸线与尺寸界线相交，如图 6-26（d）中主视图上高度方向的尺寸 16 和 28。

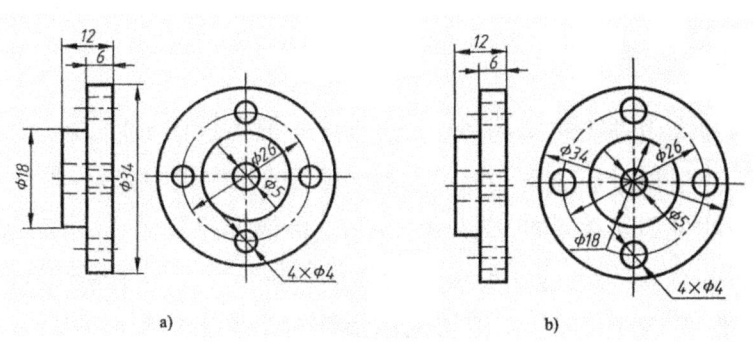

图 6-27 标注尺寸的比较
（a）清晰 （b）不清晰

5）应尽量避免在虚线上标注尺寸，如图 6-26（d）中，尺寸 $\varnothing26$ 注在俯视图上，尺寸 $\varnothing8$ 注在主视图上。

上述注意事项有时会互相矛盾,此时应以清晰为原则进行标注。同时也还会遇到其他各种情况,同样以清晰为原则,灵活加以处理。

第六节 读组合体的视图

读组合体的视图,简称读图,又称看图、识图等。画图是将空间物体用一组平面图形(视图)表示出来,是由物画图的过程;而读图是画图的逆过程,是根据一组平面图形(视图)想象出空间物体的结构形状,是由图想物的过程。显然,画图和读图两者相辅相成。因此,应多画图、多读图,读画结合、反复练习,才能真正熟练掌握画图和读图的技能。

一、读图的基本要领

以主视图为核心,几个视图联系起来读。在三视图(或一组视图)中,顾名思义,主视图是最主要的视图。通常主视图较多的反映物体的特征(形状特征和位置特征),它是反映物体信息量最多的视图。所以,读图时应以主视图为核心。然而一个主视图不可能反映物体的所有信息,即一个视图不可能完整表示物体的结构形状。因此,在读图时,必须把表达物体所给出的几个视图联系起来读,才有可能完全理解,从而正确想象出空间物体的结构形状。

二、读图的基本方法

读图的基本方法是形体分析法和面线分析法。

(一) 形体分析法

把组合体视为由若干基本体所组成,即首先把主视图分解为若干封闭线框(若干组成部分),再根据投影关系,找到其他视图上的相应投影线框,得到若干线框组;然后读懂每个相框组所表示的形体形状;最后再根据投影关系,分析出各组成形体间的相对位置关系,综合想象出整个组合体的结构形状。对于有叠加方式形成的组合体,或既有叠加、又有切割,但被切割的形体特征比较清晰时,均适合用形体分析法读图,下面举例说明。

例 6-15 试根据图 6-28(a)所示组合体的三视图,读懂它的结构形状。

(1)分析。从已知的三视图可以初步看出,这是一个左、右对称,且以叠加方式形成的组合体,所以适用形体分析法读图。

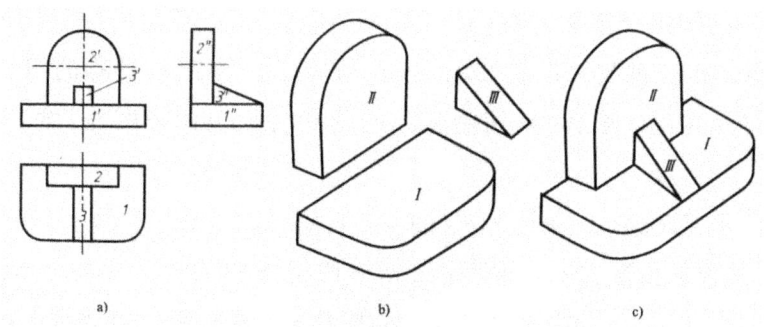

图 6-28 形体分析法读图(一)
(a)分线框、对投影 (b)想形体 (c)想组合体

(2) 分线框、对投影。一般从主视图着手,先将主视图分成 1′、2′和 3′三个封闭线框;可以认为组合体由Ⅰ、Ⅱ、Ⅲ三个基本体组成。再利用三角板、分规等工具,根据三视图之间的投影关系,找出 1′、2′、3′三个线框所对应的水平投影 1、2、3 和侧面投影 1″、2″、3″,从而得到三个线框组 1′、1、1″,2′、2、2″和 3′、3、3″,见图 6-28(a)。

(3) 想基本体。根据各个线框组,分别想象出他们各自所表示的基本体的形状。由线框组 1′、1、1″可知形体Ⅰ是在长方体的左前方和右前方带有圆角的一块底板;由线框组 2′、2、2″可知形体Ⅱ是一块顶部为半圆柱的竖板;由线框组 3′、3、3″可知形体Ⅲ为一块三棱柱的肋板,见图 6-28(b)。

(4) 想组合体。根据三视图所反映的各基本体之间的位置关系,想象出整个组合体的结构形状。

从主视图看,竖板和肋版均叠放于底板的上方,并且位于组合体横向的正中间,即左右对称;结合俯、左视图可知,竖版位于底板的后面,且两者后表面平齐,肋板则同时叠加于竖板的前方,且其倾斜面与底板前表面的上方相接。由以上分析和阅读,综合起来可想象出组合体的结构形状,见图 6-28(c)。

讨论:

在本例中,线框的划分和三视图中线框之间的对应关系都很清楚,并且各线框均为粗实线框。因此,通过对投影可以方便的得到线框组,从而确定各基本体的形状和整个组合体的结构形状。然而对于多数较为复杂的组合体,由于两形体表面平齐叠加,使两形体的分界线消失[参见图 6-20(d)];由于两形体相切不画切线的投影,形体的投影构不成封闭线框(参见图 6-21);由于两形体相交(截交或相贯),某些投影轮廓线消失,并形成新的交线——截交线或相贯线(参见图 6-22),从而给线框的划分和寻找线框之间的对应关系带来困难,此时就需要假想的添加上这些相应的线条之后再来分析。此外,有的线框可能是带有虚线或完全由虚线围成的虚线框。下面举例来说明。

例 6-16 已知组合体的三视图,见图 6-29(a)。试想象出它的结构形状。

(1) 分析。从三视图可以初步看出,这可能是一个左右对称的组合体,同时也是一个以叠加为主的组合体,且切割部分的形状特征也比较明显,所以应采用形体分析法读图。

(2) 分线框、对投影。从主视图入手,将它划分成1′、2′、3′、4′、5′五个线框及a′、b′两个线框,并根据投影关系,分别找出相应俯视图中的1、2、3、4、5、a、b 以及在左视图中 1″、2″、3″、4″、5″、a″、b″的各线框,即得到各个线框组。需要说明的是:在划分线框4、5和线框4″、5″时,需要假想添加切线的投影,对照图 6-29(a)、e;在划分线框2时,也要假想添加轮廓线的投影,对照 6-29(a)、(c)。

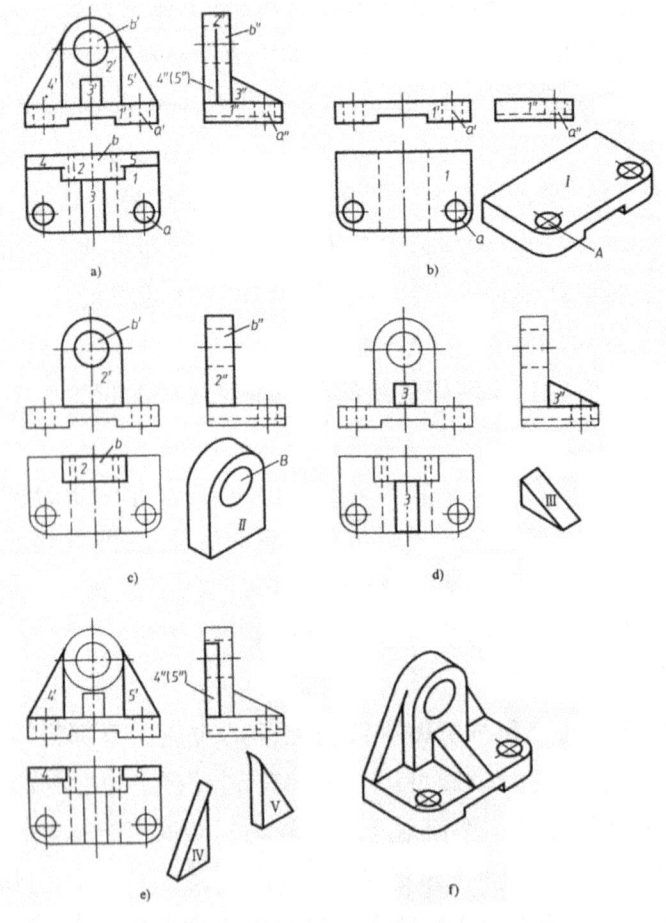

图 6-29 形体分析法读图(二)
(a)分线框、对投影 (b)读出底板Ⅰ (c)读出竖板Ⅱ (d)读出肋板Ⅲ
(e)读出支撑板Ⅳ和Ⅴ (f)想象出组合体结构形状

(3) 想基本体。根据各个线框组的三个投影,即可想象出各形体的形状。由线框组 1′、1、1″,结合线框组 a′、a、a″,可知形体Ⅰ是一块底板,中下部开有通槽,前方左、右角为圆角,圆角中心处有两个小通孔,见图 6-29(b)。由线框组 2′、2、2″,结合线框组 b′、b、b″,可知形体Ⅱ是一块竖板,上部是半圆柱,半圆柱轴线位置上有一通孔,竖板Ⅱ位于底板Ⅰ上面的正中后方,并且两者后表面平齐,见图 6-29(c)。由线框组 3′、3、3″可知,形体Ⅲ是一块三棱柱肋板,叠加在底板Ⅰ的上方,竖板Ⅱ的前方,且上表面与底板的前表面相接,见图 6-29d。由线框组 4′、4、4″和 5′、5、5″可知,形体Ⅳ和Ⅴ位于底板Ⅰ的上方,且对称的分布在竖板Ⅱ的两侧,与竖板Ⅱ相切叠加,其后表面与形体Ⅰ、Ⅱ的后表面平齐,其前表面在竖板Ⅱ的前表面之后,它们是两块支撑板,见图 6-29(e)。

(4) 想组合体。通过以上读图,可归纳总结出整个组合体的结构形状,见图 6-29(f)。

在用形体分析法读图时,当小线框位于大线框内,则小线框表示的形体相对于大线框表示的形体,不是向外凸出就是向里凹入的。如主视图中小线框 3′和 b′位于大线框 2′内,结合辅、左视图,可知形体Ⅲ(三棱柱)突出在形体Ⅱ(竖板)的前方;而形体 B 是凹入的通孔。对于俯视图中大小相框之间的关系,也可做同样的分析,请读者自行分析。

(二) 面线分析法

形体分析法是从"体"的角度出发,将组合体分析为由若干基本体所组成(将三视图分解为若干封闭线框组),以此为出发点进行读图。立体图形都由面围成,而面又由线段所围成,因此还可以从"面和线"的角度将组合体分析为由面和线组成,将三视图分解为若干线框组和线段组,并由此想象出组合体表面的面、线的形状和相对位置,进而确定组合体的整体结构形状,这种读图方法称为面线分析法。

在形体分析法中,只分析线框组,且表示的是一个"体"的三个投影。在面线分析法中,也分析三个相框组成的相框组,但表示的是一个一般位置平面;同时还分析两线框、一线条组成的线框组,表示的是投影面垂直面;还分析一线框、两线条组成的线框组,表示的是投影面平行面;还分析三线条组成的线段组:三线条均为斜线时表示的是一般位置直线;只有一条是斜线时,表示的是投影面平行线;两条线和一个点时,表示的是投影面垂直线。此外,在形体分析法中,表示"体"的三个线框之间无类似性关系;而在面线分析法中,表示"面"的三个线框或两个线框(还有一条线)之间一定具有类似性的关系。以上是两种读图方法的显著差别。下面举例说明用面线分析法读图的具体方法和步骤。

例 6-17 试根据图 6-30(a)所示组合体的三视图,确定该组合体的结构形状。

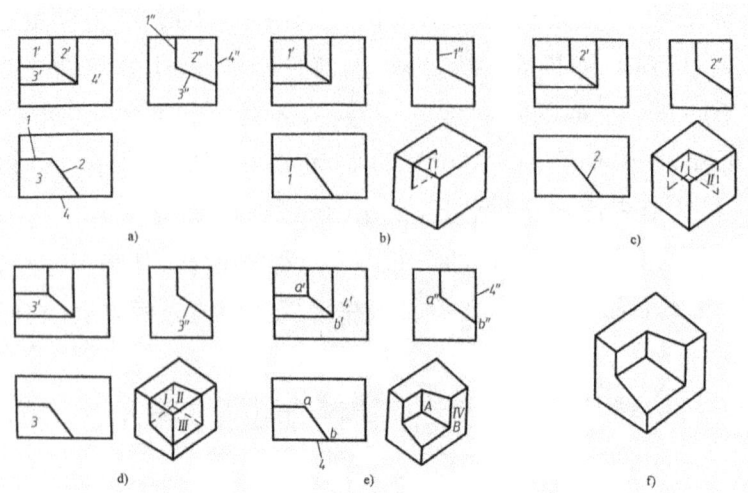

图 6-30 面线分析法读图(一)
(a)分线框、对投影 (b)定面形Ⅰ (c)定面形Ⅱ (d)定面形Ⅲ
(e)定面形Ⅳ和直线 AB (f)想组合体结构形状

(1) 分析。由于三视图中所有图线均为直线,所以该组合体是一个平面立体;又由于三个视图的外框均为矩形,可知该组合体是由一个长方体经过切割而成的。

(2) 分线框、对投影。先将主视图分成 1′、2′、3′、4′四个线框;对投影可得相应的水平投影 1、2、3、4 和侧面投影 1″、2″、3″、4″,见图 6-30(a)。在这里,各同名投影之间要么是类似形,要么有积聚性。

(3) 按投影想面(线)形。由线框组 1′、1、1″可知平面Ⅰ为正平面,它的正面投影反映实形,见图 6-30(b)。

由线框组 2′、2、2″可知平面Ⅱ是一个铅锤面,并与平面Ⅰ相交,见图 6-30(c)。

由线框组 3′、3、3″可知平面Ⅲ是一个侧垂面,并与平面Ⅰ、Ⅱ都相交,见图 6-30(d)。

由此可见,平面Ⅰ、Ⅱ、Ⅲ彼此相交,把长方体的左前上方切去了一块。

由线框组 4′、4、4″可知平面Ⅳ是一个正平面,它的正面投影反映实形,它是长方体经上述切割后留下的前表面,见图 6-30(e)。

再分析线段组 $a'b'$、ab 和 $a''b''$[见图 6-30(e)],这三个同名投影均倾斜于投影轴,表明空间直线 AB 为一般位置直线。这正是铅垂面Ⅱ和侧垂面Ⅲ的交线的特征。

(4) 想组合体。综上所述,可想象出整个组合体的结构形状,见图 6-30(f)。

本例题中,主视图上线框的划分以及在俯、左视图上对应的投影关系都很清楚,很容易得到线框组。而在多数情况下,主视图上除需要分析线框外,还需分析其中的线段,并且对应的投影关系也难以看出,必须经过正确的分析判断,去伪存真,才能最终确定。下面举例说明。

例 6-18 已知组合体的三视图,见图 6-31(a),试想象出组合体的结构形状。

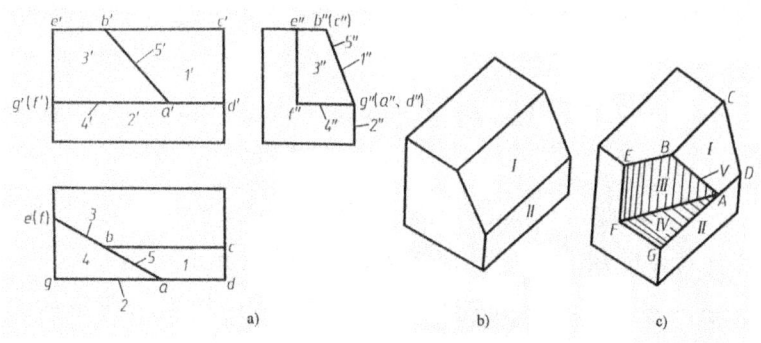

图 6-31 面线分析法读图(二)

(1) 分析。已知三视图中均为直线段,所以组合体为平面立体,且主、俯视图的边框均为矩形,左视图的边框接近为矩形值,只在前上方少了一部分,可见该组合体是由长方体经切割而成的。

(2) 分线框、对投影、想面(线)型。将主视图分成 1′、2′、3′ 三个线框以及 4′、5′ 两条线段;由 1′ 对投影,粗略看在俯视图上可能是线框 abcd 或线段 bc;在左视图上可能是斜线 (a″)b″、垂直线 e″f″ 或线框 (a″)b″e″f″,这样就有六种可能性。当然其中只有一种是正确的,只要深入分析就能确定是哪一种。首先在俯视图上,与 1′ 对应的投影如果是线段 bc,则平面 I 为正平面,在左视图上的对应投影应为平行于 z 轴的直线段,是否就是 e″f″ 呢? 由于 bc 和 e″f″ 的位置不符合宽相等的关系,所以结论是否定的,这就是说在左视图上找不到这个正平面的投影,由此可见与 1′ 对应的水平投影只能是线框 abcd(即 1),于是由 1′ 和 1 对投影,满足高平齐、宽相等的只有线段 (a″)b″(即 1″),而线框 (a″)b″e″f″ 和线段 e″f″ 均被排除。由此可见,平面 I 是一个侧垂面,长方体就是被这个侧垂面在前上方切去了一个三棱柱,见图 6-31(b)。

再由线框 2′ 对投影,可分别得到唯一的水平投影线段 2 和侧面投影线段 2″,可见平面 II 是一个正平面,是长方体经切割后留下的前表面,见图 6-31(b)。

再由线框 3′ 对投影,粗略看也有六种可能性:水平投影可能是线框 a(f)g 或线段 a(f),由于线框 a(f)g 为三边形。而线框 3′ 为四边形,两者不是类似形,所以 3′ 对应的水平投影只能是线段 a(f)(即 3),由 3′ 和 3 可知平面 III 是一个铅锤面,故侧面投影只能是类似形的线框 (a″)b″e″f″(3″),可见长方体的左前上方又被一个铅锤面 III 截切。

再分析线段 4′,水平投影只能是线框 a(f)g(即 4),因为上面已确定线段 a(f)

为 3，可见平面Ⅳ是一个水平面，侧面投影就是水平线段 $f''g''$（即 4″）。可见水平面Ⅳ与铅垂面Ⅲ共同截切的结果，是将长方体的左前上方切去一角，见图 6-31(c)。

再分析线段 $5'(a'b')$，它可能是正垂面的投影或一直线的投影。如果是正垂面的投影，则高平齐的侧面投影和长对正的水平投影应为具有类似形的两个线框，而事实上找不出这样的线框，可见它是一直线的投影。对投影可得水平投影 ab 和侧面投影 $(a'')b''$，可见 AB 是一条一般位置直线。不难分析，它是侧垂面Ⅰ和铅垂面Ⅲ的交线，见图 6-31(c)。

(3) 想组合体。至此，可以想象出整个组合体的结构形状，如图 6-31(c)所示。

通过对以上两种读图方法的分别举例，可以做出如下小结：

1) 形体分析法是从"体"的角度出发，"分线框、对投影"，所得的线框组都是线框，一般无类似性关系，表示一个形体的三个投影；"想形体"，也是想形体的形状。而面线分析法是从"面和线"的角度出发，"分线框、对投影"，所得线框组要么是具有类似型的线框，要么积聚成线段（没有类似性，必有积聚性），表示一个表面的三个投影；"想面(线)形"也是想面、线的形状。"想组合体"，两种方法都能根据三视图所反映的位置关系，分别确定各组成形体或面、线的相对位置，从而想象出物体的结构形状。

2) 形体分析法适用于以叠加方式形成的组合体，或者既有叠加，又有切割，且切割部分的形体比较明显时，如穿孔等也可用此法。而面线分析法适用于被切割的物体，且切割部分的形体特征不明显，并形成了一些切割面与切割面的交线，难以用形体分析法读图时。

3) 组合体的形成往往是既有叠加、又有切割的综合方式，所以读图时，也往往是在形体分析法的基础上辅以面线分析法，即综合应用上述两种方法使之互相配合、互为补充。

对于有些物体，只要有反应形状特征和位置特征的两个视图，就能唯一确定物体的结构形状。因此，作为读图的一种训练方法，常常采用给出两个视图（已唯一确定物体的结构形状时），补画第三视图，通常称为"二补三"，或者给出缺少部分投影线的不完整的三个视图，要求补画出缺漏的图线，称为"补漏线"。显然，这必须是在完全读懂已知视图的基础上才能完成，并且它把读图和画图紧密结合在一起（读画结合），这是培养和提高读图和画图能力的有效方法。

下面举一个综合运用两种方法读图并结合"二补三"练习的例子。

例 6-19 已知组合体的主、俯两个视图，见图 6-32(a)，试补画其左视图。

读图：从已知的主、俯视图可以看出，该组合体为一个左右对称的物体。进一步从主、俯视图对应的投影关系看，组合体由上、下两部分形体叠加而成，上部为带半圆端的竖板，下部为半圆柱体形状的底板。同时上、下两部分形体又进行了切割：从主视图上部竖板投影部分的小圆和对应俯视图上的两条虚线可知，在竖板半圆端中心处穿了一个小孔。从主视图下部底板投影的左上方和右上方各缺出一角和对应俯视图上的投影可知，在半圆柱体底板的左上方和右上方分别用一个水平面和一个侧平面各切去一块。再从底板部分主、俯两个投影中间的两个对应线框可以看出，在底板的前上方正中位置上用两个侧平面、一个正平面和一个水平面切去一块形体，形成切口。至此可想象出组合体的结构形状，见图 6-32(b)。

根据想象出的物体的结构形状，并由左视图应与主视图高平齐，与俯视图宽相等的投影关系，即可补画出物体的左视图，见图 6-32(c)。

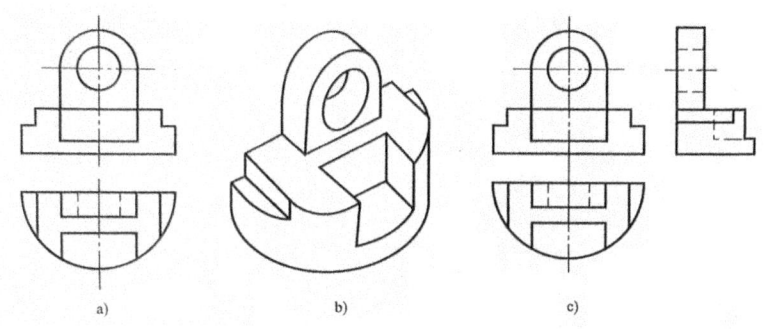

图 6-32　综合读图(一)
(a)已知的主、俯视图　(b)想象出物体结构形状　(c)补画左视图

在读组合体视图(及以后读零件图)时，往往会遇到投影重影的问题。由于投影重影时只画可见轮廓线——粗实线，而不能画出重影的不可见轮廓线——虚线，因此读图时必须分析出重影的虚线，才能读懂视图，想象出组合体的结构形状。下面举例说明。

例 6-20　已知组合体的主、左视图，见图 6-33(a)，试补画出它的俯视图。

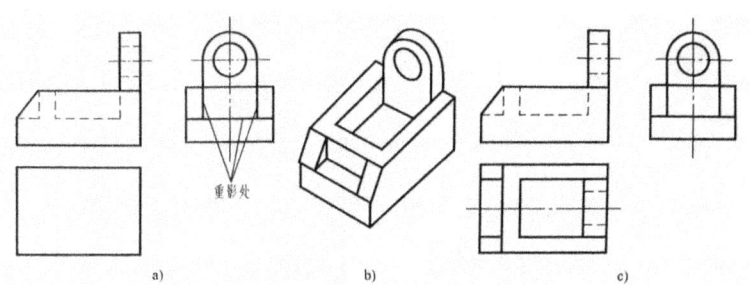

图 6-33　综合读图(二)
(a)已知主、左视图　(b)想象出组合体形状　(c)补画俯视图

读图：从已知的主、左视图可以看出，该组合体是一个前后对称的物体，且由位于右侧的半圆端竖板和箱体两部分叠加而成。箱体的左侧前后位置上各有一块三

棱柱形肋板。箱体在主视图上的虚线投影说明它是一个有底无顶的中空箱体,并可看出箱体内腔的左、右壁和底壁位置,但前后壁位置则无法反映。而在左视图上底壁位置和前后壁位置均无明确的投影线,故只能是与其他土线重影。经仔细分析可知,该三处投影均为虚线,且与可见的轮廓线重影,见图 6-33(a)中标明的重影处,于是便可想象出组合体的结构形状,见图 6-33(b)。并可补画出它的俯视图,见图 6-33(c)。

  对于初学者来说,掌握上述读图的要领和方法是至关重要的。然而读图和"游泳"一样,光领会要领、方法是远远不够的,还必须"下水"实践,即必须多读图、多想象,反复练习,持之以恒,才能熟能生巧,不断提高读图能力,真正掌握读图的本领。

第七章　轴测投影图

多面正投影图通常能完整、准确地表达出形体各部分的形状和大小，而且作图简便，因此，在工程图中被广泛采用，如图 7-1(a)所示的三面正投影图。但由于这种图缺乏立体感，直观性较差，故只有具有一定读图能力的人才能看懂。轴测投影图是一种能在一个投影面上同时反映物体长、宽、高三个方向的形状，立体感较强的工程图样，但其作图复杂，且不能确切地表达形体原来的形状和大小。如图 7-1(b)所示的轴测投影图直观性好，但对形体地表达不全面，没有反映出形体各个侧面的实形，如侧面上的圆在轴测图中变成了椭圆，原来的长方形平面变成了平行四边形，另外，底板上右侧槽的深度没有表达清楚。所以在工程设计和工业生产中，轴测投影图常用作辅助图样，用以帮助阅读正投影图。但有些较简单的形体，也可以用轴测图来代替部分正投影图。

图 7-1　多面正投影图和轴测投影图
(a)正投影图　(b)轴测图

第一节　轴测投影的基本知识

一、轴测图的形成

在物体上建立一个适当的直角坐标系,用平行投影法将物体连同其参考直角坐标系一起沿不平行于任一坐标平面的方向投影到单一投影面上,所得到的具有立体感的图形称为轴测投影图,简称轴测图。相应的投影面称为轴测投影面,投射线方向称为投射方向。

按投影方向与投影面的位置关系,可以形成两种轴测图的方法:

1. 正轴测图的形成

图 7-2(a)是一正方体放正后的正投影,它的前(后)表面平行于投影面 P,其投影反映实形;而上、下、左、右四个棱面均垂直于投影面 P,其投影均积聚成直线,故不能反映这些表面宽度方向的尺度和表面形状。因此,整个投影图没有立体感。图 7-2(b)是将正方体绕参考直角坐标系 Oxyz 中的 Oz 轴旋转一个角度 α,此时左、右两个面不再有积聚性,即投影图可同时反映四个侧棱面的形状(虽都不是实形);然而上、下两个面的投影仍积聚成直线,故投影图还是缺乏立体感。图 7-2(c)中,再将正方体绕坐标原点 O 向正前方旋转一个角度 β,则其投影图就能同时反映出正方体所有 6 个棱面(其中 3 个棱面的投影为虚线)的形状,从而有了立体感。省略虚线后,最终得到的轴测图见图 7-2(d)。

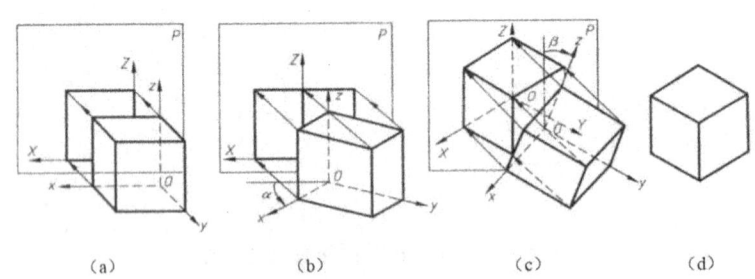

图 7-2　轴测图的形成—正轴测图

2. 斜轴测图的形成

如图 7-3 所示,物体与投影面的相对位置同图 7-2(a)不变,但是改变投射方向,使投射方向倾斜于投影面,即采用斜投影的方法也能得到反映物体三个方向形状的具有立体感的投影图形。

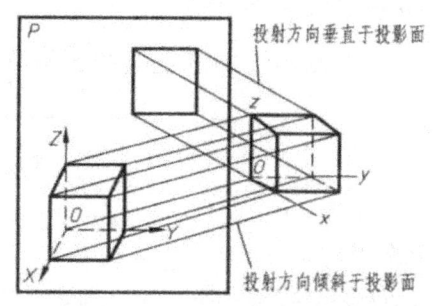

图 7-3 轴测图的形成—斜轴测图

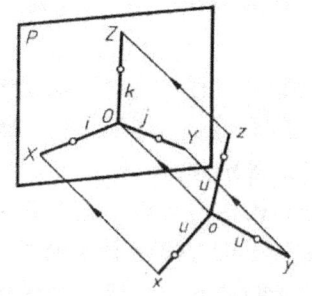

图 7-4 轴间角和轴向伸缩系数

二、轴间角和轴向伸缩系数

上述将物体连同其参考直角坐标系一起沿投射方向投射到轴测投影面上时,其两轴之间的夹角以及坐标轴的长度均会发生变化,也即轴间角和轴向伸缩系数的变化。

1. 轴间角

如图 7-4 所示,两轴测轴之间的夹角 $\angle XOZ$、$\angle XOY$、$\angle YOZ$ 称为轴间角。随着空间坐标轴、投射方向与轴测投影面相对位置的不同,轴间角大小也不同。显然,这三个夹角中的任何一个都不允许等于零。

2. 轴向伸缩系数

如图 7-4 所示,轴测轴上的单位长度与相应空间坐标轴上的单位长度之比,称为轴向伸缩系数。其中,物体上的参考直角坐标轴 Ox、Oy、Oz 在轴测投影面 P 上的投影 OX、OY、OZ 称为轴测投影轴,简称轴测轴。设在 Ox、Oy、Oz 轴上各取一个单位长度 u,在 OX、OY、OZ 轴上的投影长度分别为 i、j、k,则轴向伸缩系数可用下面的表达式来描述:

$p = i/u$(沿 OX 轴的轴向伸缩系数)

$q = j/u$(沿 OY 轴的轴向伸缩系数)

$r = k/u$(沿 OZ 轴的轴向伸缩系数)

三、轴测图的基本特性

由于轴测图是用平行投影法得到的,因此必然具有下列特性:

1. 立体上相互平行的线段,在轴测图上仍然相互平行。因此,立体上平行于三个坐标轴的线段,在轴测投影上都分别平行于相应的轴测轴。

2. 立体上两平行线段或同一直线上的两线段长度之比,在 W 轴测图上保持不变。因此,立体上平行于坐标轴的线段的轴测投影长度与线段实长之比,等于相应的轴向伸缩系数。

根据以上性质,若已知各轴向伸缩系数,在轴测图上即可直接按比例测长度,画出平行于轴测轴的各线段。

四、轴测图的分类

1. 按投影方法的不同,可将轴测图分为两类:

(1) 正轴测图:用正投影法得到的轴测图(物体斜放),见图7-2(d)。

(2) 斜轴测图:用斜投影法得到的轴测图(物体正放),见图7-3。

在正轴测图(见图7-2)中,若物体两次旋转的角度 α 和 β 分别取不同的值或在斜轴测图(见图7-3)中,改变投射方向,都将引起三个轴向伸缩系数的变化(三个轴间角和轴测图的形状相应变化)。

2. 按轴向伸缩系数的不同,可将轴测图分为三类:

(1) 等轴测图:三个轴向伸缩系数均相等的轴测图,即 $p=q=r$。

(2) 二等轴测图:两个轴向伸缩系数相等的轴测图,即 $p=q\neq r$(或 $p=r\neq q$ 或 $q=r\neq p$)。

(3) 三测轴测图:三个轴向伸缩系数均不相等的轴测图,即 $p\neq q, q\neq r, p\neq r$。

综合以上两种分类方法,可以得到以下六种轴测图:正等轴测图、正二(等)轴测图、正三轴测图、斜等轴测图、斜二(等)轴测图、斜三轴测图。本书仅介绍最常用的正等轴测图和斜二(等)轴测图。

第二节　正等轴测图

一、正等轴测的轴间角和轴向伸缩系数

1. 正轴测投影的两个基本性质

(1) 任意锐角三角形的三条高线,可认为是正轴测投影的三条轴测轴。

(2) 正轴测投影的三个轴向伸缩系数的平方和等于2,即:

$$p^2+q^2+r^2=2$$

由该式可知,正轴测投影的三个轴向伸缩系数只要任意给定两个,第三个轴向伸缩系数可通过公式推算出,轴向伸缩系数确定,则轴间角也随之确定。

2. 轴向伸缩系数

将 $p=q=r$ 代入公式 $p^2+q^2+r^2=2$,可计算出:

$p=q=r≈0.82$

按照理论上的轴向伸缩系数作图时,需要把形体上的每个轴向尺寸乘以伸缩系数后再进行作图。为了便于作图,在实际画图时,通常采用简化的伸缩系数作图:取 p=q=r=1。按照简化伸缩系数画出的正等轴测图的每一轴向尺寸比形体的真实投影放大了 k=1/0.82≈1.22 倍,但形状不变,图 7-5 所示为两者的区别(图(a)为原图,图(b)为放大后的图)。

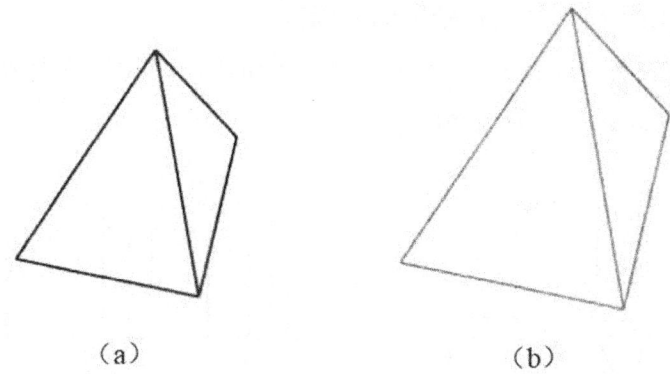

图 7-5　用理论和简化轴向伸缩系数画出三棱锥正等测的区别

3. 轴间角

在正轴测投影图中,只要空间坐标系与轴测投影面相对位置确定,则轴向伸缩系数和轴间角也就随之被确定。根据求出的正等测轴向伸缩系数,就可以得到正等测的轴间角:∠XOY = ∠YOZ = ∠XOZ = 120°。

在作图时,一般将 OZ 轴画成竖直线,OX、OY 轴与水平线成 30°,正等轴测图的轴测轴与轴向伸缩系数如图 7-6 所示。

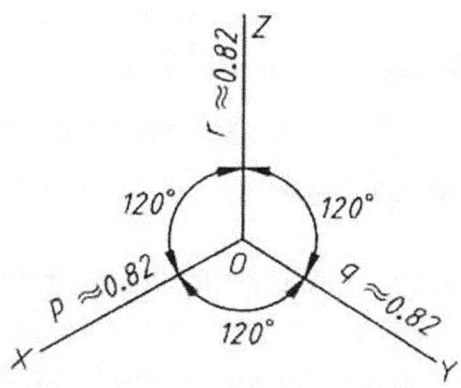

图 7-6　正等轴测投影图轴测轴的画法

二、平面立体的正等轴测图画法

画轴测图的基本方法是坐标法。所谓坐标法,就是根据立体表面上每个顶点的坐标,画出它们的轴测投影,然后连接成立体表面的棱线,从而获得立体的轴测投影的方法。它既适用于平面立体,也适用于曲面立体,且同时适用于正等轴测图、斜二(等)轴测图和其他各种轴测图。

以下举例说明平面立体正等轴测图的画法。

例 7-1　已知:正六棱柱的主、俯视图和尺寸 a、b、h,如图 7-7 所示。

求作:该正六棱柱的正等轴测图。

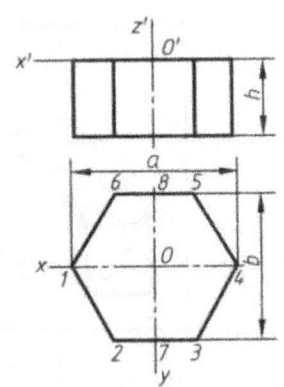

图 7-7　正六棱柱的主、俯视图

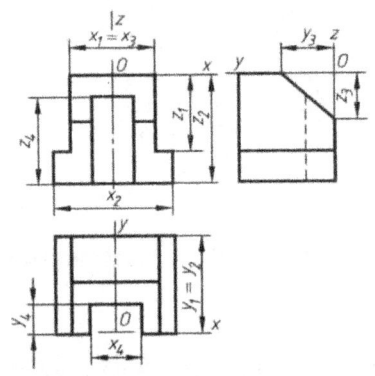

图 7-8　组合平面立体的三视图

分析:正六棱柱的前后、左右均对称,顶面与底面均为正六边形。作图时可用坐标法先作出正六棱柱上顶面的正六边形的六个顶点,再在 OZ 方向上将各顶点向下移动距离 h,得到正六棱柱下底面的各顶点,最后将对应顶点连接成棱线和棱面,即得到正六棱柱的轴测图。

作图步骤:

(1) 在两视图上确定参考直角坐标系(以下简称坐标系),坐标原点 O 取为顶面的中心,并在俯视图上将各顶点依次编号为 1、2、3、4、5、6,并将线段 23 和 56 的中点编号为 7 和 8,见图 7-7。

(2) 确定点 O,画出轴测轴 X、Y、Z,并以点 O 为起点,在 X 轴上向两边各量取距离 a/2 得 Ⅰ、Ⅳ两点;在 Y 轴上向两边各量取距离 b/2 得 Ⅶ、Ⅷ两点,见图 7-9(a)。

(3) 过Ⅶ、Ⅷ两点作 X 轴的平行线,并量取Ⅶ Ⅱ = 72,Ⅶ Ⅲ = 73,可得Ⅱ、Ⅲ两点;同理可得Ⅴ、Ⅵ两点。再依次连接Ⅰ、Ⅱ、Ⅲ、Ⅳ、Ⅴ、Ⅵ、Ⅰ,即可得正六棱柱上顶面的轴测投影,见图 7-9(b)。

(4) 过六边形的各顶点分别沿 Z 坐标方向向下画出可见的棱线,并取各棱线的

高度为 h，可得下底面上各点，并依次连接，见图 7-9(c)。

(5) 擦去多余的作图线，并用粗实线画出正六棱柱的可见棱线（必要时，才用虚线画出其不可见的棱线），即完成正六棱柱的正等轴测图，见图 7-9(d)。

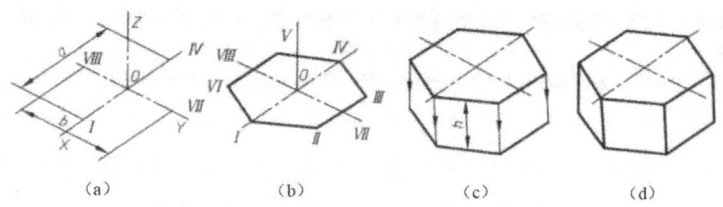

图 7-9 正六棱柱正等轴测图的画法

例 7-2 已知：图 7-8 所示的平面立体的三视图。

求作：它的正等轴测图。

分析：读三视图可知，该平面立体由两个长方体叠加而成；同时在上部长方体的前上方切去了一个三棱柱，形成切角；又在平面立体的前方正中间位置开有一上、下方向的通槽。作图时可以先画出两个叠加的长方体，再画切角，最后画出通槽。

作图步骤：

(1) 在三视图上建立坐标系 $Oxyz$，见图 7-10。

(2) 画出轴测轴，并根据两个长方体的坐标尺寸 x_1、y_1、z_1 和 x_2、y_2、z_2 分别定出它们的各个顶点并连线，即画出了两个叠加的长方体，见图 7-10(a)。

(3) 根据前上方切角的坐标尺寸 x_3、y_3、z_3 定出切角后的各顶点并连线，即画出了切角，见图 7-10(b)。

(4) 根据通槽的坐标尺寸 x_4、y_4、z_4（图 7-9 中 z_4 取为相对坐标），定出开槽后的各顶点并连线，即画出了通槽，见图 7-10(c)。

(5) 整理、加深，完成轴测图，见图 7-10(d)。

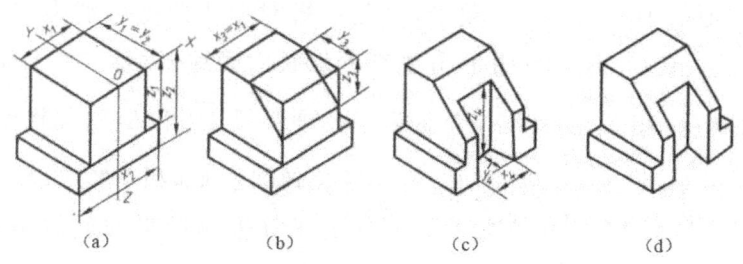

图 7-10 平面立体正等轴测图的画法
(a) 画出两长方体 (b) 画出切角 (c) 画出通槽 (d) 整理、加深，完成全图

三、曲面体的正等轴测图画法

1. 平行于各坐标面的圆的正等轴测图

画回转体正等测的关键是回转体上与坐标面平行的圆的正等测——椭圆的画法。该椭圆虽然同样可以使用坐标法来绘制，即用坐标定出椭圆上一系列的点，再光滑连接成椭圆。但工程上一般采用较为简便的菱形法，即用四段圆弧来近似代替椭圆。由于不论圆所在的平面平行于哪个投影面，其投影椭圆的画法均相同，所以这里仅以水平面上的圆为例，说明其投影椭圆的画法，见图7-11。

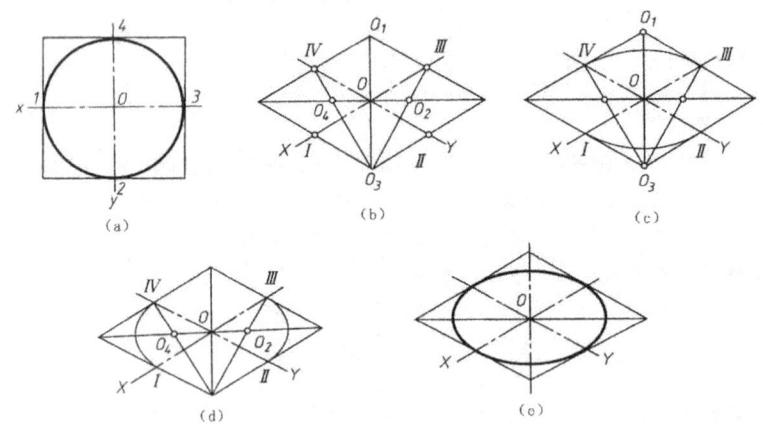

图7-11 菱形法作近似椭圆

作图步骤：

（1）作圆的外切正方形，设切点为1、2、3、4四点，并确定坐标轴Ox、Oy，见图7-11(a)。

（2）画出轴测轴OX、OY，确定1、2、3、4四点的轴测投影Ⅰ、Ⅱ、Ⅲ、Ⅳ，并作出圆的外切正方形的轴测投影——菱形，设菱形短对角线顶点分别为O_1和O_3；再连接O_3Ⅲ和O_3Ⅳ（或O_1Ⅰ和O_1Ⅱ），分别交菱形长对角线于O_2和O_4，见图7-11(b)。

（3）分别以O_1和O_3为圆心，O_3Ⅲ为半径画圆弧$\overarc{ⅠⅡ}$和$\overarc{ⅢⅣ}$，见图7-11(c)。

（4）分别以O_2和O_4为圆心，O_2Ⅲ为半径画圆弧$\overarc{ⅡⅢ}$和$\overarc{ⅠⅣ}$，见图7-11(d)。

（5）加深该四段圆弧，即得水平面上圆的正等轴测投影的近似椭圆，见图7-11(e)。

同理可作出正平面和侧平面上圆的正等轴测图的椭圆，参见图7-14。

2. 常见曲面立体正等轴测图的画法

对于曲面立体来说，可先画出曲线轮廓上适当点的轴测投影并连成曲线，然后分析并画出轴测图中曲面立体的轮廓线。掌握了圆的正等测投影的画法，就可以画圆锥、圆柱、圆台等的正等轴测图了，作图时，分别作出两个端面圆的正等测椭圆，再画出两个椭圆的外公切线，最后画出轮廓。

(1) 圆柱的正等轴测图画法

例 7-3 已知：圆柱的主、俯视图和尺寸 h，见图 7-12。

求作：它的正等轴测图。

分析：圆柱的顶面与底面均为水平面上的圆，其轴测投影均为椭圆，且长轴应垂直于轴测轴 OZ 先作出上、下两个椭圆，再作出其外公切线，即可求得该圆柱的正等轴测图。

作图步骤：

1）在圆柱的视图上确定坐标系，见图 7-12。

2）用菱形法作出圆柱顶面的椭圆。显然圆柱底面的椭圆形状与之完全相同，仅位置不同，故可用移心法作出底面的椭圆，即将作顶面椭圆时的每个圆心沿 Z 方向向下移动 h 高度，并采用对应相同的半径画圆弧，便可得底面的椭圆。再作上、下两椭圆的外公切线，便可得圆柱的正等轴测图（下底面椭圆的不可见轮廓的虚线可省略不予画出），见图 7-13(a)。

3）整理、加深，完成全图，见图 7-13(b)。

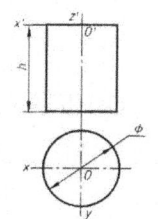
图 7-12 圆柱的视图和尺寸

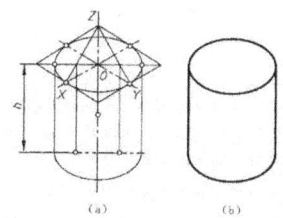
图 7-13 圆柱的正等轴测图画法

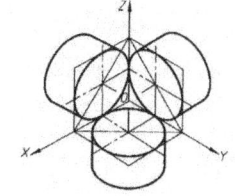
图 7-14 三种常见位置的圆柱体的正等轴测图

三种常见位置圆柱（轴线分别垂直于水平面、正平面和侧平面）的正等轴测图见图 7-14。它们的不同之处是外切菱形的方向不同，即椭圆的长、短轴方向不同，其椭圆的长轴分别垂直于 OZ 轴、OY 轴和 OX 轴，而作图方法是相同的。

(2) 圆锥（台）的正等轴测图画法

例 7-4 已知：圆台的主、左视图和尺寸 Φ_1、Φ_2、h，见图 7-15(a)。

求作：它的正等轴测图。

分析：图中圆台的轴线为侧垂线，左、右圆端面均为侧平面，其轴测投影——椭圆的长轴必定垂直于轴测轴 OX，先按尺寸 Φ_1、Φ_2、h 分别画出两端面的椭圆（由于两端面椭圆的大小不同，所以此处不能采用移心法），再作出其外公切线，即可得到圆台的正等轴测图。

作图步骤：

1) 在视图上确定坐标系，见图 7-15(a)。

2) 画出轴测轴 OX、OY、OZ，用菱形法分别作出左、右两端面圆的轴测投影——椭圆，并画出大、小椭圆的外公切线，即得到圆台的正等轴测图，见图 7-15(b)。

3) 整理、加深，完成全图，见图 7-15(c)。

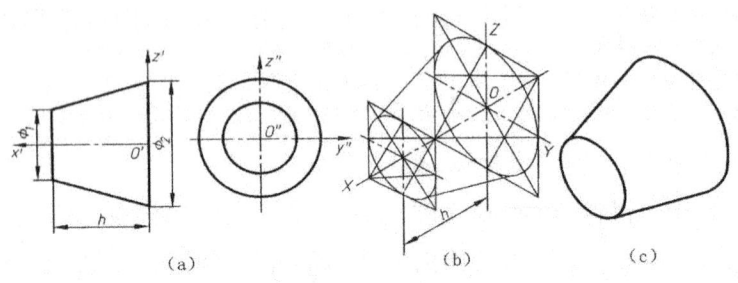

图 7-15 圆台的正等轴测图画法

3. 带曲面的平面立体的正等轴测图画法

例 7-5 已知：图 7-16(a)所示为一块长、宽、高分别为 a、b、h 的底板，其四周均为圆角，半径为 R。

求作：该底板的正等轴测图。

分析：底板上表面四角处的四段圆弧拼合起来是一个圆，而底板的四个圆角拼合起来就是一个圆柱体。从上面采用菱形法画圆柱体上顶面圆的正等轴测图——椭圆可知，图 7-16(a)、(b)中的四段圆弧 $\overset{\frown}{12}$、$\overset{\frown}{23}$、$\overset{\frown}{34}$、$\overset{\frown}{41}$ 分别与图 7-16(c)中的四段圆弧 $\overset{\frown}{ⅠⅡ}$、$\overset{\frown}{ⅡⅢ}$、$\overset{\frown}{ⅢⅣ}$、$\overset{\frown}{ⅣⅠ}$ 一一对应。即轴测图中仍然为圆弧，只是半径不同了。因此在画出长方体底板后，只要找出四段圆弧 $\overset{\frown}{ⅠⅡ}$、$\overset{\frown}{ⅡⅢ}$、$\overset{\frown}{ⅢⅣ}$、$\overset{\frown}{ⅣⅠ}$ 各自的圆心和半径即可画出它们；再用移心法作出底板下底面上的各段圆弧；最后作出相应圆弧的公切线，即得到四角为圆角的底板的正等轴测图。

作图步骤：

1) 画出完整长方体底板的正等轴测图，见图 7-16(d)。

2) 画出 4 个圆角。①以长方体上表面上的 4 个顶点为起点，分别向两边截取长度 R(圆角半径)，得到Ⅰ、Ⅱ，Ⅱ、Ⅲ，Ⅲ、Ⅳ，Ⅳ、Ⅰ各点；②再分别过这些点作相应边的垂线，可得到交点 O_1、O_2、O_3 和 O_4；③分别以交点 O_1、O_2、O_3、O_4 为圆心，以交点到对应边的距离为半径，画出四段圆弧 $\overset{\frown}{ⅠⅡ}$、$\overset{\frown}{ⅡⅢ}$、$\overset{\frown}{ⅢⅣ}$、$\overset{\frown}{ⅣⅠ}$；④用移心法作出底板下底面上的四段圆弧，并作出上下对应圆弧的公切线，便得到底板四周的圆角，见图 7-16(e)。

(3) 检查、整理,加深图线,完成全图,见图 7-16(f)。

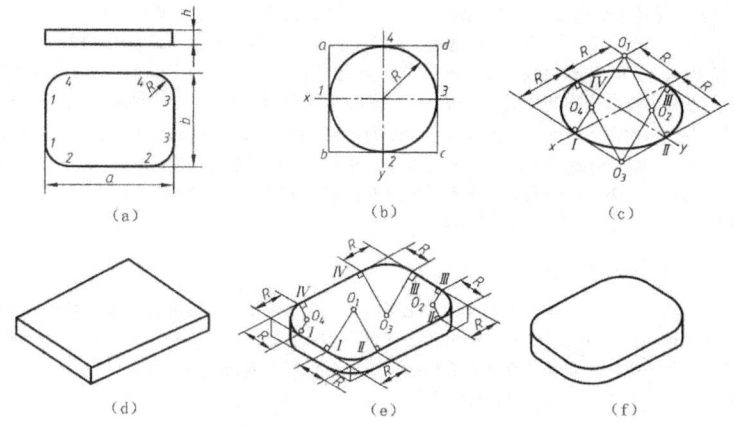

图 7-16 带圆角底板正等轴测图的画法

例 7—6 已知:直角支架的三视图,见图 7-17(a)。

求作:它的正等轴测图。

分析:从三视图中可以看出,直角支架由两块垂直相交的板组成,两块板的连接处以圆角 R_3(1/4 圆)过渡,且两块板本身各有两个圆角 R_1 和 R_2,以上各圆角均可应用图 7-17 所示方法求得其轴测投影图。在垂直板上,又有一腰形通孔,孔的两端是半圆,作图时可将半圆看成是两个圆角,以便于作图。

作图步骤:

1) 由尺寸 a、b、c 可画出不带圆角和腰形通孔的直角支架的轴测图,见图 7-17(b)。

2) 由尺寸 R_1、R_2、R_3,用例 7—5 的方法,可作出直角支架各处的圆角,见图 7-17(c)。

3) 由尺寸 d、e、R_4 可作出腰形孔。将腰形孔下部的半圆孔视为两个(内)圆角,分别作出。即由 1、2、3 三点分别作对应边的垂线,得交点 O_1 和 O_2,并分别以 O_1、O_2 为圆心,$O_1 1$ 和 $O_2 2$ 为半径画出圆弧 $\overset{\frown}{12}$ 和 $\overset{\frown}{23}$。再用移心法将 O_1 和 O_2 向板厚方向移动尺寸 b,可得圆心 O_1' 和 O_2',并仍以 $O_1 1$ 和 $O_2 2$ 为半径,画出支架竖板内壁上圆弧的可见部分,见图 7-17(d)。同理可画出腰形孔上部半圆孔。然后作公切线连接上、下两部分,即得整个腰形孔的轴测投影,见图 7-17(e)。

(4) 整理、加深,完成全图,见图 7-17(e)。

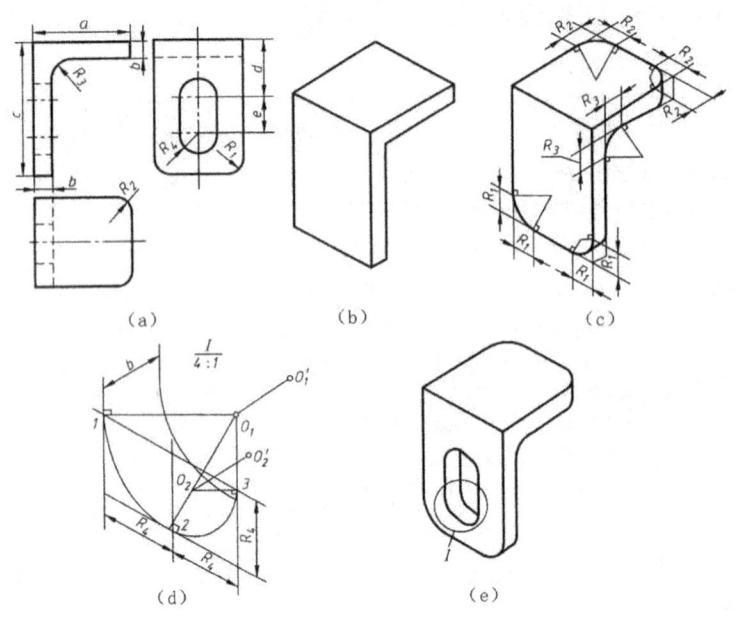

图 7-17 带圆角的直角支架正等轴测图的画法

四、组合体的正等轴测图画法

画组合体的正等轴测图时,也要进行形体分析。根据组合体的组合形式,选择下列两种方法画图。

1. **切割法**

对于截切式的组合体适合于用切割法,采用此方法作图时,首先要画出形体切割前的完整轴测图,再根据切割平面的位置画出切割平面与形体表面的交线,最后去掉切去的部分,完成形体的轴测图。

2. **堆砌法**

当所画组合体为叠加式组合体时,可先画出组合体中的主要形体,再按相对位置关系逐个画出形体上的次要形体及表面之间的交线,最后完成整体轴测图。

下面再举一例进一步说明。

例 7—7 已知:轴承座的三视图,见图 7-18(a)。

求作:它的正等轴测图。

分析:轴承座由底板、竖板和肋板三部分组成。底板上伴有圆角、小孔和通槽,竖板半圆端的中心也有一同心轴孔。画正等轴测图时,同样可应用形体分析法,逐一画出底板、竖板和肋板并组合得到轴承座的正等轴测图。

作图步骤:

(1) 在三视图上建立坐标系,见图 7-18(a)。
(2) 画出底板,包括圆角、小孔和通槽,见图 7-18(b)。
(3) 画出带轴孔的半圆端竖板,见图 7-18(c)。
(4) 画出肋板,见图 7-18(d)。
(5) 检查、整理,加深图线,完成全图,见图 7-18(e)。

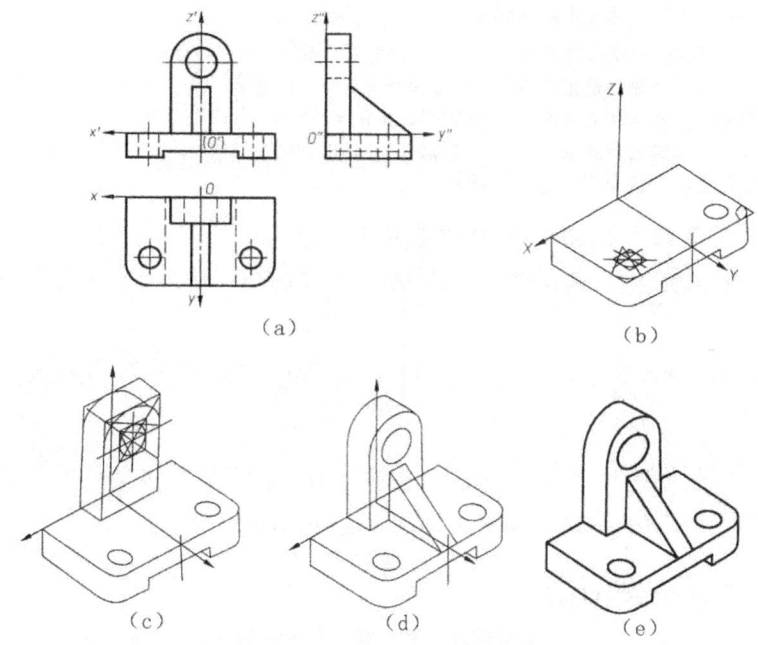

图 7-18　轴承座正等轴测图的画法

第三节　斜二轴测图

一、斜二轴测的轴间角和轴向伸缩系数

1. 斜二轴测测图

通常将物体放正,使 XOZ 坐标面平行于轴测投影面,采用斜投影法,使画出的轴测图 XOZ 坐标面或平行面在轴测投影面上的投影反映实形,称为正面斜二等轴测图(简称斜二轴测),是最常用的一种斜轴测图。

2. 斜二轴测测图的特点

斜轴测投影的轴间角和轴向伸缩系数,每种都可各自独立地选择两个,即 $p_1 = r_1 \neq q_1$,$\angle XOY = \angle YOZ \neq \angle XOZ$,如图 7-19 所示。

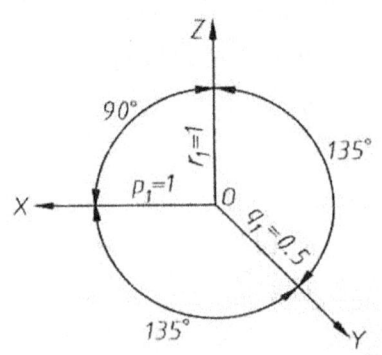

图 7-19 斜二轴测图的轴间角和轴向伸缩系数

3. 斜轴测投影的轴间角和轴向伸缩系数

从立体感好和画图方便性考虑,国家标准 GB/T 14692—2008《技术制图投影法》中规定:

(1) 在斜二轴测图中,轴间角 $\angle XOY = \angle YOZ = 135°$,$\angle XOZ = 90°$(可用 45°三角板作图);

(2) 在斜二轴测图中,取 OX 和 OZ 轴的轴向伸缩系数 $p_1 = r_1 = 1$,取 Y 轴的轴向伸缩系数 $q_1 = 0.5$(折算方便)。

二、斜二轴测图的画法

斜二轴测图的基本画法仍然是坐标法。复杂形体的画法,与正等轴测图相似。

斜二轴测图能如实表达物体一个坐标面上的实形,因而宜用来表达某一方向的形状复杂或只有一个方向有圆的物体。

1. 圆的斜二等轴测图的画法

平行于坐标面圆的斜二等轴测图如图 7-20 所示,平行于 XOY 和 YOZ 面圆的斜二等轴测投影为椭圆,椭圆的形状相同,但长、短轴的方向不同,它们的长轴都和圆所在坐标面内某一轴测轴成 $7°10'$ 夹角。平行于 XOZ 面圆的斜二等轴测投影仍是圆。

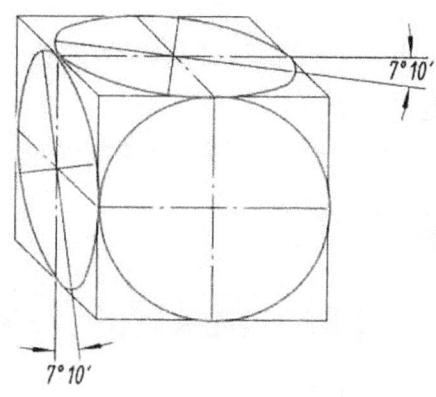

图 7-20 平行坐标面圆的斜二轴测投影

表 7-1 列出了平行于 XOY 面的圆的斜二轴测投影——椭圆的画法。平行 YOZ 面的圆的斜二轴测投影——椭圆的画法与表 7-1 相同，只是长、短轴的方向不同而已。

表 7-1 平行于 XOY 面的圆的斜二轴测投影的画法

步骤	1.定长、短轴方向和椭圆上四点	2.定四圆弧中心	3.画大、小圆弧
作图			
说明	①画圆的外切正方形的斜二等轴测投影，与 OX、OY 相交得中点 1、2、3、4 ②作长轴 AB，使与 OX 轴成 7°10′ ③作短轴 CD⊥AB	①在 CD 的延长线上取 O5＝O6＝d，5、6 即大圆弧中心 ②连 52、61，它们与长轴的交点 7、8 即小圆弧中心	①以 5、6 为中心，52 为半径，画大圆弧 ②以 7、8 为中心，71 为半径，画小圆弧

2．平面立体斜二等轴测图的画法

一般作图步骤：

（1）画出坐标原点和轴测轴；

（2）沿 X 轴量出其长，沿 Y 轴量出其宽后取其 1/2，分别过所得点作 Y、X 轴的

平行线,即可求得立体的底面图形;

(3) 过底面各端点作 Z 轴的平行线,其高度等于立体上该线之高,连接各最高点即为立体的顶面图形;

(4) 擦去作图线及不可见轮廓线,加深可见轮廓线。

3. 曲面立体斜二等轴测图的画法

一般作图步骤:

(1) 以前(后)表面上的圆孔(弧)的圆心为原点作轴测轴(注意:沿 Y 轴量出前后表面的尺寸后取其 1/2);

(2) 过圆心按其直径画圆形(弧);

(3) 画前后圆弧轮廓的切线,再画其余轮廓线;

(4) 擦去作图线,加深可见轮廓线。

4. 组合体斜二等轴测图的画法

在第六章—立体的投影学习中,组合体是有若干基本体按一定方式(叠加和切割等)组合而成的较为复杂的物体。因此,可以根据组合体的三视图位置关系和尺寸,采用形体分析法,分步画出各基本体的斜二等轴测图,最后完成组合体的斜二等轴测图。轴承座的斜二等轴测图如图 7-21 所示。

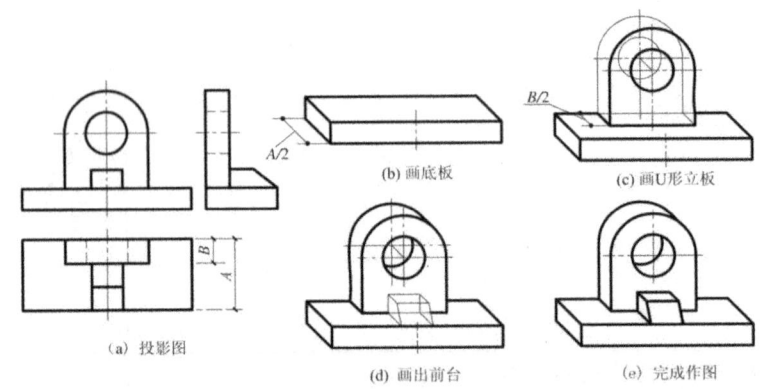

图 7-21 轴承座的斜二等轴测图的画法

例 7-8 已知:连杆的主、左视图,见图 7-22(a)。

求作:它的斜二轴测图。

分析:该连杆由一个空心圆筒和一块带孔底板组成,且两者相切叠加。同时,该连杆表面上的圆和圆弧位于三个彼此平行的平面上,即连杆只有一个方向上有圆和圆弧。因此,画斜二轴测图时,轴测投影面宜设置在连杆的后表面上。然后按坐标法定出各圆和圆弧的圆心位置,并画出这些圆和圆弧。最后作出相应圆和圆弧的公切线,即可得到连杆的斜二轴测图。

作图步骤：

(1) 在两视图上确定坐标系，并标明各圆的圆心位置，见图 7-22(a)。

(2) 画轴测轴，并用坐标法定出各圆的圆心位置Ⅰ、Ⅱ、O 和Ⅲ、Ⅳ，因为 Y 轴方向的轴向伸缩系数 $q=1/2$，故应取 $O\,\text{Ⅱ}=O''2''/2$，$\text{Ⅰ}\,\text{Ⅱ}=1''2''/2$，$\text{Ⅲ}\,\text{Ⅳ}=3''4''/2$，见图 7-22(b)。

(3) 按 1∶1 在各自圆心位置处画出各圆和圆弧，并作出相应圆的公切线，见图 7-22(c)。

(4) 整理、加深，完成全图，见图 7-21(d)。

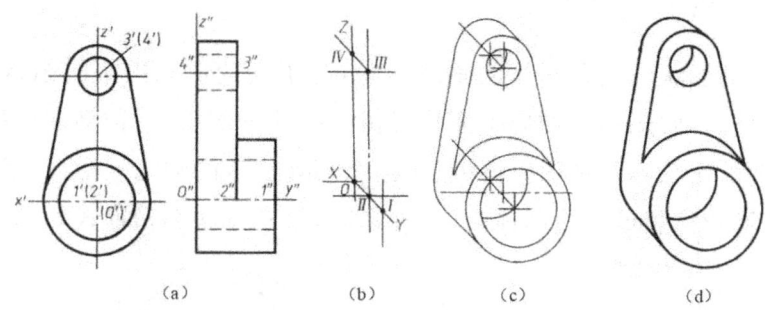

图 7-22　连杆的斜二轴测图的画法

三、两种轴测图的比较

根据投影方向不同和特性，从轴间角和轴向系数、作图方便性等方面对正等轴测图和斜二轴测图进行如下比较：

(1) 正等轴测图的三个轴间角相等，且均为 120°，故三个坐标轴方向均可用三角板直接作出；又因轴向简化系数 $p=q=r=1$，故可按标注的尺寸（或从视图中量取的尺寸）用 1∶1 进行作图。此外各坐标面内圆的轴测投影椭圆的画法相同，均可采用菱形法画出，因此正等轴测图作图简便，应用广泛。

(2) 斜二轴测图的三个轴间角分别为 90°、135°和 135°，故三个坐标轴方向也可用三角板直接作出；又轴向伸缩系数 $p_1=r_1=1$，$q_1=0.5$，故量取尺寸也较方便。此外，平行于轴测投影面 XOZ 的圆或圆弧等曲线图形在轴测图中均反映实形，作图特别方便；但在其他两个面上圆的投影（椭圆）作图比较麻烦。因此斜二轴测图特别适合于用来绘制只有一个方向上有圆和曲线的物体。

第四节　轴测剖视图

在轴测图中，如果需要表达物体的内部结构形状，可以假想用剖切平面沿坐标面方向将物体剖开，画成轴测剖视图。下面介绍一下轴测图的剖切方法及剖面线的画法。

一、轴测图的剖切方法

当绘制内部形状较复杂形体的轴测图时，为了表达形体内部的结构形状，一般采用剖视的方法。假想的用剖切平面将形体的一部分剖去，这种剖切后的轴测图称为轴测剖视图。作轴测剖视图时，一般用两个相互垂直的轴测坐标面（或其平行面）剖切形体，其能较完整地表达形体的内、外形状，最常见的剖切形式如图 7-23 所示。

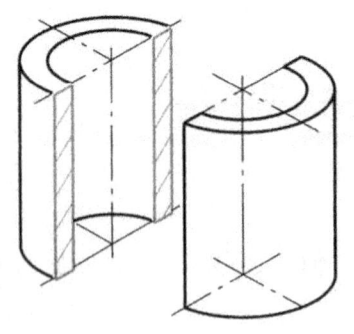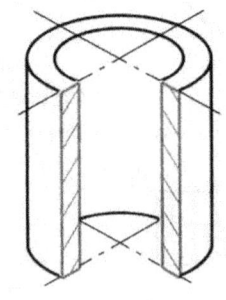

（a）用两平行面做剖切　　（b）用两个相互垂直平面做剖切

图 7-23　轴测图的剖切方法

轴测剖视图中的剖面线按照图 7-24 所示方向画出，正等轴测剖面线方向应按图 7-24（a）的规定来画；斜二轴测剖面线方向应按图 7-24（b）的规定来画。

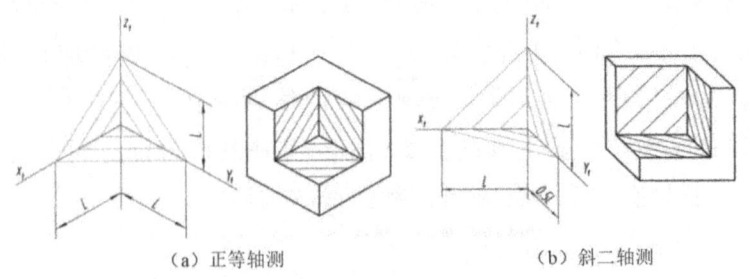

（a）正等轴测　　　　　　（b）斜二轴测

图 7-24　轴测剖视图中剖面符号的画法

二、轴测剖视图的画法

在轴测图上作剖视时,一般有两种画法:

(1) 画法一:先画整体的外形轮廓,然后画剖面与内部看得见的结构和形状,如图 7-24 所示。

(2) 画法二:先画剖面形状,后画外面和内部看得见的结构,如图 7-26 所示。这种画法可以省画那些被剖切部分的轮廓线,有助于保持图面的整洁。

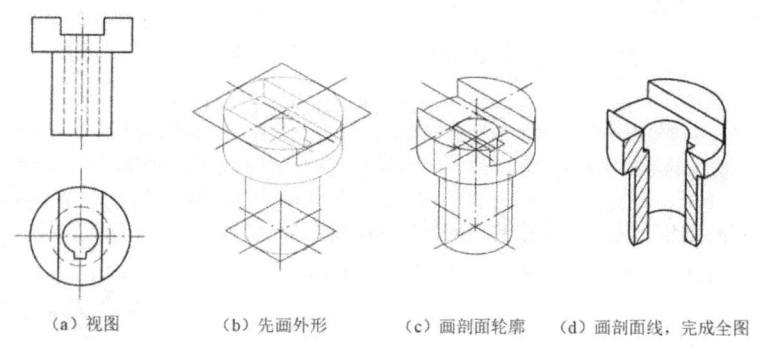

(a) 视图　　(b) 先画外形　　(c) 画剖面轮廓　　(d) 画剖面线,完成全图

图 7-25　轴测剖视图的一般画法

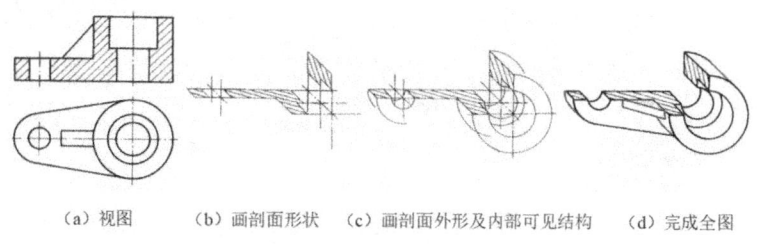

(a) 视图　　(b) 画剖面形状　　(c) 画剖面外形及内部可见结构　　(d) 完成全图

图 7-26　轴测剖视图的另一种画法

三、其他画法

1. 剖切平面通过肋板或薄壁结构的对称面

画剖切轴测图时,在这些结构的剖面内,规定不画剖面符号,但要用粗实线把它和邻接部分分开,如图 7-27(a)所示。如在图中表现不够清晰时,也允许在肋板或薄壁部分加画细点表示被剖切部分,见图 7-27(b)。

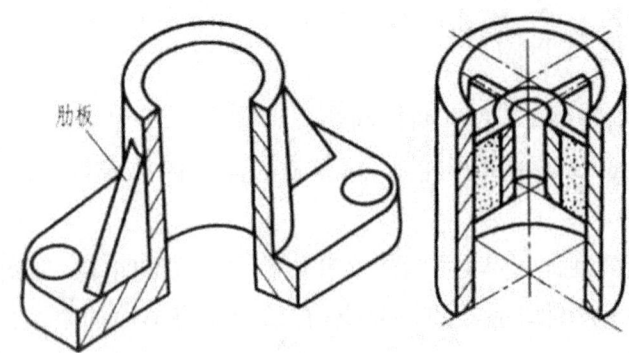

(a) 肋板剖面处不画剖面符号　　(b) 肋板剖面处加画细点表示

图 7-27　轴测剖视图中，肋板或薄壁的剖切画法

2. 轴测装配图

在轴测装配图中，为了区分相邻零件，剖面线应画成方向相反，或画成不同间隔、相互错开的形式，见图 7-28。

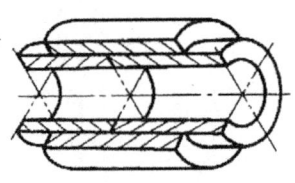

图 7-28　轴测装配图画法

第八章 机件常用的表达方法

绘制机械图样时,应完整、清晰地表达机件的结构形状,并做到看图方便、制图简便。然而,对于外形复杂的机件、具有较多内部结构的机件或者内外形都比较复杂的机件,仅仅采用前述三视图的表达方法,虽然可以完整地表达机件的结构形状,但视图中必将出现过多的虚线,很不清晰,给看图、画图和标注尺寸都带来不便。为此,国家标准GB/T 17451—1998《技术制图 图样画法视图》、GB/T 17452—1998《技术制图 图样画法 剖视图和断面图》、GB/T 4458.1—2002《机械制图 图样画法 视图》、GB/T 4458.6—2002《机械制图图样画法剖视图和断面图》中规定了机件的各种表达方法,以便根据机件的结构特点,灵活加以选用,从而达到上述要求。本章的任务就是介绍这些机件常用的表达方法。

第一节 视 图

根据有关标准规定,用正投影法所绘制的物体的图形称为视图。视图一般只画机件的可见部分,必要时才画出其不可见部分。视图主要用于表达物体的外部结构和形状。视图的种类有基本视图、向视图、局部视图和斜视图。下面分别予以介绍。

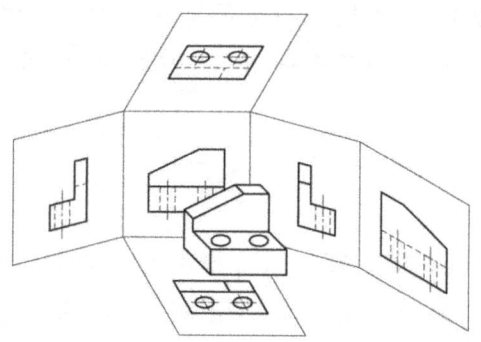

图 8-1 机件向六个基本投影面投射及其展开方法

一、基本视图

机件向基本投影面投射所得的视图称为基本视图。基本投影面规定为正六面体的六个面,机件位于正六面体内,将机件向六个投影面投影,并按图 8-1 所示的方法展开就得到了六个基本视图,见图 8-2。其中主视图、俯视图和左视图就是第二章中介绍的三视图,另外三个视图的名称及其投影方向规定如下:

右视图——由右向左投射所得的视图;

仰视图——又下向上投射多得的视图;

后视图——右后向前投射多得的视图。

在同一张图纸内,按图 8-2 所示主视图被确定之后的,其它基本视图与主视图的配置关系也随之确定,此时,可不标注视图名称。

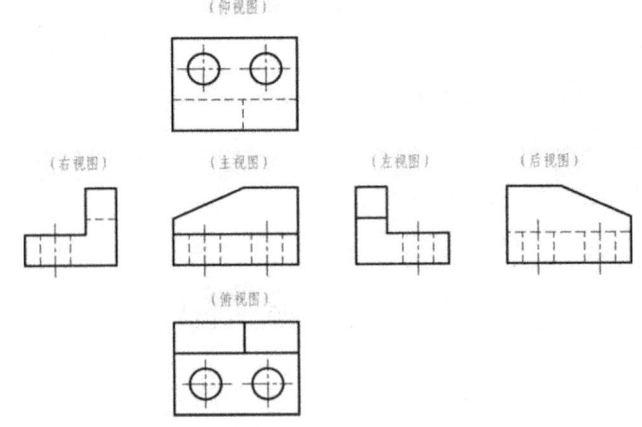

图 8-2 六个基本视图的配置关系

需要注意:六个基本视图是三视图的补充和完善,各视图之间仍符合"长对正、高平齐、宽相等"的投影关系;主视图应尽量反映机件的主要特征,并根据表达机件结构形状的需要,灵活选用其他基本视图,以完整、清晰、简练地表达机件的结构形状。

二、向视图

向视图是可以自由配置的视图。这种自由配置的方法称为向视配置法。这样做有利于合理利用图幅,但为了便于读图,向视图必须标注。通常在向视图的上方标注"×"("×"为大写拉丁字母),在相应视图的附近用箭头指明投射方向,并标注相同的字母,见图 8-3。图 8-3 中向视图 A、B 和 C,分别为右视图、仰视图和后视图。请读者与图 8-2 作对照。

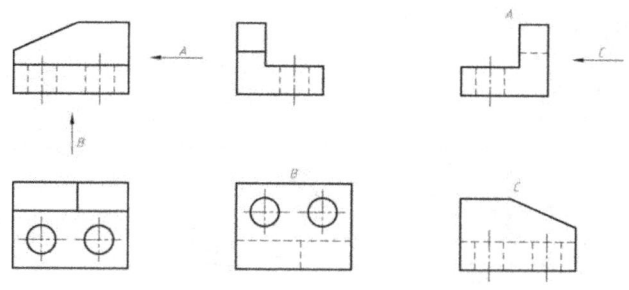

图 8-3 向视图及其标注

三、斜视图

图 8-4(a)所示为一具有倾斜结构机件的轴测图;图 8-4(b)是它的三视图。由于该机件斜臂部分的上、下表面都是正垂面,它们同时倾斜于水平投影面和侧面投影面,因此在俯、左视图上均不反应实形,如圆和圆弧的投影变成了椭圆和椭圆弧,因此不便于画图、读图和标注尺寸。

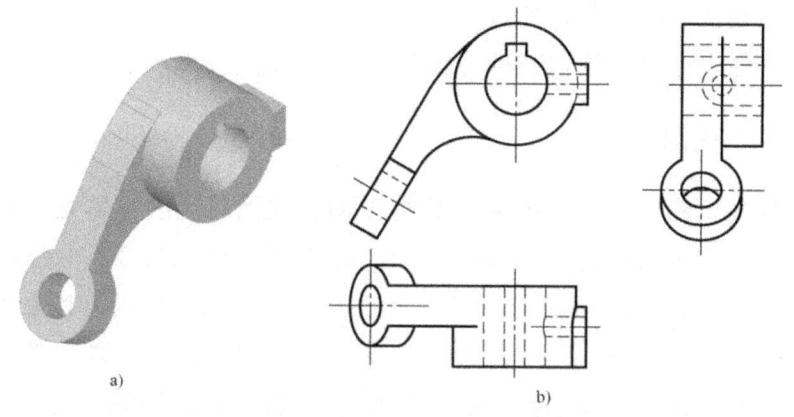

图 8-4 具有倾斜结构机件的轴测图和三视图

为了能真实、清晰的表达机件倾斜部分的结构形状,根据第五章投影变换原理,可以设置一个平行于该倾斜结构的新投影面 P,见图 8-5(a);并从垂直于面 P 的 A 方向向面 P 投影,这样就可以得到一个反映倾斜结构实形的图形;再将面 P 向正面投影面 V 展开(绕 x_1 轴旋转、摊平),就得到了如图 8-5(b)所示的 A 向(斜)视图。这种将机件的某一部分向不平行于基本投影面的平面投影所得的视图称为斜视图。

斜视图一般按投影关系配置并标注,见图 8-5(b);也可按向视图的方式配置并标注;必要时,允许将斜视图旋转配置,以方便作图,此时的标注形式见图 8-5(c)。图 8-5(c)中旋转符号"⌒"(或"⌒")的箭头方向应为实际旋转方向,字母 A 应写在旋转符号的箭头一边。也允许将旋转的角度注写在字母之后,如旋转 ⌒ $A20°$。旋转符号的画法见图 8-5(d)。

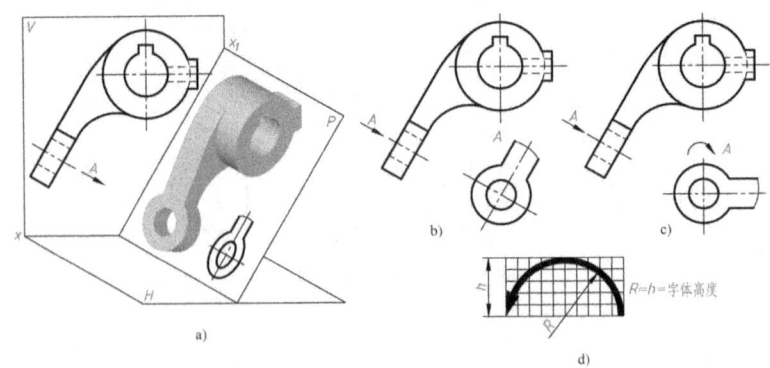

图 8-5　斜视图
(a)斜视图的形成　(b)按投影关系配置的斜视图
(c)旋转配置的斜视图　(d)旋转符号的画法

画斜视图的注意事项：

斜视图通常按向视图的配置形式配置。

允许将斜视图旋转配置，但需在斜视图上方注明。

斜视图一般表达局部结构，投影范围用波浪线。

四、局部视图

上述机件的倾斜结构部分用主视图和 A 向斜视图已经表达清楚，因此，机件的俯视图可假想将该部分折断舍去后再画出，这样就得到了图 8-6 中的俯视图。至此，只有物体右侧凸台的表面形状尚未表达出来。此时也不易画出整个机件的右视图，而只需针对机件的凸台部分，采用一个 B 向视图即可表达清楚，见图 8-6。以上这种将机件的某一部分向基本投影面投射所得的视图称为局部视图。

局部视图可按基本视图的配置形式配置，并省略标注，见图 8-6 中的俯视图；也可按向视图的配置形式配置并标注，见图 8-6 中的 B 向局部视图。

画局部视图时，其断裂边界用波浪线绘制，见图 8-6 中的俯视图。当所表示的局部视图的外轮廓封闭时，则不必画出其断裂边界线，见图 8-6 中的 B 向局部视图（对于斜视图，其断裂边界的画法与局部视图的画法完全相同。为了深刻理解斜视图和局部视图，请读者对两者的异同之处做一个全面的分析和比较）。

显然，上例中的机件用图 8-6 所示的主视图、A 向斜视图和两个局部视图，(俯视图和 B 向视图）来表达，要比图 8-4(b)中用三视图来表达简洁、清晰、合理。

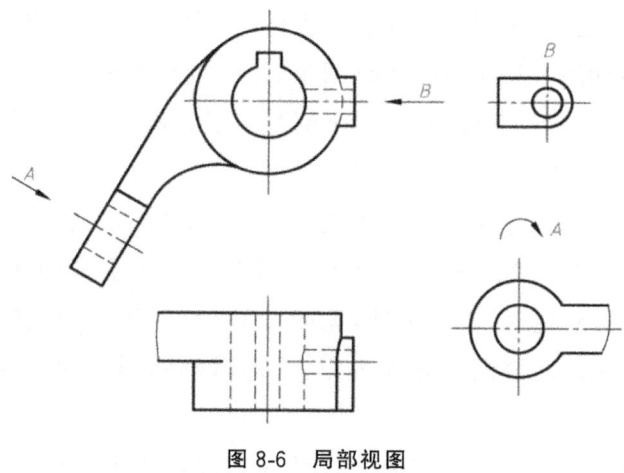

图 8-6　局部视图

第二节　剖视图

一、剖视图概念

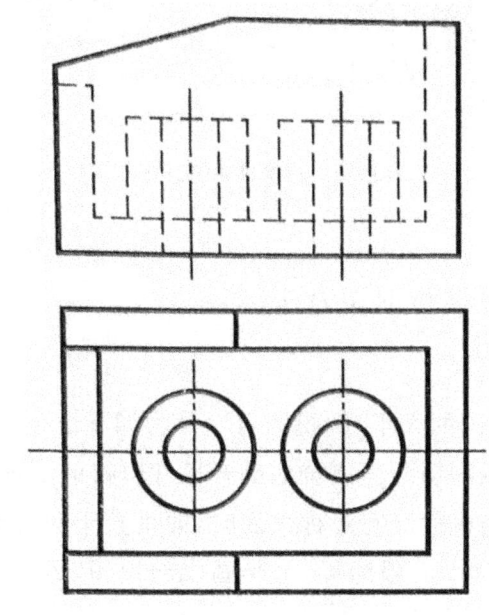

图 8-7　箱体机件的两视图

用上节介绍的四种视图,可以清晰地表达出机件的外部结构形状(外形),所以统称为外形视图。然而,对于机件的内部结构形状(内形),在外形视图上都为不可见,需要用虚线来表达。如图8-7所示的机件,从它的主、俯视图可以看出,该机件是一个中空无顶的箱体,其底壁中间有两个圆形凸台和通孔(参见图8-8)。它的主视图除了周边轮廓线是粗实线外,其余全部是虚线,因此画图、读图和标注尺寸都很不方便。

对于这类具有孔、槽等内部结构的机件,其内部结构越复杂,视图中的虚线就越多,视图也就越不清晰。为了解决这个问题,使原来不可见的内部结构成为可见,可假想用剖切面(平面或柱面)剖开机件,见图8-8(a),并将处在观察者和剖切面之间的部分移去,而将其余部分向投影面投影,这样得到的图形称为剖视图,简称剖视,见图8-8(b)中的主视图。

综上所述可见:视图主要用来表达机件的外部结构形状(外形),而剖视图主要用来表达机件的内部结构形状(内形)。

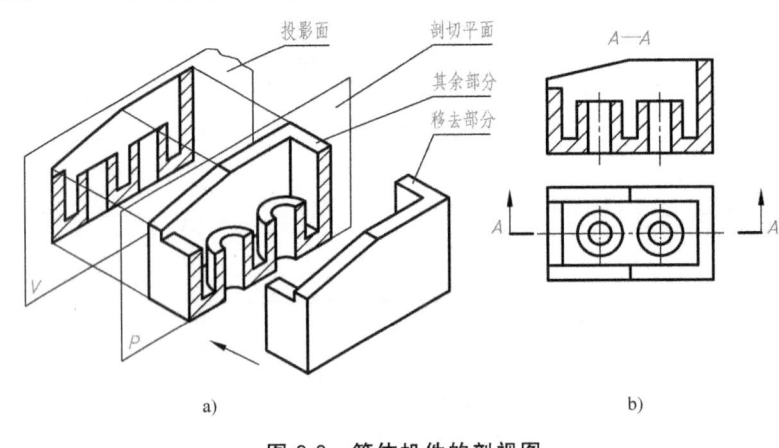

图 8-8 箱体机件的剖视图
(a)剖视图概念 (b)剖视图

二、剖视图的种类和剖切方法

1. 剖视图的分类

根据机件被剖切范围的大小,剖视图可以分为如下三类。

1) 全剖视图——用剖切平面完全地剖开机件所得的剖视图。

2) 半剖视图——当机件具有对称平面时,向垂直于对称平面的投影面上,投影所得的图形,可以以对称中心线为界,一半画成剖视图,另一半画成视图,由此所得的剖视图。

3) 局部剖视图——用剖切面局部的剖开机件所得的剖视图。

2. 剖视图的剖切面种类和剖切方法

画剖视图时,可根据机件的结构特点,选择以下剖切面剖开机件。

1) 用一个剖切面(一般用平面,也可用柱面)剖切机件,这种剖切方法称为单一剖,单一剖又可分为下面两种情况。

①用平行于某一基本投影面的平面(即投影面平行面)剖切。应用较多,如前述的全剖视图、半剖视图、局部剖视图都是采用这种剖切平面剖切的。

②用不平行于任何基本投影面的剖切平面(一般用投影面垂直面)剖开机件,这种剖切方法称为(单一)斜剖。

2) 用几个平行的剖切平面剖切,这种剖切方法称为阶梯剖。

3) 用几个相交的剖切面(角线垂直于某一投影面)剖切,这种剖切的方法称为旋转剖。旋转剖可用于表达轮、盘类物体上的孔、槽结构,及具有公共轴线的非回转体物体。

三、 常见的剖视图

无论采用何种剖切面和相应的剖切方法,一般都可以画成全剖视图、半剖视图和局部剖视图。在表达机件时,究竟采用哪一种剖切面(剖切方法)和哪一种剖视图,需要根据机件的结构特点,以完整、清晰、简便的表达机件的内、外结构形状为原则来加以确定,现将应用最多、最为常见的几种剖视图介绍如下。

(一) 单一剖的全剖视图

图 8-8(b)中的箱型机件的主视图就是单一剖的全剖视图,下面分别介绍其画法、配置、剖面区域表示法及其注意事项等。

1. 画法

(1) 确定剖切面(或柱面)的位置和投影方向　剖切平面应优先选用投影面平行面(如图 8-8 中为正平面);同时应通过机件上尽量多的孔、槽等内部结构的轴线或对称平面。投影方向应垂直于投影面。

(2) 画出剖视图　剖切平面剖切到的物体断面轮廓和其后面的可见轮廓线,都用粗实线画出,见图 8-9(a)。

(3) 画剖面符号　在剖切面切到的断面轮廓内画出剖面符号,见图 8-9(b)。

(4) 画出剖切符号并标注

1) 一般应在剖视图的上方用大写的拉丁字母标出剖视图的名称"×—×"。在相应的视图上用剖切符号表示剖切位置(用粗实线短画表示)和投影方向(用箭头表示),并标注相同的字母,见图 8-9(c)。

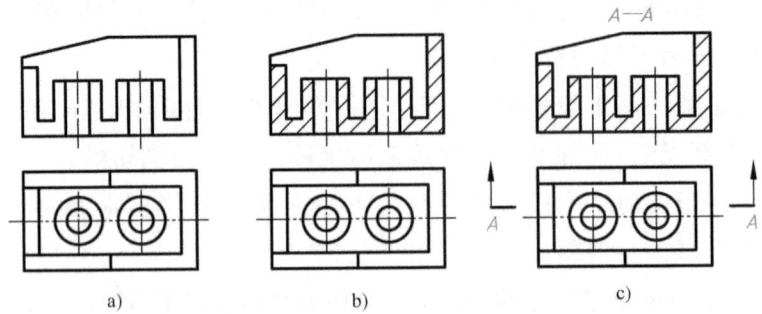

图 8-9 剖视图的画法
(a)确定剖切平面位置,画出剖视图 (b)画出剖面符号 (c)画出剖切符号并标注

2) 当剖视图按投影关系配置,中间又没有其他图形隔开时,可省略箭头,见图 8-10(a)中的俯视图。

3) 当单一剖切平面通过机件的对称平面或基本对称平面,且剖视图按投影关系配置,中间又没有其他图形隔开时,不必标注,见图 8-10(a)中的主视图。

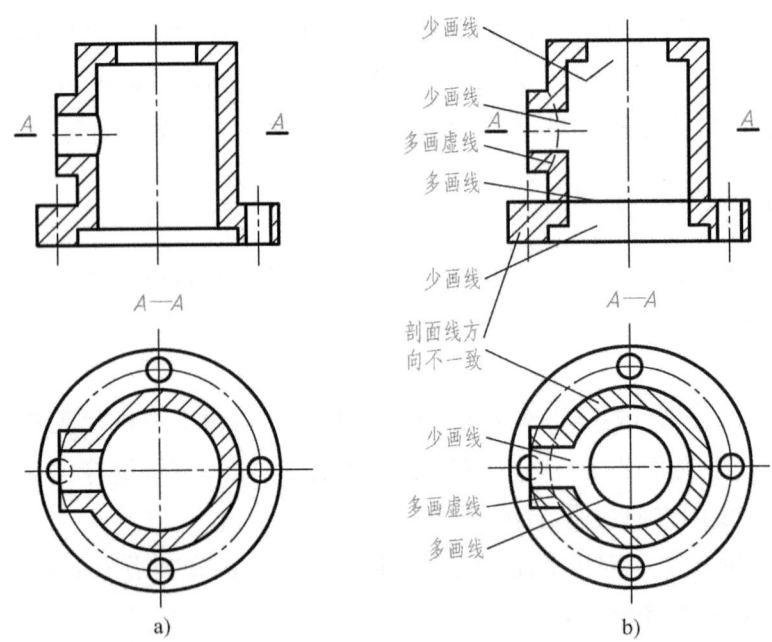

图 8-10 剖视图画法的正误对比和剖视图标注的省略
(a)剖视图的正确画法和标注的省略 (b)剖视图的错误画法

2. 剖视图的配置

1) 基本视图的配置规定同样适用于剖视图。

2) 剖视图也可按投射关系配置在与剖切符号相对应的位置处。

3) 必要时允许配置在其他适当位置,即采用向视图的配置方法。

3. 剖视图(和断面图)的剖面区域表示法

1) 在剖面区域内一般应画出剖面线。剖面线用细实线绘制,并应与主要轮廓或剖面区域的对称线成 45°或相适宜的角度,见图 8-11(a)、(b)、(c)。

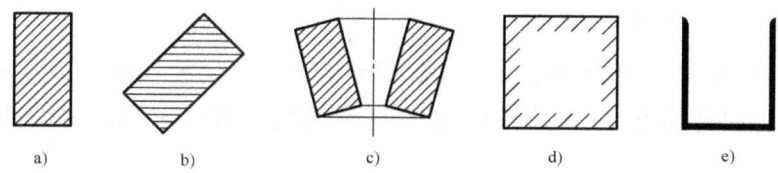

图 8-11 剖视图(和断面图)中剖面区域的表示法

2) 同一机件的各个剖面区域,其剖面线画法应相同:同方向、同间隔。相邻机件的剖面线必须以不同的方向或以不同的间隔画出。

3) 剖面线的间距应与剖面尺寸的比例相一致,即剖面尺寸大时,剖面线的间距也大,剖面尺寸小时,剖面线的间距也小。即剖面线间隔应按剖面区域的大小来选择,但不得小于 0.7 mm。

4) 在大面积剖切的情况下,允许沿着大面积剖面区域的轮廓画出部分剖面线,见图 8-11d。

5) 在剖面内可以标注尺寸,在尺寸文字处剖面线应断开,即留出足够标注尺寸文字的位置。

6) 狭小剖面区域可用完全涂黑表示,见图 8-11(e)。

7) 当需要在剖面区域内表示某种特殊材料时,可以使用一个图案。图案可以自行拟定,或参照一个合适的标准,如 CAD 中预定义的图案。但图案的含义应采用图例等方式,清楚地在图样上注明。对此国家标准中只做了上述原则规定。为了方便设计者,所以本书推荐使用表 8-1 中的各种图案来表示相应的特殊材料,仅供参考。

表 8-1 特殊材料的剖面符号

特殊材料的剖面符号示例	材料	固体材料	液体材料	气体材料	金属材料 普通砖	非金属材料 除普通砖外
	剖面符号					
特殊材料的剖面符号示例	材料	钢筋混凝土	木材	玻璃或其他透明材料	砂、砂轮、粉末冶金、陶瓷刀片	叠钢片
	剖面符号					

4. 画剖视图应注意的事项

1) 假想剖切。剖视图的剖切机件是假想的,它不是真正的将机件剖开并拿走一部分,所以除剖视图按规定画法绘制外,其他视图仍应按完整机件画出,如图 8-8(b)、图 8-12 中的俯视图。

2) 同一个机件,可同时采用多个剖视图(和断面图)来共同表达。而每个剖视图都应从完整机件出发,分别选择剖切方法、剖切面位置以及画成何种剖视图,见图 8-10(a)。

3) 在剖视图中,如上有不可见结构投影的虚线,联系其他视图已经表达清楚时,其虚线应省略不画,见图 8-12(a);只有对尚未表达清楚的不可见结构,才保留虚线表示,见图 8-12(b)。

4) 虚线处理。剖视图不仅要画出断面的投影,还要画出断面后面的可见投影,不要漏画这些图线;而位于剖切平面前面已被假想移去的部分,则一般不应再画出其投影,不要多画这些图线(需要时,可用双点画线画出,参见表 8-2 中 14)。图 8-10(b)为剖视图中常见的错误画法,其正确的画法见图 8-10(a)。

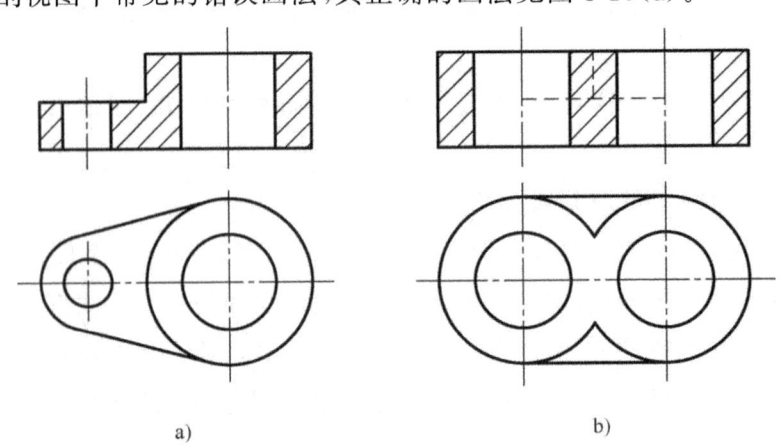

图 8-12 剖视图中的虚线处理
(a)虚线省略 (b)虚线保留

上述单一剖的全剖视图的画法、标注、配置、剖面区域表示法以及注意事项等,对于其他各种剖视图原则上都是适用的,所以在下面介绍这些剖视图时,着重分析它们各自的特点。单一剖的全剖视图适用于内型比较复杂,相对于投影面又不对称的机件或者外形比较简单的对称机件。

(二) 单一剖的半剖视图

图 8-13(a)所示机件,它有上下两块薄板和中间的大圆柱体组合而成。两块薄板的四周均带有圆角和四个小通孔,圆柱体内腔的上部为一个大圆柱孔,下部为一

个小圆柱孔,中间用圆锥面(孔)连接(见图 8-13(b));同时圆柱体的前后方向上均有一个带通孔的凸台,该机件的结构特点是:①外形比较复杂,又有较多的内部结构,内外形都需要表达;②机件左右对称和前后对称。

现从 A 方向投射,画出机件的主视图,见图 8-13(a)、(b)。由于圆柱体内腔结构均为不可见,所以图中虚线很多很不清晰(其俯视图的虚线也较多,请读者试画之)。若改用通用机件前后对称平面剖切的全剖视图(向 B 方向投射)来表达,见图 8-13(b)、(d),则圆柱体内腔成为可见。然而圆柱体前方的凸台被剖去,故凸台的形状、位置都没有表达出来,即两者均顾此失彼,内外形不能兼顾。

根据该机件具有左右对称的结构特点和半剖视图的规定,可以以机件的对称中心线为界,一半(左边)画成视图,表达外形;另一边(右边)画成剖视图,表达内形。这样取视图(见图 8-13(e))的一半和全剖视图(见图 8-13(d))的一半得到的组合图形,就是半剖视图,见图 8-13(f)。

同理,该机件的俯视图也可画成半剖视图,见图 8-13(f)、(i)。又考虑到在半剖的主视图中,两块薄板上的小孔均未剖到,仍为虚线,故再采用两处局部剖视(详见后述)来表述,这样就得到了该机件的完整表达方案,见图 8-13i,从而简洁、清晰地表达出机件的全部结构形状。

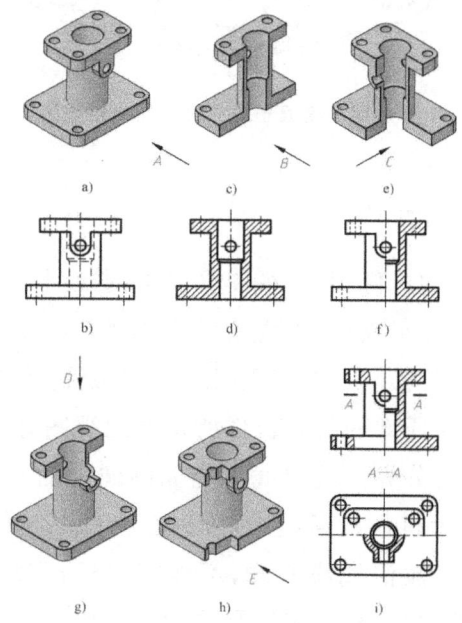

图 8-13 单一剖的半剖视图

国家标准还规定:机件的形状接近于对称(基本对称),且不对称部分已另有图形表达清楚时,也可以画成半剖视图。由底板和空心圆筒两部分组成的接近对称的机件见图 8-14。在圆筒内孔壁上只有一侧有键槽(不对称),而且在俯视图上已表达清楚,故其主视图可画成半剖视图。

画半剖视图时的注意事项:

1) 只有对称机件或接近于对称的机件,且不对称的部分已另有图形表达清楚时,才能将相应的视图画成半剖视图。

2) 半个视图和半个剖视图的分界线应为点画线(而不是粗实线)。

3) 在全剖视图中介绍的虚线处理原则,也适用于半剖视图。

4) 半剖视图的标注方法和省略规定,也与全剖视图相同。

半剖视图适用于内、外形都需要表达,且结构为对称或者基本对称的机件。

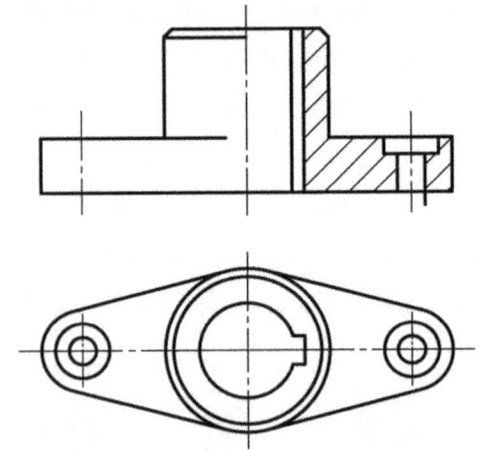

图 8-14　接近于对称机件的半剖视图

(三) 单一剖的局部剖视图

对于图 8-13(a)所示的机件,其主视图画成半剖视图后,因底板和顶板四周的小孔都剖不到,仍需画出虚线来表达,不清晰。见图 8-13(f)。为此可假想通过某个小孔轴线的正平面来局部的剖开机件,并移去前面部分再投射,见图 8-13i)中的主视图。这种用一个剖切平面局部的剖开机件所得的剖视图称为单一剖的局部剖视图。

局部剖视图用波浪线分界。波浪线不应和图样上的其他重合或画在其延长线上,以免混淆;波浪线表示机件的断裂线,应画在机件的实体部分,所以当通过机件上孔、槽等不连续结构时,波浪线应断开,不能穿"空"而过,见图 8-15(a)中的俯视图;当被剖切结构为回转体时,允许将该结构的轴线作为局部剖视和视图的分界线,见图 8-15(b)中的俯视图。

当单一剖切平面的剖其位置明确时,局部剖视图不必标注。

局部剖视图一般画在视图之内,与视图重合,见图 8-13i、图 8-15;必要时,也可单独画在视图之外,此时应进行标注。

局部剖视图的剖切位置和剖切范围由表达机件的实际需要确定,哪里需要剖哪里,十分方便,因此应用广泛,主要用于需要表达局部外形(不适用于全剖视图、又不满足半剖条件)的机件。

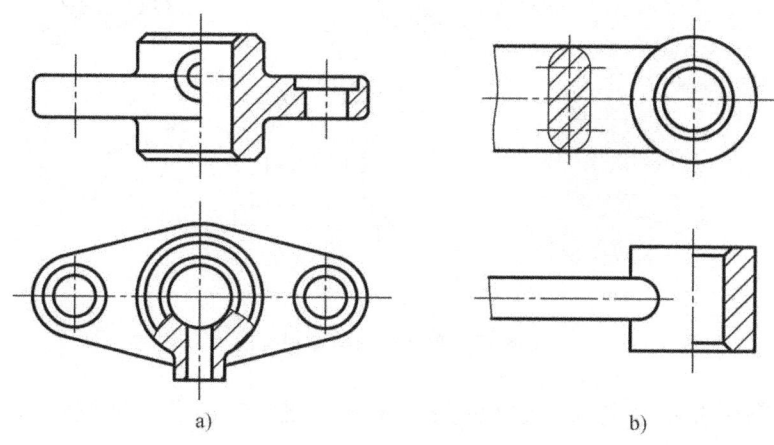

图 8-15　单一剖的局部剖视图
(a)用波浪线分界　(b)用点画线(轴线)分界

(四) 单一斜剖的全剖视图

图 8-16(a)所示机件为一空心弯管,并有圆形底板、方形顶板及凸台和小孔等结构。该机件的表达方案见图 8-16(b)。其中主视图采用了局部剖视,同时反映了弯管的主要内外结构形状(请读者详细说明);又用一个 B 向局部视图反映底板的形状和四个均布小孔;如果再用一个斜视图,从左上方对顶板投射,可反映顶板的形状和四个小孔,然而凸台和凸台中心的小孔为不可见,投影均为虚线,很不清晰。因此,可设想在顶板的左上方设置一个与顶板上表面平行的新投影面(正垂面),然后用一个通过小孔轴线且平行于新投影面的平面剖开机件,并向新投影面投射,如图 8-16(b)中剖切符号所示,这样就得到了(单一)斜剖的全剖视图 $A—A$。它与斜视图相比,能同时反映顶板的形状(外形)以及凸台和小孔结构(内形)。

为了方便读图,斜剖的全剖视图一般按投影关系配置,见图 8-16(b)中的 $A—A$;为了合理利用图幅,也可配置在其他适当的位置;为了便于画图,在不致引起误解时,允许将图形 $A—A$ 旋转转正后画出,见图 8-16(b)中的 $A—A\curvearrowright$。

斜剖的全剖视图必须标注。需要指出:尽管这种剖视图的剖切符号是倾斜的,其剖视图形(为经旋转时)也是倾斜的,但表示剖视图名称的字母必须水平书写。

这种剖视图适用于表达具有倾斜结构内形的机件。

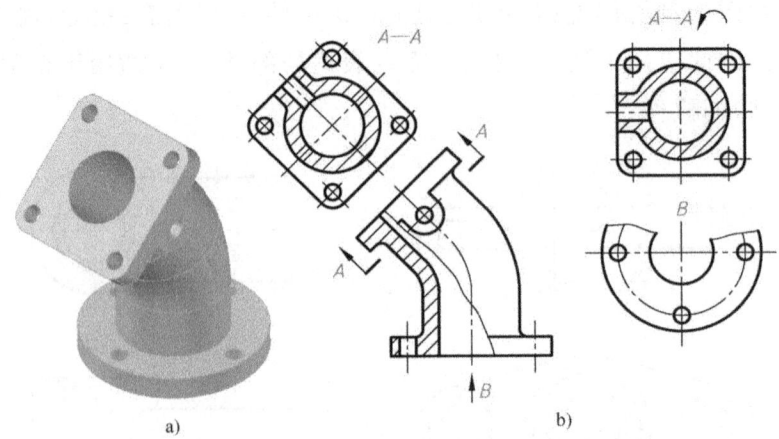

图 8-16 单一斜剖的全剖视图

斜剖视图标注不能省略,最好配置在箭头所指方向,也允许放在其它位置。允许旋转配置,但必须标出旋转符号。

(五) 旋转剖的全剖视图

以图 8-17(a)所示机件为例。该机件有中间的带孔圆柱体、一个水平臂和另一个斜臂三部分组成。两臂的端部各有一个带孔小圆柱体。从 B 方向投射画出该机件的主视图均为可见投影(斜油孔处可画成局部剖视)。而在俯视图中,三个轴线平行的圆柱孔均为不可见(显然无法用单一剖都剖到),且三条轴线位于两个相交的平面上,一个水平面和一个正垂面,其交线为大圆孔的轴线,垂直于正面,因此可以假想用这两个相交平面剖开机件,然后将剖切平面剖开的倾斜结构及其有关部分旋转到与选定的投影面(水平面)平行,见图 8-17(a),再进行投射(先剖切,后旋转,再投射),这样得到的全剖视图称为旋转剖的全剖视图,见图 8-17(b)中的俯视图(图 8-17 中肋板剖到,作不剖处理,详见后述)。

画图时的注意事项如下:

1) 用旋转剖剖切该机件时,其斜臂部分必须假想为绕带孔大圆柱体的轴线旋转到水平位置后,再向下投射,从而画出俯视图。因斜臂的旋转是假想的,其俯视图画成旋转剖的全剖视图后,在主视图中,斜臂仍应按没有旋转时的实际位置的真实投影画出,因此斜臂部分在主俯视图中的投影不直接满足"长对正"的投影关系,只有在假想旋转后才符合"长对正"的投影关系。

2) 在剖切平面后的其他结构,一般仍按原来位置投射,如图 8-17 中的斜油孔。

3) 旋转剖的全剖视图必须标注,并应在剖切平面的起始和转折位置(相交处)都画出剖切符号,标注相同的字母(字母应水平书写);当转折处的空间有限,又不致引起误解时,允许省略该处的字母;起始处剖切符号中的箭头应与粗短画垂直,见图8-17(b);当剖视图按投影关系配置,中间又没有其他图形隔开时,可以省略标注箭头。

旋转剖的全剖视图适用于内部结构处在两个(或多个)相交平面上的机件。

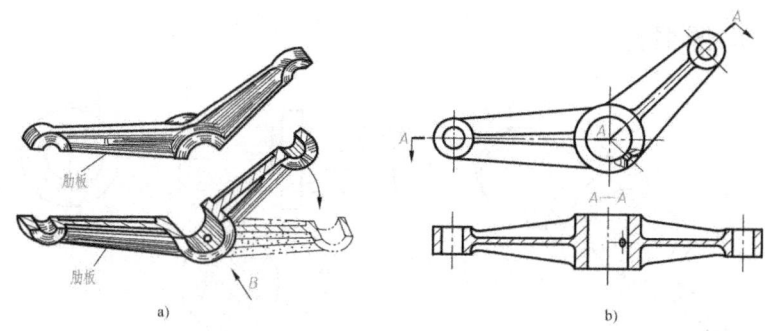

图 8-17　旋转剖的全剖视图

(六) 阶梯剖的全剖视图

用阶梯剖的方法获得的全剖视图称为阶梯剖的全剖视图,见图 8-18。
画图时的注意事项如下:
1) 剖切符号不应与图形中的轮廓线重合,以免混淆。
2) 连接各平行剖切平面的公垂面,在剖视图中不应画出其投影线。
3) 在剖视图中,不应出现不完整的要素。为此需要正确选择剖切平面的位置。
4) 阶梯剖的全剖视图必须标注。其标注内容、方法和省略规定与旋转剖的全剖视图基本相同。

阶梯剖的全剖视图适用于表达内容结构处在几个相互平行的平面上的机件。

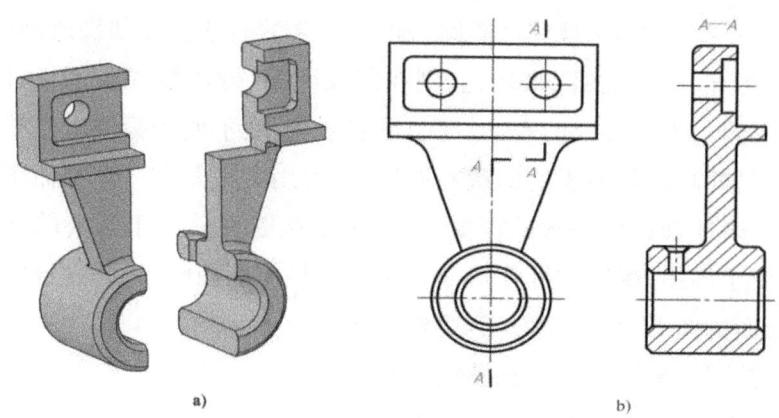

图 8-18　阶梯剖的全剖视图

第三节　断面图

一、断面图概念

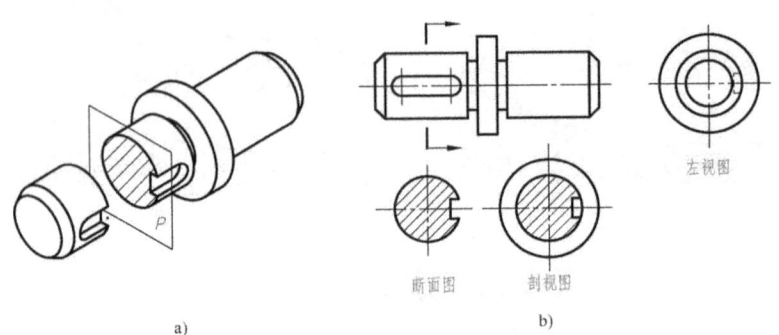

图 8-19　断面概念——移出断面（一）
(a)轴测图　(b)断面图与视图、剖视图的比较

图 8-19(a)所示机件的主要结构由多段不同直径的同轴线圆柱体所组成。这种结构形状的机件在机械工程中通常称为轴（阶梯轴）；此外，在轴的左边轴段上，还有一个局部结构——键槽。该轴只需采用一个主视图，结合尺寸标注（图 8-19(b)中为标注），就可以把各段轴的直径和长度以及键槽的形状、位置都表达清楚，唯有键槽的深度尚未表达出来。①如果该轴用主、俯两个视图来表达（俯视图请读者试画之），则在俯视图上，虽然可以表达键槽的深度，但其投影为虚线，不清晰，同时俯视图上除键槽外的图形均为重复表达。②如图 8-19(b)所示，如果该轴用主、左两个视图来表达，则在左视图上，一方面键槽为不可见，其投影为虚线，不清晰；另一方面各轴段的投影为一些同心圆（且有虚线圆），也是多余的表达。③如果改画为一个剖视图，即用主视图和一个剖视图来表达，则在剖视图中，键槽虽成为可见，但截断面后面部分的投影圆仍为不必要的表达，使图形复杂化，也不便于标注键槽的深度尺寸。为此，可设想只补画出需要表达的截断面形状，即用主视图和一个断面图形来表达，这样既可以清晰地表达出键槽的深度，又省去了截断面后面不必要的投影，使表达简洁、清晰，便于画图、读图和标注尺寸。这种假想用剖切（平）面将机件的某处段切断，仅画出断面的图形，称为断面图，简称断面。

综上所述可见，断面图与剖视图的区别在于：

断面图是面的投影，仅画出断面的形状；

剖视图是体的投影，除画出断面的形状外，还要画出断面后的可见轮廓的投影。

断面图主要用来表达机件上的某些局部结构,如轴上的键槽,削孔以及肋板,轮辐和型材的断面形状等。

二、 断面的种类

断面可分为移出断面和重合断面两种。

(一) 移出断面

画在视图之外的断面称为移出断面。见图 8-19～图 8-24。

1. 配置

1) 按投影关系配置,见图 8-20。

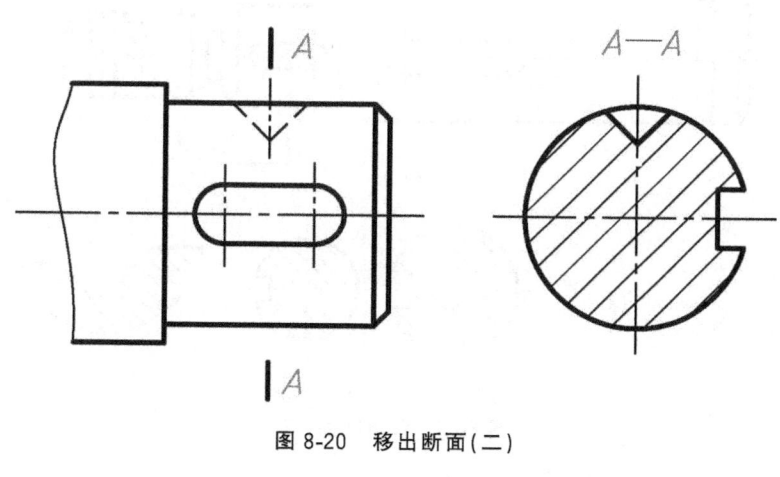

图 8-20 移出断面(二)

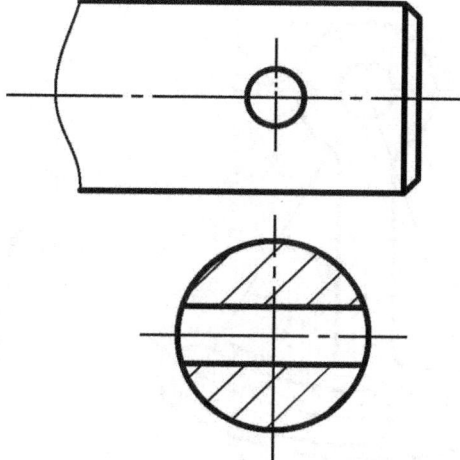

图 8-21 移出断面(三)

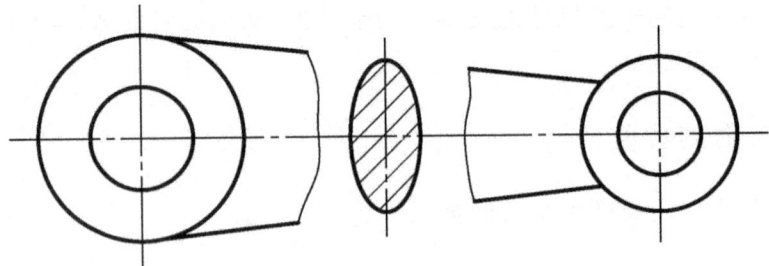

图 8-22 移出断面(四)

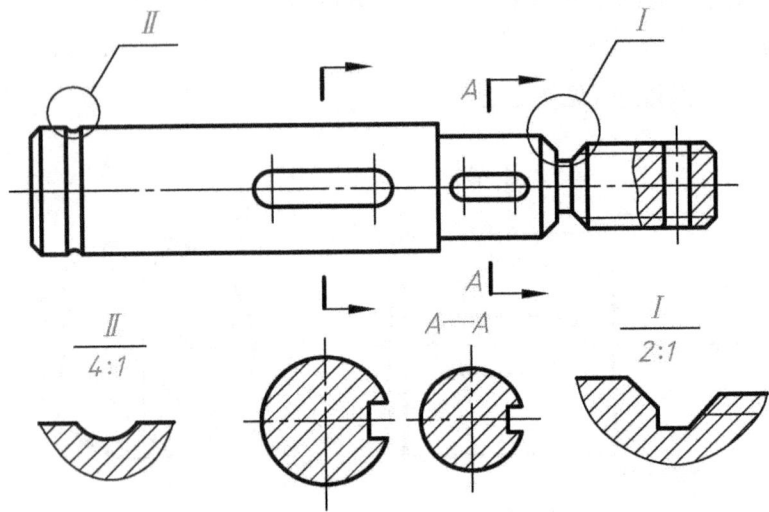

图 8-23 移出断面(五)

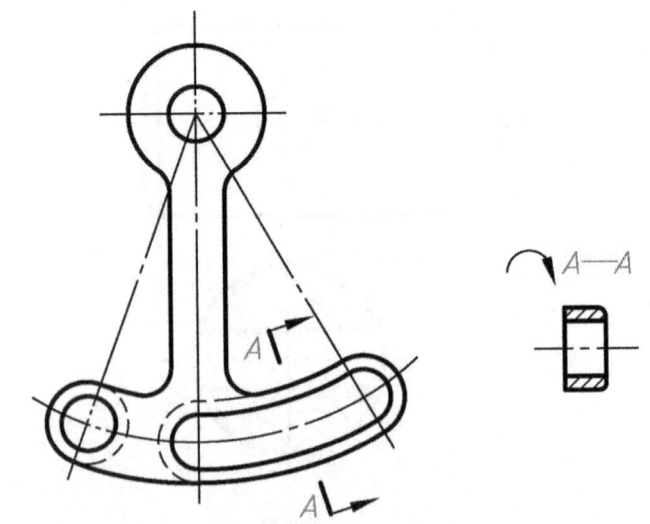

图 8-24 移出断面(六)

配置在剖切符号的延长线上,见图 8-19。

配置在剖切线(指示剖切面位置的点画线)的延长线上,见图 8-21。

断面的图形对称时,也可以画在视图的中断处,见图 8-22。

配置在其他适当的位置,见图 8-23。

2. 画法

1)移出断面的轮廓线用粗实线绘制,在剖面区域内应画出剖面线,并对断面进行标注。

2)当剖切平面通过回转面形成的孔或凹坑的轴线时,则这些结构按剖视图要求绘制,见图 8-20、图 8-21。

3)当剖切平面通过非圆孔,会导致出现完全分离的断面时,则这些结构应按剖视图要求绘制,见图 8-24。

4)在不致引起误解时,允许将(斜)断面图形旋转画出,见图 8-24。

3. 标注

1)一般应用大写的拉丁字母标注移出断面的名称"×—×",在相应的视图上用剖切符号表示剖切位置和投射方向,并标注相同的字母,见图 8-23 中的 $A—A$。

2)移出(斜)断面图形如经旋转后画出时,其标注形式见图 8-24。

3)配置在剖切符号延长线上的不对称移出断面,不必标注字母,见图 8-19。

4)不配置在剖切符号延长线上的对称移处断面(见图 8-23 中的 $B—B$)以及按投影关系配置的移出断面(见图 8-20),一般不必标注箭头。

5)配置在剖切线延长线上的对称移处断面以及配置在视图中断处的对称移出断面,不必标注,见图 8-21 和图 8-22。

(二)重合断面

画在视图内的断面称为重合断面图。

1. 画法

1)重合断面的轮廓边界线用细实线绘制,并在剖面区域内画出剖面线,见图 8-25、图 8-26。

2)当视图中的轮廓线与重合断面的图线重叠时,视图中的轮廓线仍应连续画出不可中断见图 8-25。

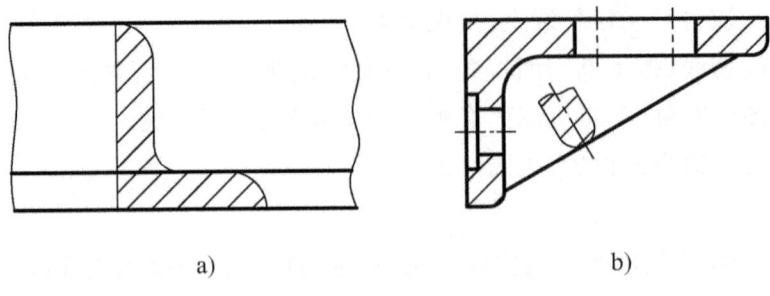

图 8-25　不对称重合断面

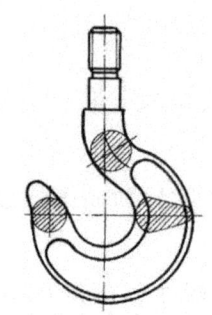

图 8-26　不对称重合断面

1.2. 标注

不对称的重合断面可以省略标注,见图 8-25。对称的重合断面不必标注,见图 8-26。

请读者比较移出断面和重合断面的异同点和使用场合。

第四节　图样的简化画法和局部放大图

简化制图可以显著减少绘图工作量和提高绘图速度,同时也明显提高图样的清晰度和便于阅读,从而缩短设计和制造周期,降低产品成本,使企业得到高效率和高效益。为此国家标准 GB/T 16675.1—2012《机械制图 简化表示法 第 1 部分:图样画法》中明确规定了图样的简化原则、基本要求以及一系列的简化画法。下面做扼要介绍。

一、简化原则

1. 保证不致引起误解和不会产生理解的多义性。
2. 便于识读和绘制。

二、基本要求

1. 应避免不必要的视图和剖视图。通过标注尺寸,只用一个视图就能充分表达机件,见图 8-27。

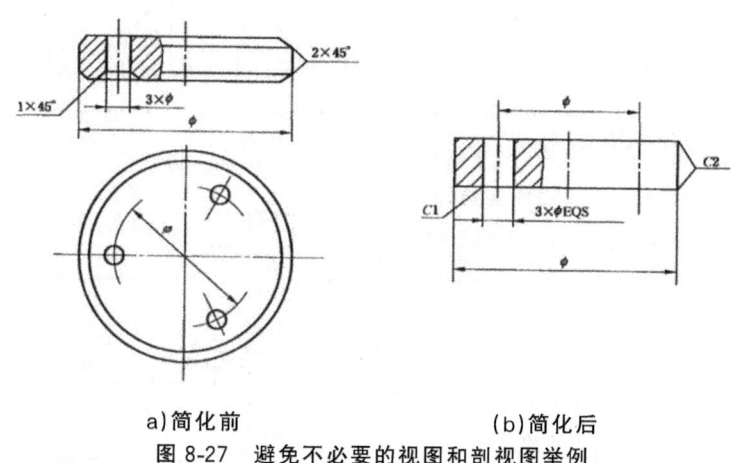

a)简化前　　　　　　(b)简化后

图 8-27　避免不必要的视图和剖视图举例

2. 在不致引起误解时,应避免使用虚线表示不可见结构,见图 8-28。

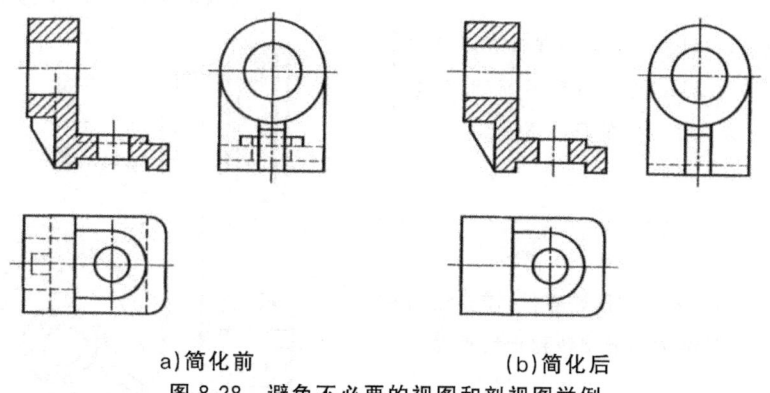

a)简化前　　　　　　(b)简化后

图 8-28　避免不必要的视图和剖视图举例

3. 尽可能使用有关标准中规定的符号表达设计要求。
4. 尽可能减少相同内容的重复绘制。

三、简化画法

为了便于图文对照和理解,这里将常见的简化画法列于表 8—2。

表 8-2 图样的简化画法(GB/T 16675.1-2012)

简化画法	图 例
1.机件的肋、轮辐及薄壁等,如按纵向剖切,均按不剖绘制。即这些结构都按不画剖面线,并用粗实线将它与邻接部分分开。	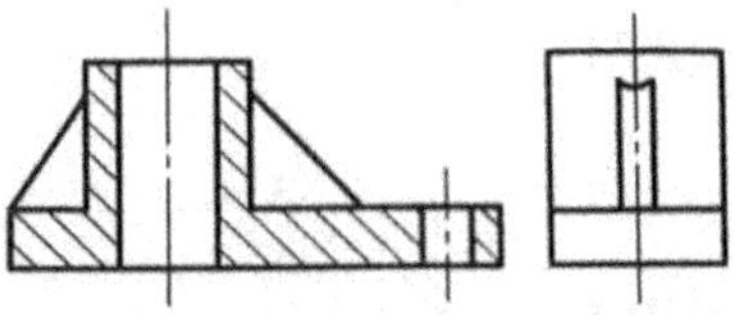
2.当机件具有若干相同结构(如齿、槽等),并按一定规律分布时,只需画出几个完整的结构,其余用细实线连接,并在图中注明该结构的总数。	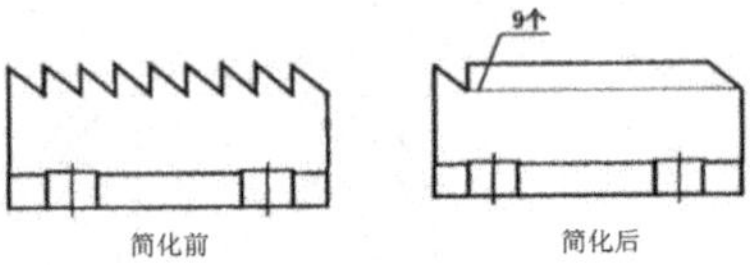 简化前　　　　简化后
3.若干直径相同且呈规律分布的孔,可以仅画出一个或少量几个,其余只需用细点画线或"+"表示其中心位置,并在图中注明该孔的总数。	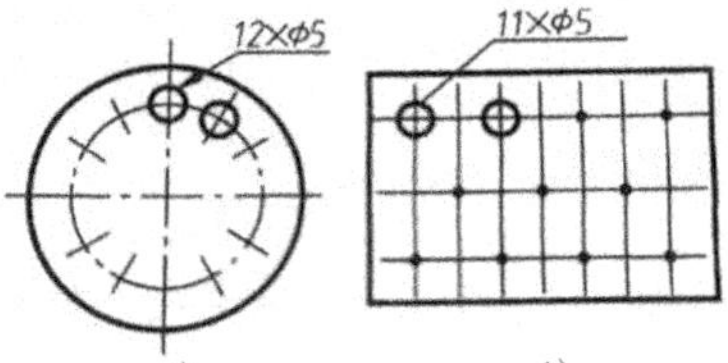 12×φ5　　11×φ5 a)　　b)
4.机件上的滚花,一般采用在轮廓线附近用粗实线局部画出的方法表示,也可省略不画,而在零件图上或技术要求中注明它的具体要求。	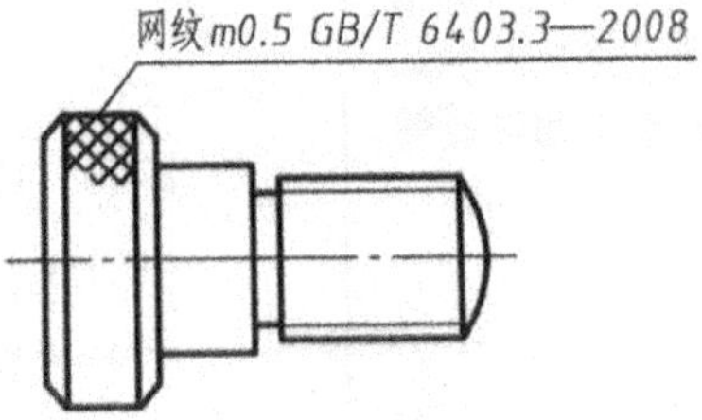 网纹m0.5 GB/T 6403.3—2008
5.带有规则分布结构要素的回转零件,需要绘制剖视图时,可以将其结构要素旋转到剖切平面上绘制。	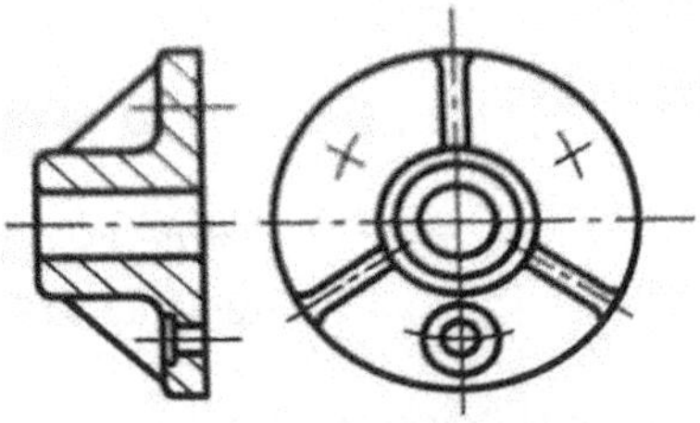
6.当图形不能充分表达平面时,可用平面符号(相交的两细实线)表示	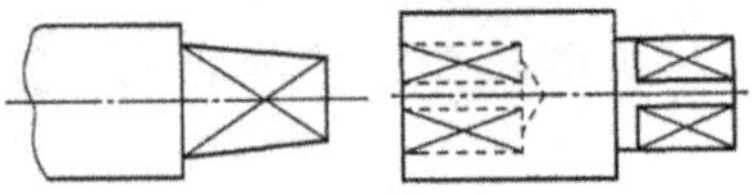 a)　　b)
7.在不致引起误解时,过渡线、相贯线可以简化,如用圆弧或直线来代替非圆曲线。也可采用模糊画法表示相贯线	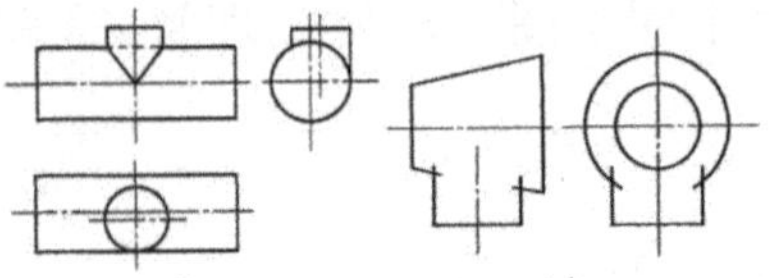 a)　　b)

续表

简化画法	图 例
8.较长的机件（轴、杆、型材、连杆等），沿长度方向形状一致或按一定规律变化时，可断开后缩短绘制（折断画法）	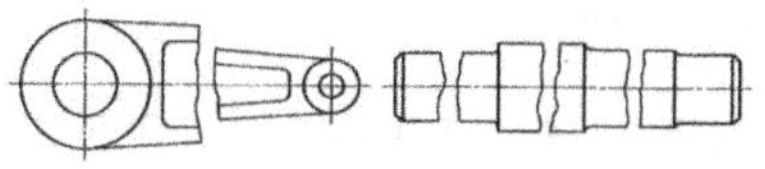 a)　　　　b)
9.在不致引起误解时，对称机件的视图可只画一半或四分之一，并在对称中心线的两端画出两条与其垂直的平行细实线（对称符号）	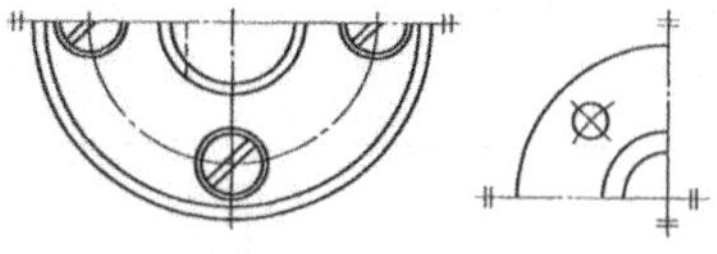 a)　　　　b)
10.机件上较小的结构，如在一个图形中已表达清楚时，其他图形可简化或省略	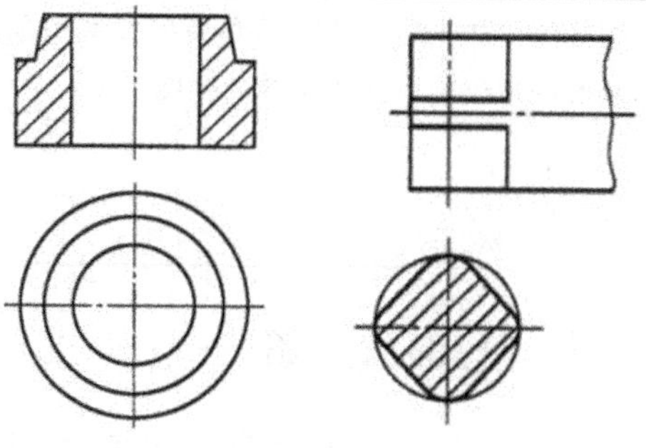 a)　　　　b)
11.在不致引起误解时，零件图中的小圆角、锐边的小倒角或45°小倒角允许省略不画；但必须注明尺寸或在技术要求中加以说明，如全部铸造圆角 R5	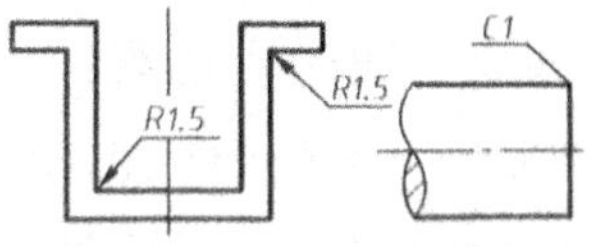 a)　　　　b)
12.机件上斜度不大的结构，如在一个图形中已表达清楚时，其他图形可按小端画出	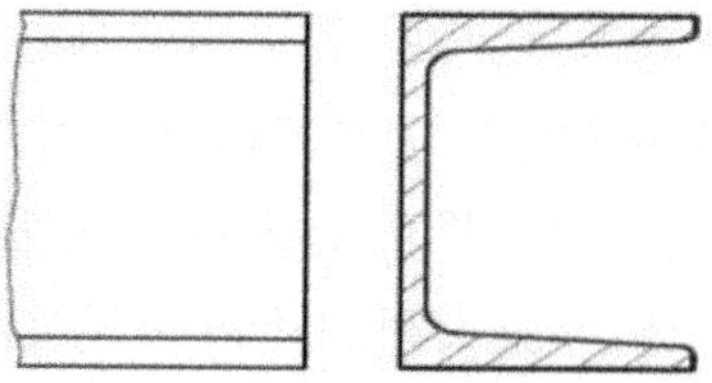
13.在需要表示位于剖切平面前的结构时，这些结构按假想投影的轮廓线绘制	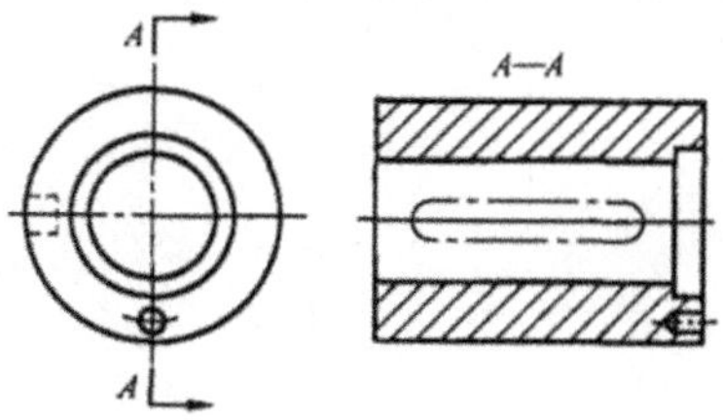

续表

简化画法	图 例
14.在剖视图的断面中可作一次局部剖视。此时两个断面的剖面线应同方向、同间隔，但要互相错开，并用引出线标注其名称	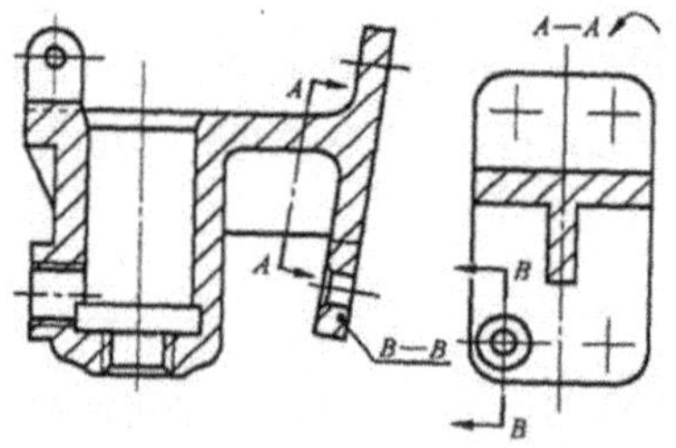
15.在能够清楚表达产品特征和装配关系的条件下，装配图可仅画出其简化后的轮廓	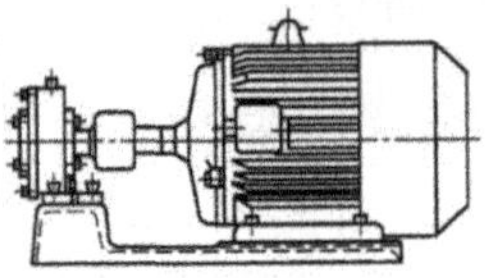 电动机简化前 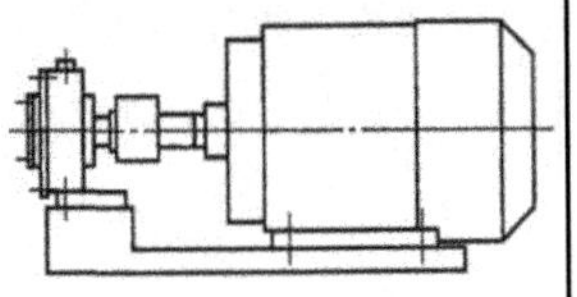　　　电动机简化后

四、局部放大图

将机架的局部结构用大于原图形所采用的比例画出的图形，称之为局部放大图，见图 8-29。局部放大图可以清晰的表达机件上某些细小结构，并便于标注尺寸。

画局部放大图时应注意：

1. 局部放大图可画成视图、剖视图和断面图，它与被放大部分原来的表达方法无关。局部放大图应尽量配置在被放大部分的附近。

2. 绘制局部放大图时，一般应用细实线圈出被放大的部位。当一个机件上有几个被放大部分时，必须用罗马数字依次标明被放大的部位，并在局部放大图的上方标出相应的罗马数字和所采用的比例，见图 8-29。当机件被放大的部分只有一个时，在局部放大图的上方只需注明所采用的比例。

3. 局部放大图的比例仍用图形与实物间的比例，即仍按比例的定义确定。而不是局部放大图与被放大部位原图之间的比例。

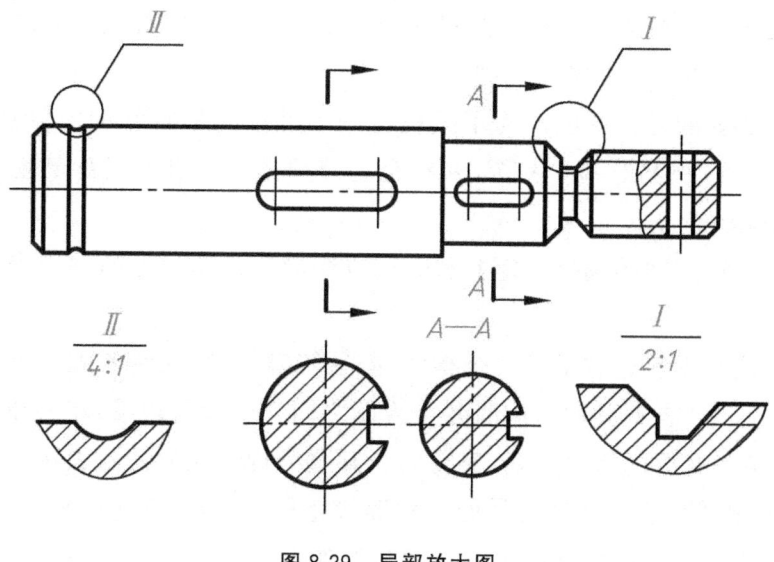

图 8-29 局部放大图

第五节　机件表达方法小结和综合应用举例

一、机件常用表达方法小结

上面介绍了机件常用的各种表达方法，现归纳如下：

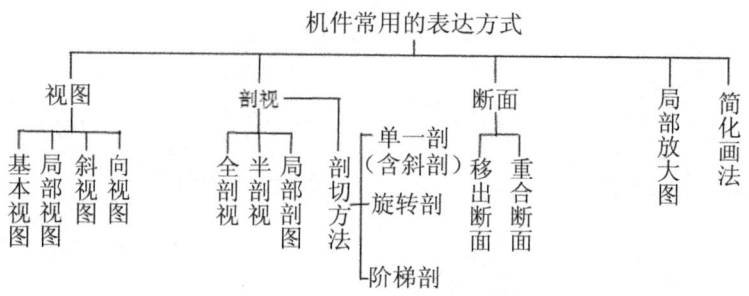

二、综合应用举例

在实际工作中，仅仅掌握上述机件的各种表达方法还是远远不够的，更重要的是确定机件的视图表达方案，即要根据机件的具体结构形状，灵活运用这些方法，用一组最少、最简明的图形把机件完整清晰的表达出来。对于同一个机件，一般可初步拟定几个表达方案进行分析比较，并从中选择最佳方案，具体选择时应注意以下几点：

1) 优先选好主视图。主视图是最主要的视图,是整个视图表达方案的核心,它直接影响整个视图表达方案的优劣。

2) 选择必要的其他视图。为了把机件的内外结构形状和相对位置表达清楚,应再在选择俯、左视图等基本视图,并补充局部视图、斜视图、局部剖视、斜剖视、断面以及简化画法等。

3) 视图表达方案的选择一定要和表达方法的选择同时考虑并优先在基本视图上做剖视。

4) 机件的视图表达方案是一个整体,必须统筹安排,通盘考虑。每个视图应有各自的表达重点,"各司其职",同时各个视图之间又要紧密联系,互为补充,"分工协作",既要避免不必要的重复表达,又要防止某些结构形状的遗漏表达。总之要用最简洁、精炼的视图表达方案把机件的结构形状完整、清晰的表达出来。

下面就图 8-30 所示机件的表达方案分析如下。

先粗略地读图,对这个轴承座作形体分析,读懂它的大体形状。

这个轴承座是左右对称的零件:

其主体为安放轴的筒体,前方有方形凸缘,底部有安装板;筒体与安装板之间有具有空腔的支架连接。

然后再细致地读懂各个部分的结构形状及尺寸。

综合上述分析,就可想象出这个轴承座的各个组成部分的形状。根据它们之间的相对位置,就可想象出轴承座的整体形状。

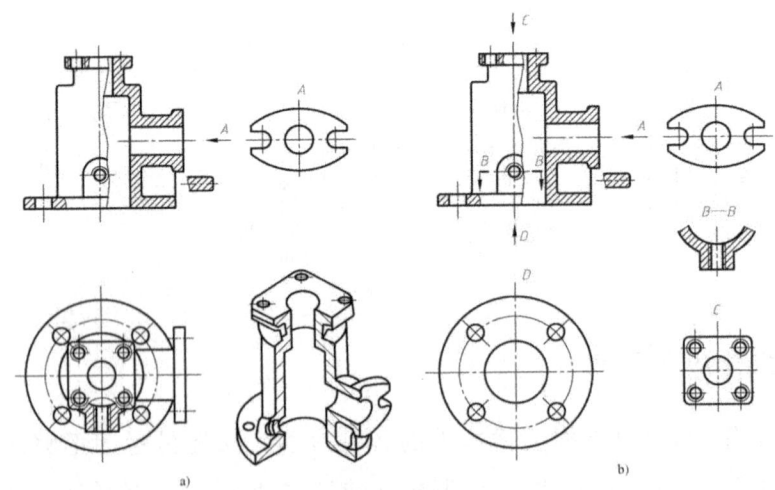

图 8-30 机件的表达方案举例

第六节　第三角画法简介

我国国家标准规定,机件的图样按正投影法绘制,并采用第一角画法(也称第一角投影)。而美国、日本、加拿大、澳大利亚等国则采用第三角画法(也称第三角投影)。为了便于国际技术交流,下面以对比方式对第三角画法作简要介绍。

如图 8-31 所示,用水平和铅垂的两投影面将空间分成四个区域,并按顺序编号,依次称为第一分角、第二分角、第三分角和第四分角。

第一角画法是将物体置于第一分角内,并使其处于观察者与投影面之间而得到的多面正投影图。图 8-32(a)、(b)分别为第一角画法时,六个基本投影面的展开及所得的六个基本视图,这就是前面已经介绍的画法,参见图 8-31、图 8-32。

第一角画法和第三角画法都是用多个多面正投影图形来表达物体(机件)的。在多面正投影中,相互垂直的三个投影面,分别用 V、H、W 表示,这三个投影面之间的交线称为投影轴,分别用 Ox、Oy、Oz 表示。

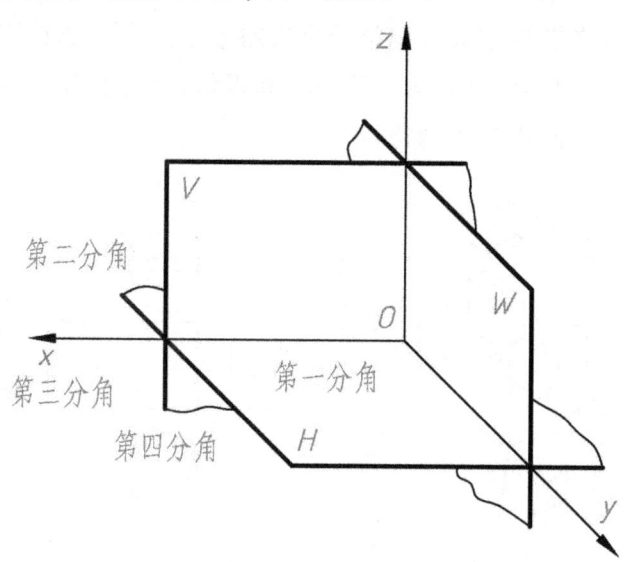

图 8-31　分角的划分

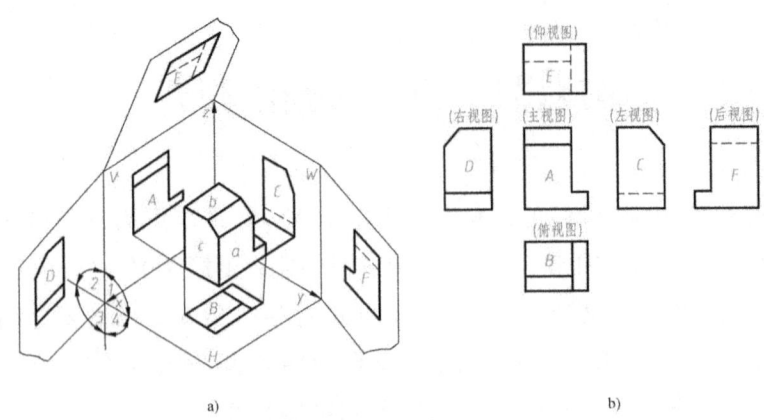

图 8-32 第一角画法
(a)六个基本投影面的展开 (b)六个基本投影面的规定配置

第三角画法是将物体置于第三分角内,并使其投影面(视为透明)处于观察者与物体之间而得到的多面正投影。图 8-33(a)、(b)分别为第三角画法时,六个基本投影面的展开及所得的六个基本视图。

图 8-33(a)、(b)分别为第一角画法和第三角画法的识别符号。由于我国规定采用第一角画法,所以在图样中其识别符号可省略不予画出。如在按合同规定的涉外工程中,必须使用第三角画法时,为了避免引起误解,此时必须在图样中标题栏右下角的"投影符号"栏内,画出其识别符号。

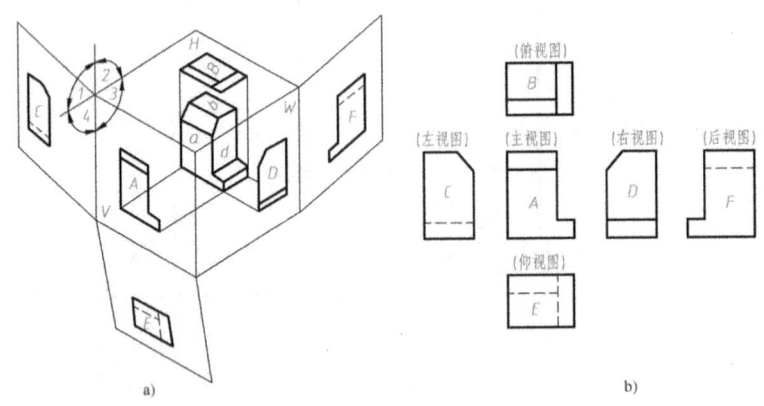

图 8-33 第三角画法
(a)六个基本投影面的展开 (b)六个基本投影面的规定配置

下面把两种画法进行比较:

两种画法均采用正投影法绘制,也都有六个基本投影面和六个基本视图,并且各视图之间也都遵循"长对正、高平齐、宽相等"的投影规律。

第一角画法将物体放在第一分角内,人、物体、投影面三者之间的位置关系为

"人—物—面",即物体在中间;而第三角画法将物体放在第三分角内,人、物体、投影面三者之间的位置关系是"人—面—物",即投影面在中间。

六个基本投影面的展开方法不同。第一角画法时,正面V(正六面体的后表面)不动,其他各投影面向V面(向后)展开,与V面摊平,见图8-32;第三角画法时,正面V(正六面体的前表面)不动,其他各投影面向V面(向前)展开,与V面摊平,见图8-33。按各自的方法展开并配置在同一张图纸内的六个基本视图都不必标写视图的名称。

图8-32(b)和图8-33(b)是用上述两种画法画出的同一物体的六个基本视图,由图可见,两种画法的六个基本视图中,其同名视图的形状完全相同,只是配置(位置)不同。其中,主视图和后视图的位置相同,而左视图和和右视图的位置相互对调,俯视图和仰视图的位置也相互对调。

第九章　标准件和常用件

本章将介绍紧固件螺栓、螺柱、螺钉、垫圈、螺母、键、销和滚动轴承等标准件以及常用件弹簧、齿轮。

第一节　螺　纹

上述紧固件螺栓、螺柱、螺钉、螺母（垫圈）等都是通过螺纹来实现紧固连接的，因此在介绍紧固件之前，先对螺纹作一介绍。

一、螺纹概念

在圆柱或圆锥表面上，沿着螺旋线所形成的具有规定牙型的连续凸起称为螺纹，见图 9-1。其中在圆柱表面上所形成的螺纹称为圆柱螺纹，见图 9-1(a)、(b)；在圆锥表面上所形成的螺纹称为圆锥螺纹，见图 9-1(c)。螺纹又有内、外螺纹之分。在圆柱或圆锥外表面上所形成的螺纹称为外螺纹，见图 9-1(a)、(c)；在圆柱或圆锥内表面上所形成的螺纹称为内螺纹，见图 9-1(b)。

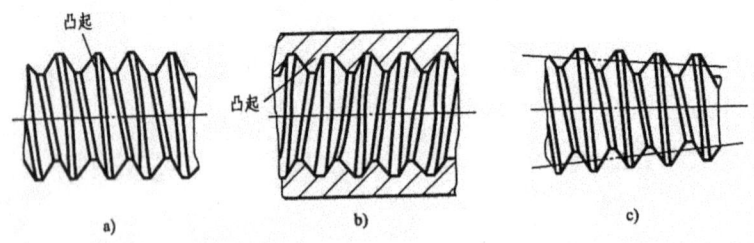

图 9-1　螺纹
(a)圆柱外螺纹　(b)圆柱内螺纹　(c)圆锥外螺纹

二、螺纹的五个基本要素

通常内、外螺纹总是旋合在一起成对使用的，这种内、外螺纹相互旋合形成的连接称为螺纹副。构成螺纹副的条件是它们的下列五个基本要素都必须相同。

1. 牙型

在通过螺纹轴线的断面上,螺纹的轮廓形状称为牙型。常见的螺纹牙型有三角形、梯形、锯齿形和矩形等,见图 9-2。在螺纹牙型上,两相邻牙侧间的夹角称为牙型角,用 α 表示

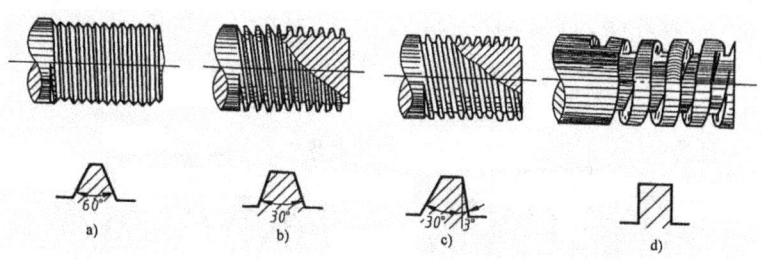

图 9-2 螺纹的牙型和牙型角
(a)三角形 (b)梯形 (c)锯齿形 (d)矩形

2. 直径

(1) 大径 与外螺纹牙顶或内螺纹牙底相切的假想圆柱(或圆锥)的直径,即螺纹的最大直径。内、外螺纹的大径分别用 D 和 d 表示,见图 9-3。

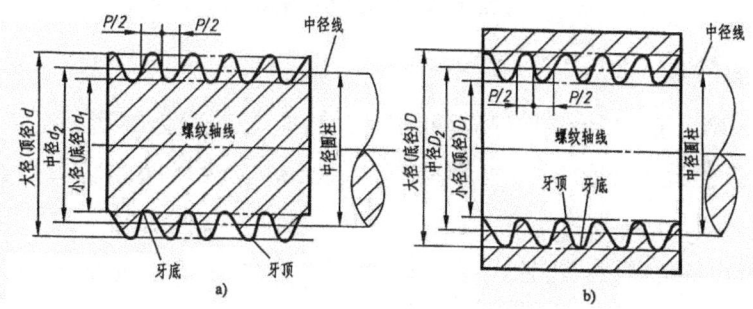

图 9-3 螺纹的直径
(a)外螺纹 (b)内螺纹

(2) 小径 与外螺纹牙底或内螺纹牙顶相切的假想圆柱(或圆锥)的直径,即螺纹的最小直径。内、外螺纹的小径分别用 D_1 和 d_1 表示。

(3) 顶径 与外螺纹或内螺纹牙顶相切的假想圆柱(或圆锥)的直径,即外螺纹的大径或内螺纹的小径。

(4) 底径 与外螺纹或内螺纹牙底相切的假想圆柱(或圆锥)的直径,即外螺纹的小径或内螺纹的大径。

(5) 中径 一个假想圆柱(或圆锥)的直径,该圆柱(或圆锥)的母线通过牙型上沟槽和凸起宽度相等的地方。内、外螺纹的中径分别用 D_2 和 d_2 表示。该假想圆柱(或圆锥)称为中径圆柱(或中径圆锥),其母线称为中径线,其轴线称为螺纹轴线。

(6) 公称直径　代表螺纹尺寸的直径,通常是指螺纹的大径,而管螺纹则用尺寸代号表示。

3. 线数

形成螺纹时所沿螺旋线的条数称为螺纹线数。沿一条螺旋线所形成的螺纹称为单线螺纹,见图 9-4(a);沿两条或两条以上轴向等距分布的螺旋线所形成的螺纹称为多线螺纹,如双线螺纹(见图 9-4(b))、三线螺纹、四线螺纹,螺纹的线数用 n 表示。

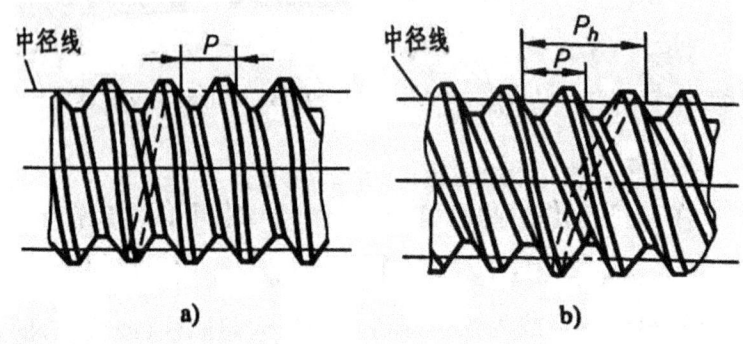

图 9-4　螺纹的螺距、导程和线数
(a)单线螺纹　(b)双线螺纹

4. 螺距与导程

螺纹相邻两牙在中径线上对应两点间的轴向距离称为螺距,用"P"表示,见图 9-4。而同一条螺旋线上的相邻两牙在中径线上对应两点间的轴向距离称为导程,用"P_H"表示,见图 9-4(b)。

显然,对于多线螺纹,螺距、导程和线数三者之间有如下的关系,即

$$P_H = nP \tag{9-1}$$

5. 旋向

螺纹按旋向不同可分为右旋螺纹和左旋螺纹两种。

顺时针旋转时旋入的螺纹称为右旋螺纹,见图 9-5(a);

逆时针旋转时旋入的螺纹称为左旋螺纹,见图 9-5(b)。

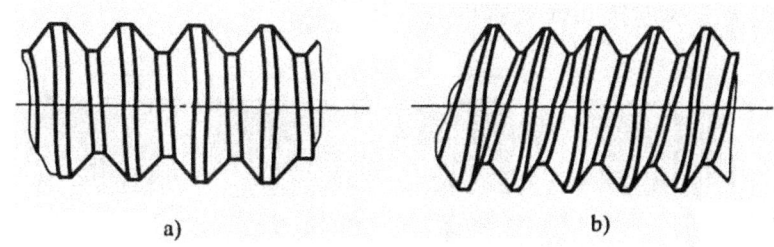

图 9-5 螺纹的旋向
(a)右旋 (b)左旋

三、螺纹的分类

螺纹的分类方法较多,除上面已经介绍的可分为圆柱螺纹和圆锥螺纹、内螺纹和外螺纹、单线螺纹和多线螺纹外,还可按用途和牙型特点等作如下的分类:

连接螺纹 ｛普通螺纹｛细牙普通螺纹 / 粗牙普通螺纹
　　　　　管螺纹｛55°非密封管螺纹——圆柱内螺纹和圆柱外螺纹旋合
　　　　　　　　 55°密封管螺纹｛圆锥内螺纹和圆锥外螺纹旋合 / 圆柱内螺纹和圆锥外螺纹旋合

传动螺纹｛梯形螺纹 / 锯齿形螺纹 / 矩形螺纹

为了便于设计、制造和使用,上述各种螺纹均已标准化,称为标准螺纹。所谓标准螺纹,是指牙型、大径和螺距均符合国家标准规定的螺纹。本章只讨论标准螺纹,并主要介绍应用最多的普通螺纹、55°非密封管螺纹(圆柱管螺纹)和梯形螺纹。

1. 普通螺纹

普通螺纹是最常用的一种连接螺纹,其基本牙型见图 9-6。其牙型为等边三角形,牙顶和沟槽底部稍为削平,牙型角 α 为 60°。

根据国家标准规定,普通螺纹在每一标准大径下,有几种不同的螺距,如大径为 42 时,其螺距有 4.5、3、2 和 1.5 四种,见图 9-7。

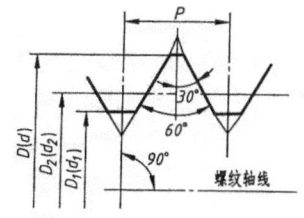

图 9-6 普通螺纹的基本牙型

其中螺距最大的一种螺纹称为粗牙普通螺纹,见图 9-7(a);而其余三种螺距的螺纹均称为细牙普通螺纹,见图 9-7(b)、(c)、(d)。

一般用途的连接应采用牙齿大、强度高的粗牙普通螺纹;而细牙普通螺纹主要用于有紧密性要求的连接和薄壁零件的连接。

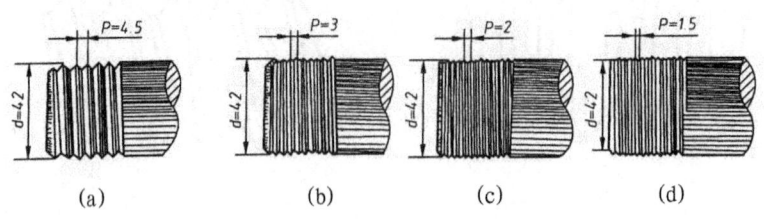

图 9-7 普通螺纹的分类
(a)粗牙普通螺纹 (b)、(c)、(d)细牙普通螺纹

普通螺纹的直径和螺距系列以及公称尺寸等见附录 3。

2. 管螺纹

管螺纹也是一种常用的连接螺纹，主要用于管件的连接，也可用于其他薄壁零件的连续。相据螺纹副本身是否具有密封性，管螺纹可分为下列两类：

1）55°密封管螺纹（GB/T 7306.1～7306.2—2000），即螺纹副本身具有密封性的管螺纹。它包括圆锥内螺纹和圆锥外螺纹连接以及圆柱内螺纹和圆锥外螺纹连接两种形式。

2）55°非密封管螺纹（GB/T 7307—2001），即螺纹副本身不具有密封性的管螺纹。若要求连接后具有密封性，可拧紧螺纹副来压紧螺纹副外的密封面，也可在螺纹副间添加密封物。它是圆柱内螺纹和圆柱外螺纹连接，其基本牙型为等腰三角形，牙型角 α 为 55°，且在牙型顶端和沟槽底部做成圆弧形，见图 9-8。它的规格和公称尺寸见附录 4。

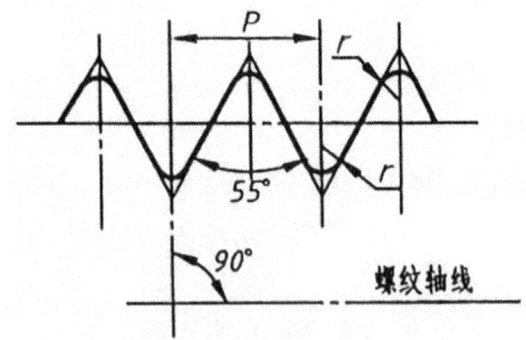

图 9-8 圆柱管螺纹的基本牙型

3. 梯形螺纹

梯形螺纹是应用最多的一种传动螺纹，可用于传递双向的运动和动力。梯形螺纹的基本牙型为等腰梯形，牙型角为 30°。见图 9-9。它的直径和螺距系列以及公称尺寸见附录 5。

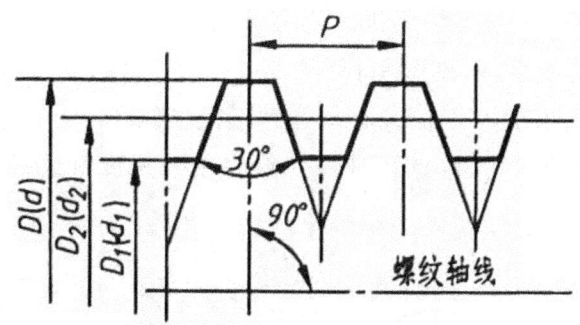

图 9-9 梯形螺纹的基本牙型

四、螺纹的画法

螺纹的真实投影比较复杂,为简化作图,国家标准 GB/T 4459.1－1995《机械制图 螺纹及螺纹紧固件表示法》中规定了螺纹的画法。

1. 外螺纹的画法(见图 9-10)

1) 外螺纹的大径(顶径)用粗实线表示。

2) 外螺纹的小径(底径)用细实线表示,在螺杆的倒角或倒圆部分也应画出;在垂直于螺纹轴线投影面的视图(以下称为端视图)中,表示小径的细实线圆只画约 3/4 圈,且倒角的投影圆省略不画。

3) 有效螺纹的终止界线(简称螺纹终止线)用粗实线表示,见图 9-10(a);当画成剖视时,则螺纹终止线只画出牙顶到牙底部分的一小段,见图 9-10(b)。

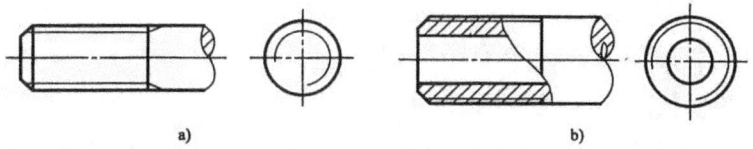

图 9-10 外螺纹的画法
(a)不剖时 (b)剖切时

4) 当需要表示螺纹收尾时,螺尾部分的牙底用与轴线成 30°的细实线绘制,见图 9-10(a)。

5) 在剖视或断面图中,剖面线必须画到大径(粗实线)处,见图 9-10(b)。

2. 内螺纹的画法(见图 9-11)

内螺纹一般多画成剖视图,其规定画法如下:

1) 内螺纹的小径(顶径)用粗实线表示。

2) 内螺纹的大径(底径)用细实线表示,在端视图中,表示大径的细实线圆只画约 3/4 圈,且倒角的投影圆省略不画。

3) 螺纹的终止线用粗实线画出。当需要表示螺纹收尾时,螺尾部分的牙底用与轴线成 30°的细实线绘制,见图 9-11(b)。

4) 在剖视或断面图中,剖面线必须画到小径(粗实线)处,见图 9-11。

5) 绘制不穿通的螺孔(盲螺孔)时,一般将钻孔深度和螺纹部分的深度分别画出,见图 9-11(b)。

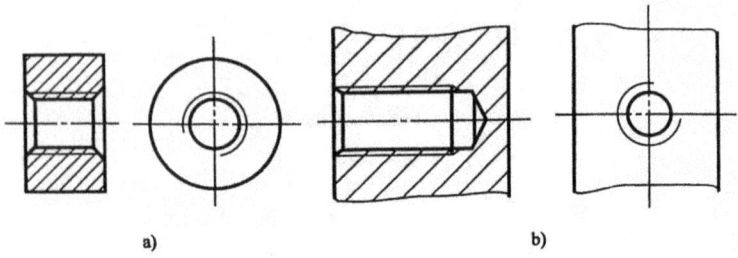

图 9-11 内螺纹的部视画法
(a)通螺孔 (b)盲螺孔

6) 当内螺纹不剖画出时,则不可见螺纹的所有图线均按虚线绘制,见图 9-12。

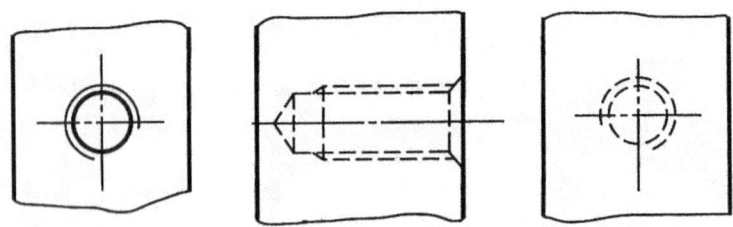

图 9-12 内螺纹的不剖画法

下面将内、外螺纹画法的要点小结如下:

1) 螺纹的顶径用粗实线表示。

2) 螺纹的底径用细实线表示,在端视图中,表示底径的细实线圆只画约 3/4 圈,且倒角的投影圆省略不画。

3) 螺纹的终止线用粗实线表示。

4) 在剖视或断面图中,剖面线都必须画到顶径(粗实线)处。

3. 内、外螺纹的连接画法

以剖视表示内、外螺纹连接时,其旋合部分应按外螺纹的画法绘制,其余部分仍按各自的画法表示,见图 9-13。

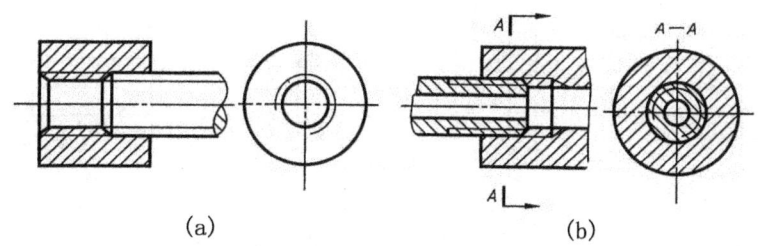

图 9-13 内、外螺纹的连接画法

需要注意：

1) 内、外螺纹的大径线应对齐，小径线也应对齐。

2) 图 9-13(a)的左视图中按内螺纹画出，而图 9-13(b)的左视图（$A-A$ 部视）中按外螺纹画出。

3) 在剖视图中，内、外螺纹的剖面线均应画到顶径（粗实线）处为止，见图 9-10、图 9-11、图 9-13。

五、 螺纹的标记

上述螺纹的规定画法虽然简便易画，却不能反映出螺纹的五个基本要素以及加工精度和旋合长度等要求，为此，在图样上必须标注螺纹的规定标记。

1. 普通螺纹的标记（GB/T 197—2003）

普通螺纹完整的标记内容和形式如下：

例如：$M16 \times P_H 3P1.5-5g6g-S-LH$

其中，螺纹特征代号：M——表示普通螺纹；尺寸代号：$16 \times P_H 3P1.5$——表示螺纹公称直径（大径）为 16 mm，导程 P_H 为 3 mm，螺距 P 为 1.5 mm；公差带代号：5g6g——表示中径公差带为 5g，顶径公差带为 6g（小写字母为外螺纹，大写字母为内螺纹）；旋合长度代号：S——表示短旋合长度（L 表示长旋合长度，N 表示中等旋合长度）；旋向代号：LH 表示左旋。

上述普通螺纹的规定标记，在下列情况时可以简化：

1) 单线普通螺纹时，尺寸代号为"公称直径×螺距"，此时不必注写"P_H"和"P"字样；当又为粗牙普通螺纹时，螺距省略不注，故尺寸代号仅为公称直径。

2) 中径与顶径公差带代号相同时，只注写一个公差带代号。又当公差带代号外螺纹为 6g，内螺纹为 6H 时（为中等精度的常用公差带），省略不注。

3) 旋合长度代号。当为中等旋合长度"N"时，省略不注。

4) 旋向代号。当旋向为右旋"RH"时，省略不标注。

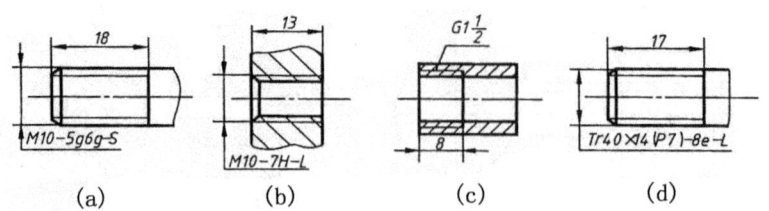

图 9-14 螺纹标记的标注
(a)普通外螺纹 (b)普通内螺纹 (c)圆柱管螺纹 (d)梯形螺纹

在图样中,普通螺纹的标记应标注在螺纹大径的尺寸处,而螺纹长度应单独另行标注,见图 9-14(a)、(b)。

2. 55°非密封管螺纹的标记

55°非密封管螺纹的标记由螺纹特征代号、尺寸代号和公差带代号组成。螺纹特征代号用字母 G 表示;螺纹尺寸代号按附录 4 的第一栏标记;螺纹公差等级代号对外螺纹分 A、B 两级标记,如 G2A、G2B 等,对内螺纹则不标记(因为只有一种公差带),如 G2。当螺纹为左旋时,在公差带代号后加注"LH",如 G2－LH、G2A－LH 等;表示螺纹副时,只标注外螺纹的标记代号。

需要注意:55°非密封管螺纹标记中的尺寸代号,仅仅是螺纹规格的代号,它不表示螺纹的大径或其他尺寸,但可根据尺寸代号由附录 4 中查得螺纹的大径和其他尺寸。因此在图样上,其标记不应注在大径的尺寸处,而应注在由螺纹大径引出的指引线上,见图 9-14(c)。

3. 梯形螺纹的标记

梯形螺纹标记的内容和形式为:

梯形螺纹代号－公差带代号－旋合长度代号

1) 梯形螺纹代号由螺纹种类代号、尺寸规格和旋向组成。梯形螺纹用"Tr"表示,单线螺纹的尺寸规格用"公称直径×螺距"表示。多线螺纹用"公称直径×导程(P螺距)"表示。当螺纹为左旋时,需在尺寸规格之后加注"LH",右旋不注出。如单线右旋螺纹:T40×7,双线左旋螺纹:Tr40×14(P7)LH。

2) 梯形螺纹的公差带代号只标注中径公差带,如 Tr40×7－7e、Tr40×7LH－7e。

3) 梯形螺纹的旋合长度分为 N 和 L 两组,当旋合长度为 N 组时,省略不标注;当旋合长度为 L 组时,应标出组别代号 L,如 Tr40×14(P7)－8e－L。

梯形螺纹副的公差带要分别注出内、外螺纹的公差带代号,前面的是内螺纹公差带代号,后面是外螺纹公差带代号,中间用斜线分开,如 Tr40×7－7H/7e。

在图样中,梯形螺纹与普通螺纹一样,将螺纹标记标注在螺纹大径的尺寸处,见

图 9-14。

六、螺纹的加工方法和工艺结构

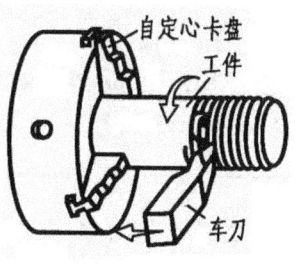

图 9-15 车削(外)螺纹

螺纹最常见的加工方法是在车床上车削。图 9-15 所示为车削外螺纹时的情况(车削内螺纹与之相似):工件由装在车床主轴上的自定心卡盘夹持,并随车床主轴一起作等速旋转运动,而夹持在刀架上的与被车削螺纹槽形一致的车刀沿工件轴线方向作等速直线运动,并满足工件每转一周,车刀移动一个螺距(或导程)的要求,便加工出螺纹。

此外,螺纹的加工方法还有用丝锥攻螺纹(见图 9-17)、用板牙套螺纹、用搓丝板搓螺纹以及滚压螺纹和铣削螺纹等。

加工螺纹时常见的工艺结构如下:

1. 倒角

在加工外螺纹时,需先按螺纹大径加工出杆件,并在杆端加工出一个小圆锥面,见图 9-16(a),然后再加工出外螺纹,见图 9-16(b);加工内螺纹时,需先按螺纹小径在机件上加工出孔,并在孔口处也加工出一个小圆锥面,见图 9-16(c),然后再加工出内螺纹,见图 9-16(d)。这两种小圆锥面均称为螺纹的倒角,其主要作用是便于螺纹的加工和螺纹副的旋合。外螺纹的倒角一般为 45°,其尺寸标注如 C2(C 为 45°倒角符号,2 为轴向长度尺寸),内螺纹的倒角一般为 120°。

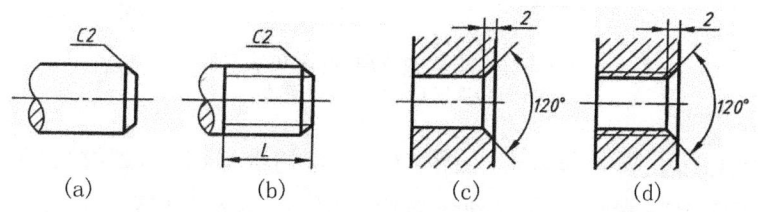

图 9-16 螺纹的倒角
(a)外倒角 (b)加工出外螺纹 (c)内倒角 (d)加工出内螺纹

2. 不穿通螺孔

在机件上加工不穿通螺孔时,一般用麻花钻先钻出一个光孔(称为底孔)。由于钻头的钻尖角近似为 120°,所以加工出的孔底圆锥面的圆锥角也为 120°,但在图样上不必标注该角度和孔底深度,且孔底部分也不包括在孔深尺寸 H 之内,见图 9-17(a);然后用丝锥攻螺纹,攻螺纹深度 h 应略小于孔深尺寸 H,见图 9-17(b)。

3. 螺纹收尾、肩距和退刀槽(GB/T 3—1997)

车削加工螺纹达到要求的长度 L 时,见图 9-18(a),需要将刀具退离工件,称为退刀。由于退刀，螺纹末端形成了沟槽渐浅部分 l。这部分向光滑表面过渡的牙底不完整的螺纹(为无效螺纹)称为螺尾。

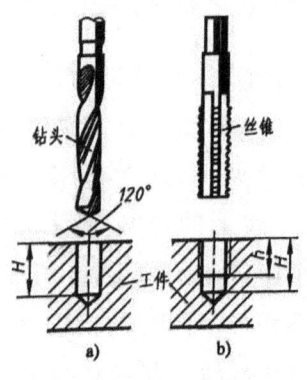

图 9-17　不穿通螺孔
(a)钻孔　(b)攻螺纹

在车削带台肩的外螺纹时，为了使退刀时车刀不致与工件的台肩面相碰，退刀位置与台肩必须保持一定的距离，称为肩距，见图 9-18(a)。

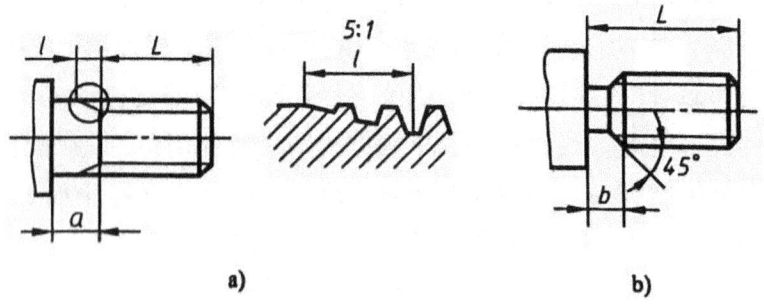

图 9-18　螺纹的收尾、肩距和退刀槽
(a)螺尾和肩距　(b)退刀槽

由于螺杆上有了螺尾和肩距，使得与之旋合的螺母(带内螺纹)只能拧入到有效螺纹 L 处。当需要将螺母一直拧到台肩面处时，可事先在肩距 a 处加工出用于退刀的槽，称为螺纹退刀槽，见图 9-18(b)。

第二节　螺纹紧固件

螺纹紧固件的种类很多，常用的有螺栓、螺柱、螺钉、垫圈和螺母等，见表 9—1。它们都是标准件，一般均由专业化工厂进行大批量生产和供应，需要时可按它们的规定标记直接进行采购而不必自行生产，所以一般不必画出它们的零件图。设计者在设计机器时，只要在装配图上画出这些标准件，并在明细栏中注出它们的规定标

记即可。国家标准 GB/T 1237—2000《紧固件标记方法》中,规定的螺纹紧固件标记的简化形式为

名称　标准编号　规格

常用螺纹紧固件及其标记示例见表 9-1。

表 9-1　螺纹紧固件及其标记示例

种类	轴测图	结构形式和规格尺寸	标记示例	说明
六角头螺栓		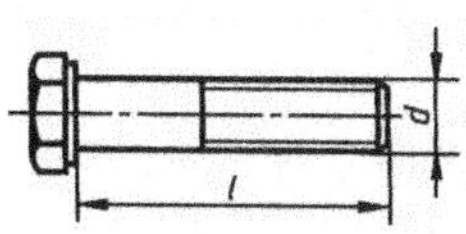	螺栓 GB/T 5782—2000① M12×80	螺纹规格 d=M12,l=80 mm(当螺杆上为全螺纹时,应选取国家标准编号为 GB/T 5783—2000)
螺柱		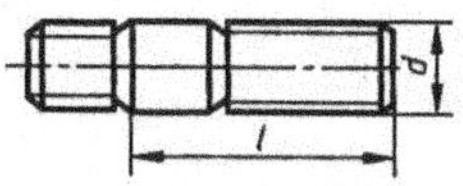	螺柱 GB/T897—1988 AM10×50	两端螺纹规格均为 d=M10,l=50 mm,按 A 型制造(若为 B 型,则省去标记"B")
开槽盘头螺钉		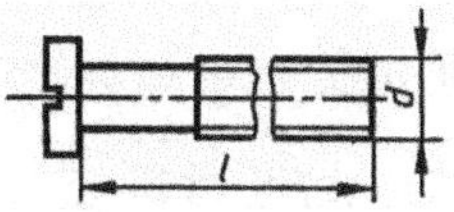	螺钉 GB/T 67—2008 M5×45	螺纹规格 d=M5,公称长度 l=45 mm,性能等级为 4.8 级,不经表面处理的 A 级开槽盘头螺钉
开槽沉头螺钉		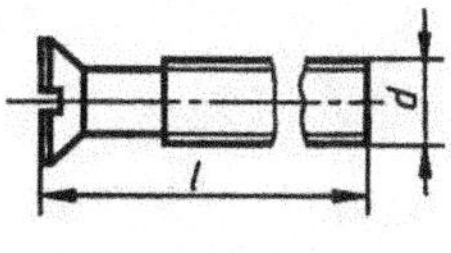	螺钉 GB/T 68—2000 M5×45	螺纹规格 d=M5,l=45 mm(l 值在 40 mm 以内时为全螺纹)
开槽锥端紧定螺钉			螺钉 GB/T 71—1985 M5×20	螺纹规格 d=M5,l=20 mm
I 型六角螺母	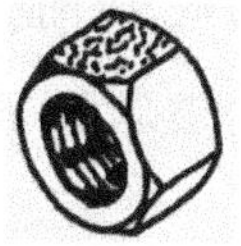	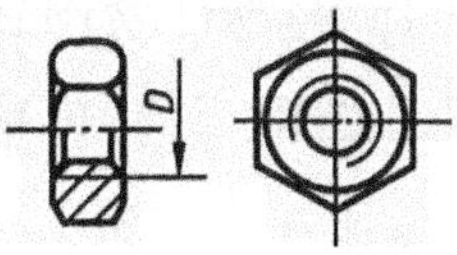	螺母 GB/T 6170—2000 M8	螺纹规格 D=M8 的 I 型六角螺母

续表

种类	轴测图	结构形式和规格尺寸	标记示例	说明
垫圈			垫圈 GB/T 97.1—2002 8	标准系列、公称规格 8 mm、由钢制造的硬度等级为 200HV 级、不经表面处理、产品等级为 A 级的平垫圈
弹簧垫圈			垫圈 GB/T 93—1987 16	规格 16 mm、材料为 65Mn、表面氧化的标准型弹簧垫圈

① 标记示例中,标准年号可省略,省略年号的标准应以现行标准为准。如螺栓 GB/T 5782 M12×80。

当需要画出螺纹紧固件时,可采用以下两种画法之一:

(1) 查表画法 根据给出的紧固件名称、国家标准编号和规格,即紧固件的标记,通过查表获得它的结构形式和全部结构尺寸,并以此进行画图。

(2) 比例画法 根据紧固件的标记得到公称直径和公称长度后,其他结构尺寸均按公称直径 d 的一定比例由计算得到,并以此进行画图。具体的比例关系见第三节。

实质上,查表画法是按查表所得的实际尺寸来画图的一种精确画法;而比例画法则是按一定比例计算所得的值来画图的一种近似画法。

第三节 螺纹紧固件的连接形式及其画法

螺纹紧固件的作用是将两个(或两个以上)的零件紧固在一起,构成可拆连接。常见的连接形式有螺栓连接、螺柱连接和螺钉连接三种,可根据被紧固零件的结构尺寸、连接的受力大小和具体的使用要求来选择。

在绘制螺纹紧固件连接时,除应按照上述螺纹、螺纹副以及螺纹紧固件的规定外,还应遵循有关装配图画法(详见第十一章)的下列规定:

1) 两零件相接触的表面应画成一条线。不接触的表面应画两条线,以表示它们的空隙。

2) 相互邻接的两零件的剖面线,必须以不同的方向或以不同的间隔画出。而同一零件的各个剖面区域其剖面线画法应相同:同方向、同间隔。

3) 当剖切平面通过螺纹紧固件的轴线剖切时,则它们均按不剖绘制。

4) 螺纹紧固件连接可以采用规定的简化画法。

下面将常见的三种连接形式的具体画法和注意事项分别介绍如下。

一、螺栓连接

螺栓连接通常由螺栓1、垫圈2和螺母3三种零件构成,见图9-19(a)。这种连接只需在两被连接件上钻出通孔,然后从孔中穿入螺栓,再套上垫圈,拧紧螺母即实现了连接,见图9-19(b)。这种连接加工简单,装拆方便,因而应用很广。主要适用于两零件被连接处厚度不大、而受力较大,且需经常装拆的场合。

选定螺栓连接后,还需确定如下内容:

1) 根据使用要求,选择螺栓的结构形式,即确定国家标准编号。

2) 根据强度要求或结构要求确定螺栓的公称直径(螺纹现格)d。

3) 根据下式计算螺栓的公称长度 l,即

$$l \geqslant \delta_1 + \delta_2 + h + m + a \tag{9-2}$$

式中 δ_1、δ_2——两被连接件的厚度;

h——垫圈厚度;

m——螺母厚度;

a——螺栓头部超出螺母的长度,一般取 $a=(0.2\sim0.3)d$,见图9-19(c)。

计算 l 所得结果必须标准化,即取为螺栓的标准公称长度,见附录6。

4) 选定垫圈和螺母的结构形式和规格。因它们与螺栓配套使用,所以其规格应与螺栓规格相同。

至此,可得出螺栓、垫圈和螺母的规定标记,即可按比例画法或查表画法画出螺栓连接的装配图,见图9-19(c)。

画螺栓连接时的注意事项如下:

1) 为了装配方便,被连接件上的通孔直径 d_h 应稍大于螺栓的公称直径 d,其标准值可查附录16。

因此该处应画成两条线。对于两被连接件接触面的投影线,其可见部分的粗实线应画到螺栓的大径线处,不可见部分的虚线省略不画。

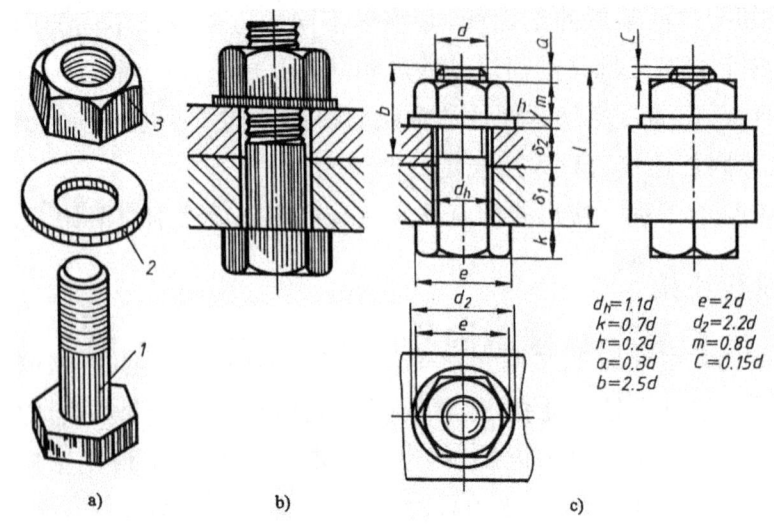

图 9-19 螺栓连接
(a)连接组成件 (b)连接示意图 (c)连接装配图
1—螺栓　2—垫圈　3—螺母

2) 螺栓连接装配图的主视图，一般画成通过这些紧固件轴线剖切的全剖视图（此时，紧固件按不剖绘制），而俯、左两个视图一般画成外形图，有时也可省略不画。

3) 在视图中凡被遮挡的不可见螺纹均省略其虚线不画，而可见螺纹部分必须按螺纹的规定画法正确画出，不能漏画。

4) 螺栓六角头部的画法（六角螺母的画法与之相同）。①主、俯、左三视图之间应符合投影关系；②六角头部的倒角圆锥面与六个侧棱面形成的截交线可用圆弧近似代替，并采用比例画法，见图 9-20：在主视图中，取 $R=1.5d$，r 由作图确定；在左视图中取 $R_1=d$；在俯视图中，倒角圆内切于正六边形。

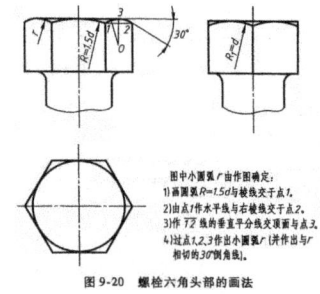

图 9-20 螺栓六角头部的画法

二、螺柱连接

当被连接的机座零件的厚度太大，无法加工出通孔时，或者受被连接零件的结构限制而无法安装螺栓时，可采用螺柱连接。这种连接由螺柱1、垫圈2和螺母3构成，见图 9-21(a)。被连接的机座零件上加工出不穿通螺孔，另一被连接件上加工出通孔，而螺柱的两头均制有螺纹。连接时，将螺柱的旋入端（一般为螺纹长度较短的一端）全部旋入机座零件的螺孔中，再套上另一被连接件，然后放上垫圈，拧紧螺母，即实现了连接,见图 9-21(b)。

螺柱的规格:螺纹大径 d 由连接的强度要求或结构要求确定;螺柱的公称长度 l 则由下式计算:

$$l \geq \delta + h + m + a \qquad (9-3)$$

式中 δ、h、m、a——带通孔的被连接件的厚度、垫圈厚度、螺母厚度和螺柱头部超出螺母的长度,一般取 $a=(0.2\sim0.3)d$,见图 9-21(c)。

计算所得结果必须取为相近的标准公称长度,见附录 7。

旋入端的螺纹长度,即旋入深度 b_m 由带螺孔的机座零件的材料决定,有四种不同的规格,螺柱相应有四种国家标准编号:

GB/T 897—1988　　$b_m=1d$　　用于钢和青铜

GB/T 898—1988　$b_m=1.25d$　　用于铸铁

GB/T 899—1988　$b_m=1.5d$　　用于铸铁和铝合金

GB/T 900—1988　$b_m=2d$　　用于铝合金

综上所述,可确定螺柱的规格,再根据配套要求,同时也就确定了垫圈和螺母的规格,于是可用比例画法(或查表画法)画出螺柱连接的装配图,见图 9-21(c)。

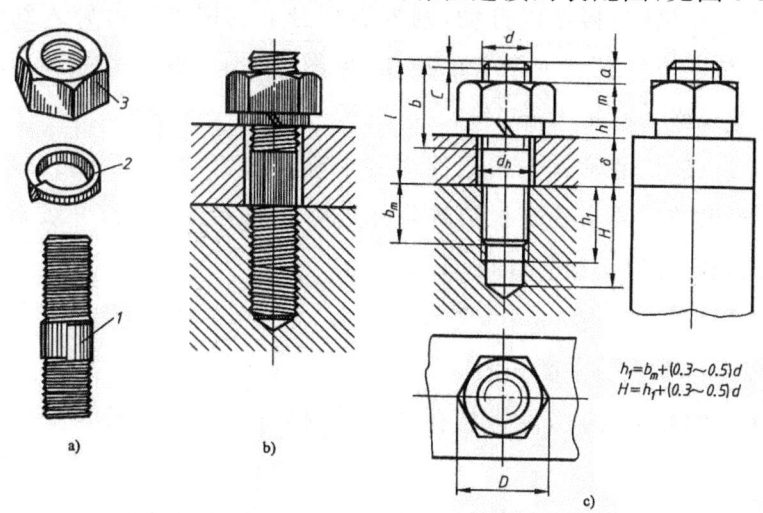

图 9-21　螺柱连接

(a)连接组成件 (b)连接示意图 (c)连接装配图

1—螺柱 2—垫圈 3—螺母

画螺柱连接时应注意以下事项:

1) 因为螺柱旋入端的螺纹按规定必须全部旋入到被连接的机座零件的螺孔中,所以其螺纹终止线应与两被连接件接触面的投影线平齐,故两者成为一直线。

2) 机座零件上的螺孔深度 h_1 应稍大于螺柱的旋入深度 b_m。一般可取 $h_1=b_m+(0.3\sim0.5)d$,而钻孔深度 H 又应大于螺孔深度 h_1,一般可取 $H=h_1+(0.3\sim0.$

5)d。

3)螺柱的旋入端必须按内、外螺纹的连接画法正确画出;拧螺母端的画法则与螺栓连接时相应部分的画法相同。为了防止连接松动,这里采用了弹簧垫圈。

其他注意事项均与螺栓连接时相同,这里不再赘述。

三、螺钉连接

螺钉按用途不同可分为连接螺钉和紧定螺钉两类。前者用于连接零件,后者用于固定零件。

1. 连接螺钉

连接螺钉主要用于连接不经常拆卸,并且受力不大的场合。它是一种只需螺钉(有的也可加垫圈)而不用螺母的连接,因而结构最简单。连接螺钉由头部和杆身两部分组成:其头部有多种不同的结构形式,相应有不同的国家标准编号,见表9-1;杆身上刻有部分螺纹或全部螺纹(螺钉公称长度较小时)。被连接件之一加工有通孔,另一被连接件加工有螺孔。连接时,将螺钉穿过通孔,并用螺钉旋具插入螺钉头部的一字槽或十字槽中,再加以拧动,则依靠杆身上的螺纹即可旋入到螺孔中并依赖其头部压紧被连接件而实现两者的连接,见图9-22a。由于螺钉旋具的拧紧力有限,所以螺钉的规格一般不大于M10。

设计螺钉连接时,通常首先根据使用要求确定螺钉的结构形式,即确定了国家标准编号,再根据结构要求确定螺钉的公称直径d(因受力不大,一般不进行强度计算),并由下式确定螺钉的公称长度l,即

$$l \geq \delta + l_1 \quad (9-4)$$

式中 δ——带通孔零件的厚度;

l_1——螺钉的旋入深度,由带螺孔零件的材料决定,并与确定螺柱旋入端长度b_m的方法相同。

计算所得结果应取相近的标准值,见附录8、附录9。

根据上面选定的结构形式和具体规格即可按比例画法(或查表画法)画出螺钉连接的装配图,见图9-22(b)、c。

画螺钉连接时应注意以下事项:

1)螺钉头部的一字槽在通过螺钉轴线剖切的剖视图上应按垂直于投影面的位置画出,而在端视图上应按倾斜45°画出,见图9-22。

2)螺钉杆身上的螺纹长度b应大于旋入深度l_1,因此螺钉的螺纹终止线应高于两被连接零件接触面的投影线,见图9-22(b)。采用全螺纹时见图9-22。

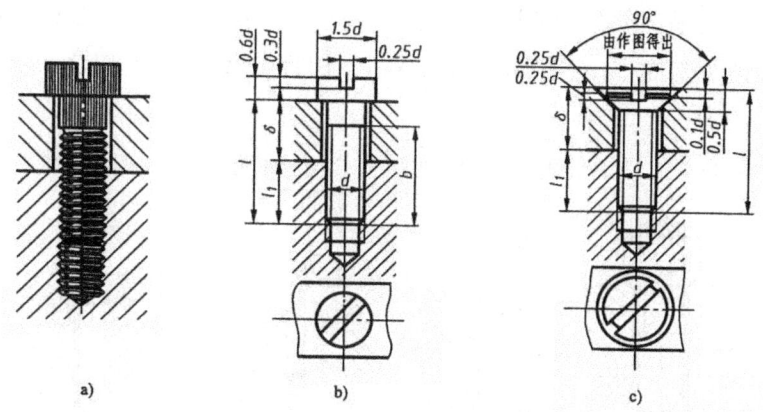

图 9-22 连接螺钉连接
(a)连接示意图 (b)开槽圆柱头螺钉连接 (c)开槽沉头螺钉连接

2. 紧定螺钉

紧定螺钉多用于轮子与轴之间的固定。通常在轴上加工出锥坑,见图 9-23(a);在轮子的轮毂上加工出螺孔,见图 9-23(b)。连接时,将轮子套装于轴上,再将螺钉拧入轮子轮毂上的螺孔中,使螺钉的锥形端部对准并紧压在轴上的锥坑内,从而将轮子固定在轴上,见图 9-23(c)。

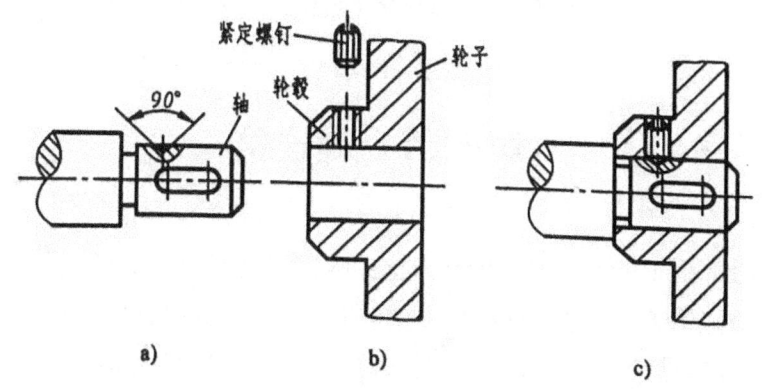

图 9-23 紧定螺钉连接
(a)轴上加工出锥坑 (b)轮毂上加工出螺孔 (c)紧定螺钉装配图

紧定螺钉的头部有开槽、内六角等形式,端部则有平端、圆柱端、锥端和凹端等多种结构形式,相应有多种国家标准编号,可根据具体的使用要求来选用。

根据国家标准规定,螺纹紧固件连接可采用如下简化画法。

1) 螺纹紧固件的工艺结构,如倒角、退刀槽、缩颈、凸肩等均可省略不画,见图 9-24。图 9-24 中的螺母和螺栓的头部均省略倒角而画成六棱柱。

2) 在螺栓、螺柱、螺钉的杆部,其螺纹端的倒角均可省略不画。不穿通螺孔可不画出钻孔深度,仅按有效螺纹部分的深度画出,见图 9-24(b)、(c)、(d)。

3) 螺钉旋具槽、弹簧垫圈开口处等均可用涂黑表示,见图 9-24(a)、(c)。

4) 内六角螺钉的内六角部分在主视图上的虚线投影可以省略不画,见图 9-24d。

5) 图 9-24(c)、(d)中的螺钉与被连接件的上顶面允许平齐,画成一条直线。

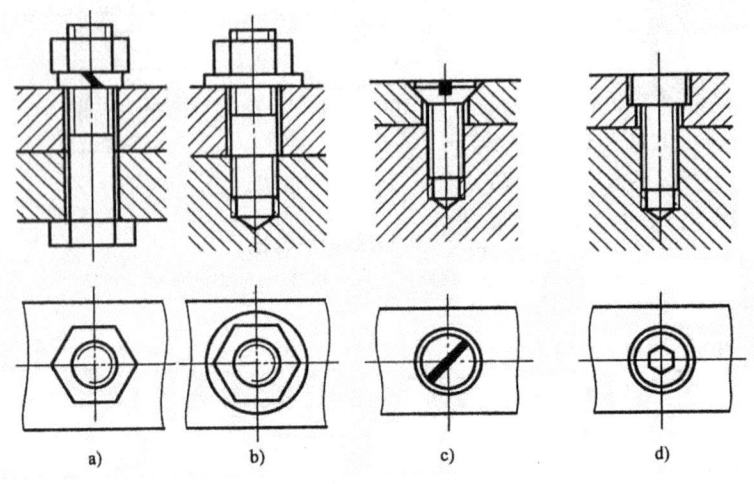

图 9-24 螺纹紧固件连接的简化画法
(a)螺栓连接 (b)螺柱连接
(c)开槽沉头螺钉连接 (d)内六角圆柱头螺钉连接

第四节 键连接

键连接通常用于轴和轮子(齿轮、带轮、链轮、凸轮等)之间的连接。其连接方法是首先在轴上和轮子孔壁上分别加工出键槽,见图 9-25(a)、(b);并将键的一部分嵌入轴上的键槽内,见图 9-25(c);再将轮子上的键槽对准轴上露出部分的键套到轴上,这就构成了键连接,见图 9-25(d)。这样轴和轮子就可以通过键来传递圆周运动和转矩。由于键连接结构简单,装拆方便,成本低廉,因此在机器中得到广泛的应用。

根据具体的使用要求不同,相应有多种类型的键,如平键、半圆键和锲键等,它们都是标准件。本节只介绍应用最多的普通平键及其连接。普通平键有三种结构形式:圆头普通平键(A 型)、平头普通平键(B 型)和单圆头普通平键(C 型),见图 9-26。

第九章　标准件和常用件

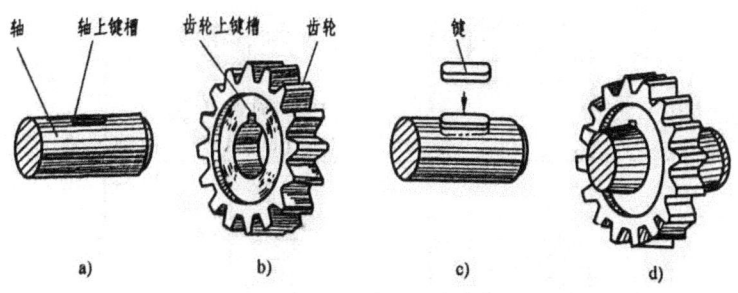

图 9-25　键连接
(a)在轴上加工出键槽 (b)在轮子孔壁上加工出键槽
(c)将键装入轴上键槽 (d)装上轮子

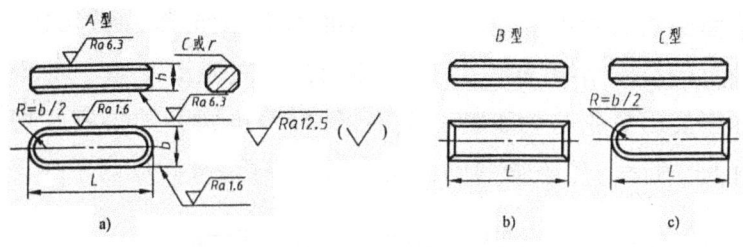

图 9-26　普通平键的结构形式
(a)圆头普通平键 (b)平头普通平键 (c)单圆头普通平键

　　普通平键的公称尺寸 $b×h$(键宽×键高)可根据轴的直径 d 由附录 13 中查到(这只是作者推荐,并不是国家标准 GB/T 1096—2003《普通型 平键》的规定,故仅供参考);键的长度 L 一般应比相应的轮毂长度短 5~10 mm,并取相近的标准值。

　　图 9-27(a)、(b)所示为轴上键槽常用的两种表示法和尺寸注法,图 9-28 所示为轮子上键槽的常用表示法和尺寸注法。两图中的 t_1 和 t_2 可查附录 13。

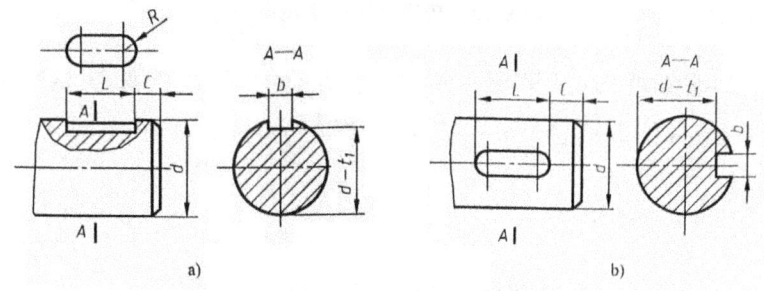

图 9-27　轴上键槽的表示法和尺寸注法
(a)键槽位于轴的上方时 (b)键槽位于轴的前方时

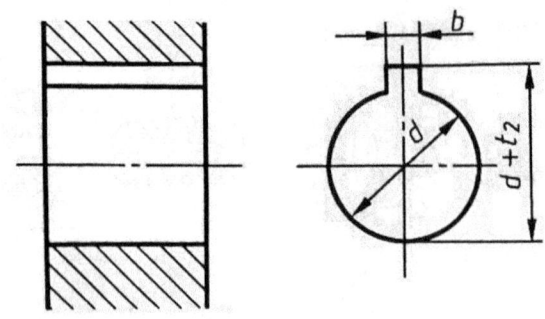

图 9-28 轮子上键槽的表示法和尺寸注法

图 9-29 所示为普通平键连接的装配图画法。其中主视图为通过轴的轴线和键的纵向对称平面剖切后画出的,根据国家标准规定,此时轴和键均按不剖绘制。为了表示键在轴上的装配情况,轴采用了局部剖视。左视图为 A—A 全剖视,在图中键的两侧面和下底面分别与轮子槽两侧面、轴槽两侧面和轴槽底面相接触,应画成一条线,而键的上顶面与轮子槽的底面间应留有空隙,故画成两条线。

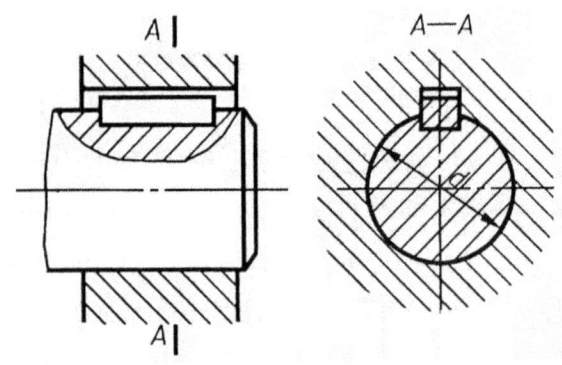

图 9-29 普通平键的连接画法

在装配图的明细栏内(见第十一章)应注明键的标记,例如 B 型平键,宽 $b=16$ mm,高 $h=10$ mm,长 $L=100$ mm,其规定标记为:GB/T 1096 键 B16×10×100。A 型平键则省略"A"字。

第五节　销连接

销的种类较多,本节只介绍应用最多的圆柱销和圆锥销,它们都是标准件。

圆柱销的结构形式见图 9-30。它们的规定标记形式为:销 GB/T 119.1 $d×l$(标记示例见附录14)。

圆锥销的结构形式有 A 型（磨削）和 B 型（切削或冷镦）两种，见图 9-31。它们的规定标记形式为：销 GB/T 117 $d×l$（标记示例见附录 15）。

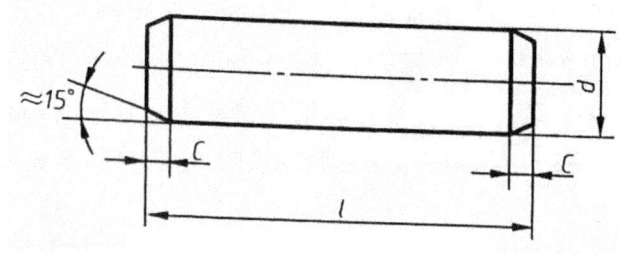

图 9-30　圆柱销

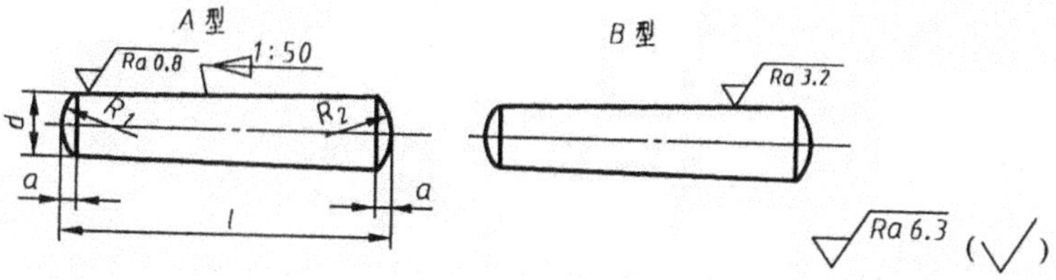

图 9-31　圆锥销

圆柱销和圆锥销主要有如下三种不同的用途：

1) 用于零件间的连接，但只能承受不大的载荷，多用于轻载和不很重要的连接，此时称为连接销。

2) 用于两零件间的定位，即固定两零件的相对位置，此时称为定位销。定位销一般成对使用，并安放在两零件接合面的对角处，以加大两销之间的距离，增加定位的正确性。

3) 用作安全装置中的过载剪断元件，从而对设备起安全保护作用，此时称为安全销。

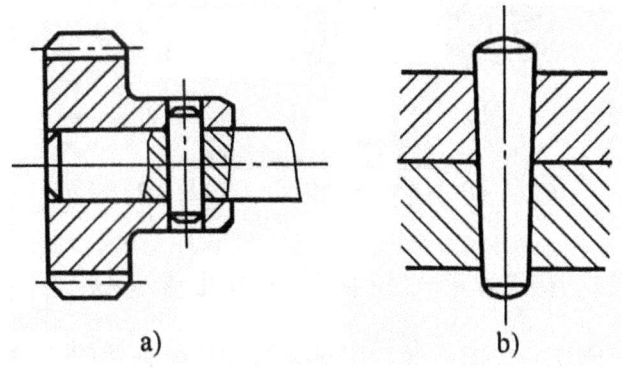

图 9-32　圆柱销与圆锥销的装配画法
(a)圆柱销　(b)圆锥销

但不管它们作为何种用途,其装配图画法则相同,见图 9-32。由于销与销孔表面直接接触,所以两者接合面处应画一条线。在明细栏内应注明销的规定标记。

与销装配的两零件上的销孔应同时一起一次钻孔和铰孔工艺上称为"配作",并应在各自的零件图上分别加以注明,如"锥销孔 Ø4 与××零件配作"。

由于圆柱销经多次装拆后,与销孔的配合精度将受到影响,而圆锥销有 1:50 的锥度,可以弥补装拆后产生的间隙,且装拆也较圆柱销方便,因此对于需多次装拆的场合,宜选用圆锥销。

第六节　弹　簧

一、概述

弹簧是利用材料的弹性和结构特点,通过变形和储存能量来进行工作的一种机械零(部)件。它主要用于缓冲和减振、控制运动、储存和输出能量以及测量力和力矩等场合,是一种应用十分广泛的常用件。

弹簧的种类很多,其中应用最多的是圆柱螺旋弹簧。它又可以分为压缩弹簧、拉伸弹簧和扭转弹簧等,见图 9-33。

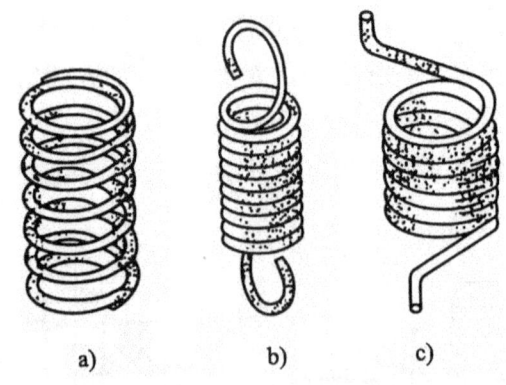

图 9-33　圆柱螺旋弹簧
(a)压缩弹簧 (b)拉伸弹簧 (c)扭转弹簧

二、圆柱螺旋压缩弹簧与拉伸弹簧的几何参数

代号及其尺寸计算公式圆柱螺旋压缩弹簧和拉伸弹簧的几何参数、代号及其尺寸计算公式见图 9-34 和表 9-2。

三、圆柱螺旋弹簧的表示法

1. 圆柱螺旋弹簧的画法规定

圆柱螺旋弹簧的真实投影比较复杂，为了画图方便，国家标准GB/T 4459.4—2003《机械制图 弹簧表示法》中作了如下规定：

1) 在平行于螺旋弹簧轴线的投影面的视图中，其各圈的轮廓应画成直线。
2) 螺旋弹簧均可画成右旋，对必须保证的旋向要求应在"技术要求"中注明。

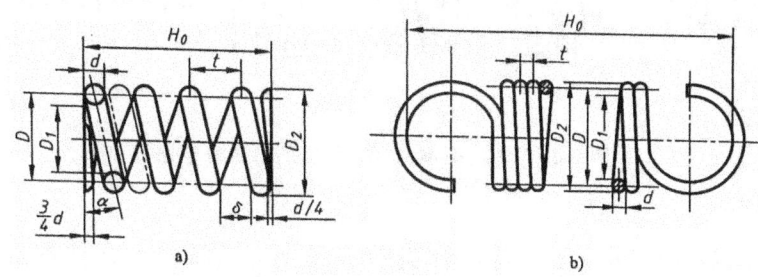

图9-34 圆柱螺旋压缩弹簧和拉伸弹簧的几何参数
（a）压缩弹簧 （b）拉伸弹簧

表9-2 圆柱螺旋弹簧的几何参数、代号和尺寸计算公式

参数名称	代号	单位	圆柱螺旋压缩弹簧 (GB/T 2089—2009)	圆柱螺旋拉伸弹簧 (GB/ 2088—2009)	备注
材料直径	d	mm	弹簧材料的截面直径由强度计算确定		标准
弹簧外径	D_2	mm			
弹簧内径	D_1	mm			
弹簧中径	D	mm	弹簧内径和外径的平均值 $D=(D_1+D_2)/2=D_2-d=D_1+d$		标准
有效圈数	n	圈	计算弹簧刚度的圈数		$n \geq 2$ 且标准
支承圈数	n_2	圈	弹簧端部用于支承或固定的圈数		
总圈数	n_1	圈	沿螺旋轴线两端间的螺旋圈数 $n_1=n+n_2$		
节距	t	mm	螺旋弹簧两相邻有效圈截面中心线间的轴向距离		
间距	δ	mm	螺旋弹簧两相邻有效圈的轴向间距 $\delta=t-d$	$\delta=t-d=0 (\because t=d)$	
自由高度 (自由长度)	H_0	mm	弹簧无负荷时的高度（长度）$H_0=nt+(n_2-0.5)d$ （两端圈磨平）	$H_0=(n+1.5)d+2D_1$	标准
螺旋升角	α	(°)	$\alpha = \arctan \dfrac{t}{\pi D}$		
展开长度	L	mm	$L=\pi D/\cos\alpha \approx \pi D n_1$	$L=\pi D n +$ 钩部展开长度	

注:1. 材料直径 d、弹簧中径 D、有效圈数 n 以及自由高度,等见国家标准 GB/T 1358—2009《圆柱螺旋弹簧尺寸系列》。

2. 参数名称及代号见国家标准 GB/T 1805—2001《弹簧术语》。

3) 螺旋压缩弹簧,如要求两端圈并紧且磨平时,不论支承圈的圈数是多少和末端贴紧情况如何,均可按图 9-35 的形式绘制。

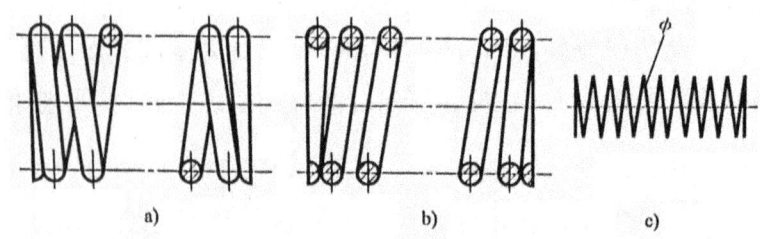

图 9-35 圆柱螺旋(压缩)弹簧的三种表示法
(a)视图 (b)剖视图 (c)示意图

4) 有效圈数在四圈以上的螺旋弹簧中间部分可以省略。圆柱螺旋弹簧中间部分省略后,允许适当缩短图形的长度。

2. 圆柱螺旋弹簧表示法 图 9-35(a)、(b)、c 所示分别为圆柱螺旋压缩弹簧的三种表示法:视图、剖视图和示意图。图 9-36 所示为圆柱螺旋压缩弹簧剖视图的具体画图方法和步骤。

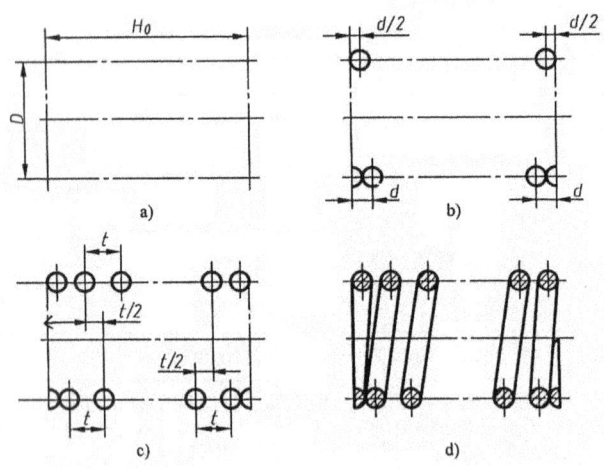

图 9-36 弹簧的画法

a)根据弹簧中径 D 和自由高度 H_0 画出弹簧的中径线和自由高度两端线(有效圈数在四圈以上时,H_0 可适当缩短) b)根据材料直径 d,画出两端支承圈部分的材料断面图(两端均按并紧、磨平、支承圈为 1/4 圈绘制) c)根据节距 t,画有效圈部分的材料断面图 (d)按右旋方向作相应圆的外公切线,并在剖面区域内画部面线最后整理、加深,完成剖视图

当需要画成外形视图时,前三步的画法与上述剖视图的画法相同,第四步按右

旋方向作相应圆的外公切线,见图9-35(a)。

3. 弹簧零件图

图9-37所示为圆柱螺旋压缩弹簧的零件图。弹簧零件图上除了画出必要的视图外,一般还应包括如下内容:

1) 标注弹簧的参数。弹簧的参数应直接标注在图形上。当直接标注有困难时,可在技术要求中说明。

2) 表明弹簧的力学性能。一般用图解的方式表示弹簧的力学性能。圆柱螺旋压缩弹簧和拉伸弹簧的力学性能曲线均画成直线,标注在主视图上方,并用粗实线绘制。

3) 当某些弹簧只需给出刚度要求时,允许不画力学性能图,而在"技术要求"中说明刚度要求。

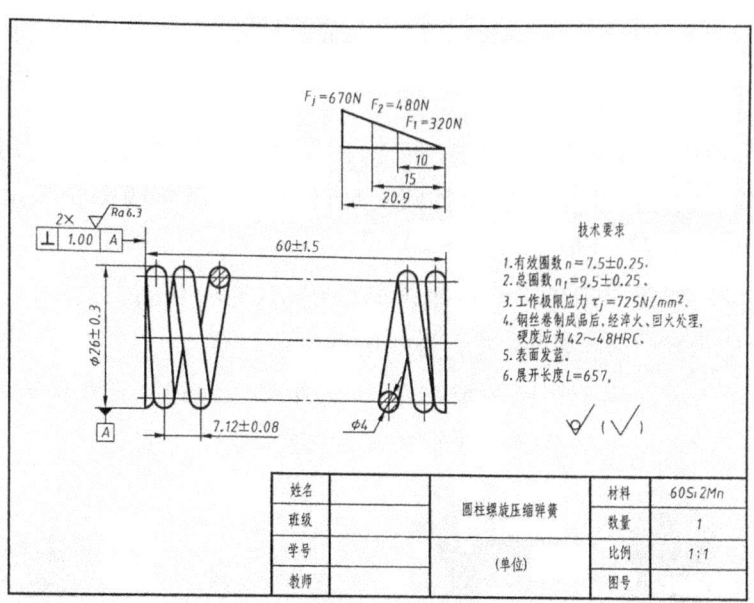

图9-37 圆柱螺旋压缩弹簧的零件图

4. 装配图中弹簧的画法

1) 被弹簧挡住的结构一般不画出,可见部分应从弹簧的外轮廓线或从弹簧钢丝断面的中心线画起,见图9-38(a)。

2) 型材尺寸较小(直径或厚度在图形上等于或小于2 mm)的螺旋弹簧(碟形弹簧、片弹簧),允许用示意图表示,见图9-38(b)。当弹簧被剖切时,也可用涂黑表示,见图9-38(c)。

3) 被剖切弹簧的截面尺寸在图形上等于或小于2 mm,并且弹簧内部还有零件,为了便于表达,可用图9-38d所示的示意图形式表示。

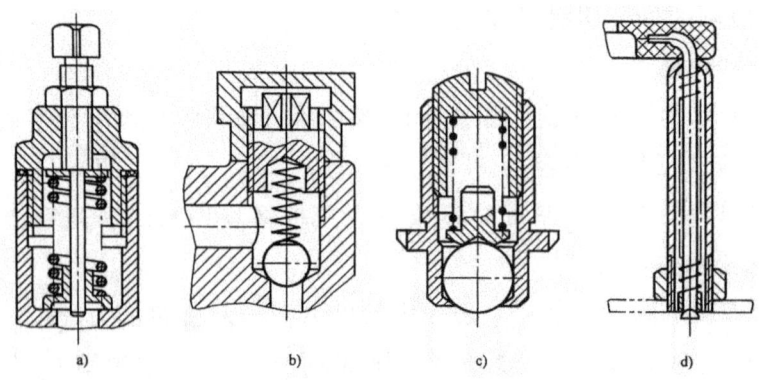

图 9-38 装配图中弹簧的画法

第七节 齿 轮

齿轮是机器中最常见的一种重要零件,齿轮传动是机械传动中应用最为广泛的一种传动形式。它主要用来传递两轴间的回转运动。通常按齿轮的形状和两轴间的相对位置可作如下分类:

1) 圆柱齿轮传动。用于平行两轴之间的传动,见图 9-39(a)、(b)。其中图 9-39(a)为直齿圆柱齿轮传动,图 9-39(b)为斜齿圆柱齿轮传动。

2) 锥齿轮传动。用于相交两轴(多为垂直相交)之间的传动,见图 9-39(c)。

3) 蜗杆传动。用于垂直交叉两轴之间的传动,见图 9-39d。

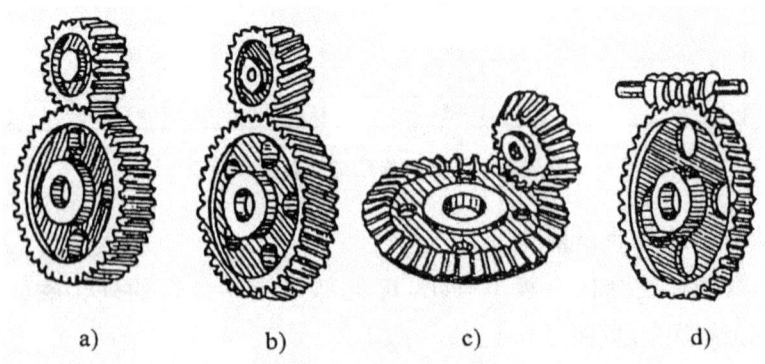

图 9-39 齿轮传动的分类
(a)直齿圆柱齿轮传动 (b)斜齿圆柱齿轮传动
(c)锥齿轮传动 (d)蜗杆传动

本节仅介绍圆柱齿轮的基本知识和画法等。

一、直齿圆柱齿轮的各部分名称及尺寸代号

直圆柱齿轮各部分的名称及尺寸代号见图 9-40。

(1) 齿顶圆　齿轮齿顶所在的圆。其直径(或半径)用 d_a(或 r_a)表示。

(2) 齿根圆　齿轮齿槽底所在圆。其直径(或半径)用 d_f(或 r_f)表示。

(3) 分度圆　用来分度(分齿)的圆,该圆位于齿厚和槽宽相等的地方。其直径(或半径)用 d(或 r)表示。

(4) 齿顶高　齿顶圆与分度圆之间的径向距离,用 h_a 表示。

(5) 齿根高　齿根圆与分度圆之间的径向距离,用 h_f 表示。

(6) 全齿高　齿顶圆与齿根圆之间的径向距离,用 h 表示。显然有

$$h = h_a + h_f \tag{9-5}$$

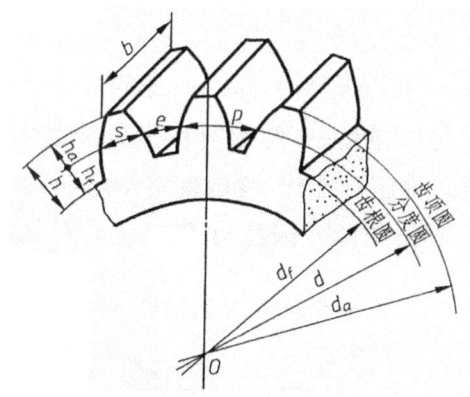

图 9-40　直齿圆柱齿轮各部分名称及尺寸代号

(7) 齿厚　一个齿的两侧齿廓之间的分度圆弧长,用 s 表示。

(8) 槽宽　一个齿槽的两侧齿廓之间的分度圆弧长,用 e 表示。

(9) 齿距　相邻两齿的同侧齿廓之间的分度圆弧长,用 p 表示。显然有

$$p = s + e \tag{9-6}$$

(10) 齿宽　齿轮轮齿的宽度(沿齿轮轴线方向度量),用 b 表示

二、直齿圆柱齿轮的基本参数

(1) 齿数 z　一个齿轮的轮齿总数。

(2) 模数 m　齿距 p 除以圆周率 π 所得的商,单位为 mm。即:

$$m = \frac{p}{\pi} \tag{9-7}$$

显然,齿距 p 或齿厚 s 能够反映齿轮轮齿的大小,然而齿距 $p = \dfrac{d\pi}{z}$ 是一个含有

π 因子的无理数,而模数 $m=\dfrac{p}{\pi}=\dfrac{d}{z}$ 就是一个有理数,因而通常都是用模数来间接反映齿轮轮齿的大小,它成为反映齿轮轮齿强度一个重要的基本参数,齿轮各部分尺寸也都要通过模数来计算。如由 $m=\dfrac{p}{\pi}=\dfrac{d}{z}$ 可得:

$$d=mz \tag{9-8}$$

为了便于齿轮的设计和制造,模数已经标准化,我国规定的标准模数值见表 9—3。

表 9—3　通用机械和重型机械用圆柱齿轮模数 m(GB/T 1357—2008)　　（单位：mm）

1	1.25	1.5	2	2.5	3	4	5	6	8	10	12	16	20	25	32	40	50

注:1. 本表只列入应优先采用的第一系列模数值。
　　2. 对于斜齿轮是指法向模数 m_n。

(3) 压力角 α　齿廓曲线在分度圆上的一点处的速度方向与曲线在该点处的法线方向(即力的作用线方向)之间所夹的锐角称为分度圆压力角,简称压力角,用 α 表示,见图 9-41。压力角 α 也已标准化,我国规定 α=20°,即规定分度圆为通过齿廓曲线上压力角为 20°的点所作的圆。因此分度圆是具有标准模数和标准压力角的圆。

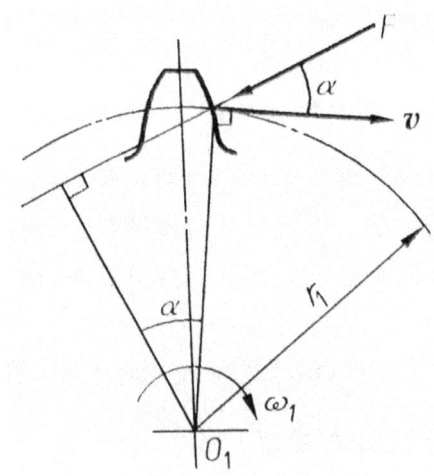

图 9-41　齿轮的压力角

(4) 齿顶高系数 h_a^*　齿轮的齿顶高通常规定为与模数成一定的比,该比值称为齿顶高系数,用 h_a^* 表示,即 $h_a^*=h_a/m$。我国规定正常齿齿轮的齿顶高系数 $h_a^*=1$,因此有

$$h_a=h_a^* m=m \tag{9-9}$$

(5) 顶隙系数 一对齿轮啮合传动时,为了避免在啮合区内一个齿轮的齿顶与另一个齿轮的齿槽底部发生干涉(顶死)以及为了贮存润滑油,需要在径向留出一定的间隙 c,此间隙称为顶隙。顶隙 c 与模数 m 的比值称为顶隙系数,用 c^* 表示,即 $c^* = \dfrac{c}{m}$。国标规定正常齿齿轮的顶隙系数 $c^* = 0.25$,因此有

$$c = c^* m = 0.25m \tag{9-10}$$

由此可以得到齿轮轮齿的齿根高为

$$h_f = h_a + c = h_a^* m + c^* m = (h_a^* + c^*)m = 1.25m \tag{9-11}$$

齿轮轮齿的全齿高为

$$h = h_a + h_f = h_a^* m + (h_a^* + c^*)m = (2h_a^* + c^*)m = 2.25m \tag{9-12}$$

综上所述,可以引入标准齿轮的概念,即模数 m、压力角 α、齿顶高系数 h_a^* 和顶隙系数 c^* 均为标准值的齿轮称为标准齿轮。

需要说明的是:①标准直齿圆柱齿轮的理论齿厚 s 与槽宽 e 相等,即 $s=e$;②一对标准直齿圆柱齿轮正确啮合传动的条件是两轮的模数和压力角必须分别相等,即

$$\begin{cases} m_1 = m_2 = m \\ \alpha_1 = \alpha_2 = \alpha \end{cases} \tag{9-13}$$

三、标准直齿圆柱齿轮的几何尺寸计算

根据上述五个基本参数就可以计算出标准直齿圆柱齿轮各部分的几何尺寸,具体计算公式见表 9-4。

表 9-4 正常齿外啮合标准直齿圆柱齿轮的尺寸计算公式($\alpha=20°,h_a^*=1,c^*=0.25$)

名称	代号	计算公式
模数	m	由强度计算或用类比法确定,并取标准值
齿数	z	由运动设计确定
齿顶高	h_a	$h_a = h_a^* m = m$
齿根高	h_f	$h_f = h_a + c = h_a^* m + c^* m = (h_a^* + c^*)m = 1.25m$
全齿高	h	$h = h_a + h_f = h_a^* m + (h_a^* + c^*)m = (2h_a^* + c^*)m = 2.25m$
分度圆直径	d	$d = mz$
齿顶圆直径	d_a	$d_a = d + 2h_a = mz + 2m = m(z+2)$
齿根圆直径	d_f	$d_f = d - 2h_f = mz - 2 \times 1.25m = m(z-2.5)$
齿距	p	$p = m\pi$
齿厚	s	$s = p/2 = m\pi/2$
槽宽	e	$e = p/2 = m\pi/2$
中心距	a	$a = \dfrac{1}{2}(d_1 + d_2) = \dfrac{1}{2}m(z_1 + z_2)$

一对标准齿轮安装时,若使两轮的分度圆相切,则称为标准安装,标准安装时的中心距 a 相应称为标准中心距,因此有

$$a = \frac{1}{2}(d_1 + d_2) = \frac{1}{2}m(z_1 + z_2) \tag{9-14}$$

四、圆柱齿轮的规定画法

齿轮轮齿的齿廓曲线是渐开线,所以要按真实投影画出齿轮是非常困难的,为此国家标准 GB/T4459.2—2003《机械制图 齿轮表示法》中规定了机械图样中齿轮的画法。

1. 单个圆柱齿轮的画法(见图 9-42)

1) 齿顶圆和齿顶线用粗实线绘制。
2) 分度圆和分度线用点画线绘制。
3) 齿根圆和齿根线用细实线绘制,也可省略不画。
4) 在剖视图中,当剖切平面通过齿轮的轴线时,轮齿一律按不剖绘制。此时齿根线应用粗实线绘制,见图 9-42(b)、(c)。
5) 当需要表示齿线的形状时,可用三条与齿线方向一致的细实线表示,见图 9-42(c)。直齿则不需表示,见图 9-42(a)、(b)。
6) 表示齿轮一般用两个视图,见图 9-42(a)、(b),或者用一个视图和一个局部剖图,见图 9-42(c)。

齿轮轮齿以外的轮毂、轮辐和轮缘等部分的结构仍应按真实投影画出。

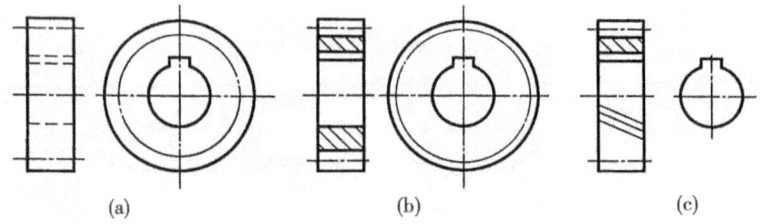

图 9-42 单个圆柱齿轮的画法

2. 一对圆柱齿轮的啮合画法

1) 在投影为非圆的视图上,一般画成剖视图(剖切平面通过两啮合齿轮的轴线)。在啮合区两齿轮的分度线重合为一条线,画成点画线;两齿轮的齿根线均画成粗实线,一个齿轮的齿顶线画成粗实线,另一个齿轮的齿顶线及其轮齿被遮挡部分的投影均画成虚线,见图 9-43(a)。也可省略不画,见图 9-43(b)。当投影为非圆的视图画成外形视图时,啮合区内只需画出一条分度线,并要改用粗实线表示,见图 9-43(c)。而在图 9-43(a)、(b)、(c)中,非啮合区的画法仍与单个齿轮的画法相同。

2) 在投影为圆的视图(端视图)中,与单个齿轮的画法相同。只是表示两个齿轮分度圆的点画线圆应画成相切,见图 9-43(d)、(e)。同时啮合区内齿顶圆的相交部分的弧线也可以省略不画,见图 9-43(e)。

需要注意的是一对齿轮啮合时,两轮的分度圆相切,分度线重合,且齿轮的齿顶高为 $1m$,而齿轮的齿根高为 $1.25m$,所以一齿轮的齿顶线(或齿顶圆)与另一齿轮的齿根线(或齿根圆)之间有 $0.25m$ 的顶隙,见图 9-43。

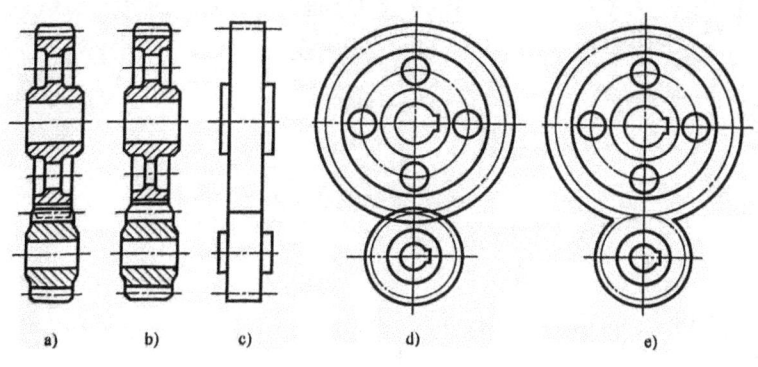

图 9-43 齿轮啮合画法

第八节 滚动轴承

一、概述

轴的支承称为轴承,轴承按照其工作时摩擦性质的不同,可分为滚动轴承和滑动轴承两大类。其中滚动轴承是根据滚动摩擦原理工作的,它具有摩擦因数小,起动灵活,运动性能好,效率高,结构紧凑,能在较广泛的负荷、速度和精度范围内工作等一系列的优点,因而在各种机器中得到广泛的应用。

为了便于制造滚动轴承,降低成本,为了便于机器设计者的选用,缩短设计周期,滚动轴承的类型、结构形式、尺寸以及画法等均已标准化,因此,它是一种标准部件。

二、滚动轴承的构造和工作原理

滚动轴承的种类较多,但其结构大致相同。图 9-44 所示分别为深沟球轴承、圆柱滚子轴承和推力球轴承的结构。由图可见,它们都是由外圈(或座圈)、内圈(或轴圈)、滚动体和保持架四个部分组成。其中,滚动体的形状常见的有球、圆柱和圆锥等。

通常,滚动轴承的外圈安装在机座孔中固定不动,内圈则装在轴上与轴一起转动,而滚动体则在内、外圈的滚道之间滚动,形成滚动摩擦。

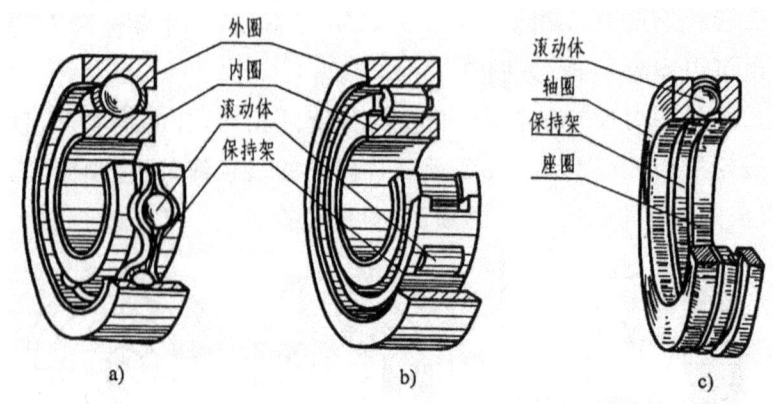

图 9-44 滚动轴承的构造
(a)深沟球轴承 (b)圆柱滚子轴承 (c)推力球轴承

三、滚动轴承的分类和代号

滚动轴承的分类方法很多,如按其所能承受的负荷方向的不同,可分为向心轴承(主要承受径向负荷的轴承)和推力轴承(主要承受轴向负荷的轴承);按其滚动体不同可分为球轴承(滚动体为球的轴承)和滚子轴承(滚动体为圆柱、圆锥等滚子的轴承)而最常用的实用分类见表 9-5。由于滚动轴承的形式、结构、规格较多,为方便起见,常用代号来标记。滚动轴承的代号由基本代号、前置代号和后置代号三部分组成。现仅对最常见的基本代号作简要说明。基本代号主要由轴承类型代号、尺寸系列(宽度或高度系列和直径系列)代号和内径代号组成。轴承类型代号用数字或字母表示,见表 9-5。尺寸系列代号一般由两位数字表示(也有的用一位数字)。内径代号对内径为 20~480 mm 的轴承,用公称内径除以 5 的商数表示(如商数为个位数,需在商数左边加 0)。例如,GB/T 297—1994 滚动轴承 32310 中:3 表示圆锥滚子轴承;23 表示宽度系列为 2、直径系列为 3(尺寸系列为 23);10 表示轴承内径为 50 mm。又如,GB/T 276—1994 滚动轴承 6405 中:6 表示深沟球轴承;4 表示宽度系列为 0(省略)、直径系列为 4(尺寸系列为 04);05 表示轴承内径为 25 mm。

表 9-5 轴承的分类代号

代号	轴承类型	代号	轴承类型
0	双列角接触球轴承	5	推力球轴承
1	调心球轴承	6	深沟球轴承
2	调心滚子轴承和推力调心滚子轴承	7	角接触球轴承
3	圆锥滚子轴承	8	推力圆柱滚子轴承
4	双列深沟球轴承	N	圆柱滚子轴承

滚动轴承的代号方法比较复杂,且不属于本课程内容的范畴,其详细介绍应由机械设计等课程来承担。需要时,也可参阅国家标准GB/T 272—1993《滚动轴承代号方法》。

四、滚动轴承的画法

滚动轴承是由多种零件装配而成的标准部件,并由专业轴承厂进行生产和供应。因此,在一般机械设计时,不必画出其组成零件的零件图,而只需在装配图中画出整个轴承部件。为了简化作图,国家标准GB/T 4459.7—1998《机械制图 滚动轴承表示法》中,规定了在装配图中不需要确切地表示其形状和结构的标准滚动轴承的画法:通用画法、特征画法(统称简化画法)和规定画法。下面分别予以介绍。

1. 基本规定

(1) 图线 通用画法、特征画法和规定画法中的各种符号、矩形线框和轮廓线均用粗实线绘制。

(2) 尺寸和比例 绘制滚动辅承时,其矩形线框或外形轮廓的大小应与滚动轴承的外形尺寸(外径 D、内径 d、宽度 B 或 T)一致,并与所属图样采用同一比例。

(3) 剖面符号 在剖视图中,用简化画法绘制滚动轴承时,一律不画剖面符号(剖面线);用规定画法绘制滚动轴承时,轴承的滚动体不画剖面线,其各套圈等可画成方向和间隔相同的剖面线。

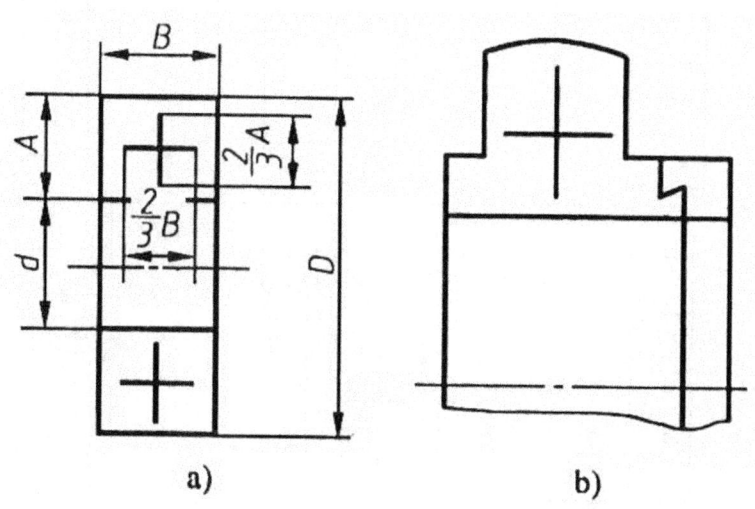

图 9-45 滚动轴承的通用画法
(a)一般通用画法 (b)画出外形轮廓的通用画法

2. 通用画法

在剖视图中,当不需要确切地表示滚动轴承的外形轮廓、载荷特性、结构特征时,可用矩形线框及位于线框中央正立的十字形符号表示,见图 9-45(a);如需确切地表示滚动轴承的外形,则应画出剖面轮廓,并在轮廓中央画出正立的十字形符号,见图 9-45(b)。

3. 特征画法

在剖视图中,如需较形象地表示滚动轴承的结构特征和载荷特性时,可采用在矩形线框内画出其结构要素符号的方法。

几种常用滚动轴承的特征画法见表 9—6。

4. 规定画法

必要时,在滚动轴承的产品图样、产品样本、产品标准、用户手册和使用说明书中,可采用规定画法绘制滚动轴承(在装配图中,滚动轴承的保持架及倒角等可省略不画)。几种常用滚动轴承的规定画法见表 9—6。

规定画法一般绘制在轴的一侧,另一侧按通用画法绘制。

表 9—6 常用滚动轴承的特征画法和规定画法

轴承类型	深沟球轴承	圆锥滚子轴承	推力球轴承
特征画法	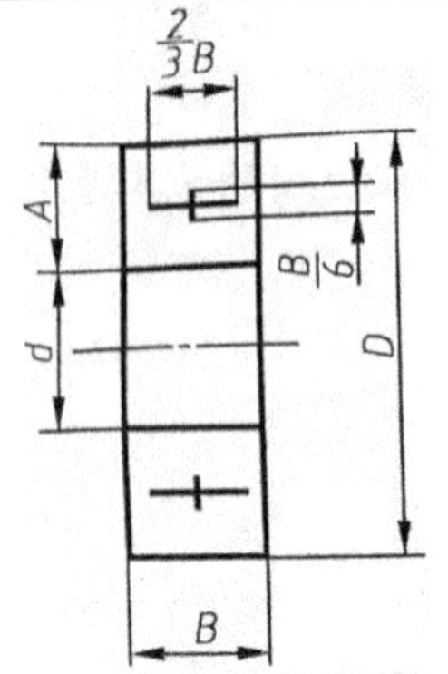	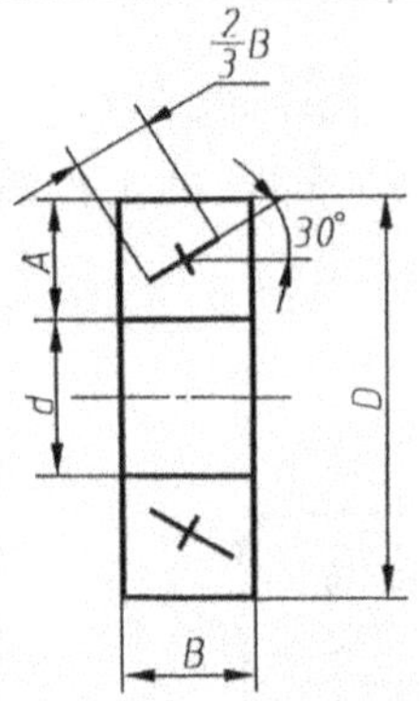	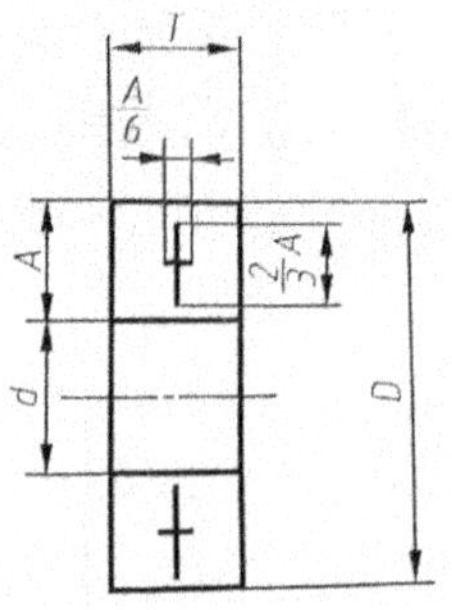
规定画法	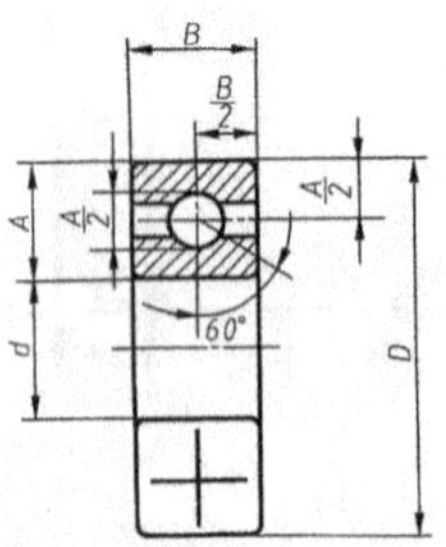	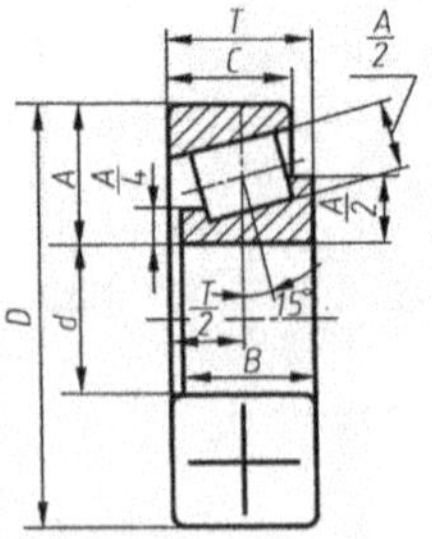	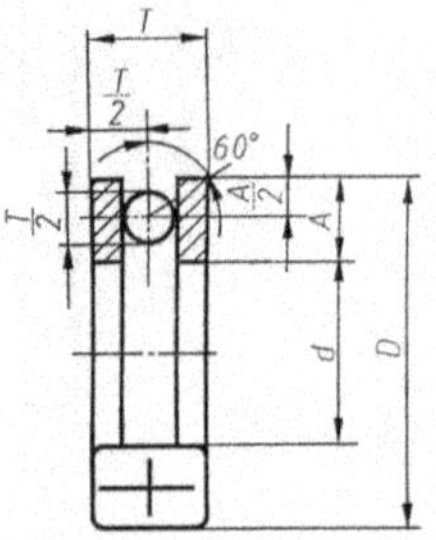

第十章 零件图

第一节 概 述

一、什么是零件图

任何机器或部件都是由许多零件组成的。表达单个零件的结构形状、尺寸大小及技术要求等内容的图样称为零件图。本章主要讨论零件图的作用和内容、零件表达方案的选择、零件图的尺寸标注、零件的合理工艺结构、零件的技术要求、画零件图及看零件图的方法和步骤等内容。

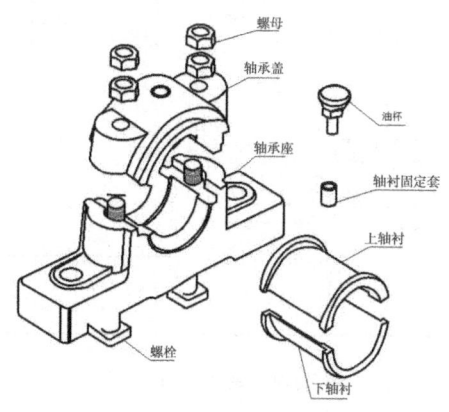

图 10-1 滑动轴承轴测分解图

每一台机器或部件都是由若干零件按一定的装配关系和技术要求装配而起来的,如图 10-1 所示滑动轴承,它是由形状大小各不相同的 10 多种零件装配而成。我们把构成机器的不可再拆分的最小的结构单元体称为零件,它是构成机器或部件的那种只有加工过程而无任何装配过程的机件。根据零件的作用及其结构特点,分类如下:

1. 标准件　紧固件(螺栓、螺钉、螺母、垫圈……)、滚动轴承、油杯等;

2. 常用件　　齿轮、蜗轮、蜗杆、弹簧等；

3. 一般零件　轴套类、盘盖类、叉架类和箱体类四种类型。

在机器或部件中，除标准件外，每个专用零件一般均应绘制出零件图。

二、零件图的作用与内容

1. 零件图的作用

零件图是用以表达零件结构形状、尺寸大小、和技术要求的图样。在生产中，零件图是指导零件的加工制造、检验的主要依据，是设计部门提交给生产部门的重要技术文件，也是进行技术交流的重要资料。因此，在画零件图时，必须要求图样正确无误、清晰易懂。

2. 零件图的内容

一张零件图只能表达一个零件，应包括制造和检验该零件所有需要的全部技术资料；因此，一张完整的零件图一般应包括以下几项内容（如图 10-2）。

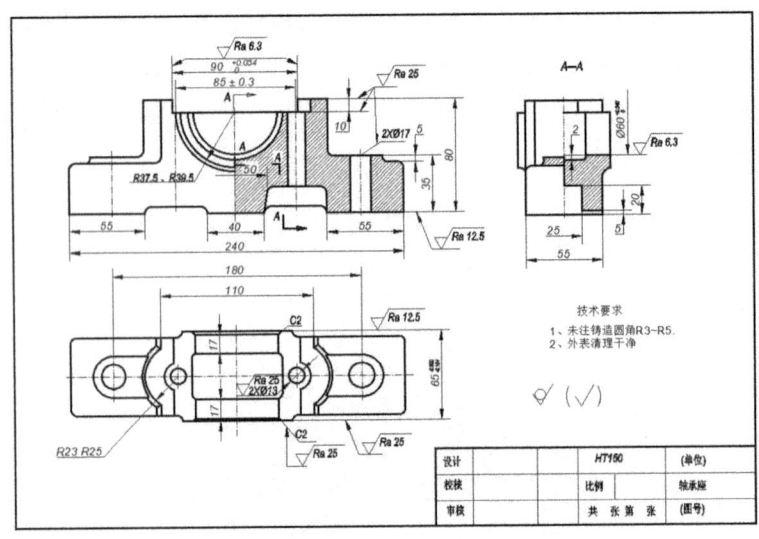

图 10-2　轴承座零件图

（1）一组视图

选用一定数量的视图、剖视图和断面图等各种图形表达方法，正确、完整、清晰、简便地表达出零件的内外结构和形状。

（2）完整的尺寸

应正确、齐全、清晰、合理地标注出零件在制造、检验、装配时所需要的尺寸，用以确定零件的形状大小。

(3) 技术要求

用国家标准中规定的符号、数字、字母和文字等标注或说明零件在加工、检验、装配、调试过程中所需的要求,如表面粗糙度、尺寸公差、形位公差及热处理要求等。

(4) 标题栏

标题栏应配置在图框的右下角。用于填写零件的名称、材料、数量、比例、图样代号以及设计、制图、审核者的姓名、日期等。

第二节 零件视图的选择

零件的视图选择,就是选用一组合适的视图表达出零件的内、外结构形状及其各部分的相对位置关系。它是前述章节中机件各种表达方法的具体综合运用。一个好的零件视图表达方案,应具有表达正确、完整、清晰、简练,同时便于看图的特点。由于零件的结构形状是多种多样的,所以在画图前应对零件进行结构形状分析,并针对不同零件的特点选择主视图及其他视图,确定最佳表达方案。

一、零件分析

零件分析是认识零件的过程,是确定零件表达方案的前提。一个好的视图表达方案,离不开对零件全面、透彻、正确的分析。同时,零件分析也是确定零件尺寸标注以及技术要求的前提。因此可以说,零件分析是绘制零件图的依据。通常零件分析主要包括以下四个方面内容:

1. 零件的结构形状分析

通过对零件的结构形状分析,了解它的内外结构形状特征,从而可根据其结构形状特征选用适当的表达方法和方案,在完整、清晰地表达零件各部分结构形状的前提下,力求制图简便。这是选择主视图的投射方向和确定视图表达方案的前提。

2. 零件的功能分析

通过对零件的功能分析,了解零件的作用及工作原理,分清其结构的主要部分、次要部分,明确零件在机器或部件中的工作位置和安装形式。这是选择主视图时,需要遵循工作位置原则的依据。

3. 零件的加工方法分析

在画零件图之前,应对该零件的加工方法和加工过程有一个比较完整、清楚的了解,这样就可确定零件在各加工工序中的加工位置。这是选择主视图时,需要遵循加工位置原则的依据。

4. 零件的工艺结构分析

零件的工艺结构分析就是要求设计者从零件的材料、铸造工艺、机械加工工艺乃至装配工艺等各个方面对零件进行分析，以便在零件的视图选择过程中，考虑这些工艺结构的标准化等特定要求和规定，使零件视图表达更趋完整、合理。

二、主视图的选择

主视图是表达零件结构形状最重要的视图，画图、看图都是先从主视图开始。零件图主视图的选择是否合理将直接影响其他视图的选择、配置以及是否方便看图，也甚至影响决定零件的表达方案是否合理。因些，在全面分析零件的结构形状的基础上，首先要选定合理的主视图主视方向，选择好主视图。一般应从主视图的投影方向和零件的位置两方面来考虑。

1. 确定主视图的投影方向

一般应把最能反映零件结构形状特征的一面作为画主视图的方向。零件主视图的选择应满足以下三个基本原则：

（1）加工位置原则

主视图投射方向，应尽量与零件主要加工位置一致。轴类零件的加工主要在车床上完成，因此，零件主视图应选择其轴线水平放置，以便于看图加工。对轴套、轮盘类等回转体零件，选择主视图时，一般应遵循这一原则。

轴类：实心件。主视图多采用不剖或局部剖，轴上沟槽、孔洞可采用移出断面或局部放大图。

盘套类：一般为空心件。主视图多采用全剖或半剖，并绘出反映圆的视图。

加工位置是指零件在机床上的主要加工工序中的装夹位置。对于轴套类、盘盖类等零件，其机械加工主要在车床、磨床上完成，因此一般将其轴线水平放置来选择主视图，并且按加工位置画主视图，有利于看图、加工和测量。但是，一个零件的加工往往要经过许多道工序，而每道工序的加工位置也不尽相同，因此应选其主要工序的加工位置来考虑。

（2）工作位置原则

工作位置是零件在机器或部件中工作时的位置。零件主视图的选择，应尽量与零件在机器中的工作位置一致，这样便于根据装配关系来考虑零件的形状及有关尺寸，便于校对。对于叉架类、箱体类零件，由于其结构形状比较复杂，加工工序较多，各工序装夹位置不同且难分主次，因此，一般按工作位置选择主视图。如支架、箱体等，由于加工方法和加工位置多变，主视图应选择工作位置，以便与装配图直接对照。如前面章节章中出现过的吊钩及拖钩，主视图既要显示吊钩的形状特征，又反映了工作位置。又如图 10-3 所示支座，K 向和 Q 向都体现了它的工作位置，但 K 向又同时考虑到了结构特征，因此确定 K 向为主视图投射方向就更合理些。

叉架类零件：包括各种叉杆和支架，通常起传动、连接、支承等作用，多为铸件或锻件。此类零件形状不规则，外形比较复杂，常有弯曲或倾斜结构，并带有肋板、轴孔、耳板、底板、螺孔等结构。

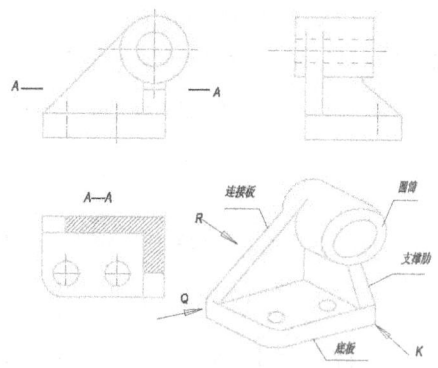

图 10-3　支座的主视图选择

主视图的选择要能够反映零件的形状特征，其他视图要配合主视图，在主视图没有表达清楚的结构上采用移出断面、局部剖视和斜视图等。

箱体类零件：一般是机器的主体，起容纳、支承、定位、密封和保护等作用，多为铸件。箱体类零件的结构一般均比较复杂。根据加工特点，主视图可采用工作位置或主要表面的加工位置，表达方法可采用全剖视图、局部剖视图等。

（3）形状特征原则

形状特征原则就是选择最能反映零件结构形状特征的方向作为主视图的方向，以便于清楚地表达零件的结构特征。如图 10-3 支座的主视图选择，K 向视图较其他方向视图（如 R、Q）更清楚地反映该零件的形状特征，因此宜选 K 向为其主视图投影方向。

以上是零件主视图的选择原则，在运用时必须灵活掌握。三项原则中，在保证表达清楚结构形状特征前提下，先考虑加工位置原则，但有些零件形状比较复杂，在加工过程中装夹位置经常发生变化，加工位置难分主次，则主视图应考虑选择其工作位置。还有一些零件无明显的主要加工位置，或者工作位置倾斜，则可将他们主要部分放正（水平或竖直）以利于布图和标注尺寸。

三、其他视图及表达方法的选择

主视图确定以后，要分析该零件上还有哪些结构形状未表达清楚，再考虑如何将主视图上未表达清楚的部位辅以其它视图表达，并使每个视图都有表达重点。一般应注意以下几点：

1. 根据零件的复杂程度及内、外结构形状，全面地考虑还应需要的其它视图，使每个所选视图应具有独立存在的意义及明确的表达重点，注意避免不必要的细节重复，在明确表达零件的前提下，使视图数量为最少。

2. 优先考虑采用基本视图,当有内部结构时应尽量在基本视图上作剖视;对尚未表达清楚的局部结构和倾斜部分结构,可增加必要的局部(剖)视图、斜(剖)视图和局部放大图;有关的视图应尽量保持直接投影关系,配置在相关视图附近。

3. 零件图应尽量少画或不画虚线。

第三节 零件上常见的工艺结构

零件的形状结构,除了应满足设计要求外,同时还应考虑到加工、制造的方便与可能。结构不合理,常常会使制造工艺复杂化,甚至造成废品,因此必须使零件具有良好的结构工艺要求。因此,下面就介绍一些零件上常见的加工工艺结构。

一、机械加工工艺结构

1. 圆角和倒角

在阶梯轴或孔中,直径不等的两段交接处,为了避免在轴肩、孔肩等转折处由于应力集中而产生裂纹常加工成环面过渡,称为倒圆。在交接处加工成环面,可减少转折处的应力集中,增加强度。圆角半径 R 等尺寸系列及 R 值与直径的关系可根据有关标准中查得。为便于装配、保护零件表面不受损伤和去掉切削零件时产生的毛刺、防止锐边划伤手指,常在轴端、孔端和台肩和拐角处加工出倒角。如图 10-6(a) 所示为 45°倒角和圆角的标注形式(其中符号 C 表示 45°倒角),如图 10-4(b)所示为非 45°倒角的标注形式。

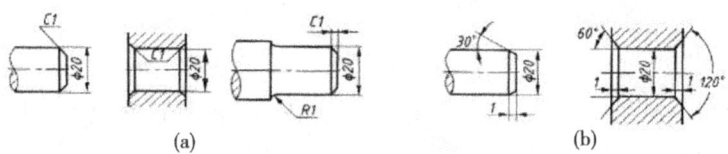

图 10-4 倒角和圆角的尺寸标注

2. 钻孔结构

零件上的孔多数是用钻头加工而成的,用钻头钻孔时,钻头要垂直于被钻孔的零件表面,以保证钻孔精度,避免钻头折断。如果在曲面和斜面上钻孔时,一般应在孔端制成凸台或凹坑,避免钻头因单边受力产生偏移或折断,如图 10-5 所示。

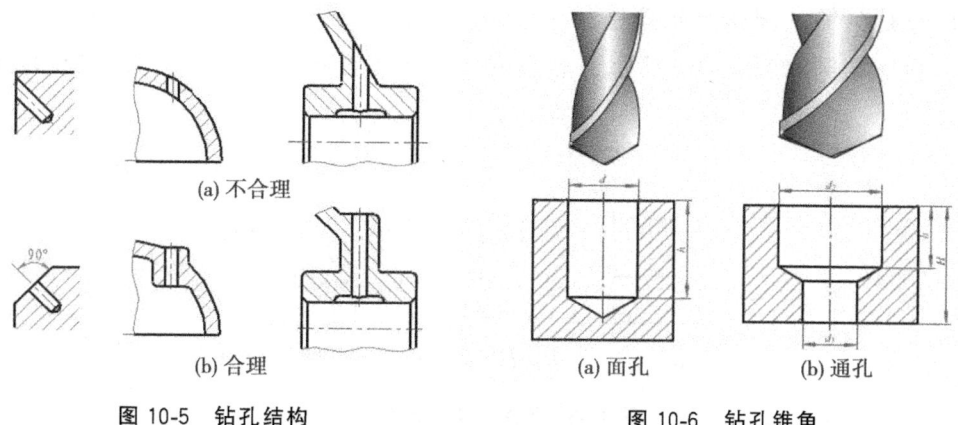

图 10-5　钻孔结构　　　　图 10-6　钻孔锥角

切削不通孔要画出由钻头切削时自然形成的 120°锥角，如图 10-6(a)所示。当用两个直径不同的钻头钻台阶孔时，其画法如图 10-6(b)所示，此类锥角在图上不注尺寸。

3. 退刀槽和越程槽

在零件被加工表面的终端，常常预制出沟槽，车削螺纹或磨削加工时，为便于刀具或砂轮进入或退出加工面，切削到终点又利于退出，装配时保证与相邻零件贴紧可预先加工出退刀槽、砂轮越程槽或工艺孔，如图 10-7 所示。

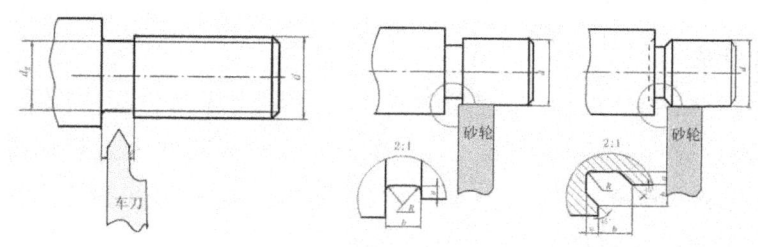

图 10-7　退刀槽和砂轮越程槽
(a)螺纹退刀槽　(b)砂轮越程槽

倒角、圆角、退刀槽、砂轮越程槽均属标准结构，其尺寸可查附录表及有关手册。

二、铸件工艺结构

1. 壁厚

铸件各处的壁厚应力求均匀，不宜相差过大。若壁厚相差较大时，壁厚应由大向小缓慢过渡，以防止产生缩孔、裂纹等，如图 10-8。

2. 铸造圆角

为便于脱模和避免砂型尖角在浇注时落砂，同时为防止铸件在冷却过程中尖角产生缩孔和由于应力集中而产生的裂纹，所以在铸件两表面的相交处应圆角过渡，这种圆角称为铸造圆角。圆角半径一般取壁厚的0.2~0.3倍,且同一铸件的圆角半径尽可能相同,如图10-9所示。若在视图中不标注铸造圆角半径,而应在技术要求中注写。

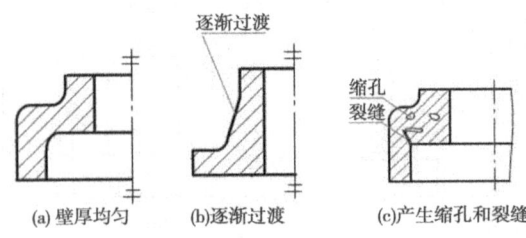

图10-8 壁厚应力求均匀一致

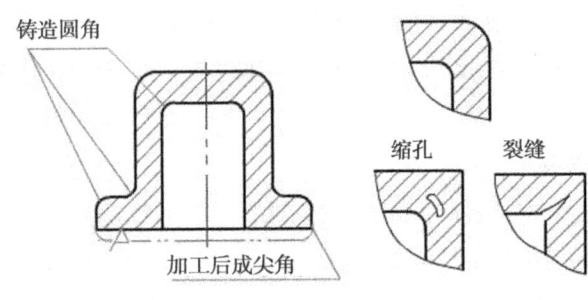

图10-9 铸造圆角

3. 拔模斜度

在铸造零件的生产过程中,造型时为了便于将木模从砂型中顺利取出,铸件的内外壁上沿起模方向常应设计出一定的斜度,这个斜度称为拔模斜度,如图10-10所示。起模斜度一般较小,木模为1°~3°,金属模为0~2°,在图样上可以不画也不注出,只在技术要求中说明。

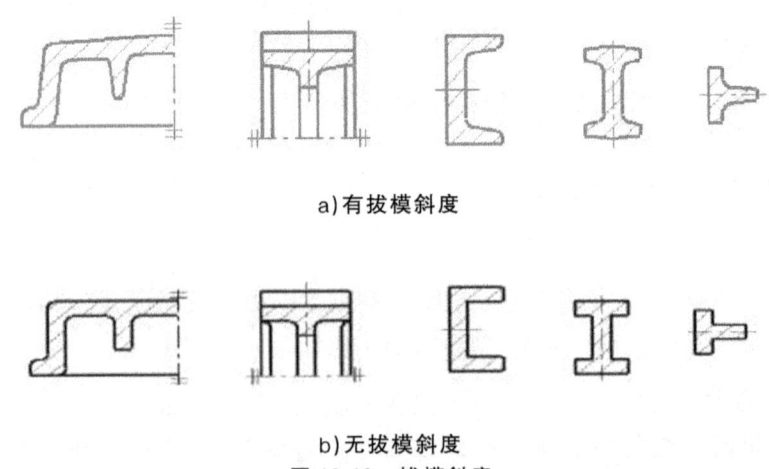

图10-10 拔模斜度

4. 过渡线

　　铸造零件上两表面相交处,常常用铸造圆角或锻造圆角进行过渡,从而使两相交表面的交线不够明显,我们把这种不明显的交线称为过渡线。

　　过渡线的形状与相贯线相同,只是有圆角处断开。国家标准规定,过渡线用细实线绘出。常见的过渡线及其画法如图 10-11 所示。

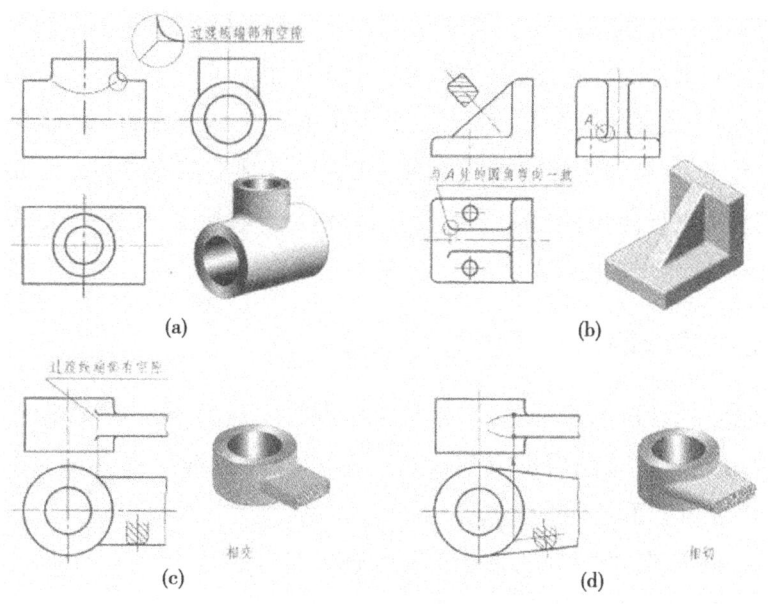

图 10-11 　的过渡线及其画法

5. 工艺凸台和凹坑

　　为了保证加工表面的质量,节省材料,减轻零件重量,降低铸造费用,提高零件加工精度保证加工精度,常把要加工的部分设计成凸台、凹槽、凹坑或沉孔,如图 10-12 所示。

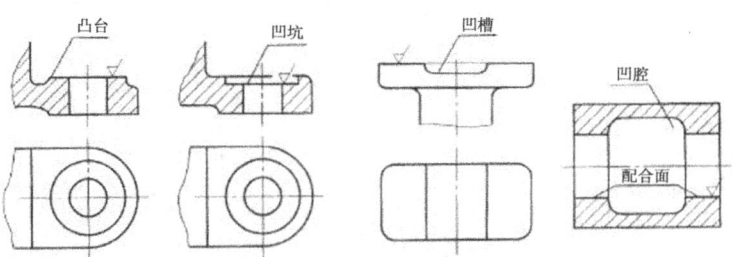

图 10-12　凸台、凹槽、凹坑或沉孔

第四节 零件图的尺寸标注

零件图上的尺寸是零件加工、检验的重要依据，标注零件尺寸要做到标注正确、完整、书写清晰、工艺合理。对于前三项要求，在前面已经叙述过，本节主要讨论合理地标注尺寸的方法及零件图尺寸标注的一些规定。

所谓尺寸标注的合理，是指按零件图上所注尺寸加工零件，既能保证达到设计要求，同时又便于加工和测量及满足检验和装配等制造工艺要求，但要使标注的尺寸能真正做到工艺上合理，还需要有较丰富的生产实际经验和有关的机械制造知识，这里只能做初步介绍。

一、尺寸基准的选择

基准就是标注或量取尺寸的起点。零件的尺寸基准，是指零件装配到机器上或加工测量时，用以确定其位置的一些点、线、面。基准的选择直接影响设计要求能否达到及加工是否可行和方便。

若按用途来分，基准可分为两类：设计基准和工艺基准

用以确定零件在机器中位置的点、线、面称为设计基准。如图10-13所示的轴承座，在机器中的位置是用接触面Ⅰ、Ⅲ和对称面Ⅱ来确定的，这三个面就分别是轴承架长、高和宽三个方向的设计基准。零件在加工、测量、检验时所选定的点、线、面称为工艺基准。如图10-14所示套在车床上加工时，用左端大圆柱面作为径向定位面，而测量轴向尺寸52、26、18时，则以右端面为起点，因此右端面就是工艺基准。

第十章 零件图

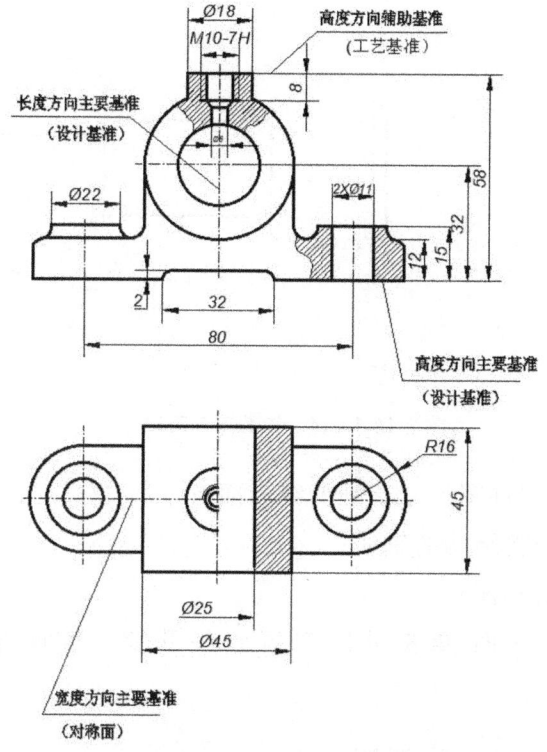

图 10-13 轴承座的尺寸基准和尺寸标注

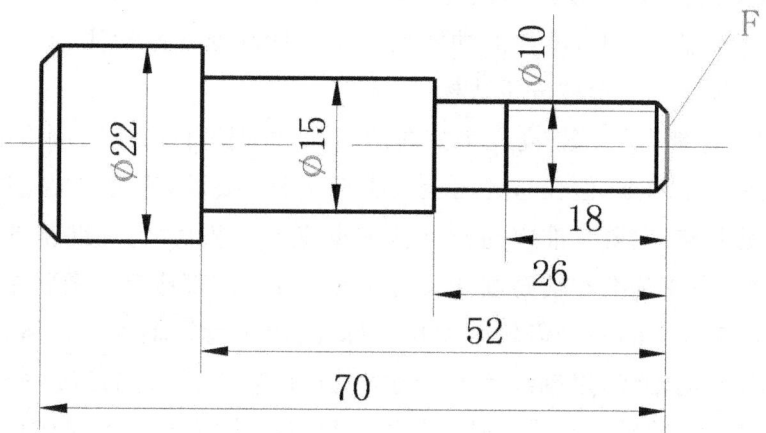

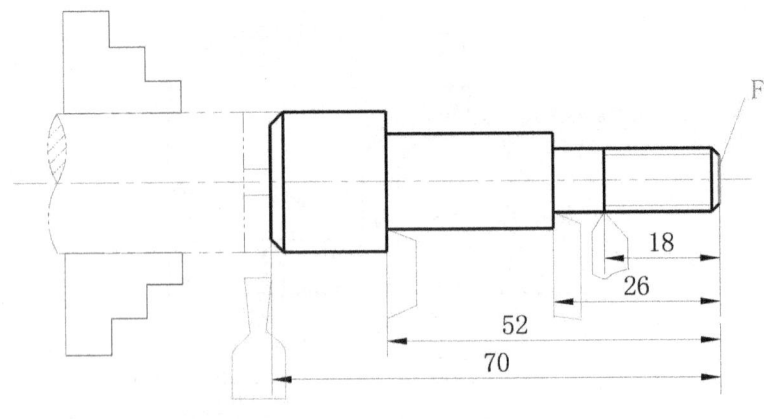

图 10-14 轴的工艺基准

总之,一般选作零件图尺寸基准的线和面有:

①零件上主要回转结构的轴线;

②零件结构的对称面;

③零件的主要加工面、重要端面、轴肩平面、重要支承面、装配面及两零件重要安装面。

二、合理标注尺寸的原则

1. 为减少误差,保证零件的设计要求,在选择基准时,最好使设计基准与工艺基准重合。如不能重合时,零件的功能尺寸从设计基准开始标注,不重要的尺寸从工艺基准开始标注或按形体分析法标注。

2. 任何零件都有长、宽、高三个方向的尺寸,根据设计、加工、测量上的要求,在同一方向上有多个基准,但在这方向上只能有一个主要的,称为主要基准;其他的尺寸基准为辅助基准;主要基准应为设计基准也应为工艺基准;辅助基准可为设计基准或工艺基准;主要基准和辅助基准及两辅助基准之间都应有一个联系尺寸。

如图 10-15 所示的一个齿轮轴的尺寸标注,由于齿轮轴为回转体,所以其径向尺寸的基准是它的轴线,以轴线为基准注出 $\varnothing 34.5 f7$、$\varnothing 16 h 6$、$M14$ 等尺寸。齿轮的左端面是确定齿轮轴在泵体中轴向位置的重要结合面,所以它是轴向尺寸的主要基准,以此面为基准注出尺寸 2、12 和 $25f7$。齿轮轴的左端面为第一个辅助基准,由此基准注出轴的总长 112,它与主要基准之间注有联系尺寸 12。右端面是轴向的第二辅助基准,由此注出了尺寸 30。右端退刀槽尺寸 1.5 是从第三个辅助基准注出的。

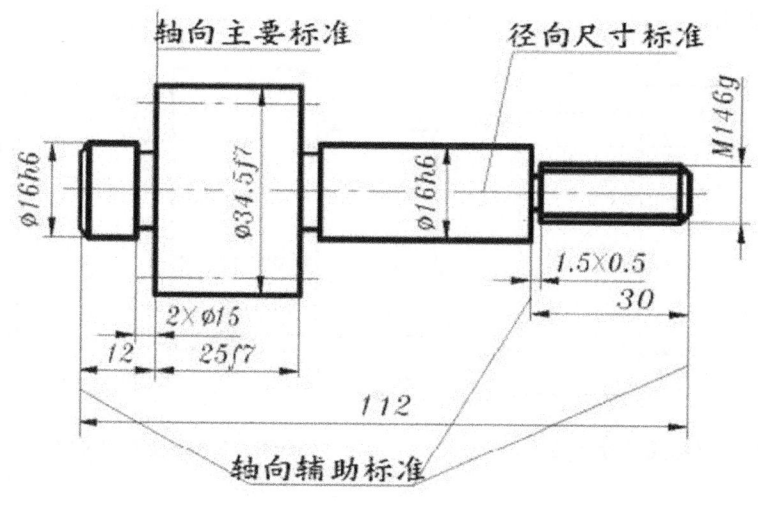

图 10-15 轴的尺寸基准

三、尺寸配置的原则

由于设计、工艺要求不同,零件图上同一方向的定位尺寸标注有多种形式,常用定位尺寸标注形式如下:

1. 链状式

零件同一方向的几个尺寸依次首尾相连,称为链状式。链状式可保证各端尺寸的精度要求,但由于基准依次推移,使各端尺寸的位置误差受到影响,如图 10-16 所示。链状式常用于标注多个孔的间距尺寸,如图 10-17 所示。

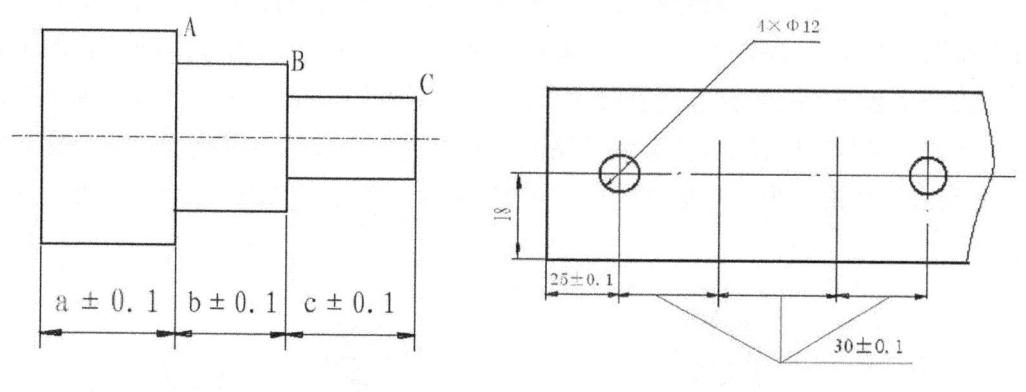

图 10-16 链状式尺寸注法　　　　图 10-17 链状式标注多孔的间距

2. 坐标式

零件同一方向的几个尺寸由同一基准出发,称为坐标式。其优点是坐标式能保证所注尺寸误差的精度要求,各段尺寸精度互不影响,不产生位置误差积累,但其中某轴段的误差较大,如图 10-18 中 B 段轴的误差等于 b 与 a 段的误差之和;即 B、C

两段尺寸分别为(b-a)±0.2、(c-b)±0.2。

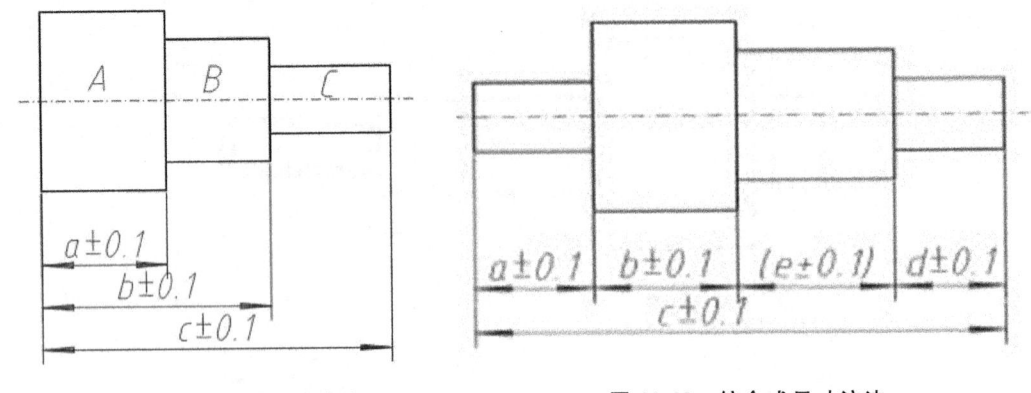

图 10-18　坐标式尺寸注法　　　　图 10-19　综合式尺寸注法

3. 综合式

零件同方向尺寸标注既有链状式又有坐标式标注的,称为综合式,如图 10-19 所示。它具有上述两种方式的优点,既能保证零件一些部位的尺寸精度,又能减少各部位的尺寸位置误差积累,最能适应零件的设计和工艺要求,在尺寸标注中应用最广泛。

四、标注尺寸应注意的问题

1. 恰当地选择基准。
2. 重要尺寸一定要从基准处单独直接标出。

零件的重要尺寸,一般是指有配合要求的尺寸、影响零件在整个机器中的工作精度和性能的尺寸、决定零件装配位置的尺寸等。如图 10-20 所示 a 轴承孔的中心高应从设计基准(底面)为起点直接注出尺寸 a,不能如图 10-20(b)所示 b 和 c 的两尺寸之和来代替。同样的道理,为了保证底板上两个安装孔与机座上的两个螺孔对中,必须直接注出其中心距如图 10-22(a)所示的 a,而不应如图 10-22(b)所示标注的 e。

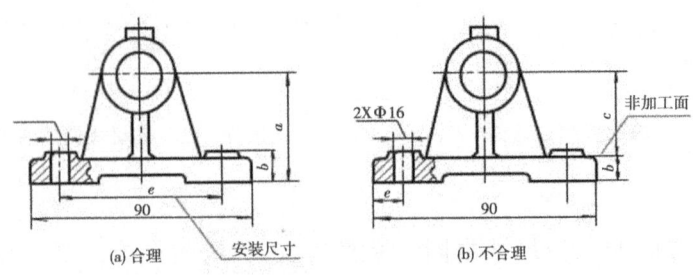

图 10-20　主要尺寸直接注出

3. 不要注成封闭的尺寸链。

所谓尺寸链是指头尾相接的尺寸形成的尺寸组。如图 10-21 所示阶梯轴轴向的方向尺寸 a、b、c、d 构成一封闭的尺寸链。显然,这样标注的尺寸组中有一个尺寸是多余的。这种注法不合理,因为生产者分不清尺寸的主次,如加工者错误地按 a、b、c 尺寸来加工,则不能保证重要尺寸 d 的精度。所以一般是将最不重要的尺寸不注,通常称之为封闭环,加工后,其尺寸误差将等于尺寸链中其他组成环尺寸的误差之和。但由于它的重要性相对其他尺寸要差,对设计要求没有影响。

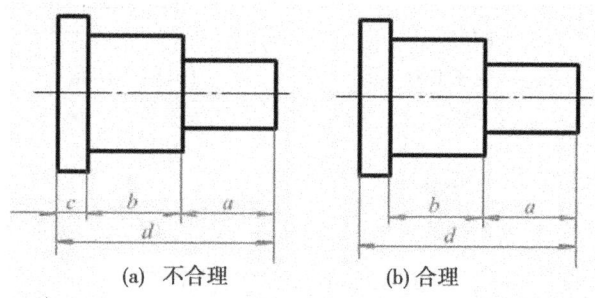

(a) 不合理　　　　(b) 合理

图 10-21　不要注成封闭尺寸链

4. 标注尺寸要便于加工和测量

按零件的加工顺序标注尺寸,便于加工和测量,有利于保证加工精度。

如图 10-22 所示为零件轴的加工顺序;图 10-22(a)的尺寸标注符合加工顺序,便于加工;而图 10-22(b)的尺寸标注不符合加工顺序,不便加工,故不宜采用。

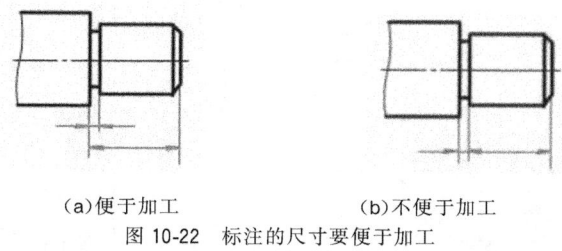

(a)便于加工　　　　(b)不便于加工

图 10-22　标注的尺寸要便于加工

另外,按设计基准的要求,应标出如图 10-23(a)图例中的中心线到加工面的尺寸,但在实际操作时却不易测量。为此,就考虑加工测量的方便,应改用图(b)的标注方式

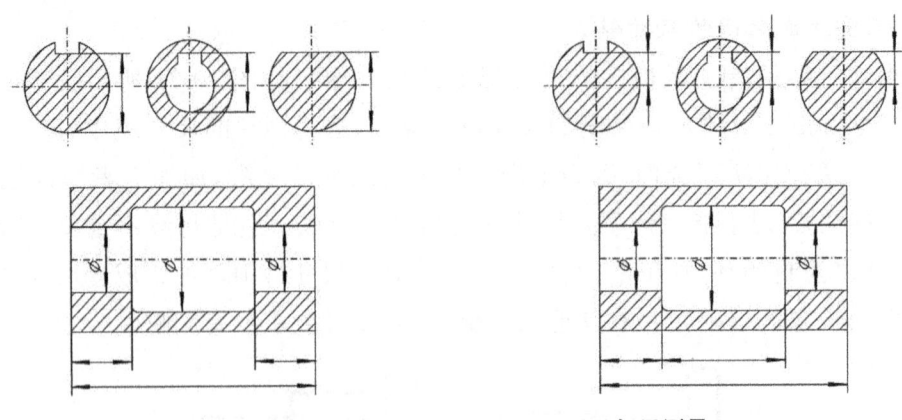

(a)不便于测量　　　　　　　(b)便于测量

图 10-23　标注的尺寸要便于测量

5. 毛面与加工面的尺寸标注

对于铸件、锻造零件,同一方向上的加工面和非加工面应各选择一个基准分别标注有关尺寸,并且两个基准之间只允许有一个联系尺寸。

五、零件上常见结构要素的尺寸注法

零件上常见结构要素的尺寸注法见表 10-1、表 10-2 所列。

表 10-1　零件上常见结构要素的尺寸注法

结构类型		普通注法	旁注法	说明
沉孔	锥形沉孔			$6×\varphi7$ 表示 6 个孔的直径均为 $\varphi7$。锥形部分大端直径为 $\varphi13$,锥角为 $90°$。
	柱形沉孔			四个柱形沉孔的小孔直径为 $\varphi6.4$,大孔直径为 $\varphi12$,深度为 4.5。
	锪平面孔			锪平面 $\varphi20$ 的深度不需标注,加工时一般锪平到不出现毛面为止。

续表

结构类型		普通注法	旁注法	说明
光孔	一般孔	4×⌀5 深10	4×⌀5▽10	$4×φ5$ 表示四个孔的直径均为 $φ5$。 三种注法任选一种均可(下同)
	精加工孔	4×⌀5$^{+0.012}_{0}$ 深12/10	4×⌀5$^{+0.012}_{0}$▽10	钻孔深为12，钻孔后需精加工至 $φ5^{+0.012}_{0}$ 精加工深度为9。
	锥销孔	锥销孔⌀5	锥销孔⌀5	$φ5$ 为与锥销孔相配的圆锥销小头直径(公称直径) 锥销孔通常是相邻两零件装在一起时加工的。
螺纹孔	通孔	3×M6-7H	3×M6-7H	$3×M6-7H$ 表示3个直径为6，螺纹中径、顶径公差带为7H的螺孔
	不通孔	3×M6-7H 深10	3×M6-7H▽10	深9是指螺孔的有效深度 尺寸为9，钻孔深度 以保证螺孔有效深度为准，也可查有关手册确定。
		3×M6 深10/12	3×M6▽10 孔▽12	需要注出钻孔深度时，应明确标注出钻孔深度尺寸。

表 10-2 倒角的尺寸注法

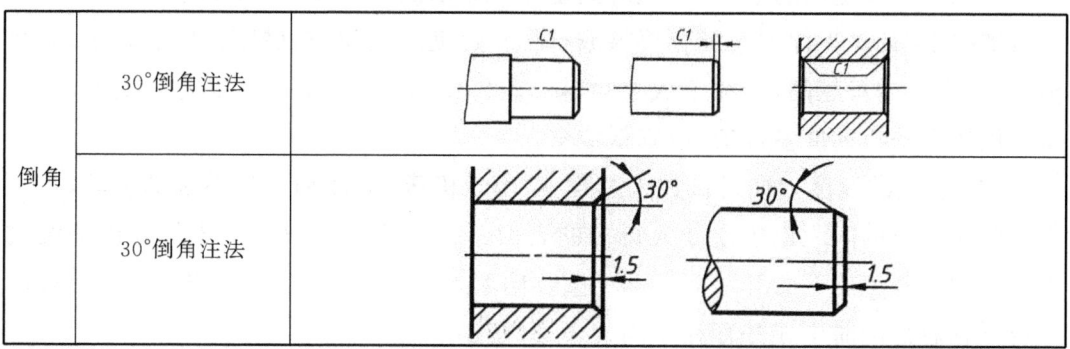

倒角	30°倒角注法	
	30°倒角注法	

第五节　零件图上的技术要求

零件图中除了图形和尺寸外,还有制造该零件时应满足的一些加工要求,主要是指零件几何精度方面的要求,如表面粗糙度、极限与配合、形状和位置公差等。技术要求还包括物理化学性能方面的要求,如对材料热处理和表面处理等方面的要求。技术要求一般应尽量用技术标准规定的代(符)号标注在零件图中,没有规定的可用简明的文字逐项注写的标题栏附近的适当位置。

一、表面结构的图样表示法

表面结构是表面粗糙度、表面波纹度、表面缺陷、表面纹理和表面几何形状的总称。表面结构的各项要求在图样上的表示法在 GB/T 131—2006 中均有具体规定。本节主要介绍常用的表面粗糙度表示法。

1. 基本概念及术语

(1) 表面粗糙度　零件经过机械加工后的表面会留有许多高低不同的凸峰和凹谷,零件加工表面上具有较小间距和峰谷所组成的微观几何形状特性称为表面粗糙度(图 10-24)。表面粗糙度与加工方法、刀刃形状和切割用量等各种因素都有密切关系。

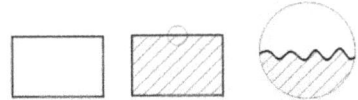

图 10-24　表面粗糙度示意图

表面粗糙度是评定零件表面质量的一项重要技术指标,对于零件的配合、耐磨性、抗腐蚀性以及密封性等都有显著影响,是零件图中必不可少的一项技术要求。

零件表面粗糙度的选用,应该既满足零件表面的功能要求,又要考虑经济合理。一般情况下,凡是零件上有配合要求或有相对运动的表面,粗糙度参数值要小,参数值越小,表面质量越高,但加工成本也越高。因此,在满足使用要求的前提下,应尽量选用较大的粗糙度参数值,以降低成本。

(2) 表面波纹度　在机械加工过程中,由于机床、工件和刀具系统的振动,在工件表面所形成的间距比粗糙度大得多的表面不平度称为波纹度。零件表面的波纹度是影响零件使用寿命和引起振动的重要因素。表面粗糙度、表面波纹度以及表面几何形状总是同时生成并存在于同一表面(图 10-25)。

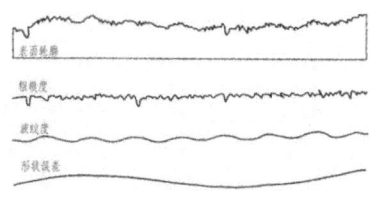

图 10-25　表面轮廓的构成

(3) 评定表面结构常用的轮廓参数　对于零件表面结构的状况,可由三个参数组加以评定:轮廓参数(由 GB/T 3505—2000 定义)、图形参数(由 GB/T 18618—2002 定义)、支承率曲线参数(由 GB/T18778.2—2003 和 GB/T 18778.3—2006 定义)。其中轮廓参数是我国机械图样中目前最常用的评定参数。本节仅介绍轮廓参数中评定粗糙度轮廓(R 轮廓)的两个高度参数 Ra 和 Rz。

1) 算术平均偏差 Ra　指在一个取样长度内,纵坐标 $z(x)$ 绝对值的算术平均值(图 10-26);

2) 轮廓的最大高度 Rz　指在同一取样长度内,最大轮廓峰高与最大轮廓谷深之和的高度(10—26)。

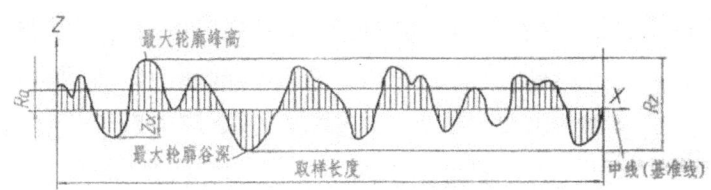

图 10-26　算术平均偏差 Ra 和轮廓的最大高度 Rz

3) 有关检验规范的基本术语　检验评定表面结构的参数值必须在特定条件下进行。国家标准规定,图样中注写参数代号及其数值要求的同时,还应明确其检验规范。

有关检验规范方面的基本术语有:取样长度和评定长度、轮廓滤波器和传输带以及极限值判断规则。

①取样长度和评定长度　以粗糙度高度参数的测量为例,由于表面轮廓的不规则性,测量结果与测量段的长度密切相关。当测量段过短时,各处的测量结果会产生很大差异;当测量段过长时,测量的高度值中将不可避免地包含波纹度的幅值。因此,应在 X 轴(即基准线)上选取一段适当长度进行测量,这段长度称为取样长度。

在每一取样长度内的测量值通常是不等的,为取得表面粗糙度最可靠的值,一般取几个连续的取样长度进行测量,并以各取样长度内测量值的平均值作为测得的参数值。这段在 X 轴方向上用于评定轮廓的、包含着一个或几个取样长度的测量段称为评定长度。

当参数代号后未注明取样长度个数时,评定长度即默认为 5 个取样长度,否则应注明个数。例如,$Rz\,0.4$、$Ra3\,0.8$、$Rz1\,3.2$ 分别表示评定长度为 5 个(默认)、3 个、1 个取样长度。

②轮廓滤波器和传输带　粗糙度等三类轮廓各有不同的波长范围,它们又同时叠加在同一表面轮廓上(见图 10-24),因此,在测量评定三类轮廓上的参数时,必须先将表面轮廓在特定仪器上进行滤波,以及分离获得所需波长范围的轮廓。这种可将轮廓分成长波和短波成分的仪器称为轮廓滤波器。由两个不同截止波长的滤波器分离获得的轮廓波长范围则称为传输带。

按滤波器的不同截止波长值,由小到大顺次分为 s、c 和 f 三种,轮廓度等三类轮廓就是分别应用这些滤波器修正表面轮廓后获得的:应用 s 滤波器修正后形成的轮廓称为原始轮廓(P 轮廓);在 P 轮廓上再应用 c 滤波器修正后形成的轮廓即为粗糙度轮廓(R 轮廓);对 P 轮廓连续应用 f 和 c 滤波器修正后形成的轮廓称为波纹度轮廓(W 轮廓)。

③极限值判断规则　完工零件的表面按检验规范测得轮廓参数值后,需与图样上给定的极限值比较,以判断其是否合格。极限值判断规则有两种:

16%规则。运用本规则时,当被检表面测得的全部参数值中超过极限值的个数不多于总个数的 16%时,该表面是合格的。

最大规则。运用本规则时,被检的整个表面上测得参数值一个也不应超过给定的极限值。

16%规则是所有表面结构要求标注的默认规则,即当参数代号后未注写"max"字样时,均默认为应用 16%规则(例如 Ra0.8)。反之,则应用最大规则(例如 Ramax 0.8)。

2. 标注表面结构的图形符号

标注表面结构要求时的图形符号见表 10-3。

表 10-3　标注表面结构要求时的图形符号

符号名称	符号	含义
基本图形符号	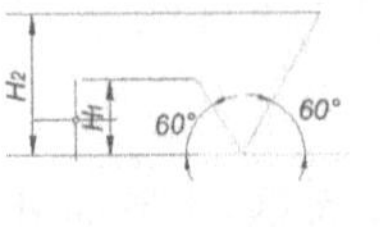	未指定工艺方法的表面,当通过一个注释解释时可单独使用

续表

扩展图形符号	▽	用去除材料方法获得的表面,仅当其含义是"被加工表面"时可单独使用
	⌀	不去除材料的表面,也可用于保持上道工序形成的表面,不管这种状况是通过去除或不去除材料形成的
完整图形符号	√ ▽ ⌀	在以上各种符号的长边上加一横线,以便注写对表面结构的各种要求

注:表中的 d'、H_1 和 H_2 大小是当图样中尺寸数字高度选取 $h=3.5$ mm 时按 GB/T 131—2006 的相应规定给定的。表中 H_2 是最小值,必要时允许加大

超过极限值有两种含义:当给定上限值时,超过是指大于给定值;当给定下限值时,超过是指小于给定值。

3. 表面结构要求在图形符号中的注写位置

为了明确表面结构要求,除了标注表面结构参数外,必要时应标注补充要求,包括传输带、取样长度、加工工艺、表面纹理及方向、加工余量等。这些要求在图形符号中的注写位置如图 10-27 所示。

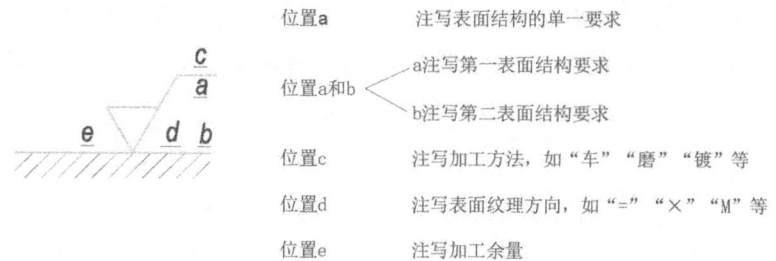

位置a	注写表面结构的单一要求
位置a和b	a注写第一表面结构要求
	b注写第二表面结构要求
位置c	注写加工方法,如"车""磨""镀"等
位置d	注写表面纹理方向,如"=""×""M"等
位置e	注写加工余量

图 10-27 补充要求的注写位置(a～e)

4. 表面结构代号

表面结构符号中注写了具体参数代号及数值等要求后即称为表面结构代号。表面结构代号的示例及含义见表 10—4。

表 10-4 表面结构代号的示例及含义

序号	代号示例	含义/解释	补充说明
1	√Ra 0.8	表示不允许去除材料,单向上限值,默认传输带,R轮廓,算术平均偏差为0.8μm,评定长度为5个取样长度(默认),16%规则(默认)	参数代号与极限值之间应留空格。本例未标注传输带,应理解为默认传输带,此时取样长度可在GB/T 10610和GB/T 6062中查询
2	√Rzmax 0.2	表示去除材料,单向上限值,默认传输带,R轮廓,轮廓最大高度的最大值为0.2μm,评定长度为5个取样长度(默认),最大规则	示例1~4均为单向极限要求,且均为单向上限值,则均不加注"U";若为单向下限值,则应加注"L"
3	√0.008-0.8 / Ra 3.2	表示去除材料,单向上限值,传输带0.008~0.8mm,R轮廓,算术平均偏差为3.2μm,评定长度为5个取样长度(默认),16%规则(默认)	传输带"0.008—0.8"中的前后数值分别为短波和长波滤波器的截止波长(λs和λc),以示波长范围,此时取样长度等于λc,即lr=0.8 mm
4	√-0.8 / Ra3 3.2	表示去除材料,单向上限值,传输带0.0025~0.8mm,R轮廓,算术平均偏差为3.2μm,评定长度包含3个取样长度,16%规则(默认)	传输带仅注出一个截止波长值(本例0.8表示λc值)时,另一截止波长值λs应理解为默认值,由GB/T6062中查知λs=0.0025mm
5	√U Ra max 3.2 L Ra 0.8	表示不允许去除材料,双向极限值,两极限值均使用默认传输带,R轮廓,上限值:算术平均偏差为3.2μm,评定长度为5个取样长度(默认),最大规则。下限值:算术平均偏差为0.8μm,评定长度为5个取样长度(默认),16%规则(默认)	本例为双向极限要求,用"U"和"L"分别表示上限值和下限值,在不致引起歧义时,可不加注"U""L"

5．表面结构要求在图样中的注法

（1）表面结构要求对每一表面一般只注一次,并尽可能注在相应的尺寸及其公差的同一视图上。除非另有说明,所标注的表面结构要求是对完工零件表面的要求。

（2）表面结构的注写和读取方向与尺寸的注写和读取方向一致。表面结构要求可标注在轮廓线上,其符号应从材料外指向并接触表面(图10-28)。必要时,表面结构也可用带箭头或黑点的指引线引出标注(图10-29)。

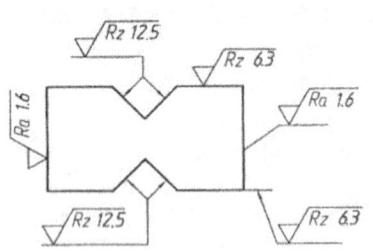
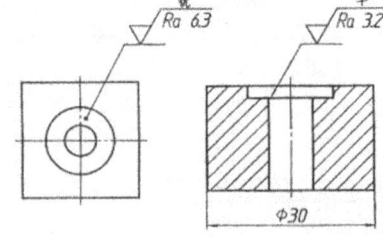

图 10-28　表面结构要求在轮廓线上的标注　　图 10-29　用指引线引出标注表面结构要求

（3）在不致引起误解时,表面结构要求可以标注在给定的尺寸线上(图10-30)。

（4）表面结构要求可标注在形位公差框格的上方(图10-31)。

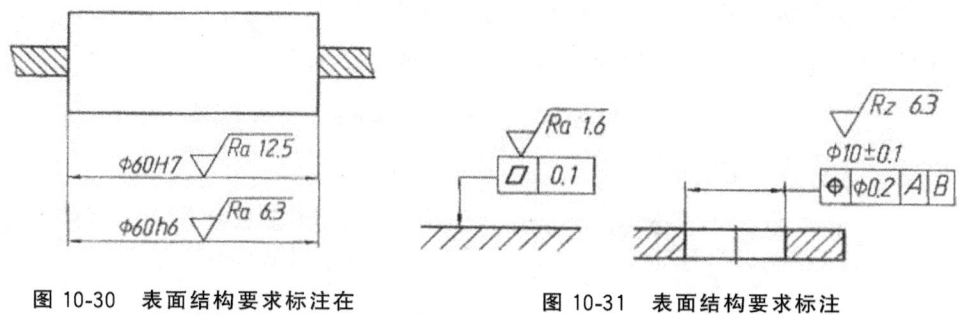

图 10-30 表面结构要求标注在
尺寸线上

图 10-31 表面结构要求标注
在形位公差框格的上方

（5）圆柱和棱柱的表面结构要求只标注一次（图 10-32）。如果每个表面有不同的表面结构要求，则应分别单独标注（图 10-33）。

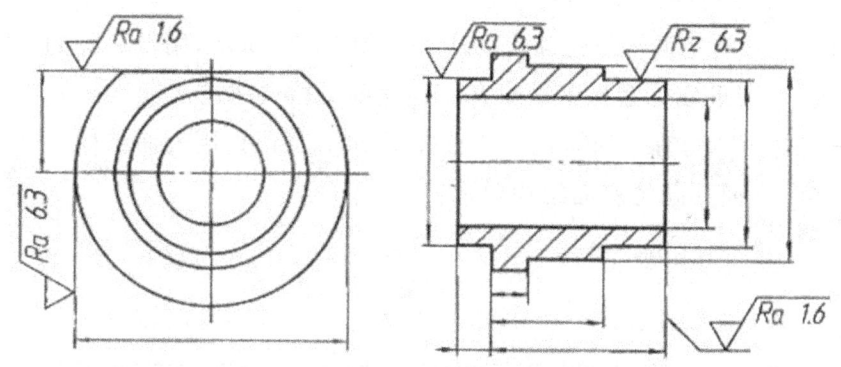

图 10-32 表面结构要求标注在圆柱圆柱特征的延长线上

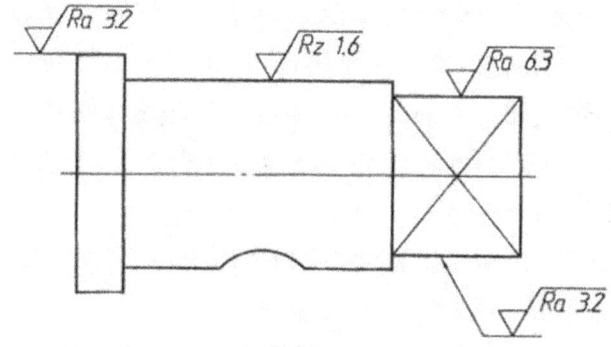

图 10-33 圆柱和棱柱的表面结构要求的注法

6. 表面结构要求在图样中的简化注法

（1）有相同表面结构要求的简化注法　如果在工件的多数（包括全部）表面有相同的表面结构要求时，则其表面结构要求可统一标注在图样的标题栏附近（不同的表面结构要求应直接标注在图形中）。此时，表面结构要求的符号后面应有：

1) 在圆括号内给出无任何其他标注的基本符号(图 10-34(a))。
2) 在圆括号内给出不同的表面结构要求(图 10-34(b))。

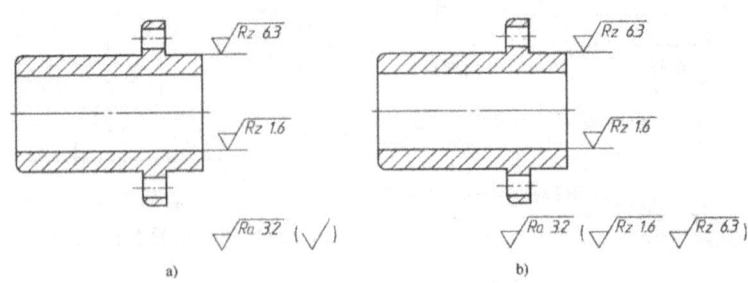

图 10-34　大多数表面有相同表面结构要求的简化注法

(2) 多个表面有共同要求的注法

1) 用带字母的完整符号的简化注法　如图 10-35 所示,用带字母的完整符号以等式的形式,在图形或标题栏附近对有相同表面结构要求的表面进行简化标注。

2) 只用表面结构符号的简化注法　如图 10-35 所示,用表面结构符号以等式的形式给出多个表面共同的表面结构要求。

$$\sqrt{}=\sqrt{Ra\ 3.2} \qquad \sqrt{}=\sqrt{Ra\ 3.2} \qquad \sqrt{}=\sqrt{Ra\ 3.2}$$

a) 未指定工艺方法　　　　b) 要求去除材料　　　　c) 不允许去除材料

图 10-35　在图纸空间有限时的简化注法或多个表面结构要求的简化注法

7. 表面粗糙度的选择

一般来说,凡是零件上有配合要求或有相对运动的表面,Ra 值要小。Ra 的数值愈小,零件表面愈平整光滑,质量要求越高,加工成本也越高。因此,在满足使用要求的前提下,尽可能选用较大的 Ra 值。同时,在选择数值时,既要满足零件的功能要求,又要符合加工的经济性。具体选用时,可参照生产中的实例,用类比法确定。同时注意下列问题:

(1) 在满足功用的前提下,尽量选用较大的表面粗糙度参数值,以降低生产成本。

(2) 在同一零件上,工作表面的粗糙度参数值应小于非工作表面的粗糙度参数值。

(3) 受循环载荷的表面及容易引起应力集中的表面(如圆角、沟槽),表面粗糙度参数值要小。

(4) 配合性质相同时,零件尺寸小的比尺寸大的表面粗糙度参数值要小;同一公差等级,小尺寸比大尺寸、轴比孔的表面粗糙度参数值要小。

（5）运动速度高、单位压力大的摩擦表面比运动速度低、单位压力小的摩擦表面的粗糙度参数值小。

（6）一般地说，尺寸和表面形状要求精确程度高的表面，粗糙度参数值小。

表 10-5 为轮廓算术平均偏差 Ra 的常用数值区段 50～0.2um 的获得方法及应用举例。（GB/T 131—1993）

表 10-5 常用的表面粗糙度 Ra 值获得方法及应用举例

表面特征		示例	加工方法	适用范围
加工面	粗加工面	100 50 25	粗车、粗铣、粗刨、粗镗、钻、锉	非接触表面，如钻孔、倒角、轴端面等
	半光面	12.5 6.3 3.2	精车、精铣、精刨、精镗、粗磨、细锉、扩孔、粗铰	接触表面；不甚精确定心的配合表面
	光面	1.6 0.8 0.4	精车、精磨、刮、研、抛光、铰、拉削	要求精确定心的重要的配合表面
	最光面	0.2 0.1 0.05 0.025 0.012	研磨、超精磨、镜面磨、精抛光	高精度、高速运动零件的配合表面；重要的装饰面
毛坯面			铸、锻、轧制等、经表面清理	无须进行加工的表面

二、极限与配合

1. 尺寸公差

互换性就是在按同一图样制造出的一批零（部）件中任取一件，不经任何修配或挑选，既能顺利地装配（或替换），并能达到原定的性能和使用要求的性质。在现代化大生产中，为了便于广泛地组织协作，进行高效率的专业化生产，从而降低产品的生产成本，提高产品质量，方便装配和维修，取得最佳的经济效益，要求零部件具有互换性。

零件在加工过程中，由于刀具、机床精度等多种因素的影响，不可能也没必要把零件尺寸制造得绝对准确。实际上，只要将零件的尺寸等几何参数限定在一定范围内，就能保证零件具有互换性。允许零件尺寸和几何参数的变动量就是公差。

关于尺寸公差的一些名词术语，下面以图 10-36 所示的圆孔尺寸为例来加以说明。

（1）基本尺寸（D、d）

根据零件结构和强度要求，设计给定的尺寸，如 $\varphi 30$。

(2) 实际尺寸（Da、da）

经过测量所得的尺寸，是用测量尺寸来近似表达的零件的真实尺寸。

(3) 极限尺寸

允许尺寸变化的两个界线值，它以基本尺寸为基数来确定，分为最大极限尺寸（Dmax、dmax）和最小极限尺寸（Dmin、dmin）。

最大极限尺寸 Dmax：30＋0.01＝30.01；

最小极限尺寸 Dmin：30－0.01＝29.99。

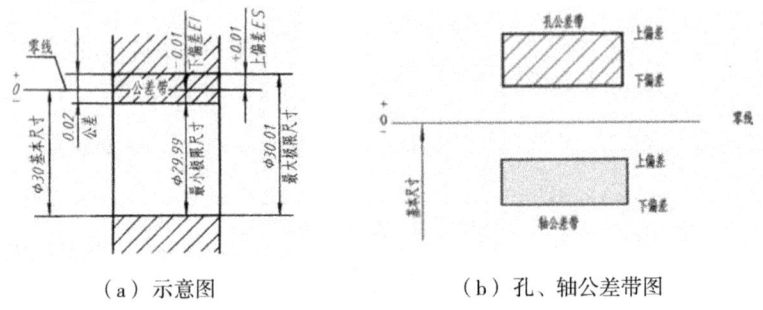

图 10-36　极限与配合示意图及孔、轴公差带图

(4) 尺寸偏差

实际尺寸减基本尺寸所得的代数差，称为偏差。最大极限尺寸减基本尺寸所得的代数差称为上偏差；最小极限尺寸减基本尺寸所得的代数差称为下偏差；上偏差和下偏差统称为偏差。国标规定：孔的上、下偏差代号用大写字母 ES、EI 表示；轴的上、下偏差代号用小写字母 es、ei 表示。如：

$ES = D\max - D = 30.01 - 30 = +0.01$

$EI = d\max - d = 29.99 - 30 = -0.01$

(5) 尺寸公差（简称为公差）

允许尺寸的变动量。即为最大极限尺寸减最小极限尺寸之差，也等于上偏差减下偏差所得的之差。公差仅表示尺寸允许变动的范围，是无正、负之分的绝对值，且不为零。孔和轴的公差分别用 T_H、T_s 表示。如：

公差 $T_H = |$最大极限尺寸－最小极限尺寸$| = |D\max - D\min| = 30.01 - 29.99 = 0.02$

公差 $T_H = |$上偏差－下偏差$| = |ES - EI| = 0.01 - (-0.01) = 0.02$

(6) 公差带图　为简化起见，一般只画出孔和轴的上、下偏差围成的方框简图来表达它们公差带的位置，该图称为公差带图，如图 10-36(b)所示。

(7) 零线　在公差带图中，确定偏差的一条基准直线，称为偏差零线，简称为零线。通常以零线表示基本尺寸，如图 10-36(b)所示。

零线沿水平方向绘制,零线以上的偏差为正,零线以下的偏差为负。在零线左端标上"0"和"+""—"号。

(8) 尺寸公差带　为便于分析尺寸公差和进行有关计算,可以基本尺寸为基准(零线),用夸大间距的两条直线代表上、下偏差或最大极限尺寸和最小极限尺寸,这两条直线所限定的一个区域,称为公差带。如图 10-36(b)所示。它表示了尺寸公差的大小和相对零线的位置。

在公差带图中,零线是确定正、负偏差的基准线,零线以上为正偏差、零线以下为负偏差。在零件图上标注的尺寸公差,其上、下偏差有时都是正值,有时都是负值,有时一正一负。上、下偏差值是"0",但不得两个值均为"0"。公差值必定为正值,公差不应是"0"或负值。

2. 尺寸公差带代号

公差由"标准公差"和"基本偏差"两个要素组成,前者确定了公差带的大小,后者确定了公差带的位置。

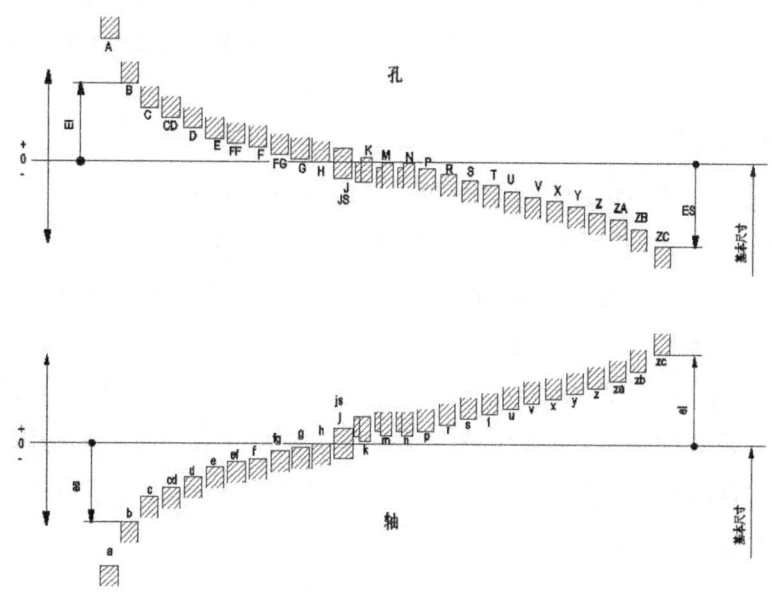

图 10-37　基本偏差系列

(1) 标准公差和公差等级　标准公差是指用以确定公差带大小的任一公差,用符号"IT"表示。

公差等级是确定尺寸精确程度的等级。公差等级的代号用阿拉伯数字表示。国家标准将公差等级分为 20 级:IT01、IT0、IT1~IT18。从 IT01 至 IT18 等级依次降低,IT01 级的精度最高,IT18 级的精度最低。注意:对一定的基本尺寸而言,公差等级越高,公差数值越小,尺寸精度越高。标准公差数值可查附表。

(2) 基本偏差

基本偏差是确定公差带相对于零线位置的上偏差或下偏差,一般指靠近零线的那个偏差。当公差带位于零线上方时,其基本偏差为下偏差;当公差带位于零线下方时,其基本偏差为上偏差;如图 10-37 所示。国家标准对孔和轴分别规定了 28 种基本偏差,用拉丁字母表示,大写表示孔,小写表示轴,如图 10-37 所示。图中只定性地表示了基本偏差相对零线的位置,具体数值应查阅有关标准,本书略。

从图中可见,孔 A～H 基本偏差为下偏差(正值),轴 a～h 的基本偏差为下偏差(负值),它们绝对值依次减小,其中 H 和 h 的基本偏差为零。

孔 JS 和轴 js 的公差带相对于零线对称分布,故基本偏差可以是上偏差或下偏差,其数值为标准公差的一半(即 $\pm IT/2$)。

孔 J～ZC 基本偏差为上偏差(负值,J 例外),轴 j～zc 的基本偏差为下偏差(正值,j 例外),它们绝对值依次增大。

图中基本偏差只表示公差带的位置,而不表示公差带的大小,故公差带的一端画成开口。国标对不同的基本尺寸和基本偏差规定了轴和孔的基本偏差数值,见附表所示。

(3) 公差带代号

公差带代号由基本偏差代号和标准公差等级代号组成。如:

H8 表示基本偏差代号 H,公差等级为 8 级的孔公差带代号;

f7 表示基本偏差代号 f,公差等级为 7 级的孔公差带代号。

(4) 公差的查表、计算、画公差带图

确定了"标准公差"和"基本偏差",就确定了公差。如 Φ50H7,"H7"只是表示公差带大小和位置的代号,极限偏差的具体数值还需查表计算。如查附表孔的极限偏差表得 Φ50H7 的上偏差值为 +0.025、下偏差值为 0,孔的尺寸可写成 $\varphi 50_{0}^{+0.025}$,孔的公差带如图 10-38 所示。

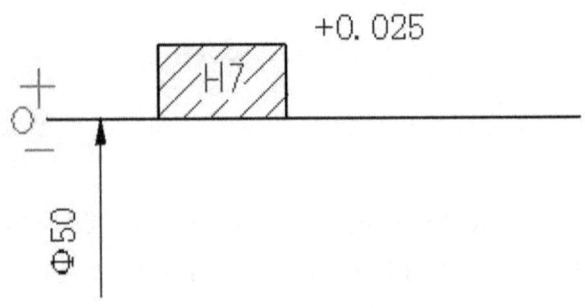

图 10-38 孔公差带图

公差数值 $T_H = ES - EI = (+0.025 - 0) = 0.025$ mm

3. 配合

(1) 配合的基本概念和种类

基本尺寸相同的并且又互相结合的孔、轴公差带之间的关系称为配合。由于孔和轴的实际尺寸不同,配合后,它们将产生间隙或过盈。

配合是指一批孔和轴的装配关系,不是指单个孔和单个轴的装配关系,所以,孔、轴之间的配合分三类:

1) 间隙配合 具有间隙(包括最小间隙为零)的配合,此时孔公差带在轴公差带之上,如图 10-39(a)所示。

2) 过盈配合 具有过盈(包括最小过盈为零)的配合.此时孔公差带在轴公差带之下,如图 10-39(b)所示。

3) 过渡配合 可能具有间隙或过盈的配合,此时孔、轴公差带相互交叠,如图 10-39(c)所示。

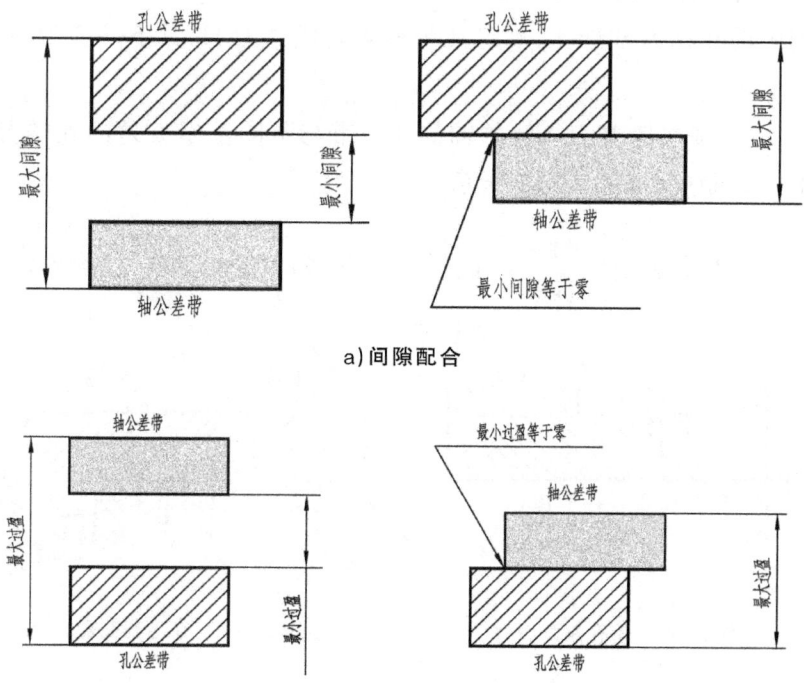

a) 间隙配合

b) 过盈配合

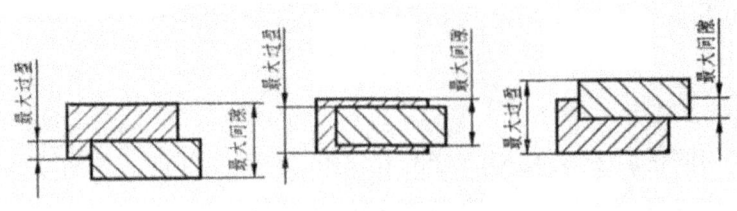

c) 过渡配合

图 10-39 孔、轴之间的配合情况

(2) 配合代号

配合代号有孔的公差带代号和轴的公差带代号组成,用分数形式表示,分子为孔公差带代号,分母为轴公差带代号。例如 H8/f7,H9/h9,注意用斜分数线时其分数线应与分子分母中的代号高度一致。

(3) 基准制　国家标准对配合规定了两种基准制：

1) 基孔制　基本偏差为一定的孔的公差带与不同基本偏差的轴的公差带形成各种配合的一种制度,如图 10-40 所示。

基孔制中的孔称为基准孔,规定其基本偏差代号为 H,其下偏差为零,上偏差为正值。

2) 基轴制　基本偏差为一定的轴的公差带与不同基本偏差的孔的公差带形成各种配合的一种制度,如图 10-41 所示。

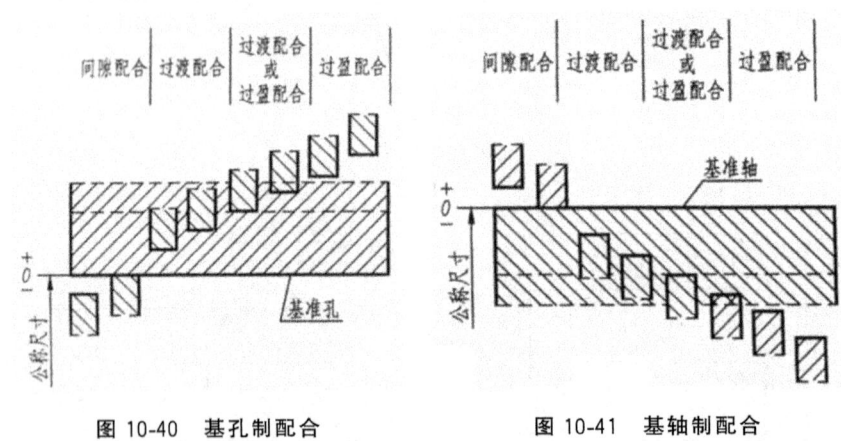

图 10-40　基孔制配合　　图 10-41　基轴制配合

基轴制中的轴称为基准轴,规定其基本偏差代号为 h,其上偏差零,下偏差为负值。

基孔制和基轴制是两种并列的配合制度,按照孔、轴公差带相互位置的不同,两种基准制都可形成间隙、过渡和过盈三种不同的配合类别。例如 H7/f6 为基孔制间隙配合代号,R7/h6 为基轴制过盈配合代号。

(4) 基准制的选择

在基孔制中,基准孔 H 与轴配合,a～h 用于间隙配合;j～n 主要用于过渡配合;n、p、r 可能为过渡配合,也可能为过盈配合;p～zc 主要用于过盈配合。

在基轴制中,基准轴 h 与孔配合,A～H 用于间隙配合;J～N 主要用于过渡配合;N、P、R 可能为过渡配合,也可能为过盈配合;P～ZC 主要用于过盈配合。

在实际生产中,由于轴的圆柱表面比孔的圆柱表面容易加工准确,同时为了减少加工孔的定尺寸刀具、量具的规格数量,国家标准推荐优先采用基孔制,但在某些情况下采用基轴制也是必要的。如与标准件滚动轴承配合的轴应按基孔制,而与滚动轴承外圈配合的孔则应按基轴制。又如使用冷拔圆钢做成的轴,或同一轴上装有不同配合要求的几个零件,当采用基轴制时,轴就可不必另行机械加工或分段要求,这样更能体现经济效果。

(5) 公差等级的选择

公差等级的选择的原则是在满足零件使用要求的前提下,尽可能选用较低的公差,以减少零件的制造成本。注意:由于孔比轴难以加工,当公差等级高于 IT8,基本尺寸≤500 mm 的配合中,应选择孔的公差等级比轴低一级来加工孔,如 7 级轴配 8 级孔。除此以外,孔轴相配时可采用相同公差等级。

(6) 常用配合与优先选用配合

为便于生产中选用,国标还推荐了优先选用和常用配合,可查阅相关手册。

4. 公差、配合在图样上的标注

(1) 在零件图中的标注

公差与配合在零件图中标注有三种形式,如图 10-42 所示:

① 标注公差带代号(图 10-42(a))。公差带代号由基本偏差代号及标准公差等级代号组成,注在基本尺寸的右边,代号字体与尺寸数字字体的高度相同。这种注法一般用于大批量生产,由专用量具检验零件的尺寸。

② 标注极限偏差(图 10-42(b))。上偏差标注在基本尺寸的右上方,下偏差与基本尺寸注在同一底线上,偏差数字的字体比尺寸数字字体小一号,小数点必须对齐,小数点后的位数也必须相同。当某一偏差为"零"时,用数字"0"标出,并与上偏差或下偏差的小数点前的个位数对齐。这种注法用于少量或单件生产。

当上、下偏差值相同时,偏差值只需要注一次,并在偏差值与基本尺寸之间注出"±"符号,偏差数值的字体高度与基本尺寸数字的字体相同。

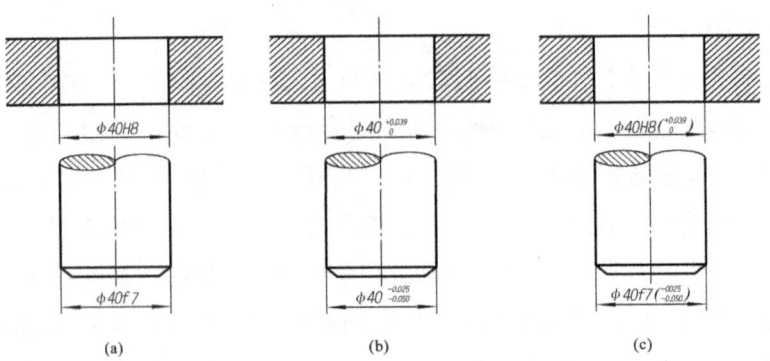

图 10-42 公差与配合在零件图中的标注

注意：所注的上、下偏差的单位为 mm。

③公差带代号与极限偏差一起标注[图 10-42(c)]。偏差数值注在尺寸公差带代号之后，并加圆括号。这种注法在设计过程中因便于审图，故使用较多。

(2) 在装配图中的注法

在装配图上标注极限与配合时，其代号必须在基本尺寸的右边，用分数形式注出，分子为孔公差带代号，分母为轴的公差带代号。其注写形式有三种，如图 10-43（a）、10-43（b）、10-43（c）所示。当标注标准件、外购件与零件的配合关系时，可仅标注相配零件的公差带代号，如图 10-43（d）所示滚动轴承与轴和孔的配合尺寸 φ62JS7 和 φ30k6。

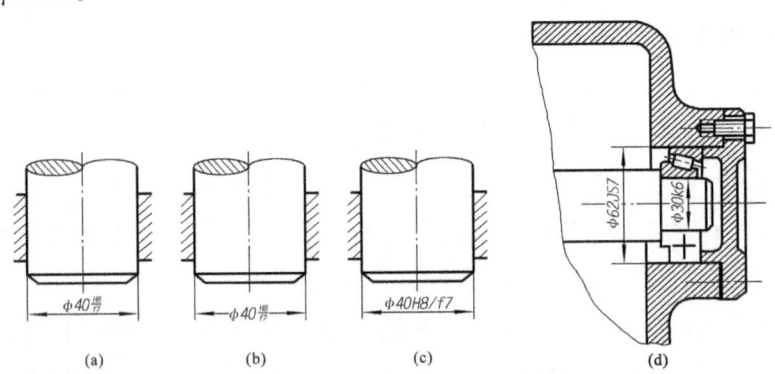

图 10-43 极限与配合在装配图中的标注

1) 识读配合代号

Φ30H8/f7——基本尺寸为 30，8 级基准孔与 7 级 f 轴的间隙配合。

Φ40H7/n6——基本尺寸为 40，7 级基准孔与 6 级 n 轴的过渡配合。

Φ18P7/h6——基本尺寸为 30，6 级基准轴与 7 级 P 孔的过盈配合。

2) 查表方法

查表方法可分为以下两种：

①根据基本尺寸和公差带代号,可查表获得孔和轴的极限偏差数值。查表时,根据某一基本尺寸的孔和轴,先由其基本偏差代号得到基本偏差值,再由公差等级查表得到标准公差值,最后由标准公差与基本偏差的关系,算出另一极限偏差值。

例一:$\varphi 30f7$ 配合轴的极限偏差,在轴的基本偏差数值表中,根据基本尺寸 30 在左边查到大于 24 到 30 的行,与上偏差 f 所在的列相交处查得其基本偏差为 -20。再从标准公差数值表中基本尺寸从大于 18 到 30 的行,与标准公差等级为 IT7 所在的列的相交处查得其公差为 21。则其下偏差为 $-20+(-21)=-41$。查出上下偏差值后,Φ30f7 可以写成 $\varphi 30^{-0.020}_{-0.041}$。

②对于优先及常用配合的极限偏差,可以直接查表获得。

例二:由于 $\varphi 30f7$ 是属于优先选用的配合,它可以直接从轴的优先配合的表中查得其上下偏差数值。从基本尺寸大于 24 到 30 的行,与公差带 f7 的列相交处查到 $^{-20}_{-41}$,该数值就是用 μm 为单位表示的上下偏差值。

例三:$\varphi 30H8$ 基准孔的极限偏差,可以直接从孔的优先配合的表中查得其上下偏差数值。从基本尺寸大于 24 到 30 的行,与公差带 H8 的列相交处查到 $^{+33}_{-0}$,该数值就是用 μm 为单位表示的 $\varphi 30H8$ 上下偏差值。

三、形状与位置公差

形状与位置公差(简称为形位公差)是机械零件设计图样上的一项技术要求。

1. 形位公差的概念

(1) 形位公差的基本概念

经过切削加工后的零件,不仅会产生尺寸误差,还会产生几何形状及相对位置误差,例如,图 10-44(b)所示的为一理想形状的销轴,加工后虽然各处的直径尺寸合乎要求,但实际形状却是轴线变弯了(如图 10-44(c)),因而产生了直线度误差,实际起作用的尺寸为 $\varphi 20.023$ mm,当把它与图 10-44(a)所示的孔配合的时候,则达不到装配要求,甚至不能装配。又如,图 10-45 所示的箱体上两

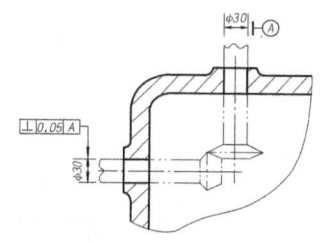

图 10-45 位置公差

个安装锥齿轮轴的孔,要求两孔的轴线相互垂直,但加工后,如果两孔的轴线歪斜太大,势必影响一对锥齿轮的啮合传动。为了保证一对齿轮的啮合传动,必须标注出位置公差——垂直度。图中代号的含义是:水平孔的轴线必须位于距离 0.05 且垂直于竖直孔轴线的两平行平面内。

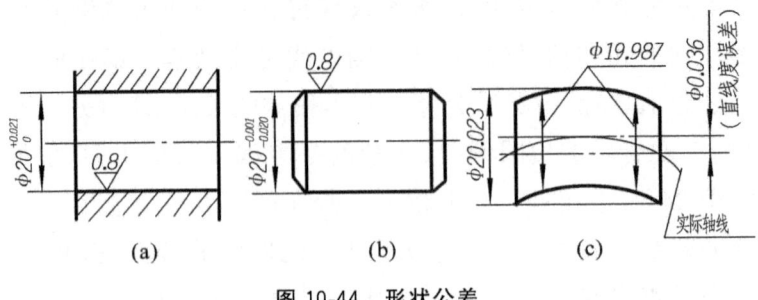

图 10-44 形状公差

由于零件的表面形状和相对位置的误差过大会影响机器的性能,因此对精度要求高的零件,除了尺寸精度和表面粗糙度外,还应控制其形状和位置的误差。对形状和位置误差的控制是通过形状和位置公差来实现的。形状和位置公差,简称形位公差,是指零件的实际形状和实际位置对理想形状和理想位置所允许的最大变动量。

(2) 形位公差研究对象

形位公差研究对象是构成零件几何形状的点、线、面,统称为几何要素(简称为要素)

1) 理想要素:具有几何学意义的要素,是图样上点、线、面的理想状态。

2) 实际要素:零件上实际存在的要素,通常是指测量得到的点、线、面。

3) 被测要素:具有形状或(和)位置公差要求的要素,是检验的对象。如被测机件的轮廓线、面或轴线、对称面及球心等。如图10-46的轴线和图10-47的上表面分别有形状公差(直线度)和位置公差(平行度)的要求,它们都是被测要素。

4) 基准要素:用来确定被测要素的方向或(和)位置的理想要素,如图10-47的下表面。

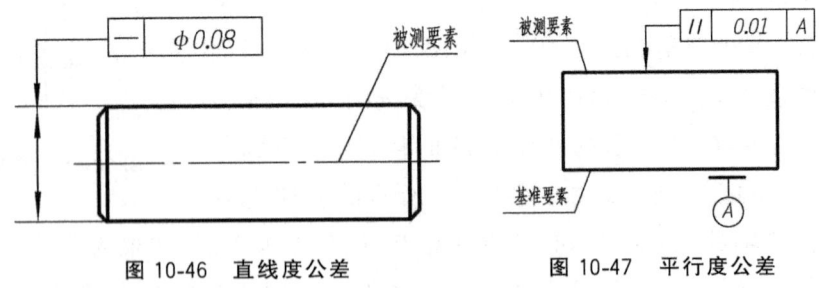

图 10-46 直线度公差　　　图 10-47 平行度公差

(3) 形位公差的代号

形位公差代号包括:形位公差框格及指引线、形位公差特征项目符号、形位公差数值和其他有关符号、基准符号等,如图10-48所示。形位公差特征项目符号大小与框格中的字体同高,形位公差框格应水平或竖直放置,框格内的字高(h)与图样中的尺寸数字等高,框格的高度为字高的二倍,长度可根据需要画出。框格的内容如图 10-48(a)所示。形位公差符号、公差数字、框格线的宽均为字高的 1/10。

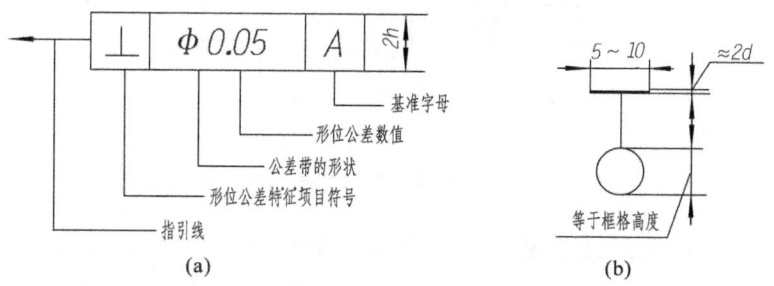

图 10-48　形位公差代号及基准代号

基准代号由基准符号、圆圈、连线和字母组成,画法如图 10-48(b)所示。

(4) 形位公差的标注示例

1) 形位公差代号标注示例　用带箭头的指引线将框格与被测要素相连,按以下方式标注:

①当被测要素为轮廓线或表面时,如图 10-49 所示,将箭头置于被测要素的轮廓线或轮廓线的延长线上,但必须与尺寸线明显地错开:

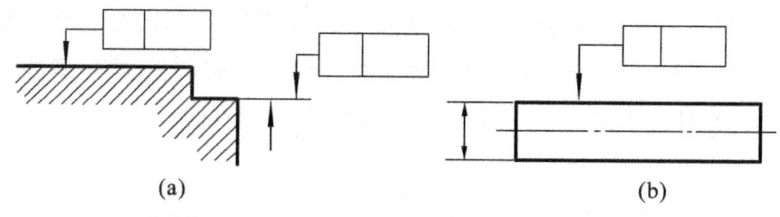

图 10-49　被测要素为轮廓线或表面

②当被测要素为轴线、对称面时,则带箭头的指引线应与尺寸线对齐,如图 10-50 所示。

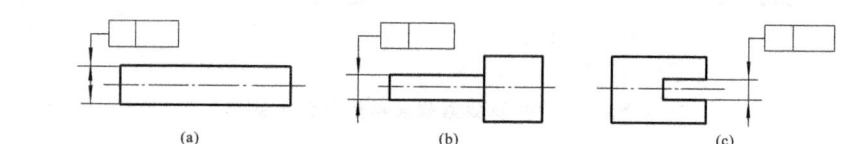

图 10-50　被测要素为轴线和中心平面

2) 带有基准字母的粗短横线应放置的位置

当基准要素是轮廓线或表面时,如图 10-51 所示,基准符号置于要素的外轮廓线上或它的延长线上,但应与尺寸线明显地错开。

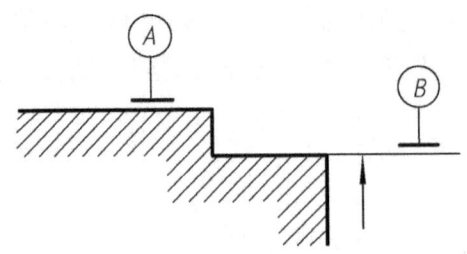

图 10-51　基准要素为轮廓线或表面

当基准要素是轴线或对称面时,则基准符号中的直线应与尺寸线对齐,如图 10-52 若尺寸线安排不下两个箭头,则另一个箭头可用短横线代替,如图 10-52(b)、(c)所示。

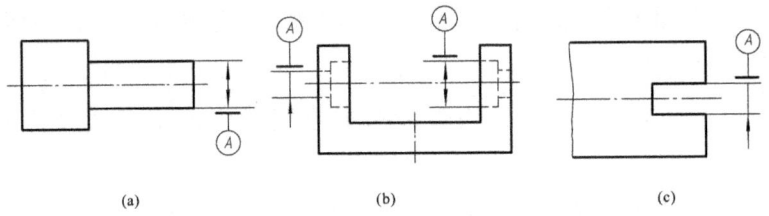

图 10-52　基准要素是轴线或中心平面

3) 对于多个被测的要素有相同的形位公差要求时,可以从一个框格内的同一端引出多个指示箭头,如图 10-53(a)所示;对于同一个被测要素有多项形位公差要求时,可在一个指引线上画出多个公差框格,如图 10-53(b)所示。

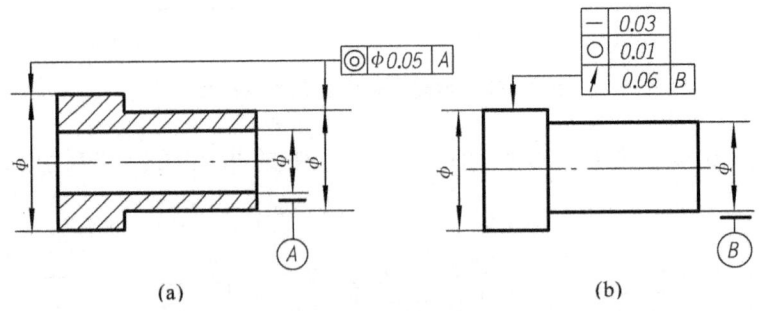

图 10-53　多个被测要素或多项形位公差要求

4) 对于两个或两个以上的被测要素组成的基准称为公共基准,如图 10-54(a)的公共轴线、图 10-54(b)的公共对称面。公共基准的字母应将各个字母用横线连接起来,并书写在公差框格的同一个格子内。

5) 公差数值的注法

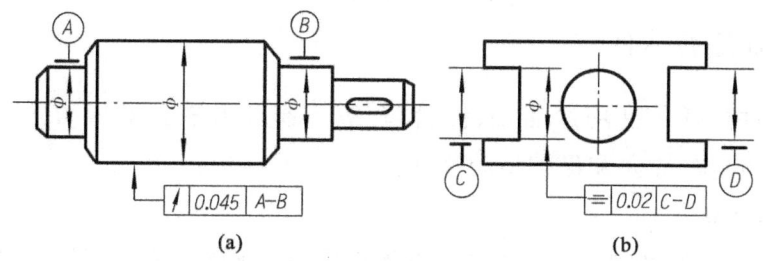

图 10-54 组合基准

视不同情况分述如下：

①图样上所注形位公差如无附加说明，则被测范围为箭头所指整个轮廓或中心要素。

②如被测范围仅为被测要素的某一部分，则用粗点划线表示该范围，并注尺寸，如图 10-55(a)所示。

③如需要给出被测要素任一长度或范围的公差值时，其标注方法如图 10-55(b)所示。

④如对同一要素的公差值在全部被测要素内的任一部分有进一步要求时，其标注方法如图 10-55(c)所示。

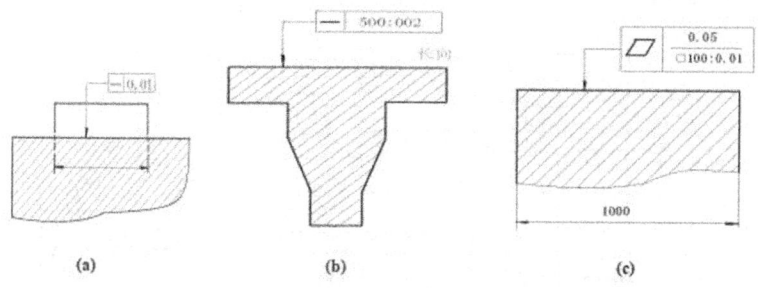

图 10-55 形位公差数值标注

第六节 识读零件图

由于零件在机器或部件中的用途不同，其结构形状也是多种多样的，为了便于研究零件，根据零件的结构形状，大致可分为四类，即轴套类零件、盘类零件、叉架类零件、箱体类零件。下面通过对这四类典型零件的表达分析，说明常见零件的表达方法和特点。

一、轴套类零件

此类零件包括各种用途的轴、杆、轴套等。轴是用来支承传动件和传递动力。套用来支承、定位、导向和保护传动零件。

1. 结构特点

形体比较简单、规则，多数由大小不等而同轴的圆柱、圆锥等回转体组成，直径不等所形成的台阶可供安装在轴上的零件轴向定位用。由于设计、加工和装配工艺的需要，此类零件常有倒角、倒圆、螺纹、螺纹退刀槽、砂轮越程槽、键槽、挡圈槽、销孔、滚花和结构平面等。

2. 表达方法

这类零件主要结构形状是回转体，一般只用一个基本视图——主视图来表达轴的各段长度及各结构的轴向位置，为便于对照图物进行加工，一般不考虑工作位置，而是按加工位置在主视图上把轴线横放，如图 10-58 阀杆零件图。对于空心的零件，主视图上应采用剖视，如图 10-56 的套筒。轴套类零件一般省去投影为圆的视图，而用移出剖面来表示轴上键槽、销孔等结构，如图 10-56 和 10-58 中的移出剖面。对零件上的部分细小结构如退刀槽、倒圆等表达不清时，可采用局部放大图来表示，如图 10-56 中右下的局部放大图。

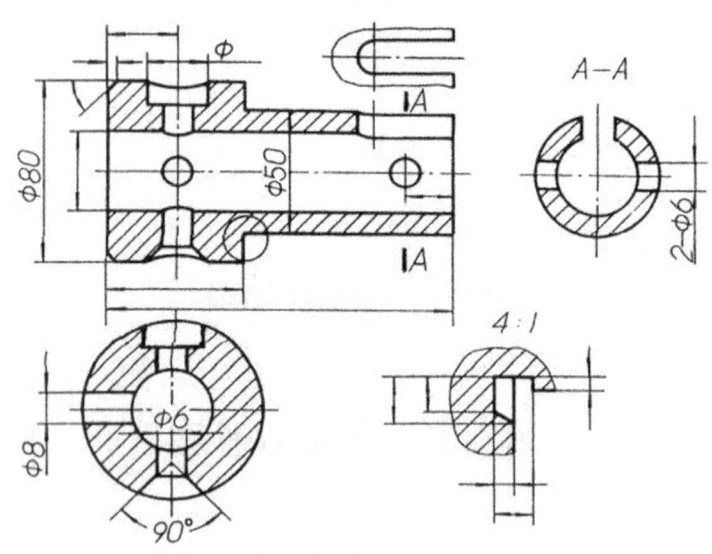

图 10-56　套筒的零件图

3. 尺寸标注

轴的径向尺寸基准是回转轴线，沿轴线方向分别注出各段轴的直径尺寸；轴向尺寸的尺寸基准一般选取重要的定位面（即轴肩，如 φ35k6 处处的轴承定位面）或端面。其中轴左端的一个键槽长度在轴线方向的定位尺寸为 7,其长度方向的定形尺寸均为 40,其键槽宽度和深度尺寸在移出剖面图中标注。

4. 技术要求

(1) 有配合要求或有相对运动的轴段,其表面粗糙度、尺寸公差和形位公差比其他轴段要求严格。

(2) 为了提高强度和韧性,往往需对轴类零件进行调质处理;对轴上和其他零件有相对运动的表面,为增加其耐磨性,有时还需要进行表面淬火、渗碳、渗氮等热处理。对热处理方法和要求应在技术要求中注写清楚。如本例中的"时效处理"。

二、盘盖类零件

盘盖类零件主要有齿轮、带轮、手轮、法兰盘和端盖等。这类零件在机器中主要起传动、支承、轴向定位或密封等作用;轮一般用来传递动力和扭矩,盘主要起支承、轴向定位及密封等作用。

1. 结构特点

轮盘类零件的结构形状特点是轴向尺寸小而径向尺寸较大,零件的主体多数是由同轴回转体构成,也有主体形状是矩形,并在径向分布有螺孔或光孔、销孔、轮辐等结构。

2. 表达方法

盘盖类零件主要是在车床上加工,有的表面则需在磨床上加工,所以按其形体特征和加工位置选择主视图,轴线水平放置(如图 10-59 阀盖零件图)。盘盖类零件一般常用主视图、左视图(或右视图)两个视图来表达。主视图采用全剖视(由单一剖切面或几个相交的剖切面剖切获得),左视图则多用视图表示其轴向外形和盘上孔和槽的分布情况。这类零件的其它结构形状,如轮辐可用移出剖面或重合剖面表示;其他细小结构常采用局部放大图和简化画法进行表达。如图 10-59 阀盖。

3. 尺寸标注

盘盖类零件主要有两个方向的尺寸,即径向尺寸和轴向尺寸。径向尺寸往往以轴线或对称面为基准,轴向尺寸以经过机械加工并与其他零件表面相接触的较大的端面为基准;圆周上均匀分布的小孔的定位圆直径是这类零件典型定位尺寸。

4. 技术要求

盘盖类零件有配合关系的内、外表面及起轴向定位作用的端面,其粗糙度值要小。有配合关系的孔、轴的尺寸应给出恰当的尺寸公差;与其他零件表面相接触的表面,尤其是与运动零件相接触的表面应有平行度或垂直度要求。

三、叉架类零件

这类零件包括各种用途的叉杆和支架零件，一般由支撑部分、支承部分、工作部分和连接部分，主要起连接、传动、支撑等作用。常见的零件主要有拨叉、连杆和各种支架等。拨叉主要用在各种机器的操纵机构上，起操纵、调速作用；连杆起传动作用；支架主要起支承和连接作用。

1. 结构特点

叉架类零件形式多样，结构形状较为复杂而不规则，常带有倾斜结构和弯曲部分，连接部分多为肋板结构，且形状弯曲、扭斜的较多。支承部分和工作部分，细部结构也较多，如圆孔、螺孔、油槽、油孔、凸台、凹坑等。

2. 表达方法

因叉架类零件一般都是锻件或铸件，其结构形状较复杂，加工工序多，加工位置难以分出主次，工作位置也多变化，所以选择主视图时，主要按工作位置或安装时平放的位置选择，并选择最能体现结构形状和位置特征的方向。这类零件的结构形状较为复杂且不太规则，一般都需要两个以上视图。某些不平行于投影面的结构形状，常采用斜视图、斜剖视图和剖面表达；对一些内部结构形状可采用局部剖视；也可采用局部放大图表达其较小结构。

3. 尺寸标注

叉架类零件在长、宽、高三个方向的主要基准一般为孔的中心线（或轴线）、对称平面和较大的加工面。定位尺寸较多，孔的中心线（或轴线）之间、孔的中心线（或轴线）到平面或平面到平面间的距离一般都要注出。

4. 技术要求

叉架类零件，一般对表面粗糙度、尺寸公差和形位公差没有特别的要求，按一般的规律给出即可。

四、箱体类零件

泵体、阀体、变速箱体、机座等都属于箱体类零件。一般是机器或部件的主体部分，它起着容纳和支承其他零件的作用，因此多为中空的壳体，其周围一般分布有连接螺孔等，结构形状复杂，一般多为铸件。

1. 结构特点

箱体类零件多为铸件，结构形状比较复杂，且加工工序多。它们通常都有一个由薄壁所围成的较大空腔和与其相连供安装用的底板；在箱壁上有多个形状和大小各异的圆筒，为了起加固作用，往往有肋板结构。此外，箱体类零件还有许多细小结构,如凸台、凹坑、起模斜度、铸造圆角、螺孔、销孔和倒角等等。

2. 表达方法

箱体类零件的加工工序较多,装夹位置又不固定,因此一般均按工作位置和形状特征原则选择主视图,其它视图至少在两个或两个以上(如图10-60)。如果外部结构形状简单,内部形状复杂,且具有对称平面时,可采用半剖;如果外部形状复杂,内部形状简单,且具有对称平面时,可采用局部剖视或用虚线表示;如果内外部结构形状都较复杂,投影不重叠时,可采用局部剖视图;重叠时,内、外部结构形状应分别表达;对局部内、外部结构形状可采用局部视图、局部剖视和剖面来表达。箱体零件上常常会出现一些截交线和相贯线;由于该零件多为铸件,所以经常会出现过渡线,应认真分析。

3. 尺寸标注

箱体的结构比较复杂,尺寸较多。

(1) 尺寸基准

安装基面为方向尺寸的设计基准。此外,泵体在机械加工时首先加工底面,然后以底面为基准加工各轴孔,因此底面又是工艺基准。宽度方向以泵体的前后对称平面为基准,长度方向尺寸以箱泵的左端面为基准。

(2) 轴孔的位置尺寸

箱体类零件的尺寸标注应特别注意各轴孔的位置尺寸以及轴孔之间的位置尺寸,因为这些尺寸的正确与否,将直接影响传动轴的位置和传动的准确性。

4. 技术要求

(1) 重要的箱体孔和重要的表面,其粗糙度的值要低。

除了上述类型零件外,还有一些其它类型的零件,例如冲压件、注塑件和镶嵌件等。它们的表达方法与上述类型零件的表达方法类似。

五、读零件图

零件图是制造和检验零件的依据,是反映零件结构、大小及技术要求的载体。在设计、生产及学习等活动中,看零件图是一项经常和十分重要的工作。读零件图的目的就是了解零件在机器中的装配关系和作用的基础上,根据零件图分析和想象该零件的结构形状,了解零件的制造方法和技术要求;根据零件的作用及相关工艺知识,对零件进行结构分析,评论零件设计的合理性,必要时提出改进意见,进行技术改造。因此,工程技术人员必须具备看零件图的能力。为了读懂零件图,最好能结合零件在机器或部件中的位置、功能以及与其他零件的装配关系来读图。下面通过球阀中的主要零件来介绍识读零件图的方法和步骤。

球阀是管路系统中的一个开关,从图10-57所示的球阀轴测装配图中可以看出,球阀的工作原理是驱动扳手转动阀杆和阀芯,控制球阀启闭。阀杆和阀芯包容在阀体内,阀盖通过四个螺柱与阀体连接。通过以上分析,即可清楚了解球阀中主要零件的功能以及零件间的装配关系。

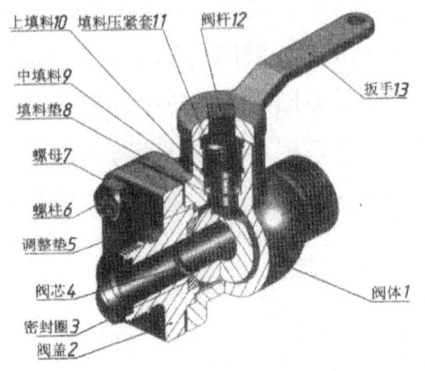

图 10-57 球阀轴测装配图

1. 阀杆(图 10-58)

(1) 概括了解

如图10-58所示是阀杆零件图,首先看标题栏,从中可以知道零件的名称、材料、重量、件数和图样的比例等,可对零件有个初步的了解。从阀杆零件图的标题栏可以看出,该零件的名称是阀杆,属轴套类零件,其作用是传递转矩,绘图比例为1:1,材料是40Cr。

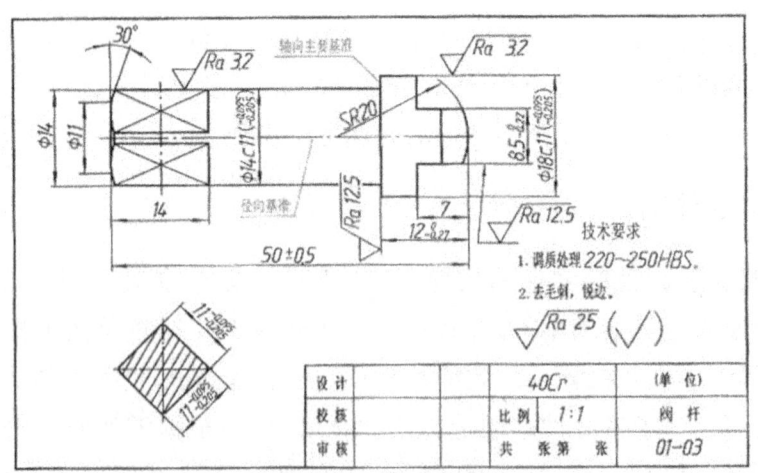

图 10-58 阀杆零件图

(2) 分析视图,了解零件的结构形状及技术要求

1) 结构分析

对照球阀轴测装配图可看出：阀杆的上部为四棱柱体,与扳手的方孔配合；阀杆下部带球面的凸榫插入阀芯上部的通槽内,以便使用扳手转动阀杆,带动阀芯旋转,控制球阀启闭和流量。

2) 表达分析

阀杆零件图用一个基本视图和一个断面图表达,主视图按加工位置将阀杆水平横放。左端的四棱柱体采用移出断面表示。

3) 尺寸分析及技术要求分析

阀杆以水平轴线作为径向尺寸基准,也是高度和宽度方向的尺寸基准。由此注出径向各部分尺寸 $\varphi 14$、$\varphi 11$、$\varphi 14 c 11_{-0.205}^{-0.095}$、$\varphi 18 c 11_{-0.205}^{-0.095}$。凡尺寸数字后面注写公差代号或偏差值,一般指零件该部分与其他零件有配合关系。如 $\varphi 14 c 11_{-0.205}^{-0.095}$ 和 $\varphi 18 c 11_{-0.205}^{-0.095}$ 分别与球阀中的填料压紧套和阀体有配合关系(图 10-70),所以表面粗糙度的要求较严,Ra 值为 $3.2\mu m$。

选择表面粗糙度为 Ra12.5 的端面作为阀杆长度方向的主要尺寸基准,由此注出尺寸 $12_{-0.27}^{0}$,以右端面为轴向的第一辅助基准,注出尺寸 7、50±0.5,以左端面为轴向的第二辅助基准,注出尺寸 14。

阀杆应经过调质处理 220~250HBS,以提高材料的韧性和强度。

2. 阀盖(图 10-59)

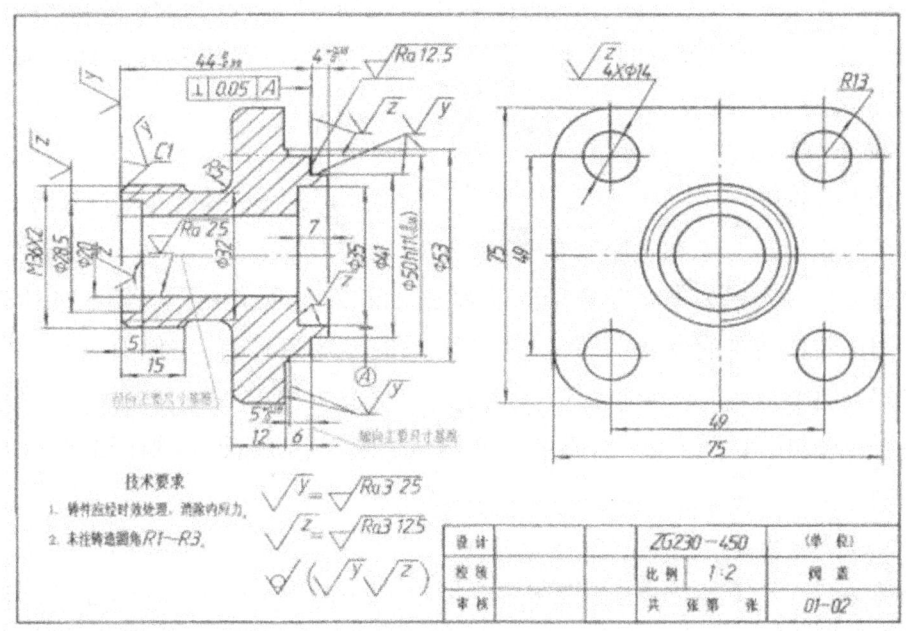

图 10-59 阀盖

(1) 结构分析

对照轴测装配图,阀盖的右边与阀体有相同的方形法兰盘结构。阀盖通过螺柱与阀体连接,中间的通孔与阀芯的通孔对应。阀盖的左侧有与阀体右侧相同的外管螺纹连接管道,形成流体通道。

(2) 表达分析

阀盖零件图用两个基本视图表达,主视图采用全剖视,表示零件的空腔结构以及左端的外螺纹。主视图的安放既符合主要加工位置,也符合阀盖在部件中的工作位置。左视图表达了带圆角的方形凸缘和四个均布的通孔。

(3) 尺寸分析

多数盘盖零件的主体部分是回转体,所以通常以轴孔的轴线作为径向尺寸基准,由此注出阀盖各部分同轴线的直径尺寸,方形凸缘也用它作为高度和宽度方向的尺寸基准。在注有公差的尺寸 $\varphi 50 h 11_{-0.16}^{0}$ 处,表明在这里与阀体有配合要求。

以阀盖的重要端面作为轴向尺寸基准,即长度方向的主要尺寸基准,此例为注有表面粗糙度 Ra12.5 的右端凸缘的端面。由此注出尺寸 $4_{0}^{+0.18}$、$44_{-0.039}^{0}$、以及 $5_{0}^{+0.18}$、6 等。有关长度方向的辅助基准和联系尺寸,请读者自行分析。

(4) 了解技术要求

阀盖是铸件,需进行时效处理,消除内应力。视图中有小圆角(铸造圆角 R1~R3)过渡的表面是不加工表面。注有尺寸公差的 $\varphi 50$,对照球阀轴测装配图可看出,与阀体有配合关系,但由于相互之间没有相对运动,所以表面粗糙度要求不严,Ra 值为 $12.5\mu m$。作为长度方向主要尺寸基准的相对阀盖水平轴线的垂直度位置公差为 0.05 mm。

3. 阀体(图 10-60)

(1) 结构分析

阀体的作用是支承和包容其他零件。阀体的结构特征明显,是一个具有三通管式空腔的零件。水平方向空腔容纳阀芯和密封圈(在空腔右侧 $\varphi 35$ 圆柱形槽内放密封圈);阀体右侧有外管螺纹与管道相通,形成流体通道;阀体左侧有 $\varphi 50_{0}^{+0.16}$ 圆柱形槽与阀盖右侧 $\varphi 50_{-0.16}^{0}$ 圆柱形凸缘相配合。竖直方向的空腔容纳阀杆、填料和填料压紧套等零件,孔 $\varphi 18_{0}^{+0.11}$ 与阀杆下部凸缘 $\varphi 18_{-0.205}^{-0.095}$ 相配合,阀杆的凸缘在这个孔内转动。

(2) 表达分析

阀体采用三个基本视图,主视图用全剖视,表达零件的空腔结构;左视图的图形对称,采用半剖视,既表达零件的空腔结构形状,也表达零件的外部结构形状;俯视图表达阀体俯视方向的外形。将三个视图综合起来想象阀体的结构形状,并仔细看懂各部分的局部结构。如俯视图中标注 90°±1° 的两段粗短线，对照主视图和左视图看懂 90° 扇形限位块，它是用来控制扳手和阀杆的旋转角度的。

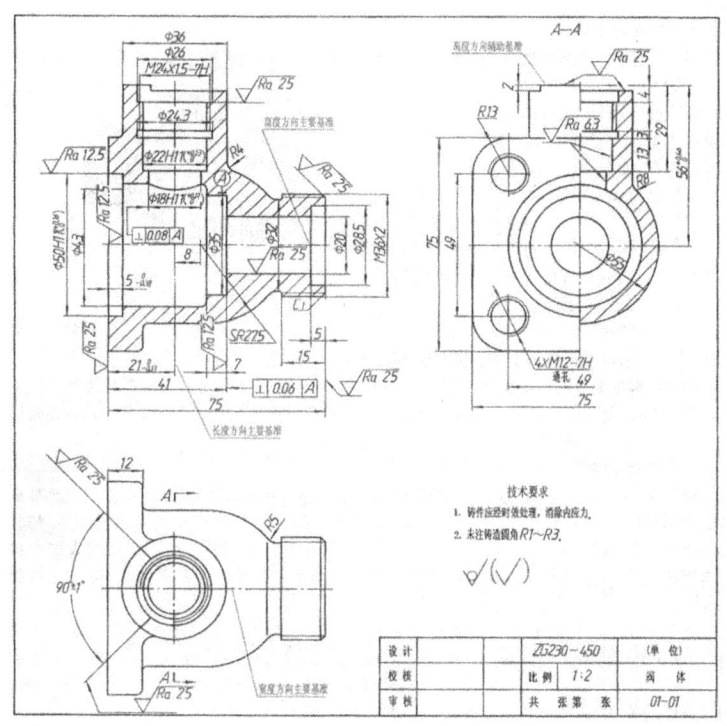

图 10-60 阀体

(3) 尺寸分析

阀体的结构形状比较复杂，标注的尺寸很多，这里仅分析其中一些主要尺寸，其余尺寸请读者自行分析。

1) 以阀体水平孔轴线为高度方向尺寸基准，注出水平方向孔的直径尺寸 $\varphi 50_0^{+0.16}$、$\varphi 43$、$\varphi 35$、$\varphi 20$、$\varphi 28.5$、$\varphi 32$ 以及右端外螺纹 $M36 \times 2$ 等，同时注出了水平轴到顶端的高度尺寸 $56_0^{+0.46}$（在左视图上）。

2) 以阀体铅垂孔轴线为长度方向尺寸基准，注出 $\varphi 36$、$\varphi 26$、$M24 \times 1.5$、$\varphi 22_0^{+0.13}$、$\varphi 18_0^{+0.11}$ 等，同时注出铅垂孔轴线到左端面的距离 $21_{-0.13}^{0}$。

3) 以阀体前后对称面为宽度方向尺寸基准，在左视图上注出阀体的圆柱体外形尺寸 $\varphi 55$，左端面方形凸缘外形尺寸 75×75，以及四个螺孔的宽度方向定位尺寸 49，同时在俯视图上注出前后对称的扇形限位块的角度尺寸 90°±1°。

(4) 了解技术要求

通过上述尺寸分析可以看出，阀体中比较重要的尺寸都标注了偏差数值，与此对应的表面粗糙度要求也较严，Ra 值一般为 6.3μm。阀体左端和空腔右端的阶梯

孔 $\varphi50$、$\varphi35$ 分别与密封圈（垫）有配合关系，但因密封圈的材料是塑料，所以相应的表面粗糙度要求稍低，Ra 的上限值为 $12.5\mu m$。零件上不太重要的加工表面粗糙度 Ra 值一般为 $25\mu m$。

主视图中对于阀体的行位公差要求是：空腔右端面相对 $\varphi35$ 轴线的垂直度公差为 $0.06\ mm$；$\varphi18$ 圆柱孔轴线相对 35 圆柱孔轴线的垂直度公差为 $0.08\ mm$。

第七节　零件测绘

零件测绘是对现有的零件实物进行观察分析、绘制出零件草图、测量并标注尺寸，制定技术要求，最后完成零件图的过程。零件测绘是一项十分重要的技术工作。在仿造和修配机器部件及进行技术改造时，常常要通过零件测绘来获到相关资料或图样。因此，工程技术人员必须具有一定的零件测绘能力。

一、零件测绘的方法和步骤

首先了解零件的名称、用途、材料及在机器或部件中的位置和作用，然后对零件进行形体分析和结构分析。

1. 分析零件，确定表达方案

如图 10-61 所示阀盖，材料为铸钢 230～450，阀盖在球阀中起密封和连接管路的作用，其上有四个孔用于阀体、阀盖连接；还有通孔与阀体中阀芯的通孔对应。

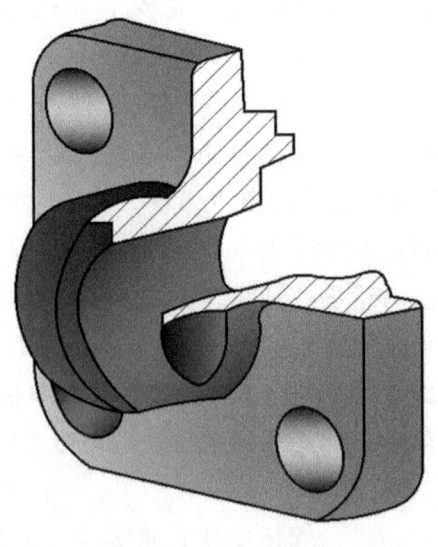

图 10-61　阀盖

选择主视图：阀盖主视图按加工位置安放，考虑形状特征，其投影方向选为与轴线垂直方向，这样可使主视图全剖视反映内部通孔的结构；左视图反映的外形和各部分相对位置比较清楚。所以，左视图按形状特征原则绘制，配置全剖主视图。

2. 画零件草图

因测绘工作常在现场或生产车间进行。因此，零件草图是徒物凭目测比例在方格纸或白纸上绘制出表达零件结构形状的一组图形。零件草图是画零件工作图的重要依据，必须具有零件工作图的全部内容（包括一组图形、完整的尺寸、技术要求和标题栏），决不能理解为"潦草之图"。其与零件图的区别是：不用尺规，徒手作图。

零件草图画图步骤如下：

1) 根据零件的结构形状确定零件的表达方案，在图纸上以目测比例徒手画出各个视图。画视图时，要尽量保持零件各部分的大致比例关系，线型粗细要分明，图面要整洁。

2) 选定尺寸基准，按正确、完整、清晰并尽可能合理地标注尺寸的要求，画出全部尺寸线、尺寸界线和箭头。

3) 逐个测量零件尺寸并标注尺寸数字，测量尺寸时力求准确。注写表面粗糙度代号，选择尺寸公差和形位公差等各项技术要求，填写标题栏，完成零件图，如图10-62所示。

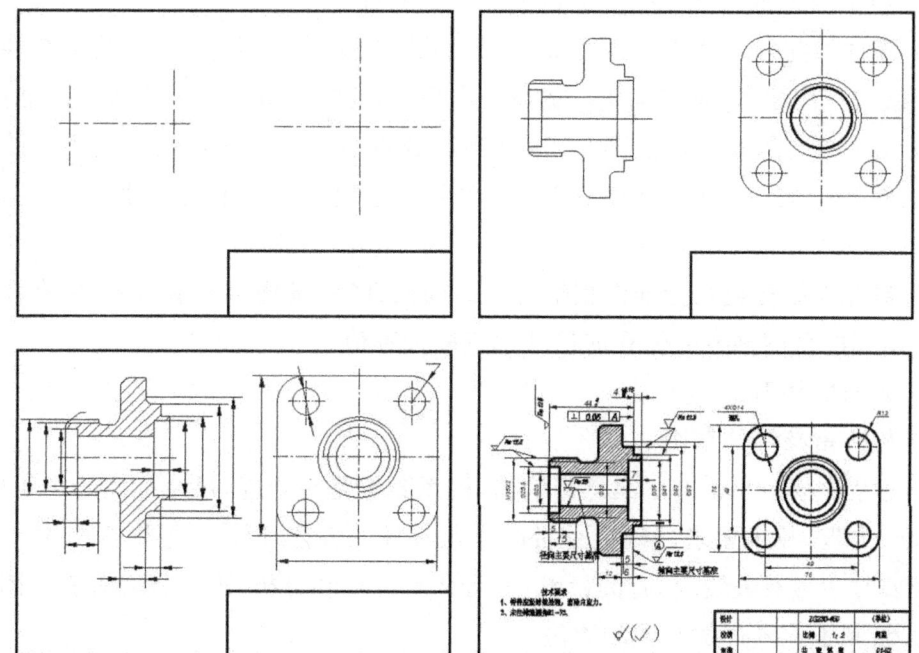

图 10-62　画阀盖零件草图的步骤

画零件草图的注意事项：

1) 在零件图上留下的某些铸造缺陷,如砂眼、气孔、划痕等不能照原样画出,应修正画出。

2) 零件上损坏部分应参照其相邻零件或有关资料,将损坏部分按完整形状画出。

3) 零件上的工艺结构如倒角、退刀槽、砂轮越程槽等必须画出。

4) 标准件不必画零件草图,只需测量主要尺寸,查有关标准定出规定标记,说明规格、数量即可。

5) 标注配合尺寸或两零件有连接关系的尺寸时,应将这些尺寸同时注在相关的两零件图上,以节约时间,避免遗漏或出错。

6) 对零件要妥善保管,避免损坏和丢失。

4. 标注精度要求

测绘时,对实际测得的数据有时要进行处理,而不能按实际测量所得直接标注在图上。

1) 正确使用测量工具和选择测量基准,以减少尺寸的测量误差,尺寸要集中测量,逐个填写。

2) 零件上非配合面、非接触面、不重要表面在测量所得的尺寸有小数时,应圆整,并尽可能与标准尺寸系列中的数值相同或相近。

3) 零件的配合尺寸应取标准值,相配的孔、轴基本尺寸应一致,其配合性质和公差等级按使用要求,查表确定。测量已磨损部位的尺寸时,应考虑零件的磨损值。

4) 对一些计算尺寸不能圆整,精确到小数点后三位。如按两齿轮中心距的计算公式：$A=m(d_1+d_2)/2$ 计算中心距及计算轴或轮毂上键槽的尺寸 $d+t$ 或 $d-t_1$ 时。

5) 对标准结构或与标准件相配合的结构如直径、键槽、齿、退刀槽、销孔以及与滚动轴承相配合的轴或壳体孔的尺寸都应取标准值。

5. 绘制零件图

1) 检查审核零件草图

检查零件草图表达方法案是否恰当,视图布置是否合理,尺寸标注是否正确、完整、清晰、合理;技术要求的确定是否既满足零件的性能和使用要求,又比较经济合理。必要时参考有关资料,查阅标准,进行认真计算和分析,进一步完善零件图。

2) 绘制工作零件图步骤和方法：

根据零件的形状特点和用途选取主视图和其它视图,并确定比例和图幅。

画出图框和标题栏。画出各视图的中心线、轴线、基准线,把各视图的位置确定下来,各图之间要注意留有标注尺寸的余地。

由主视图开始,画各视图的轮廓线,画图时要注意各视图间的投影关系。

描粗并画剖面线,画出全部尺寸线。

注出公差配合及表面粗糙度符号,注写尺寸数字,填写技术要求和标题栏,完成零件工作图。

若是采用计算机绘图,则可根据草图按计算机绘图的方法和步骤进行。

第十一章 装配图

第一节 概述

一、什么是装配图

一台机器或一个部件都是由若干个零(部)件按一定的装配关系装配而成的,如图 11-1 所示的滑动轴承,是由轴承座、轴承盖、衬套、螺栓、螺母、油杯等装配而成。图 11-2 所示则为该产品及其组成部分的连接、装配关系的图样,称为装配图。

二、装配图的作用

装配图是机器设计中设计意图的反映,是机器设计、制造的重要的技术依据。在机器或部件的设计制造及装配时都需要装配图。用装配图来表达机器翻译或部件的工作原理、零件间的装配线关系和各零件的主要结构形状,以及装配、检验和安装时所需的尺寸和技术要求。

1. 在新设计或测绘装配体(机器或间件)时,要画出装配图表示该机器或部件的构造和装配线关系,并确定各零件的结构形状和协调各零件的尺寸等,是绘制零件图的依据。

2. 在生产中装配线机器翻译时,要根据装配图制订装配工艺规程,装配图是机器装配、检验、调试和安装工作的依据。

3. 使用和维修中,装配图是了解机器或部件工作原理、结构性能、从而决定操作、保养、拆装和维修方法的依据。

4. 在进行技术交流、引进先进技术或更新改造原有设备时,装配图也是不可缺少的资料。装配图和零件图一样,也是生产中重要的技术文件。

装配图是表达机器或部件的工作原理、结构性能和各零件之间的装配、连接关系等内容的图样。在设计机器时,首先要根据设计意图绘制装配图,然后再拆画零件图。

三、装配图的内容

图 11-1 为滑动轴承的装配图。从以上两图可以看出，一张完整的装配图应包括以下四项内容。

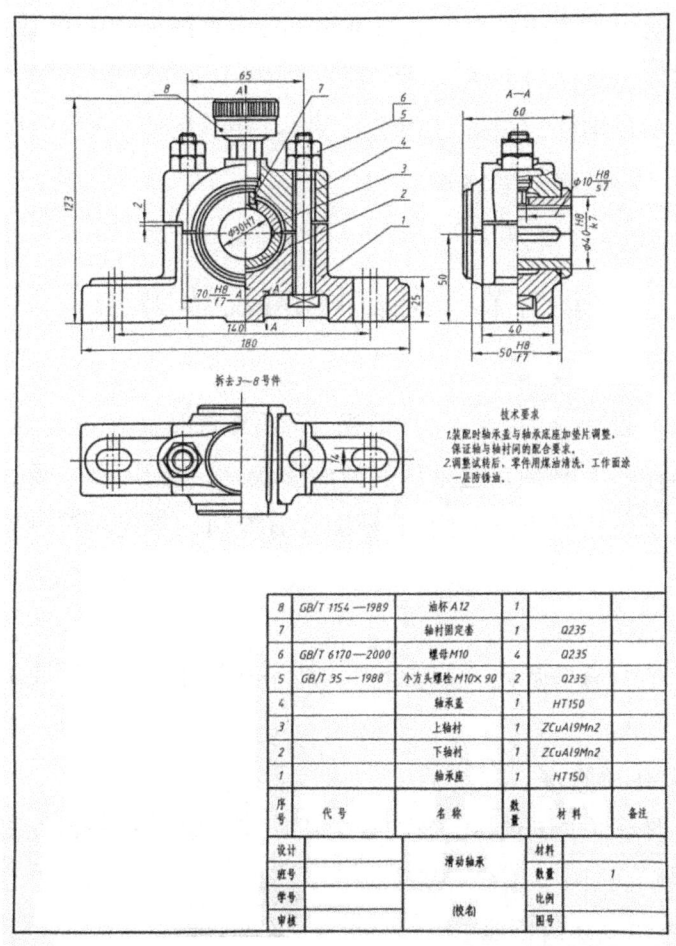

图 11-1 滑动轴承装配图

1. 一组图形

用一组图形（包括各种表达方法）正确、完整、清晰和简便地表达机器或部件的工作原理、零件间的装配线关系及零件的主要结构形状。如图 11-1 滑动轴承装配图，其图形有：半剖的主视图、俯视图，可以满足表达要求。

2. 必要的尺寸

只标注出反映机器或部件的性能、规格、外形以及装配、检验、安装时所需要的一些尺寸。如图 11-1 中只注出了 13 个必要的尺寸。

3. 技术要求

用文字或符号准确、简明地表示机器或部件的性能、装配、检验、调整要求,验收条件,试验和使用、维修规则等。

4. 标题栏、序号和明细栏

明细栏表明机器或部件上各零件的名称、序号、数量、材料以及以及设计、制图者的姓名备注等。为了便于编制其他技术文件、管理图样以及阅读图样,在装配图上必须对每个零件标注序号并填写明细栏。

装配图上对每种零件或组件必须进行编号;并编制明细栏,依次写出各种零件的序、名称、规格、数量、材料等内容。

第二节 装配图的表达方法

零件图的各种表达方法,如视图、剖视、断面及局部放大图等,对装配图基本上适用。但由于零件图主要是表达零件的结构形状,而装配图则主要表达零件间的装配关系,因此,由于表达侧重点不同,装配图还有专门的规定画法和特殊表达方法。

一、规定画法

根据国家标准的有关规定,并综合前面章节中的有关表述,装配图画法有以下基本规则:

1. 相邻两零件的画法

为了明确零件表面间的相互关系,在装配图中,相邻两零件的接触面和配合面,不论间隙多大,规定只画一条线,见图 11-2。

2. 标准件和实心件的画法

对于标准件(螺栓、螺母、垫圈、销、键)和实心件(轴、手柄、拉杆、球)等零件,若按纵向剖切,即剖切平面通过其轴线或基本对称面时,这些零件均按未剖绘制。如需要特别表明零件的结构,如凹槽、键、销孔等,则可采用局部剖表示,见图 11-1 和图 11-4。

3. 剖面符号的画法

在剖视图中,相邻两零件的剖面线方向相反,三个或三个以上的金属零件相邻时,可使剖面线的倾斜方向相反,或者方向一致、间隔不等。当零件厚度在 2 mm 以下时,允许以涂黑代替剖面符号,见图 11-2。

二、特殊表达方法

零件图的各种表示法（视图，剖视图断面图等）同样适用于装配图，但装配图着重表达装配体的结构特点、工作原理和各零件间的装配关系。针对这一特点，国家标准制定了表达机器（或部件）装配图的特殊画法。

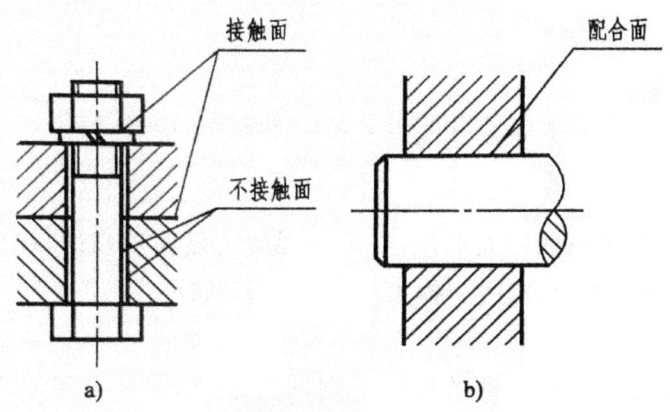

图 11-2 接触面和配合面的画法
（a）接触面画法 （b）配合面画法

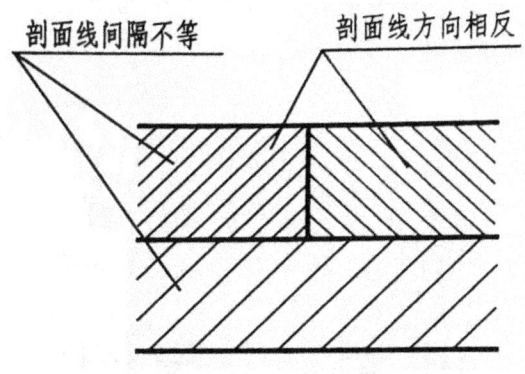

图 11-3 剖面线的画法

1. 沿零件的结合面剖切

假想沿某些零件的结合面选取剖切平面剖切，此时在零件结合面上不画剖面线。但被切部分（如螺杆、螺钉等）必须画出剖面线。如图 11-4 中的 A—A。

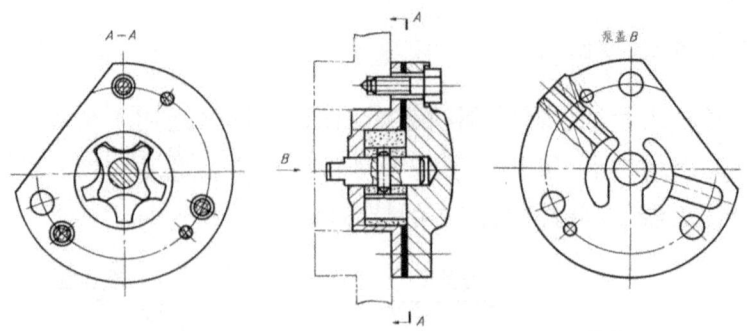

图 11-4 装配图沿结合面剖切画法和零件的单独表示法

2. 拆卸画法

装配图中某些常见的较大零件,在一个视图上已作过表达,在其他视图中可将其拆去不画,在其视图上方注出"拆去××"字样。如图 11-1。

3. 假想画法

(1) 当需要表示某些零件的运动范围和极限位置时,可用双点画线画出其轮廓。如图 11-5。

(2) 对于与本部件有关但不属于本部件的相邻零、部件,可用双点画线画出其轮廓线图形,表达与本部件装配关系。如图 11-5 左视图主轴箱。

4. 展开画法

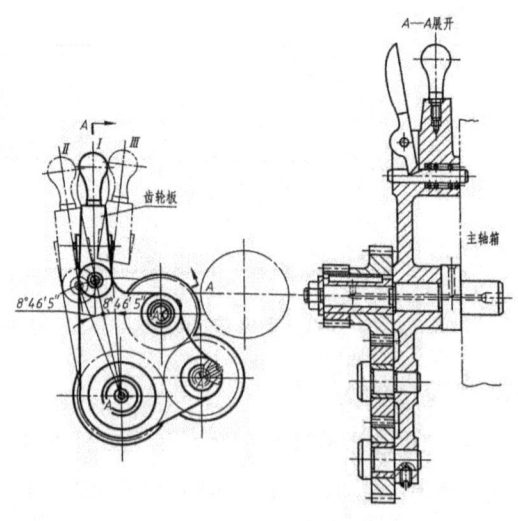

图 11-5 三星齿轮传动机构的假想和展开画法

在传动机构中,为了表达传动路线和零件间的装配关系,可假想按传动顺序沿轴线剖切,然后依次展开,使剖切平面摊平与选定的投影面平行,再画出其剖视图,这种画法称为展开画法。如图 11-5 左视图。

5. 夸大画法

在装配图中,如绘制直径或厚度小于 2 mm 的孔或薄片以及较小的斜度和锥度,允许该部分不按比例而夸大画出。见图 11-1、图 11-6。

6. 简化画法

(1) 在装配图中,同一规格并均匀分布的螺钉、螺栓等标准件,允许详细地画出一组或几组,其余的用点划线表示出轴线位置。如图 11-6。

(2) 对于零件的工艺结构,如退刀槽、倒角、倒圆等,可省略不画;螺栓头部、螺母的倒角及因倒角产生的曲线允许省略。如图 11-6。

(3) 在装配图中,对于带传动中的传动带可用细实线表示;在链传动中,链条可用点画线表示。

7. 单独零件的表达

在装配图中,可单独画出某零件的视图,但必须在所画视图上方注出该零件的视图名称,在相应视图的附近用箭头指明投射方向,并注上同样的字母。如图 11-4。

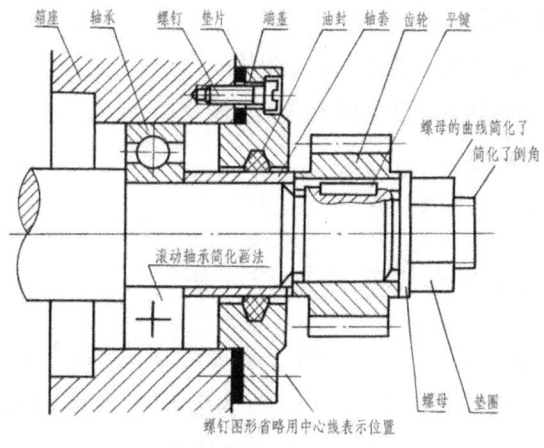

图 11-6 装配图的夸大画法和简化画法

第三节 装配图的视图选择

装配图的视图选择 是指选用一组恰当的视图,来表达机器或部件的功能、工作原理、零件间的装配关系。它要有利于生产,同时便于看图,必须满足以下要求:

(1) 完全:部件的工作原理、结构、装配关系及安装关系等内容表达要完全。

(2) 正确:视图、剖视、规定画法、及装配关系等的表示方法正确,符合国标规定。

（3）清楚：视图的表达清楚易懂。

一、装配图的视图选择原则

1. 分析表达对象，明确表达内容

装配图的视图选择与零件图一样，应使所选的每一个视图都有其表达的重点内容，具有独立存在的意义。

一般来讲，选择表达方案时应遵循这样的思路：从实物和有关资料了解机器或部件的功用、性能和工作原理，仔细分析各零件的结构特点以及装配关系，从而明确所要表达的具体内容。

2. 以装配体的工作原理为线索

从装配主线入手，用主视图及其他基本视图来表达对部件功能起决定作用的主要装配干线，兼顾次要装配干线，再辅以其他视图表达基本视图中没有表达清楚的部分，最后达到把装配体的工作原理、装配关系等完整清晰地表达出来。

3. 装配图的视图选择原则：

1）将反映信息量最多的视图作为主视图；
2）在满足要求的前提下，使视图数量为最少；
3）尽量避免使用虚线表示；
4）避免不必要的细节重复。

二、对所表达的机器或部件进行分析

机器或部件是由若干零件按一定的要求装配而成的，它的功能及工作原理是通过零件间的装配关系来实现的，而各零件间的装配关系则由零件间的位置关系、连接关系、配合关系、传动关系来体现。所以，选择视图时，应先从工作原理出发，仔细分析各零件的具体作用，只有分析清楚，才能拟定出合适的视图表达方案

现以图 11-7 所示的球阀为例。球阀是用于管道中启闭和调节液体流量的部件，工作时扳动扳手带动阀杆旋转，使阀芯通孔改变位置，从而调节通过球阀的流量大小。阀体和阀盖用螺柱和螺母联接。为了密封，在阀杆和阀体间装有密封环和螺纹压环，并在阀芯两侧装有密封圈。可以看出，球阀装配干线有两条：一条为垂直方向，是扳手的动作传到阀芯的传动路线；另一条是沿阀孔水平轴线的通道干线。此外，还有限制扳手转动角度的限位结构。经上述剖析后，对球阀的传动路线及作用有了清楚的了解，在选择视图时即可针对这些特点考虑表达方案。

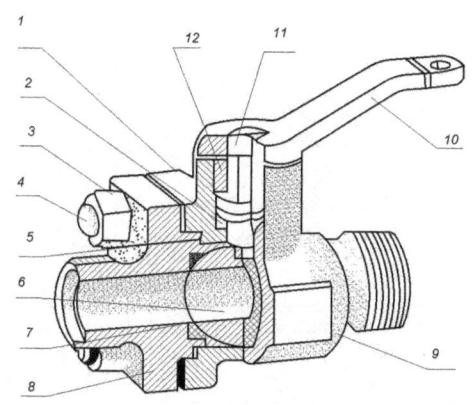

图 11-7 球阀
1—密封环 2—垫 3—螺母 4—螺柱 5—垫片 6—阀芯
7—密封圈 8—阀盖 9—阀体 10—扳手 11—阀杆 12—螺纹压环

三、主视图的选择

1. 确定装配体的安放位置

一般可将装配体按符合"工作位置原则"安放,以便了解装配体的情况及与其它机器的装配关系。如果装配体的工作位置倾斜,为画图方便,通常将装配体按放正后的位置画图。

2. 确定主视图的投影方向

装配体的安放位置确定以后,应该选择能较全面、明显地反映该装配体的主要工作原理、通常选择最能反映机器或部件的工作原理、传动关系、零件间主要的装配关系和主要结构特征的方向作为主视图的投射方向。

通常沿主要装配主干线或主要传动路线的轴线剖切,以剖视图来反映工作原理和装配关系,并兼顾考虑是否适宜采用特殊画法或简化画法。

3. 确定主视图的表达方法

由于多数装配体都有内部结构需要表达,因此,主视图多采用剖视图画出,如图11-8。所取剖视的类型及范围,要根据装配体内部结构的具体情况决定。

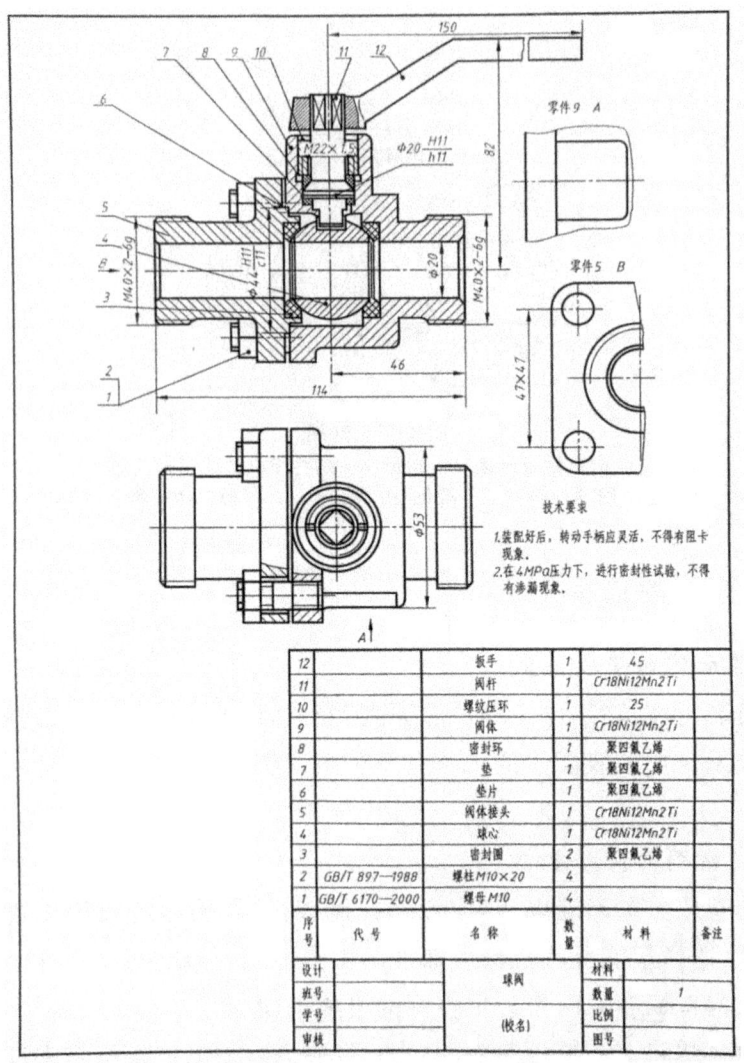

图 11-8 球阀的表达方案

四、其他视图的选择

其他视图选择的目的是补充主视图表达的不足。即主视图确定之后,若还有带全局性的装配关系、工作原理及主要零件的主要结构还未表达清楚,应选择其它基本视图来表达。

基本视图确定后,若装配体上尚还有一些局部的外部或内部结构需要表达时,可灵活地选用局部视图、局部剖视或断面等来补充表达。

第四节 装配图的尺寸标注、技术要求、零、部件序号和明细栏

一、装配图的尺寸标注

装配图主要是设计和装配机器或部件时用的图样,可不必注出零件的所有尺寸,因此,在装配图上只标注以下与装配图作用相关的尺寸。

1. 性能、规格尺寸

反映部件或机器的规格和工作性能。是设计和选用部件的主要依据(如图 11-8 所示球阀的阀体和阀盖的通孔直径 $\varnothing 20$)。

2. 装配关系尺寸

表示零件间装配关系和工作精度的尺寸。

配合尺寸:表示零件间有配合要求的一些重要尺寸。(如图 11-8 中所示球阀的阀体和阀盖的配合尺寸 $\varphi 44 \dfrac{H11}{c11}$,阀杆和阀体的配合尺寸 $\varphi 20 \dfrac{H11}{h11}$)

3. 连接尺寸

将部件安装在机器上,或机器安装在基础上,需要确定的尺寸。(如图 11-8 中螺纹压环与阀体连接螺纹的尺寸 M22×1.5 和明细栏中的螺柱 M10×20、螺母 M10 等)

4. 总体尺寸

表示机器或部件总长、总宽、总高的尺寸。它是包装、运输、安装和厂房设计时所需的尺寸。

5. 其他重要尺寸

不属于上述的尺寸,但设计或装备时需要保证的尺寸。

二、装配图的技术要求

装配图的技术要求主要是针对装配体的工作性能、装配及检验要求、调试要求、使用与维护要求所提出的,一般用文字、数字或符号注写在明细栏的上方或图纸的适当位置,必要时也可另编技术文件(如图 11-1、11—7)。

不同的装配体有不同的技术要求,一般可考虑以下三个方面:

1. 装配要求　装配后必须保证的精度;需要在装配时的加工说明;装配时的要求。

2. 检验要求 基本性能的检验方法和要求；对装配后必须达到的精度的检验方法说明；其他检验要求。

3. 使用要求 对装配体的基本性能、维护、保养的要求，以及使用操作时的注意事项。

三、装配图的零、部件序号和明细栏

为了便于看图、管理图样和组织生产，对装配图上所有零、部件均需进行编排序号，并按图中序号一一列在明细栏中。

1. 一般规定

（1）装配图中所有的零部件都必须编写序号；

（2）装配图中的规格相同的零、部件可以只编写一个序号；同一装配图中相同零部件用一个序号，一般只标注一次；多处出现的相同零部件，必要时也可重复标注；

（3）装配图中零、部件的序号，应与明细栏中的序号一致。

2. 零件序号的编写

（1）零件序号的通用表示法

装配图中零、部件序号由黑点（或箭头）、指引线、横线或圆圈、序号数字组成。如图11-9所示。

（2）零件序号注写方法

①序号数字应注写在图形轮廓线外，填写在指引线或圆圈内，也可写在指引线附近，如图11-9所示。注写应布置得美观整齐，指引线应自所指零件投影的可见轮廓线内引出，并在末端画一圆点，如图11-9所示。若所指零件的投影内不便画圆点（零件太薄或涂黑的剖面区域）时，可在指引线的末端画出箭头，并指向该部分的轮廓，如图11-9所示。序号数字高比装配图中所注尺寸数字高度大一号或两号。

②指引线不能相交，也尽量避免与其他指引线或剖面线平行，必要时允许指引线转折一次。

③对一组紧固件以及装配关系清楚的零件组，允许采用公共指引线，如图11-9所示。

④序号应沿水平或竖直方向，按顺时针或逆时针顺序排列整齐，如图11-9。

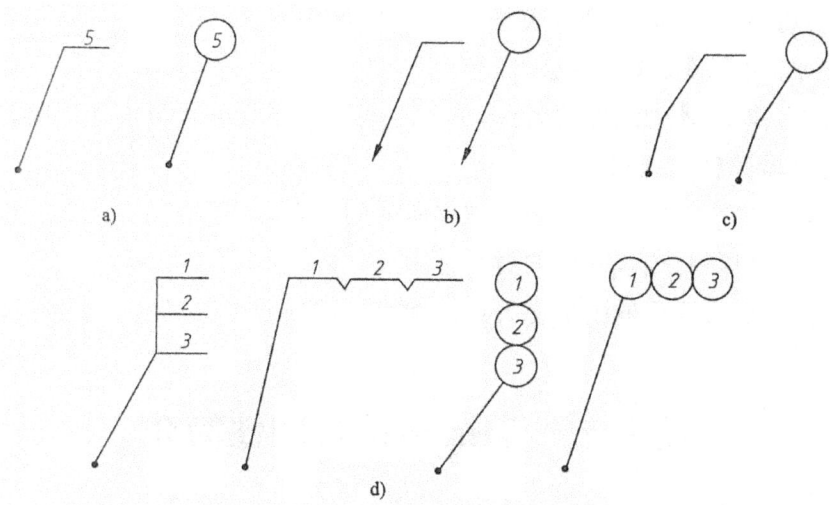

图 11-9　零(部)件序号编写方法
(a)一般序号编写的形式　(b)箭头代替圆点
(c)指引线曲折　(d)公共指引线

⑤同一装配图中编注序号的形式应一致。

3. 装配图的明细栏

明细栏是全部零、部件的详细目录,由序号、代号、名称、数量、材料、备注等组成。明细栏应画在标题栏上方,位置不够时,可在标题栏的左方接着画明细栏,如图 11-1、11-8。序号应由下向上顺序填写,以便增加零件时方便填写。外框和内格竖线为粗实线,横线为细实线,如图 11-10。

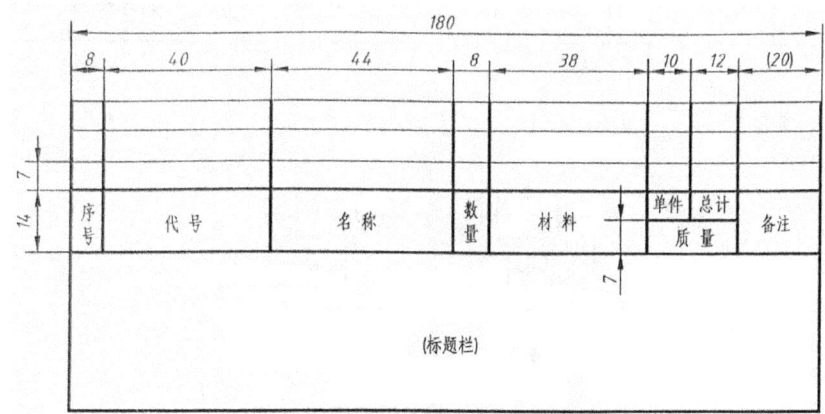

图 11-10　标题栏和明细栏的格式

明细栏一般由序号、代号、名称、数量、材料、质量(单件、总计)、备注等组成。下面就明细栏的填写说明如下:

1) 序号。填写装配图中零(部)件的序号并按由下而上的顺序填写,以便在需要增加零件时,可继续向上增添表格。

2) 代号。填写图样代号或标准号。

3) 名称。填写零(部)件的名称,必要时也可写出其形式与尺寸,如齿轮的模数和齿数、标准紧固件的规格等。

4) 数量。填写零(部)件在装配图中所需的数量。

5) 材料。填写制造该零件的材料标记。

6) 备注。填写该项的附加说明或其他有关的内容。

第五节　装配结构合理性简介

在设计机器或部件时,为了使零件装配成机器或部件后达到设计性能与功能要求,并考虑到加工和拆卸的方便,对装配结构要具有合理性要求。因此,在绘制装配体过程中,也应重视合理的画出装配结构。下面介绍一些常见的装配结构。

1. 接触面与配合面的结构

接触面的数量:两零件接触时,在同一方向上只应有一组接触面,这样既能保证零件较好地配合性质,又便于装配和加工,见图 11-11。

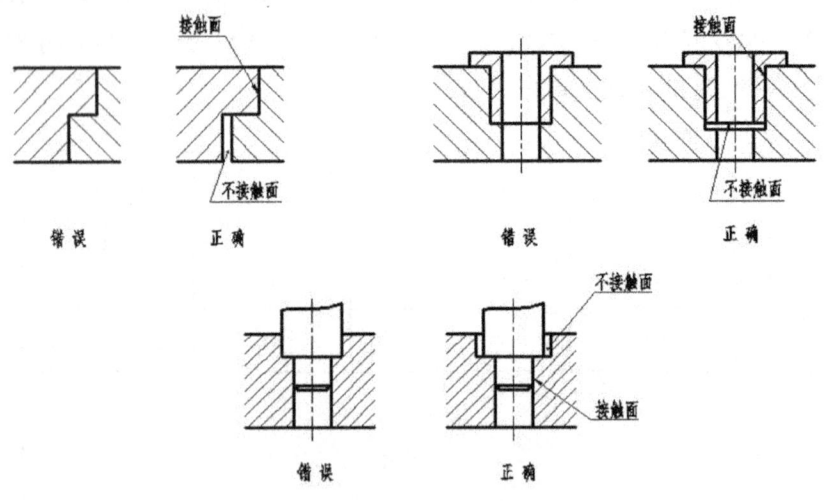

11-11　接触面的结构

2. 相邻零件配合转角处的结构

在两零件接触面的转角处,不应都加工成尖角或相同的圆角,否则两零件在转角处会相互干涉,使某个接触面配合不好。应在转角处加工出倒角或退刀槽等结构,以保证两个互相垂直的表面配合良好,见图 11-12。

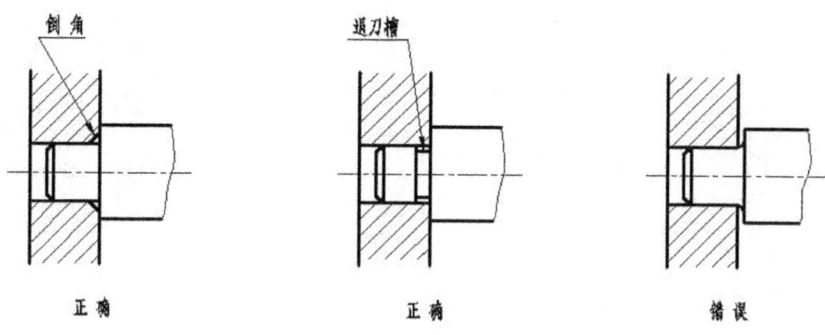

图 11-12　相邻零件配合转角处的结构

3. 方便拆卸的结构

(1) 为了便于拆卸时取出销子,尽可能将销孔加工成通孔,见图 11-13。

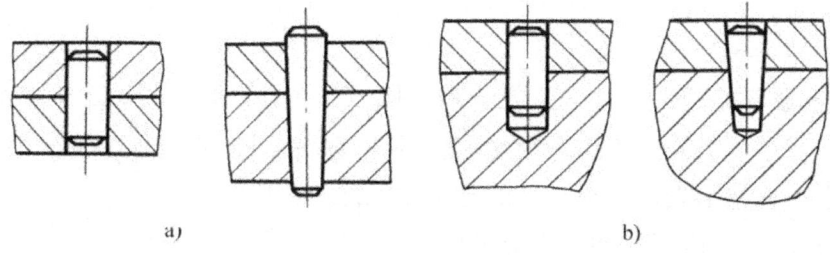

图 11-13　定位销装配结构

(2) 为了维修时容易拆卸轴承,轴肩或孔肩的高度应小于轴承内圈或外圈的厚度,见图 11-14。

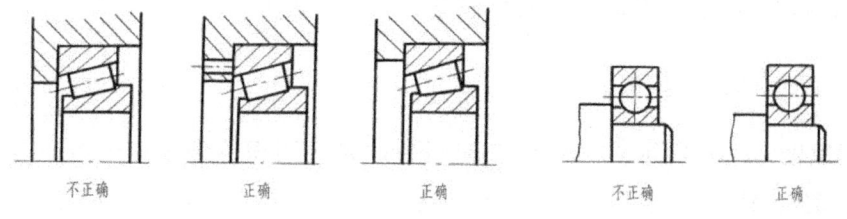

图 11-14　滚动轴承的定位结构

(3) 螺纹联接时为了方便拆装,必须留出扳手和其他旋具的活动空间,还要考虑螺钉拆装的空间。

4. 防松装置

常中用的防松形式见图见图 11-15。

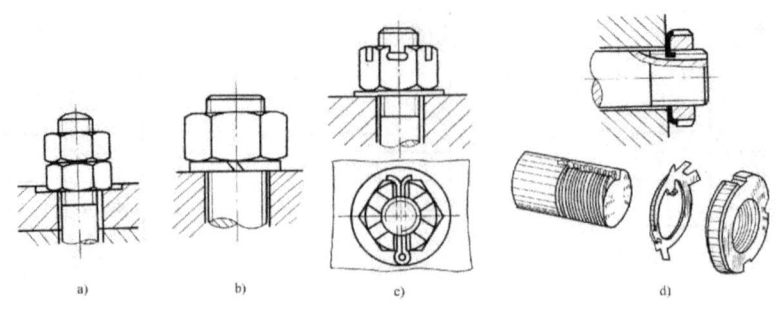

图 11-15 防松装置

第六节　识读装配图

在机器或部件的设计、制造、装配和维修工作中，在进行技术交流过程中，都必须看懂装配图，才能进行工作。因此，熟练地阅读装配图，正确地由装配图拆画零件图，是每个工程技术人员必须具备的基本技能之一。

读装配图主要应了解如下内容：

(1) 机器或部件的性能、工作原理、功用及名称；

(2) 零件之间的装配关系、连接方式、装拆顺序、相对位置和调整方式；

(3) 表达部件的方法，弄清零件的名称、数量、材料、作用和结构；

(4) 装配图中的规定画法和简化画法。

一、读装配图的方法

下面以图 11-16 所示机用虎钳装配图为例来说明识读装配图的方法与步骤。

1. 概括了解

首先阅读标题栏、明细栏、说明书以及相关资料等，了解部件名称、性能和用途，了解组成该部件的零件数量、材料和轮廓形状等，可对部件的基本功用、结构复杂程度和全貌有个概括的了解，为进一步细读装配图作准备。

如图，11-16 所示装配图的名称是机用虎钳，机用虎钳是在加工工件的过程中用来夹持固定工件的一个部件，是夹具中的一种，从明细栏可知机用虎钳是由 11 种零件组成，其中标准件有两种。按序号依次查明各零件的名称和所在位置。

2. 深入分析

(1) 视图分析

机用虎钳装配图是由三个基本视图来表达,主视图采用全剖视结合局部剖,表达了各零件之间的装配关系以及工作原理等,左视图采用半剖视补充表达了机用虎钳的内部结构以及固定钳身 1 的外形以及与滑动螺母 9 的装配关系。俯视图采用局部剖视,主要表达机用虎钳的外形以及护口板 2 与固定钳身 1 的连接方式等。单独画出件 2 的向视图。

(2) 装配关系和工作原理分析。

一般而言,产品零部件之间具有以下几类装配关系:

①配合关系,如图 11-16 中固定钳身件 1 与螺杆件 8(两处),活动钳身件 4 与滑动螺母 9;

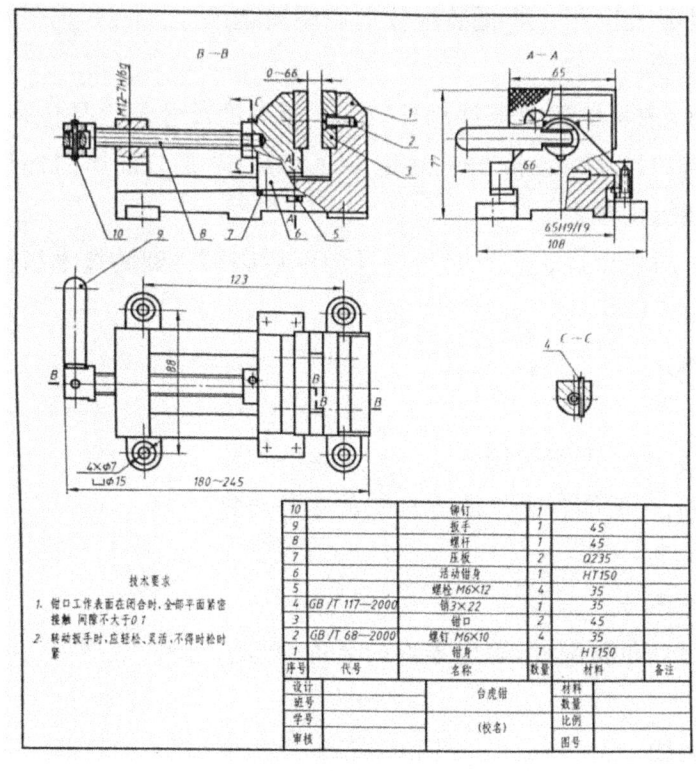

图 11-16 机用虎钳装配图

②连接关系,如图 11-16 中件 5、件 6、件 8 的销连接,件 3 与件 9,固定钳身件 1、护口板件 2、件 10 的螺钉连接,件 8 与滑动螺母件 9 的螺纹连接;

③运动关系,如图 11-16 相对运动关系,如件 2 护口板的开合,固定钳身件 1 与件 8 的相对转动,传动关系如件 8 与件 9 的螺纹传动。

④工作原理：

转动螺杆，活动钳身4通过滑动螺母9与螺杆8的连接，使活动钳身沿螺杆轴线方向移动，夹紧或松开工件，使用螺钉将两块钳口板固定在固定钳座和活动钳身上。

(3) 分析尺寸和技术要求

图 11-20 中标注了装配图中必要的尺寸：

①规格尺寸：反映部件或机器的规格和工作性能，0~70 是能够夹持工件的尺寸范围；

②装配尺寸：配合尺寸　表示零件间有配合要求的尺寸如 $\varphi12H8/f7$、$\varphi18H8/f7$、$\varphi20H8/n7$；表示装配时需要保证的零件间相对位置的尺寸 15；

③安装尺寸：将部件安装在机器上，或机器安装在基础上，需要确定的尺寸，左视图中 2 个沉孔及孔间距 114 是装配体的底座安装尺寸；件 2B 局部视图中的 40 是护口板的安装尺寸；

④总体尺寸：表示机器或部件总长、总宽、总高的尺寸。它是包装、运输、安装和厂房设计时所需的尺寸。总长 200、总宽 142、总高 59 是装配体的外形总体尺寸，为包装、运输、安装提供参考。

技术要求中对机用虎钳装配过程中及装配后必须达到的技术指标，调试、检验、安装做出了要求。

3．拆分零件

(1) 零件分类

①标准件：标准件不需画图；

②一般零件：一般零件是拆画零件图的主要对象。

(2) 分离零件

①利用零件序号

利用零件序号和明细栏，确定零件的名称、数量、材料、规格等，并找出在装配图中的位置。

②利用剖面线

根据装配图中相同零件在各个视图中的剖面符号相同，相邻零件的剖面符号不同，按投影关系，找出零件在各视图中的投影轮廓，综合想象出零件的形状。

③利用装配图的表达方法

根据装配图的表达方法，如螺纹连接件和实心轴结构等。

4．归纳总结

在以上分析的基础上，对整个装配体结构及其工作原理、连接、装配关系及各个零部件的位置、装配关系、作用、形状有了一个全面的认识,从而对其使用时的操作过程有进一步了解。

二、由装配图拆画零件图

由装配图拆画零件图简称拆图。即根据装配图,按照零件图的内容和要求,带设计性地画出零件图。

(1) 在画图前,必须认真阅读装配图,全面深入了解设计意图,弄清楚工作原理、装配关系、技术要求和每个零件结构形状。

(2) 画图时,不但要从设计方面考虑零件的作用和要求,而且还要从工艺方面考虑零件的制造和装配,应使所画的零件图符合设计和工艺要求。

1. 拆画零件

(1) 确定零件的形状

部件中大部分零件的结构可以在装配图中确定,少数复杂零件的某些局部结构,有时在装配图上无法表达清楚,需要进行构形设计。另外,装配图的简化画法中允许不画出的结构,需在零件图上补画,常用方法如下。

① 装配图的简化画法中允许不画出的细小结构,在拆画零件时,应查阅相关手册,把省略的结构补画出来,例如退刀槽、倒角、螺纹紧固件等结构。

② 在装配图中零件间相互遮挡的一些结构和线条,在零件图中要补画出来。

③ 有些结构在装配图中没必要表达得十分清楚,根据零件已知的结构、作用、相邻零件间的连接形状、工艺性和零件结构常识等因素,进行全面综合的构形设计。

(2) 确定零件图的表达方案

零件图的表达方案不能照搬装配图,要根据零件的结构特点和零件图的视图选择原则重新确定。但对于箱体类零件,主视图应尽可能与装配图的表达一致,以便于读图和画图。

2. 零件尺寸

零件尺寸的来源:

(1) 抄:在装配图中注出的与零件有关的装配尺寸,在零件图上直接抄注,如图 11-17 所示,$\varphi 18H8$、$\varphi 12H8$ 和 $2 \times \varphi 11$、114 等。

(2) 查:与标准件连接或配合的尺寸,在装配图中可以省略,但在拆画零件图时必须恢复这些小结构的尺寸,查阅相关手册确定,例如键槽、销钉、螺纹连接件等结构和尺寸,如 $\varphi 25$ 刮平等,如图 11-17 所示。

(3) 算:根据装配图中给出的尺寸参数,计算零件的有关尺寸,如齿轮的分度圆、齿顶圆可依据齿轮的模数和齿数等基本参数计算得出。

(4) 量:装配图中未确定的尺寸,要从装配图中按比例量取。

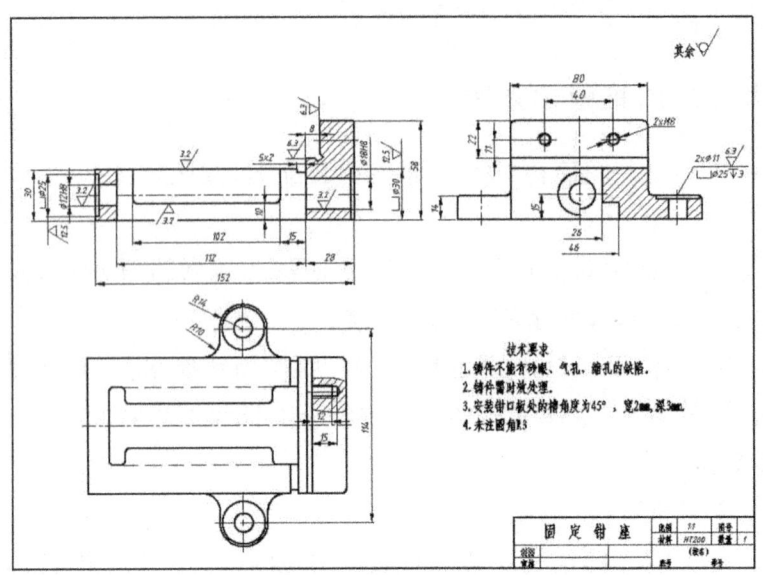

图 11-17　固定钳座零件图

3. 确定零件技术要求

零件的技术要求是保证零件加工质量的重要内容,应根据零件作用、与相关零件的装配关系和工艺结构等方面的要求来确定。

零件技术要求的注写方法:

(1) 抄:根据装配图标注的配合尺寸和技术要求,在零件图中抄注;

(2) 类比:将零件与其他类似零件进行比较,取其类似的技术要求,如表面粗糙度,形位公差等;

(3) 设计确定:根据理论分析及设计经验确定。

附　录

附录1　标准尺寸　（摘自 GB/T 2822—2005）

（单位：mm）

R10	R20	R40	R′	R10	R20	R40	R′	R10	R20	R40	R′	R10	R20	R40	R′
10	10				35.5	35.5	36		112	112	110		355	355	360
	11.2		11			37.5	38			118	120				375
															380
	12.5	12.5	12	40	40	40		125	125	125		400	400	400	
12.5		13.2	13			42.5	42			132	130			425	420
	14	14			45	45			140	140			450	450	
		15				47.5	48			150				475	480
	16	16		50	50	50		160	160	160		500	500	500	
16		17				53				170				530	
	18	18			56	56			180	180			560	560	
		19				60				190				600	
	20	20		63	63	63		200	200	200		630	630	630	
20	22.4	21.2	21			67				212	210			670	
		22.4	22		71	71			224	224	220		710	710	
		23.6	24			75				236	240			750	
	25	25		80	80	80		250	250	250		800	800	800	
25		26.5	26			85				265	260			850	
	28	28			90	90			280	280			900	900	
		30				95				300				950	
31.5	31.5	31.5	32	100	100	100		315	315	315	320	1000	1000	1000	
		33.5	34			106	105			335	340				

注：1. 本标准规定了 0.01～20000 mm（本表仅摘录 10－1000m）范围内机械制造业中常用的标准尺寸系列。

2. 本标准适用于有互换性或系列化要求的主要尺寸，其他结构尺寸也应尽可能采用。

3. 应优先在 R 系列中，并按 R10、H20、R40 的顺序选用标准尺寸。也可在相应的化整值 R′ 系列中选用标准尺寸。

附录2 常用化学元素符号(摘自 GB 3102.8—1993)

元素符号	Cr	Ni	Si	Mn	Al	P	W	Mo	V	Ti	Cu	Fe	B	Co	N
元素名称	铬	镍	硅	锰	铝	磷	钨	钼	钒	钛	铜	铁	硼	钴	氮
元素符号	Nb	Ta	Ca	C	RE	S	Be	Bi	Cd	Mg	Pb	Sb	Sn	Zn	In
元素名称	铌	钽	钙	碳	稀土	硫	铍	铋	镉	镁	铅	锑	锡	锌	铟

附录3 普通螺纹(摘自 GB/T 192、193、196、197—2003)

(单位:mm)

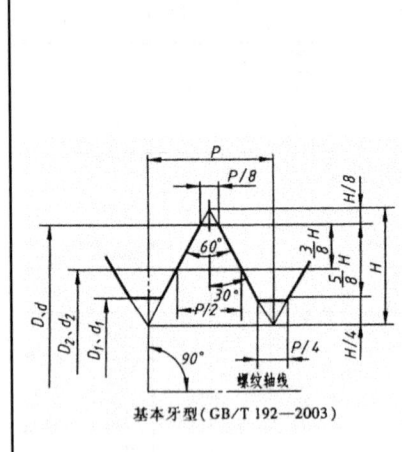

基本牙型(GB/T 192—2003)

1. D—内螺纹大径;d—外螺纹大径;D_2—内螺纹中径;d_2—外螺纹中径;D_1—内螺纹小径;d_1—外螺纹小径;P—螺距;H—原始三角形高度

2. $H = \dfrac{\sqrt{3}}{2}P = 0.866P$

$D_2(d_2) = D(d) - 2 \times \dfrac{3}{8}H = D(d) - 0.6495P$

$D_1(d_1) = D(d) - 2 \times \dfrac{5}{8}H = D(d) - 1.0825P$

3. 螺纹标记:

M24:公称直径为 24 mm 的粗牙普通螺纹;

M24×1.5:公称直径为 24 mm,螺距为 1.5 mm 的细牙普通螺纹;

M24×1.5 LH:公称直径为 24 mm,螺距为 1.5 mm,旋向为左旋的细牙普通螺纹。

公称直径 D、d		螺距 P	中径 D_2 或 d_2	小径 D_1 或 d_1	公称直径 D、d		螺距 P	中径 D_2 或 d_2	小径 D_1 或 d_1	公称直径 D、d		螺距 P	中径 D_2 或 d_2	小径 D_1 或 d_1
第一系列	第二系列				第一系列	第二系列				第一系列	第二系列			
6		1	5.350	4.917		18	2.5	16.376	15.294		33	3.5	30.727	29.211
							2	16.701	15.835			2	31.701	30.835
		0.75	5.513	5.188			1.5	17.026	16.376			1.5	32.026	31.376
							1	17.350	16.917					
8		1.25	7.188	6.647	20		2.5	18.376	17.294		36	4	33.402	31.670
							2	18.701	17.835			3	34.051	32.752
		1	7.350	6.917			1.5	19.026	18.376			2	34.701	33.835
		0.75	7.513	7.188			1	19.350	18.917			1.5	35.026	34.376

续表

公称直径 D、d	螺距 P	中径 D_2 或 d_2	小径 D_1 或 d_1	公称直径 D、d	螺距 P	中径 D_2 或 d_2	小径 D_1 或 d_1	公称直径 D、d	螺距 P	中径 D_2 或 d_2	小径 D_1 或 d_1
10	1.5	9.026	8.376	22	2.5	20.376	19.294	39	4	36.402	34.670
	1.25	9.188	8.647		2	20.701	19.835		3	37.051	35.752
	1	9.350	8.917		1.5	21.026	20.376		2	37.701	36.835
	0.75	9.513	9.188		1	21.350	20.917		1.5	38.026	37.376
12	1.75	10.863	10.106	24	3	22.051	20.752	42	4.5	39.077	37.129
	1.5	11.026	10.376		2	22.701	21.835		3	40.051	38.752
	1.25	11.188	10.647		1.5	23.026	22.376		2	40.701	39.835
	1	11.350	10.917		1	23.350	22.917		1.5	41.026	40.376
14	2	12.701	11.835	27	3	25.051	23.752	45	4.5	42.077	40.129
	1.5	13.026	12.376		2	25.701	24.835		3	43.051	41.752
	1	13.350	12.917		1.5	26.026	25.376		2	43.701	42.835
					1	26.350	25.917		1.5	44.026	43.376
16	2	14.701	13.835	30	3.5	27.727	26.211	48	5	44.752	42.587
	1.5	15.026	14.376		2	28.701	27.835		3	46.051	44.752
	1	15.350	14.917		1.5	29.026	28.376		2	46.701	45.835
					1	29.350	28.917		1.5	47.026	46.376

注：1. 本标准规定螺纹公称直径为 1~300 mm，本表仅摘录 6~48 mm 部分。

2. 公称直径优先选用第一系列，其次第二系列，本表未列入第三系列和标准建议尽可能不用的螺距。

3. 在每个直径所对应的诸螺距中，第一个数字为粗牙螺纹螺距，其余为细牙螺纹螺距。

附录 4　55°非密封管螺纹　（摘自 GB/T 7307—2001）

（单位：mm）

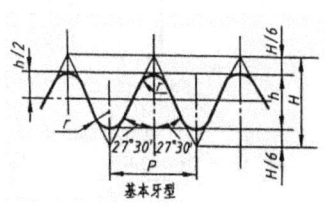
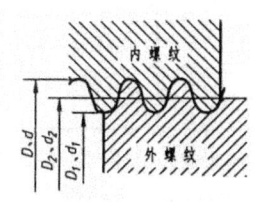

1. 内螺纹：G1
2. A 级外螺纹：G1　A；
3. B 级外螺纹：G1　B；
4. 左旋内螺纹：G1　—LH；
5. 左旋 A 级外螺纹：G1　A—LH。

螺纹的公称尺寸

尺寸代号	每25.4 mm 内的牙数 n	螺距 P	牙高 h	基本直径		
				大径 $d=D$	中径 $d_2=D_2$	小径 $d_1=D_1$
1/16	28	0.907	0.581	7.723	7.142	6.561
1/8	28	0.907	0.581	9.728	9.147	8.566
1/4	19	1.337	0.856	13.157	12.301	11.445
3/8	19	1.337	0.856	16.662	15.806	14.950
1/2	14	1.814	1.162	20.955	19.793	18.631
5/8	14	1.814	1.162	22.911	21.749	20.587
3/4	14	1.814	1.162	26.441	25.279	24.117
7/8	14	1.814	1.162	30.201	29.039	27.877
1	11	2.309	1.479	33.249	31.770	30.291
1 1/8	11	2.309	1.479	37.897	36.418	34.939
1 1/4	11	2.309	1.479	41.910	40.431	38.952
1 1/2	11	2.309	1.479	47.803	46.324	44.845
1 3/4	11	2.309	1.479	53.746	52.267	50.788
2	11	2.309	1.479	59.614	58.135	56.656
2 1/4	11	2.309	1.479	65.710	64.231	62.752
2 1/2	11	2.309	1.479	75.184	73.705	72.226
2 3/4	11	2.309	1.479	81.534	80.055	78.576
3	11	2.309	1.479	87.884	86.405	84.926
3 1/2	11	2.309	1.479	100.330	98.851	97.372
4	11	2.309	1.479	113.030	111.551	110.072
4 1/2	11	2.309	1.479	125.730	124.251	122.772
5	11	2.309	1.479	138.430	136.951	135.472
5 1/2	11	2.309	1.479	151.130	149.651	148.172
6	11	2.309	1.479	163.830	162.351	160.872

注:1. 本标准规定了牙型角为55°、螺纹副本身不具有密封性的圆柱管螺纹的牙型、尺寸、公差和标记。适用于管子、阀门、管接头、旋塞及其他管路附件的螺纹连接。

2. 若要求此连接具有密封性,应在螺纹以外设计密封面结构(例如圆锥面、平端面等)。在密封面内加合适的密封介质,利用螺纹将密封面锁紧密封。

附录 5 梯形螺纹（摘自 GB/T 5796.1～5796.4—2005）

(单位:mm)

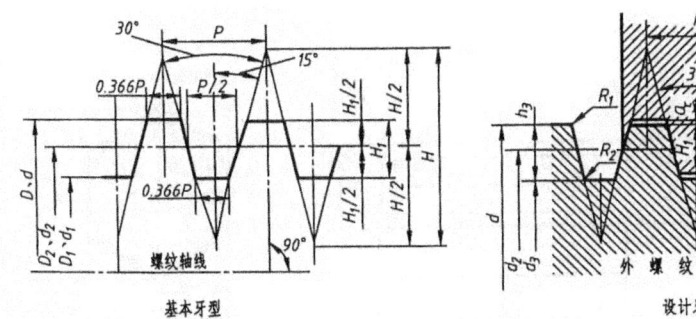

基本牙型　　　　　　　　　　设计牙型

D、d — 内、外螺纹大径

D_2、d_2 — 内、外螺纹中径

D_1、d_1 — 内、外螺纹小径

P — 螺距

H — 原始三角形高度

H_1 — 基本牙型牙高

螺纹代号示例：

例1：公称直径为 40 mm、螺距为 7 mm 的单线梯形螺纹：T40×7。

例2：公称直径为 40 mm、导程为 14 mm、螺距为 7 mm，左旋的双线梯形螺纹：TH40×14(P7)LH。

公称直径 d		螺距 P	中径 $d_2=D_2$	大径 D_4	小径		公称直径 d		螺距 P	中径 $d_2=D_2$	大径 D_4	小径	
第一系列	第二系列				d_3	D_1	第一系列	第二系列				d_3	D_1
8		1.5	7.25	8.3	6.2	6.5	28		5	25.5	28.5	22.5	23
	9	2	8	9.5	6.5	7		30	6	27	31	23	24
10		2	9	10.5	7.5	8	32		6	29	33	25	26
	11	2	10	11.5	8.5	9		34	6	31	35	27	28
12		3	10.5	12.5	8.5	9	36		6	33	37	29	30
	14	3	12.5	14.5	10.5	11		38	7	34.5	39	30	31
16		4	14	16.5	11.5	12	40		7	36.5	41	32	33
	18	4	16	18.5	13.5	14		42	7	38.5	43	34	35
20		4	18	20.5	15.5	16	44		7	40.5	45	36	37
	22	5	19.5	22.5	16.5	17		46	8	42	47	37	38
24		5	21.5	24.5	18.5	19	48		8	44	49	39	40
	26	5	23.5	26.5	20.5	21	50		8	46	51	41	42

注：1. 本标准规定了一般用途梯形螺纹基本牙型，公称直径为 38～300 mm（本表仅摘录 8～50 mm）的直径与螺距系列以及公称尺寸。

2. 应优先选用第一系列的直径。

3. 在每个直径所对应的诸螺距中，本表仅摘录应优先选用的螺距和相应的公称尺寸。

附录6 六角头螺栓（GB/T 5782—2000）

(单位:mm)

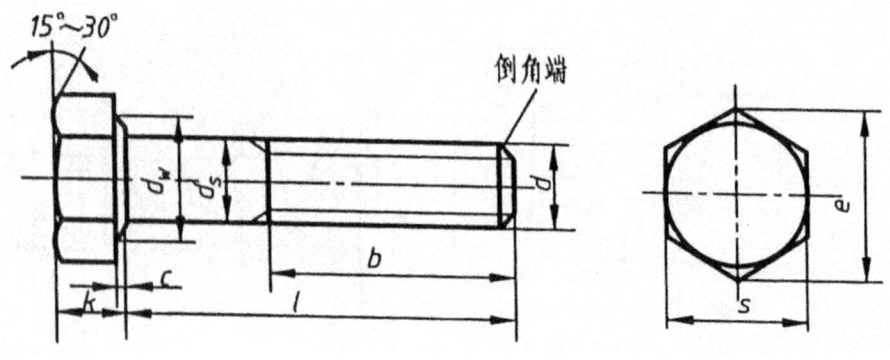

标记示例

螺纹规格 d = M12,公称长度 l = 80 mm,性能等级为8.8级,表面氧化、产品等级为A级的六角头螺栓的标记:

螺栓 GB/T 5782 M12×80

螺纹规格 d		M5	M6	M8	M10	M12	M16	M20	M24	M30	M36	M42	M48
螺距 P		0.8	1	1.25	1.5	1.75	2	2.5	3	3.5	4	4.5	5
$b_{参考}$	$l_{公称} \leq 125$	16	18	22	26	30	38	46	54	66	—	—	—
	$125 < l_{公称} \leq 200$	22	24	28	32	36	44	52	60	72	84	96	108
	$l_{公称} > 200$	35	37	41	45	49	57	65	73	85	97	109	121
c	max	0.5	0.5	0.6	0.6	0.6	0.8	0.8	0.8	0.8	0.8	1.0	1.0
	min	0.15	0.15	0.15	0.15	0.15	0.2	0.2	0.2	0.2	0.2	0.3	0.3
d_s	公称=max	5	6	8	10	12	16	20	24	30	36	42	48
$d_{w\,min}$	A	6.88	8.88	11.63	14.63	16.63	22.49	28.19	33.61	—	—	—	—
	B	6.74	8.74	11.47	14.47	16.47	22	27.7	33.25	42.75	51.11	59.95	69.45
e_{min}	A	8.79	11.05	14.38	17.77	20.03	26.75	33.53	39.98	—	—	—	—
	B	8.63	10.89	14.20	17.59	19.85	26.17	32.95	39.55	50.85	60.79	71.3	82.6
k	公称	3.5	4	5.3	6.4	7.5	10	12.5	15	18.7	22.5	26	30
s	公称=max	8	10	13	16	18	24	30	36	46	55	65	75
l	范围	25~50	30~60	40~80	45~100	50~120	65~160	80~200	90~240	110~300	140~360	160~440	180~480
l	系列	20~70(5进位)、70~160(10进位)、160~500(20进位)											

注:1. 本标准规定螺纹规格为 M1.6~M64。本附录仅摘录优选系列中的 M5~M48 部分。

2. 当螺栓长度小于 l 范围的上限值时,建议采用全螺纹螺栓 GB/T 5783—2000；当需要细牙螺纹的螺栓时,可采用 GB/T 5785—2000 和 GB/T 5786—2000。

3. 产品等级:A级用于 $d \leq 24$ mm 和 $l \leq 10d$ 或 $l \leq 150$ mm(按较小值);B级用于 $d > 24$ mm,或 $l > 10d$ 或 $l > 150$ mm(按较小值)。

附录 7 双头螺柱

(单位:mm)

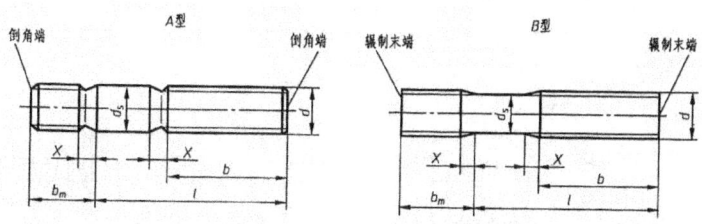

$b_m=1d$(GB/T 897—1988),$b_m=1.25d$(GB/T 898—1988)
$b_m=1.5d$(GB/T 899—19888),$b_m=2d$(GB/T 900—1988)

标记示例

1. 两端均为粗牙普通螺纹,$d=10$ mm,$l=50$ mm,性能等级为4.8级,不经表面处理,B型,$b_m=1d$ 的螺柱:螺柱 GB 897 M10 ×50。

2. 旋入机体一端为粗牙普通螺纹,旋螺母一端为螺距 $P=1$ mm 的细牙普通螺纹,$d=10$ mm,$l=50$ mm,性能等级为4.8级,不经表面处理,A 型,$b_m=2d$ 的螺柱:螺柱 GB 900 AM10—M10×1×50。

螺纹规格 d		M5	M6	M8	M10	M12	M16	M20	M24	M30	M36	M42	M48
b_m	GB/T 897	5	6	8	10	12	16	20	24	30	36	42	48
	GB/T 898	6	8	10	12	15	20	25	30	38	45	52	60
	GB/T 899	8	10	12	15	18	24	30	36	45	54	63	72
	GB/T 900	10	12	16	20	24	32	40	48	60	72	84	96
d_{smax}		5	6	8	10	12	16	20	24	30	36	42	48
X_{max}		\multicolumn{12}{c}{1.5P}
$\dfrac{l}{b}$		$\dfrac{16\sim20}{10}$	$\dfrac{20\sim22}{10}$	$\dfrac{20\sim22}{12}$	$\dfrac{25\sim28}{14}$	$\dfrac{25\sim30}{16}$	$\dfrac{30\sim38}{20}$	$\dfrac{35\sim40}{25}$	$\dfrac{45\sim50}{30}$	$\dfrac{60\sim65}{40}$	$\dfrac{65\sim75}{45}$	$\dfrac{70\sim80}{50}$	$\dfrac{80\sim90}{60}$
		$\dfrac{25\sim50}{16}$	$\dfrac{25\sim30}{14}$	$\dfrac{25\sim30}{16}$	$\dfrac{30\sim38}{16}$	$\dfrac{32\sim40}{20}$	$\dfrac{40\sim55}{30}$	$\dfrac{45\sim65}{35}$	$\dfrac{55\sim75}{45}$	$\dfrac{70\sim90}{50}$	$\dfrac{80\sim110}{60}$	$\dfrac{85\sim110}{70}$	$\dfrac{95\sim110}{80}$
			$\dfrac{32\sim75}{18}$	$\dfrac{32\sim90}{22}$	$\dfrac{40\sim120}{26}$	$\dfrac{45\sim120}{30}$	$\dfrac{60\sim120}{38}$	$\dfrac{70\sim120}{46}$	$\dfrac{80\sim120}{54}$	$\dfrac{95\sim120}{66}$	$\dfrac{120}{78}$	$\dfrac{120}{90}$	$\dfrac{120}{102}$
					$\dfrac{130}{32}$	$\dfrac{130\sim180}{36}$	$\dfrac{130\sim200}{44}$	$\dfrac{130\sim200}{52}$	$\dfrac{130\sim200}{60}$	$\dfrac{130\sim200}{72}$	$\dfrac{130\sim200}{84}$	$\dfrac{130\sim200}{96}$	$\dfrac{130\sim200}{108}$
							$\dfrac{210\sim250}{85}$	$\dfrac{210\sim300}{97}$	$\dfrac{210\sim300}{109}$	$\dfrac{210\sim300}{121}$			
l 系列		\multicolumn{12}{l}{16,(18),20,(22),25,(28),30,(32),35,(38),40,45,50,(55),60,(65),70,(75),80,(85),90,(95),100~260(10进位),260—300(20进位)}

注:1. l 系列中,尽可能不采用括号内的规格。

2. P—粗牙螺距。

3. 当 $b-b_m\leqslant 5$ mm 时,旋螺母一端应制成倒圆端。

4. 允许采用细牙螺纹和过渡配合螺纹。

附录8 开槽螺钉

(单位:mm)

开槽圆柱头螺钉(GB/T 65—2000)　开槽盘头螺钉(GB/T 67—2008)　开槽沉头螺钉(GB/T 68—2000)

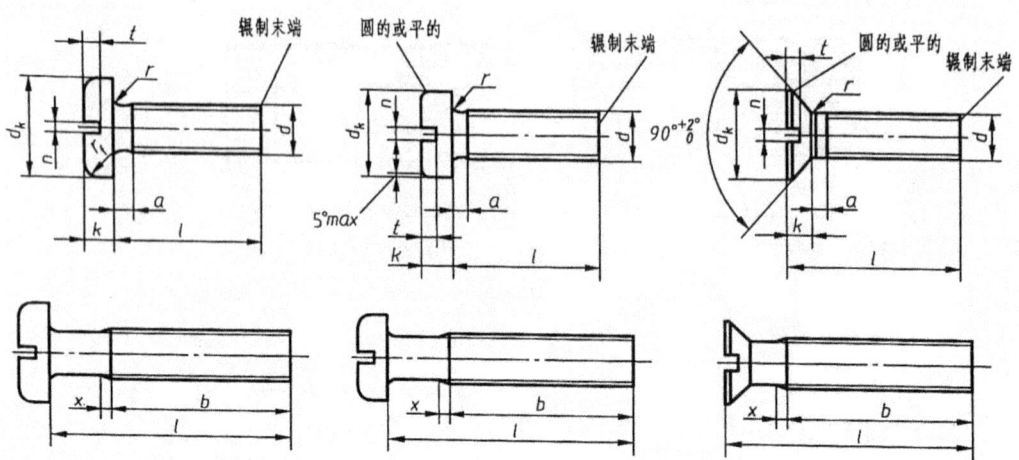

标记示例:螺纹规格 $d=M5$,公称长度 $l=20$ mm,性能等级 4.8 级,不经表面处理的 A 级开槽圆柱头螺钉:螺钉 GB/T 65 M5×20。

	螺纹规格 d	M1.6	M2	M2.5	M3	M4	M5	M6	M8	M10
	螺距 P	0.35	0.4	0.45	0.5	0.7	0.8	1	1.25	1.5
GB/T 65—2000	$d_{k\max}$	3	3.8	4.5	5.5	7	8.5	10	13	16
	$k_{\max}$	1.1	1.4	1.8	2	2.6	3.3	3.9	5	6
	$t_{\min}$	0.45	0.6	0.7	0.85	1.1	1.3	1.6	2	2.4
	$r_{\min}$	0.1	0.1	0.1	0.1	0.2	0.2	0.25	0.4	0.4
	l 范围	2~16	3~20	3~25	4~30	5~40	6~50	8~60	10~80	12~80
	全螺纹长度	30	30	30	30	40	40	40	40	40
GB/T 67—2008	$d_{k\max}$	3.2	4	5	5.6	8	9.5	12	16	20
	$k_{\max}$	1	1.3	1.5	1.8	2.4	3	3.6	4.8	6
	$t_{\min}$	0.35	0.5	0.6	0.7	1	1.2	1.4	1.9	2.4
	$r_{\min}$	0.1	0.1	0.1	0.1	0.2	0.2	0.25	0.4	0.4
	l 范围	2~16	2.5~20	3~25	4~30	5~40	6~50	8~60	10~80	12~80
	全螺纹长度	30	30	30	30	40	40	40	40	40

续表

螺纹规格 d		M1.6	M2	M2.5	M3	M4	M5	M6	M8	M10
螺距 P		0.35	0.4	0.45	0.5	0.7	0.8	1	1.25	1.5
GB/T 68—2000	$d_{k\max}$	3	3.8	4.7	5.5	8.4	9.3	11.3	15.8	18.3
	$k_{\max}$	1	1.2	1.5	1.65	2.7	2.7	3.3	4.65	5
	$t_{\min}$	0.32	0.4	0.5	0.6	1	1.1	1.2	1.8	2
	$r_{\min}$	0.4	0.5	0.6	0.8	1	1.3	1.5	2	2.5
	l 范围	2.5~16	3~20	4~25	5~30	6~40	8~50	8~60	10~80	12~80
	全螺纹长度	30	30	30	30	45	45	45	45	45
$a_{\max}$		0.7	0.8	0.9	1	1.4	1.6	2	2.5	3
$b_{\min}$		25	25	25	25	38	38	38	38	38
n 公称		0.4	0.5	0.6	0.8	1.2	1.2	1.6	2	2.5
$x_{\max}$		0.9	1	1.1	1.25	1.75	2	2.5	3.2	3.8
l 系列		2,3,4,5,6,8,10,12,(14),16,20,25,30,35,40,45,50,(55),60,(65),70,(75),80								

注：无螺纹部分杆径约等于螺纹中径或允许等于螺纹大径。

附录9　十字槽螺钉

（单位：mm）

十字槽盘头螺钉(GB/T 818—2000)

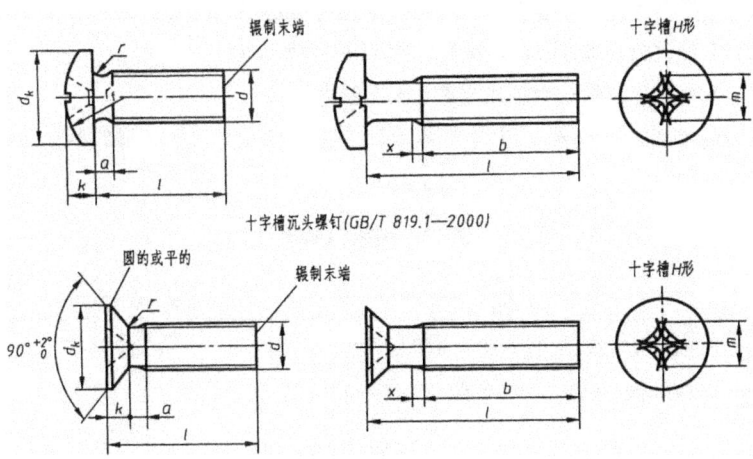

十字槽沉头螺钉(GB/T 819.1—2000)

标记示例：

螺纹规格 d＝M5、公称长度 l＝20 mm、性能等级为4.8级、不经表面处理的 A 级 H 型十字槽盘头螺钉：

螺钉 GB/T 818　M5×20

螺纹规格 d＝M5、公称长度 l＝20 mm、性能等级为4.8级、不经表面处理的 A 级 H 型十字槽沉头螺钉：

螺钉 GB/T 819.1 M5×20

螺纹规格 d			M1.6	M2	M2.5	M3	M4	M5	M6	M8	M10
螺距 P			0.35	0.4	0.45	0.5	0.7	0.8	1	1.25	1.5
a	max		0.7	0.8	0.9	1	1.4	1.6	2	2.5	3
b	min		25	25	25	25	38	38	38	38	38
x	max		0.9	1	1.1	1.25	1.75	2	2.5	3.2	3.8
十字槽 No.			0	0	1	1	2	2	3	4	4
l 系列			3,4,5,6,8,10,12,(14),16,20,25,30,35,40,45,50,(55),60								
GB/T 818—2000	d_k		3.2	4	5	5.6	8	9.5	12	16	20
	k		1.3	1.6	2.1	2.4	3.1	3.7	4.6	6	7.5
	r		0.1	0.1	0.1	0.1	0.2	0.2	0.25	0.4	0.4
	r_f		2.5	3.2	4	5	6.5	8	10	13	16
	m		1.7	1.9	2.7	3	4.4	4.9	6.9	9	10.1
	l 范围		3～16	3～20	3～25	4～30	5～40	6～45	8～60	10～60	12～60
	全螺纹长度		25	25	25	25	40	40	40	40	40
GB/T 819.1—2000	d_k		3.0	3.8	4.7	5.5	8.4	9.3	11.3	15.8	18.3
	k		1	1.2	1.5	1.65	2.7	2.7	3.3	4.65	5
	r		0.4	0.5	0.6	0.8	1	1.3	1.5	2	2.5
	m		1.6	1.9	2.9	3.2	4.6	5.2	6.8	8.9	10
	l 范围		3～16	3～20	3～25	4～30	5～40	6～50	8～60	10～60	12～60
	全螺纹长度		30	30	30	30	45	45	45	45	45

注：1. 材料为钢，螺纹公差 6g，性能等级 4.8 级，产品等级 A 级。

2. 无螺纹部分杆径约等于螺纹中径或允许等于螺纹大径。

3. 十字槽螺钉的槽型有 H 型和 Z 型两种，本附录仅摘录 H 型。对于 Z 形的形式和尺寸 m 可查标准。

附录 10 型六角螺母

（单位：mm）

Ⅰ型六角头螺母—A 和 B 级（摘自 GB/T 6170—2000）

Ⅰ型六角头螺母—细牙—A 和 B 级（摘自 GB/T 6171—2000）

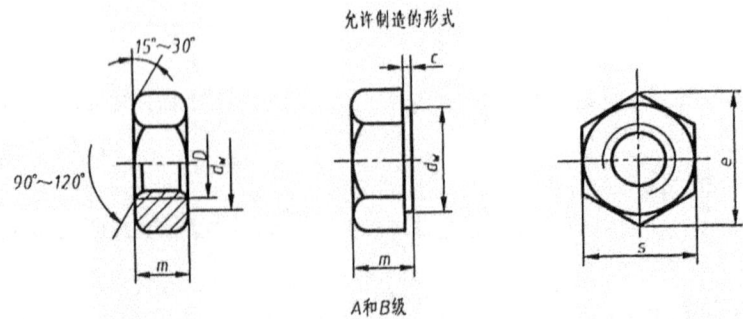

标记示例

螺纹规格 M12、性能等级为 8 级、不经表面处理、产品等级为 A 级的 I 型六角螺母的标记：

螺母 GB/T 6170 M12

螺纹规格 D	M4	M5	M6	M8	M10	M12	M16	M20	M24	M30	M36	M42	M48
螺距 P	0.7	0.8	1	1.25	1.5	1.75	2	2.5	3	3.5	4	4.5	5
c_{max}	0.4	0.5	0.5	0.6	0.6	0.6	0.8	0.8	0.8	0.8	0.8	1	1
s_{max}	7	8	10	13	16	18	24	30	36	46	55	65	75
e_{min}	7.66	8.79	11.05	14.38	17.77	20.03	26.75	32.95	39.55	50.85	60.79	71.3	82.6
m_{max}	3.2	4.7	5.2	6.8	8.4	10.8	14.8	18	21.5	25.6	31	34	38
$d_{w\,min}$	5.9	6.9	8.9	11.6	14.6	16.6	22.5	27.7	33.3	42.8	51.1	60	69.5

注：1. A 级用于 D≤16 mm 的螺母；B 级用于 D>16 mm 的螺母。

2. 螺纹公差：A、B 级为 6H；力学性能等级：A、B 级为 6、8、10 级。

附录 11　普通垫圈

（单位：mm）

平垫圈　A 级（GB/T 97.1—2002）　　　　平垫圈　倒角型　A 级（GB/T 97.2—2002）

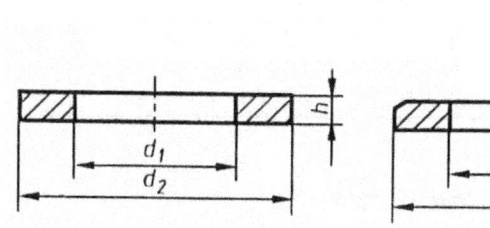

标记示例：

标准系列、公称规格 8 mm、由钢制造的硬度等级为 200HV 级、不经表面处理、产品等级为 A 级的平垫圈的标记：

垫圈 GB/T 97.1　8

公称规格（螺纹大径 d）	5	6	8	10	12	16	20	24	30	36
内径 d_1（公称 min）	5.3	6.4	8.4	10.5	13	17	21	25	31	37
外径 d_2（公称 max）	10	12	16	20	24	30	37	44	56	66
厚度 h（公称）	1	1.6	1.6	2	2.5	3	3	4	4	5

注：本附录仅摘录 GB/T 97.1—2002 和 GB/T 97.2—2002 中公称规格（螺纹大径）为 5~36 mm 的优选尺寸。

附录12　标准型弹簧垫圈(GB/T 93—1987)

(单位：mm)

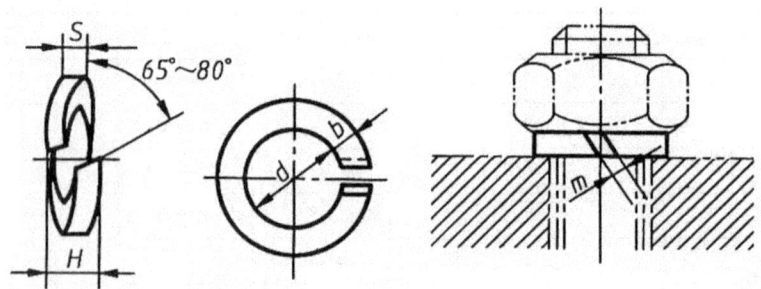

标记示例：

规格为16 mm，材料为65Mn，

表面氧化的标准型弹簧垫圈：

垫圈 GB/T 93—1987　16

规格(螺纹大径)	5	6	8	10	12	16	20	24	30	36	42	48
d_{min}	5.1	6.1	8.1	10.2	12.2	16.2	20.2	24.5	30.5	36.5	42.5	48.5
$S(b)$(公称)	1.3	1.6	2.1	2.6	3.1	4.1	5	6	7.5	9	10.5	12
H_{min}	2.6	3.2	4.2	5.2	6.2	8.2	10	12	15	18	21	24
$m \leqslant$	0.65	0.8	1.05	1.3	1.55	2.05	2.5	3	3.75	4.5	5.25	6

注：m 应大于零。

附录13　普通平键

(单位：mm)

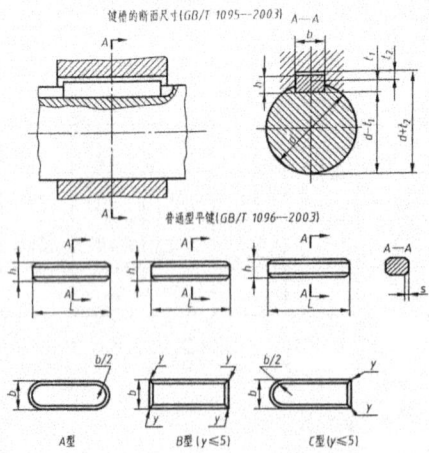

标记示例：

圆头普通平键(A型) $b=16$ mm、$h=10$ mm、

$L=100$ mm；GB/T 1096 键 16×10×100

平头普通平键(B型) $b=16$ mm、

$h=10$ mm、$L=100$ mm：

GB/T 1096 键 B16×10×100

单圆头普通平键(C型) $b=16$ mm、

$h=10$ mm、$L=100$ mm：

GB/T 1096 键 C16×10×100

轴	键			键槽								
				宽度 b 的极限偏差					深 度			
公称直径 d	公称尺寸 b×h	C 或 r	L 范围	松连接		正常连接		紧密连接	轴 t_1		毂 t_2	
				轴 H9	毂 D10	轴 N9	毂 JS9	轴和毂 P9	公称尺寸	极限偏差	公称尺寸	极限偏差
>12~17	5×5	0.25~0.40	10~56	+0.030	+0.078	0	±0.015	-0.012~	3.0	+0.1	2.3	+0.1
>17~22	6×6	0.25~0.40	14~70	0	+0.030	-0.030		-0.042	3.5	0	2.8	
>22~30	8×7	0.25~0.40	18~90	+0.036	+0.098	0	±0.01	-0.015	4.0		3.3	
>30~38	10×8	0.40~0.60	22~110	0	+0.040	-0.036		-0.051	5.0		3.3	
>38~44	12×8	0.40~0.60	28~140						5.0		3.3	
>44~50	14×9	0.40~0.60	36~160	+0.043	+0.120	0	±0.02	-0.018	5.5		3.8	
>50~58	16×10	0.40~0.60	45~180	0	+0.050	-0.043		-0.061	6.0	+0.2	4.3	+0.2
>58~65	18×11	0.40~0.60	50~200						7.0	0	4.4	0
>65~75	20×12	0.60~0.80	56~220						7.5		4.9	
>75~85	22×14	0.60~0.80	63~250	+0.052	+0.0149	0	±0.02	-0.022	9.0		5.4	
>85~95	25×14	0.60~0.80	70~280	0	+0.065	-0.052		-0.074	9.0		5.4	
>95~110	28×16	0.60~0.80	80~320						10.0		6.4	
键的长度系列	10,12,14,16,18,20,22,25,28,32,36,40,45,50,56,63,70,80,90,100,110,125,140,160,180,200,220,250,280,320											

注:1.轴的公称直径 d(对应可查选用键的尺寸 $b×h$)的数据居并非标准规定,为作者所推荐,仅供参考。

2.在工作图中,轴槽深用$(d-t_1)$标注,轮毂槽深用$(d+t_2)$标注。$(d-t_1)$和$(d+t_2)$两组组合尺寸的极限偏差按相应的 t_1 和 t_2 的极限偏差选取,但$(d-t_1)$极限偏差值应取负号"—"。

3.平键长 L 公差为 h14,宽 b 公差为 h9,高 h 公差为 h11。

4.平键轴槽的长度公差用 H14。

5.轴槽、轮毂槽的键槽宽度 b 两侧面表面粗糙度参数 R_a 值推荐为 $1.6~3.2\mu m$,轴槽底面、轮毂槽底面的表面粗糙度参数 R_a

值为 $6.3\mu m$。

6.轴槽及轮毂槽对轴及轮毂轴线的对称度公差一般可按 GB/T 1184—1996 中的 7~9 级选取。

附录14 圆柱销(不淬硬钢和奥氏体不锈钢) (摘自 GB/T 119.1—2000)

(单位:mm)

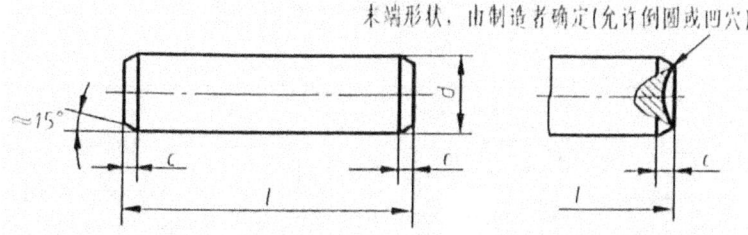

标记示例:

公称直径 $d=6$ mm、公差为 m6、公称长度 $l=30$ mm、材料为钢、不经淬火、不经表面处理的圆柱销的标记:

销 GB/T 119.1 6m6×30

公称直径 $d=10$ mm、公差为 m6、公称长度 $l=30$ mm、材料为 A1 组奥氏体不锈钢、表面简单处理的圆柱销的标记：

销 GB/T 119.1 10m6×30—A1

d(公称) m6/h8	2	2.5	3	4	5	6	8	10	12	16	20	25
$c\approx$	0.35	0.4	0.5	0.63	0.8	1.2	1.6	2	2.5	3	3.5	4
l 范围	6~20	6~24	8~30	8~40	10~50	12~60	14~80	18~95	22~140	26~180	35~200	50~200
l 系列(公称)	2、3、4、5、6~32(2 进位)35~100(5 进位)、120~≥200(20 进位)											

附录 15　圆锥销(摘自 GB/T 117-2000)

(单位:mm)

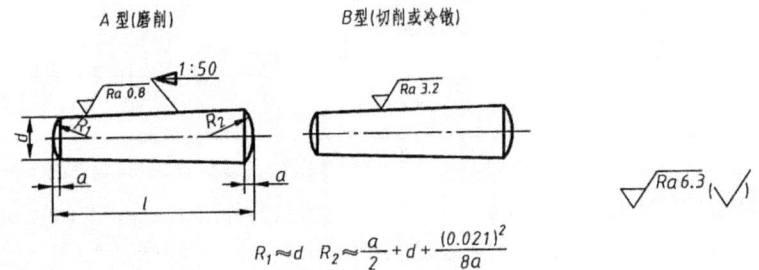

标记示例：

公称直径 $d=10$ mm，长度 $l=60$ mm，材料为 35 钢、热处理硬度 28~38HRC，表面氧化处理的 A 型圆锥销的标记：

销 GB/T 117 10×60

d 公称	2	2.5	3	4	5	6	8	10	12	16	20	25
$a\approx$	0.25	0.3	0.4	0.5	0.63	0.8	1.0	1.2	1.6	2.0	2.5	3.0
l 范围	10~35	10~35	12~45	14~55	18~60	22~90	22~120	26~160	32~180	40~200	45~200	50~200
l 系列	2、3、4、5、6~32(2 进位)35~100(5 进位)、120~≥200(20 进位)											

附录 16　紧固件通孔及沉孔尺寸

(单位:mm)

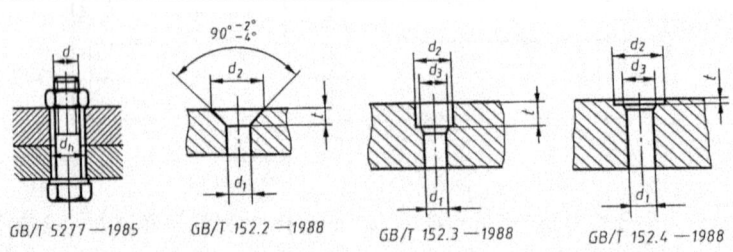

| 螺纹规格 d | M4 | M5 | M6 | M8 | M10 | M12 | M14 | M16 | M18 | M20 | M22 | M24 | M27 | M30 |

螺栓和螺钉通孔 d_h（GB/T 5277—1985）	精装配	4.3	5.3	6.4	8.4	10.5	13	15	17	19	21	23	25	28	31
	中等装配	4.5	5.5	6.6	9	11	13.5	15.5	17.5	20	22	24	26	30	33
	粗装配	4.8	5.8	7	10	12	14.5	16.5	18.5	21	24	26	28	32	35
沉头螺钉及半沉头螺钉用沉孔（GB/T 152.2—1988）	d_2	9.6	10.6	12.8	17.6	20.3	24.4	28.4	32.4	—	40.4	—	—	—	—
	$t \approx$	2.7	2.7	3.3	4.6	5	6	7	8	—	10	—	—	—	—
圆柱头螺钉用沉孔（GB/T 152.3—1988）	d_2	8	10	11	15	18	20	24	26	—	33	—	40	—	48
	d_3	—	—	—	—	—	16	18	20	—	24	—	28	—	36
	t GB/T 70.1~70.3—2008	4.6	5.7	6.8	9	11	13	15	17.5	—	21.5	—	25.5	—	32
	t GB/T 65—2000	3.2	4	4.7	6	7	8	9	10.5	—	12.5	—	—	—	—
六角头螺栓和六角头螺母用沉孔（GB/T 152.4—1988）	d_2	10	11	13	18	22	26	30	33	36	40	43	48	53	61
	d_3	—	—	—	—	—	16	18	20	22	24	26	28	33	36
	t	只要能制出与通孔轴线垂直的圆平面即可（刮平）													

注：1. GB/T 152.2～152.4—1988 中，通孔直径 d_1 与中等装配时的螺栓和螺钉通孔 d_h 相同。

2. GB/T 152.3—1988 中的 t，分别用于内六角圆柱头螺钉（GB/T 70.1～70.3—2008）和开槽圆柱头螺钉（GB/T 65—2000）。

附录 17 深沟球轴承 （GB/T 276--1994）

（单位：mm）

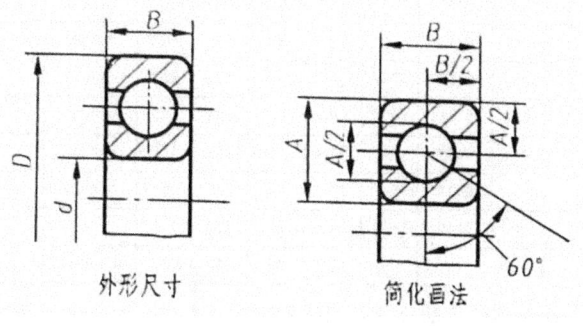

标记示例：

滚动轴承 6012 GB/T 276—1994

外形尺寸　　简化画法

轴承代号	外形尺寸/mm			额定负荷/kN		极限转速/r·min^{-1}		轴承代号	外形尺寸/mm			额定负荷/kN		极限转速/r·min^{-1}	
	d	D	B	Cr	Cor	脂润滑	油润滑		d	D	B	Cr	Cor	脂润滑	油润滑
6004	20	42	8	7.22	4.45	15000	19000	6304	20	52	15	12.2	7.78	13000	17000
6005	25	47	8	8.08	5.18	13000	17000	6305	25	62	17	17.2	11.2	10000	14000
6006	30	55	9	10.2	6.88	10000	14000	6306	30	72	19	20.8	14.2	9000	12000
6007	35	62	9	12.5	8.60	9000	12000	6307	35	80	21	25.8	17.8	8000	10000
6008	40	68	9	13.2	9.42	8500	11000	6308	40	90	23	31.2	22.2	7000	9000
6009	45	75	10	16.2	11.8	8000	10000	6309	45	100	25	40.8	29.8	6300	8000
6010	50	80	10	16.8	12.8	7000	9000	6310	50	110	27	47.5	35.6	6000	7500
6011	55	90	11	20.5	15.8	6300	8000	6311	55	120	29	55.2	41.8	5800	6700
6012	60	95	11	24.5	19.2	6000	7500	6312	60	130	31	62.8	48.5	5600	6300
6013	65	100	11	24.8	19.8	5600	7000	6313	65	140	33	72.2	56.5	4500	5600
6014	70	110	13	29.8	24.2	5300	6700	6314	70	150	35	80.2	63.2	4300	5300
6015	75	115	13	30.8	26.0	5000	6300	6315	75	160	37	87.2	71.5	4000	5000
6016	80	125	14	36.5	31.2	4800	6000	6316	80	170	39	94.5	80.0	3800	4800
6017	85	130	14	39.0	33.5	4500	5600	6317	85	180	41	102	89.2	3600	4500
6018	90	140	16	44.5	39.0	4300	5300	6318	90	190	43	112	100	3400	4300
6019	95	145	16	44.5	39.0	4000	5000	6319	95	200	45	122	112	3200	4000
6020	100	150	16	49.5	43.8	3800	4800	6320	100	215	47	136	133	2800	3600
6204	20	47	14	9.88	6.18	14000	18000	6404	20	72	19	23.8	16.8	9500	13000
6205	25	52	15	10.8	6.95	12000	16000	6405	25	80	21	29.5	21.2	8500	11000
6206	30	62	16	15.0	10.0	9500	13000	6406	30	90	23	36.5	26.8	8000	10000
6207	35	72	17	19.8	13.5	8500	11000	6407	35	100	25	43.8	32.5	6700	8500
6208	40	80	18	22.8	15.8	8000	10000	6408	40	110	27	50.2	37.8	6300	8000
6209	45	85	19	24.5	17.5	7000	9000	6409	45	120	29	59.5	45.5	5600	7000
6210	50	90	20	27.0	19.8	6700	8500	6410	50	130	31	71.0	55.2	5300	6700
6211	55	100	21	33.5	25.0	6000	7500	6411	55	140	33	77.5	62.5	4800	6000
6212	60	110	22	36.8	27.8	5600	7000	6412	60	150	35	83.8	70.0	4500	5600
6213	65	120	23	44.0	34.0	5000	6300	6413	65	160	37	90.8	78.0	4300	5300
6214	70	125	24	46.8	37.5	4800	6000	6414	70	180	42	108	99.2	3800	4800
6215	75	130	25	50.8	41.2	4500	5600	6415	75	190	45	118	115	3600	4500
6216	80	140	26	55.0	44.8	4300	5300	6416	80	200	48	125	125	3400	4300
6217	85	150	28	64.0	53.2	4000	5000	6417	85	210	52	135	138	3200	4000
6218	90	160	30	73.8	60.5	3800	4800	6418	90	225	54	148	188	2800	3600
6219	95	170	32	84.8	70.5	3600	4500	6419	95	240	55	172	195	2400	3200
6220	100	180	34	94.0	79.0	3400	4300	6420	100	250	58	198	235	2000	2800

注：1．表中6000型、6200型、6300型、6400型轴承的尺寸系列分别为：(1)0、(0)2、(0)3和(0)4且用括号"()"括住的数字表示在组合代号中省略。

2．表中额定负荷Cr和Cor值摘自轴承产品样本，并非国家标准。

附录18 圆锥滚子轴承 (GB/T 297——1994)

(单位：mm)

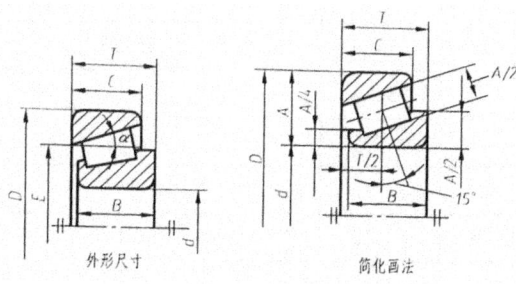

标记示例：

滚动轴承 30325 GB/T 297—1994

轴承代号	外形尺寸					轴承代号	外形尺寸				
	d	D	T	B	C		d	D	T	B	C
30204	20	47	15.25	14	12	32204	20	47	19.25	18	15
30205	25	52	16.25	15	13	32205	25	52	19.25	18	16
30206	30	62	17.25	16	14	32206	30	62	21.25	20	17
30207	35	72	18.25	17	15	32207	35	72	24.25	23	19
30208	40	80	19.75	18	16	32208	40	80	24.75	23	19
30209	45	85	20.75	19	16	32209	45	85	24.75	23	19
30210	50	90	21.75	20	17	32210	50	90	24.75	23	19
30211	55	100	22.75	21	18	32211	55	100	26.75	25	21
30212	60	110	23.75	22	19	32212	60	110	29.75	28	24
30213	65	120	24.75	23	20	32213	65	120	32.75	31	27
30214	70	125	26.75	24	21	32214	70	125	33.25	31	27
30215	75	130	27.75	25	22	32215	75	130	33.25	31	27
30216	80	140	28.75	26	22	32216	80	140	35.25	33	28
30217	85	150	30.5	28	24	32217	85	150	38.5	36	30
30218	90	160	32.5	30	26	32218	90	160	42.5	40	34
30219	95	170	34.5	32	27	32219	95	170	45.5	43	37
30220	100	180	37	34	29	32220	100	180	49	46	39
30304	20	52	16.25	15	13	32304	20	52	22.25	21	18
30305	25	62	18.25	17	15	32305	25	62	25.25	24	20
30306	30	72	20.75	19	16	32306	30	72	28.75	27	23
30307	35	80	22.75	21	18	32307	35	80	32.75	31	25
30308	40	90	25.25	23	20	32308	40	90	35.25	33	27

续表

轴承代号	外形尺寸					轴承代号	外形尺寸				
	d	D	T	B	C		d	D	T	B	C
30309	45	100	27.25	25	22	32309	45	100	38.25	36	30
30310	50	110	29.25	27	23	32310	50	110	42.25	40	33
30311	55	120	31.5	29	25	32311	55	120	45.5	43	35
30312	60	130	33.5	31	26	32312	60	130	48.5	46	37
30313	65	140	36	33	28	32313	65	140	51	48	39
30314	70	150	38	35	30	32314	70	150	54	51	42
30315	75	160	40	37	31	32315	75	160	58	55	45
30316	80	170	42.5	39	33	32316	80	170	61.5	58	48
30317	85	180	44.5	41	34	32317	85	180	63.5	60	49
30318	90	190	46.5	43	36	32318	90	190	67.5	64	53
30319	95	200	49.5	45	38	32319	95	200	71.5	67	55
30320	100	215	51.5	47	39	32320	100	215	77.5	73	60

附录19 单向推力球轴承 (GB/T 28697—2012)

(单位:mm)

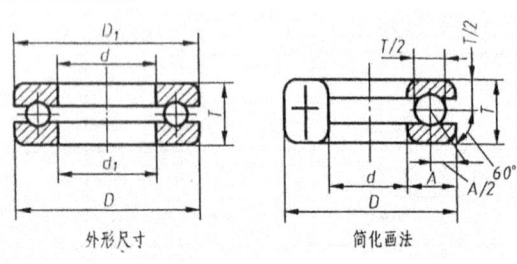

标记示例:

滚动轴承 51210 GB/T 301—1995

轴承代号	外形尺寸					轴承代号	外形尺寸				
	d	D	T	B	C		d	D	T	B	C
51104	20	35	10	21	35	51304	20	47	18	22	47
51105	25	42	11	26	42	51305	25	52	18	27	52
51106	30	47	11	32	47	51306	30	60	21	32	60
51107	35	52	12	37	52	51307	35	68	24	37	68
51108	40	60	13	42	60	51308	40	78	26	42	78
51109	45	65	14	47	65	51319	45	85	28	47	85
51110	50	70	14	52	70	51310	50	95	31	52	95

续表

轴承代号	外形尺寸					轴承代号	外形尺寸				
	d	D	T	B	C		d	D	T	B	C
51111	55	78	16	57	78	51311	55	105	35	57	105
51112	60	85	17	62	85	51312	60	110	35	62	110
51113	65	90	18	67	90	51313	65	115	36	67	115
51114	70	95	18	72	95	51314	70	125	40	72	125
51115	75	100	19	77	100	51315	75	135	44	77	135
51116	80	105	19	82	105	51316	80	140	44	82	140
51117	85	110	19	87	110	51317	85	150	49	88	150
51118	90	120	22	92	120	51318	90	155	50	93	155
51120	100	135	25	102	135	51319	100	170	55	103	170
51204	20	40	14	22	40	51405	25	60	24	27	60
51205	25	47	15	27	47	51406	30	70	28	29	70
51206	30	52	16	32	52	51407	35	80	32	37	80
51207	35	62	18	37	62	51408	40	90	36	42	90
51208	40	68	19	42	68	51409	45	100	39	47	100
51209	45	73	20	47	73	51410	50	110	43	52	110
51210	50	78	22	52	78	51411	55	120	48	57	120
51211	55	90	25	57	90	51412	60	130	51	62	130
51212	60	95	26	62	95	51413	65	140	56	68	140
51213	65	100	27	67	100	51414	70	150	60	73	150
51214	70	105	27	72	105	51415	75	160	65	78	160
51215	75	110	27	77	110	51416	80	170	68	83	170
51216	80	115	28	82	115	51417	85	180	72	88	177
51217	85	125	31	88	125	51418	90	190	77	93	187
51218	90	135	35	93	135	51420	100	210	85	103	205
51220	100	150	38	103	150	51422	110	230	95	113	225

附录20 角接触球轴承 (GB/T 292－－2007)

(单位:mm)

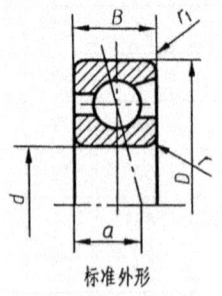
标准外形

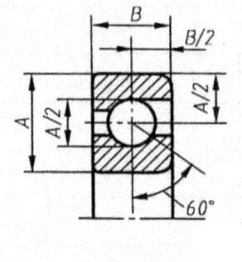
简化画法

标记示例:

滚动轴承 7205C GB/T 292—2007

轴承代号	外形尺寸			轴承代号	外形尺寸		
	d	D	B		d	D	B
7004	20	42	12	7214	70	125	24
7005	25	47	12	7215	75	130	25
7006	30	55	13	7216	80	140	26
7007	35	62	14	7217	85	150	28
7008	40	68	15	7218	90	160	30
7009	45	75	16	7219	95	170	32
7010	50	80	16	7220	100	180	34
7011	55	90	18	7221	105	190	36
7012	60	95	18	7222	110	200	38
7013	65	100	18	7224	120	215	40
7014	70	110	20	7304	20	52	15
7015	75	115	20	7305	25	62	17
7016	80	125	22	7306	30	72	19
7017	85	130	22	7307	35	80	21
7018	90	140	24	7308	40	90	23
7019	95	145	24	7309	45	100	25
7020	100	150	24	7310	50	110	27
7021	105	160	26	7311	55	120	29
7022	110	170	28	7312	60	130	31
7024	120	180	28	7313	65	140	33
7204	20	47	14	7314	70	150	35

续表

轴承代号	外形尺寸			轴承代号	外形尺寸		
	d	D	B		d	D	B
7205	25	52	15	7315	75	160	37
7206	30	62	16	7316	80	170	39
7207	35	72	17	7317	85	180	41
7208	40	80	18	7318	90	190	43
7209	45	85	19	7319	95	200	45
7210	50	90	20	7320	100	215	47
7211	55	100	21	7321	105	225	49
7212	60	110	22	7322	110	240	50
7213	65	120	23	7324	120	260	55

附录21 标准公差数值 (摘自 GB/T 1800.1—2009)

公称尺寸/mm		标准公差等级												
大于	至	IT01	IT0	IT1	IT2	IT3	IT4	IT5	IT6	IT7	IT8	IT9	IT10	IT11	IT12
		μm												
—	3	0.3	0.5	0.8	1.2	2	3	4	6	10	14	25	40	60	100
3	6	0.4	0.6	1	1.5	2.5	4	5	8	12	18	30	48	75	120
6	10	0.4	0.6	1	1.5	2.5	4	6	9	15	22	36	58	90	150
10	18	0.5	0.8	1.2	2	3	5	8	11	18	27	43	70	110	180
18	30	0.6	1	1.5	2.5	4	6	9	13	21	33	52	84	130	210
30	50	0.6	1	1.5	2.5	4	7	11	16	25	39	62	100	160	250
50	80	0.8	1.2	2	3	5	8	13	19	30	46	74	120	190	300
80	120	1	1.5	2.5	4	6	10	15	22	35	54	87	140	220	350
120	180	1.2	2	3.5	5	8	12	18	25	40	63	100	160	250	400
180	250	2	3	4.5	7	10	14	20	29	46	72	115	185	290	460
250	315	2.5	4	6	8	12	16	23	32	52	81	130	210	320	520
315	400	3	5	7	9	13	18	25	36	57	89	140	230	360	570
400	500	4	6	8	10	15	20	27	40	63	97	155	250	400	630

附录22 轴的基本偏差 （摘自 GB/T 1800.1—2009）

（单位：μm）

公称尺寸 /mm		基本偏差数值（上极限偏差 es）						基本偏差数值（下极限偏差 ei）					
		所有标准公差等级						IT4~IT7	≤IT3 >IT7	所有标准公差等级			
大于	至	c	d	f	g	h	js	k		n	p	s	u
—	3	−60	−20	−6	−2	0	偏差=±$(IT_n/2)$ 式中 IT_n 是 IT 的值数	0	0	+4	+6	+14	+18
3	6	−70	−30	−10	−4	0		+1	0	+8	+12	+19	+23
6	10	−80	−40	−13	−5	0		+1	0	+10	+15	+23	+28
10	18	−95	−50	−16	−6	0		+1	0	+12	+18	+28	+33
18	24	−110	−65	−20	−7	0		+2	0	+15	+22	+35	+41
24	30	−110											+48
30	40	−120	−80	−25	−9	0		+2	0	+17	+26	+43	+60
40	50	−130											+70
50	65	−140	−100	−30	−10	0		+2	0	+20	+32	+53	+87
65	80	−150										+59	+102
80	100	−170	−120	−36	−12	0		+3	0	+23	+37	+71	+124
100	120	−180										+79	+144
120	140	−200	−145	−43	−14	0		+3	0	+27	+43	+92	+170
140	160	−210										+100	+190
160	180	−230										+108	+210
180	200	−240	−170	−50	−15	0		+4	0	+31	+50	+122	+236
200	225	−260										+130	+258
225	250	−280										+140	+284
250	280	−300	−190	−56	−17	0		+4	0	+34	+56	+158	+315
280	315	−330										+170	+350
315	355	−360	−210	−62	−18	0		+4	0	+37	+62	+190	+390
355	400	−400										+208	+435
400	450	−440	−230	−68	−20	0		+5	0	+40	+68	+232	+490
450	500	−480										+252	+540

附录 23 轴的极限偏差 （GB/T 1800.2——2009）

公称尺寸/mm		公差带/μm											
		a	b		c			d				e		
大于	至	11	11	12	9	10	11*	8	9*	10	11	7	8	9
—	3	−270 −330	−140 −200	−140 −240	−60 −85	−60 −100	−60 −120	−20 −34	−20 −45	−20 −60	−20 −80	−14 −24	−14 −28	−14 −39
3	6	−270 −345	−140 −215	−140 −260	−70 −100	−70 −118	−70 −145	−30 −48	−30 −60	−30 −78	−30 −105	−20 −32	−20 −38	−20 −50
6	10	−280 −370	−150 −240	−150 −300	−80 −116	−80 −138	−80 −170	−40 −62	−40 −76	−40 −98	−40 −130	−25 −40	−25 −47	−25 −61
10	14	−290 −400	−150 −260	−150 −330	−95 −138	−95 −165	−95 −205	−50 −77	−50 −93	−50 −120	−50 −160	−32 −50	−32 −59	−32 −75
14	18													
18	24	−300 −430	−160 −290	−160 −370	−110 −162	−110 −194	−110 −240	−65 −98	−65 −117	−65 −149	−65 −195	−40 −61	−40 −73	−40 −92
24	30													
30	40	−310 −470	−170 −330	−170 −420	−120 −182	−120 −220	−120 −280	−80 −119	−80 −142	−80 −180	−80 −240	−50 −75	−50 −89	−50 −112
40	50	−320 −480	−180 −340	−180 −430	−130 −192	−130 −230	−130 −290							
50	65	−340 −530	−190 −380	−190 −490	−140 −214	−140 −260	−140 −330	−100 −146	−100 −174	−100 −220	−100 −290	−60 −90	−60 −106	−60 −134
65	80	−360 −550	−200 −390	−200 −500	−150 −224	−150 −270	−150 −340							
80	100	−380 −600	−220 −440	−220 −570	−170 −257	−170 −310	−170 −390	−120 −174	−120 −207	−120 −260	−120 −340	−72 −107	−72 −126	−72 −212
100	120	−410 −630	−240 −460	−240 −590	−180 −267	−180 −320	−180 −400							
120	140	−460 −710	−260 −510	−260 −660	−200 −300	−200 −360	−200 −450	−145 −208	−145 −245	−145 −305	−145 −395	−85 −125	−85 −148	−85 −185
140	160	−520 −770	−280 −530	−280 −680	−210 −310	−210 −370	−210 −460							
160	180	−580 −830	−310 −560	−310 −710	−230 −330	−230 −390	−230 −480							

续表

公称尺寸 /mm		公差带/μm												
		a	b		c			d				e		
大于	至	11	11	12	9	10	11 *	8	9 *	10	11	7	8	9
180	200	−660 −950	−340 −630	−340 −800	−240 −355	−240 −425	−240 −530	−170 −242	−170 −285	−170 −355	−170 −460	−100 −146	−100 −172	−100 −215
200	225	−740 −1030	−380 −670	−380 −840	−260 −375	−260 −445	−260 −550							
225	250	−820 −1110	−420 −710	−420 −880	−280 −395	−280 −465	−280 −570							
250	280	−920 −1240	−480 −800	−480 −1000	−300 −430	−300 −510	−300 −620	−190 −271	−190 −320	−190 −400	−190 −510	−110 −162	−110 −191	−110 −240
280	315	−1050 −1370	−540 −860	−540 −1060	−330 −460	−330 −540	−330 −650							
315	355	−1200 −1560	−600 −960	−600 −1170	−360 −500	−360 −590	−360 −720	−210 −299	−210 −350	−210 −440	−210 −570	−125 −182	−125 −214	−125 −265
355	400	−1350 −1710	−680 −1040	−680 −1250	−400 −540	−400 −630	−400 −760							
400	450	−1500 −1900	−760 −1160	−760 −1390	−440 −595	−440 −690	−440 −840	−230 −327	−230 −385	−230 −480	−230 −630	−135 −198	−135 −232	−135 −290
450	500	−1650 −2050	−840 −1240	−840 −1470	−480 −635	−480 −730	−480 −880							

续表

公称尺寸 /mm		公差带/μm													
		f					g			h					
大于	至	5	6	7 *	8	9	5	6 *	7	5	6 *	7 *	8	9 *	10	11 *	12
—	3	−6 −10	−6 −12	−6 −16	−6 −20	−6 −31	−2 −6	−2 −8	−2 −12	0 −4	0 −6	0 −10	0 −14	0 −25	0 −40	0 −60	0 −100
3	6	−10 −15	−10 −18	−10 −22	−10 −28	−10 −40	−4 −9	−4 −12	−4 −16	0 −5	0 −8	0 −12	0 −18	0 −30	0 −48	0 −75	0 −120
6	10	−13 −19	−13 −22	−13 −28	−13 −35	−13 −49	−5 −11	−5 −14	−5 −20	0 −6	0 −9	0 −15	0 −22	0 −36	0 −58	0 −90	0 −150
10	14	−16 −24	−16 −27	−16 −34	−16 −43	−16 −59	−6 −14	−6 −17	−6 −24	0 −8	0 −11	0 −18	0 −27	0 −43	0 −70	0 −110	0 −180
14	18																

附 录

续表

公称尺寸/mm		公差带/μm													
		f					g			h					
大于	至	5	6	7*	8	9	5	6*	7	5	6*	7*	8	9*	10	11*	12
18	24	−20	−20	−20	−20	−20	−7	−7	−7	0	0	0	0	0	0	0	0
24	30	−29	−33	−41	−53	−72	−16	−20	−28	−9	−13	−21	−33	−52	−84	−130	−210
30	40	−25	−25	−25	−25	−25	−9	−9	−9	0	0	0	0	0	0	0	0
40	50	−36	−41	−50	−64	−87	−20	−25	−34	−11	−16	−25	−39	−62	−100	−160	−250
50	65	−30	−30	−30	−30	−30	−10	−10	−10	0	0	0	0	0	0	0	0
65	80	−43	−49	−60	−76	−104	−23	−29	−40	−13	−19	−30	−46	−74	−120	−190	−300
80	100	−36	−36	−36	−36	−36	−12	−12	−12	0	0	0	0	0	0	0	0
100	120	−51	−58	−71	−90	−123	−27	−34	−47	−15	−22	−35	−54	−87	−140	−220	−350
120	140	−43	−43	−43	−43	−43	−14	−14	−14	0	0	0	0	0	0	0	0
140	160																
160	180	−61	−68	−83	−106	−143	−32	−39	−54	−18	−25	−40	63	−100	−160	−250	−400
180	200	−50	−50	−50	−50	−50	−15	−15	−15	0	0	0	0	0	0	0	0
200	225																
225	250	−70	−79	−96	−122	−165	−35	−44	−61	−20	−29	−46	−72	−115	−185	−290	−460
250	280	−56	−56	−56	−56	−56	−17	−17	−17	0	0	0	0	0	0	0	0
280	315	−79	−88	−108	−137	−185	−40	−49	−69	−23	−32	−52	−81	−130	−210	−320	−520
315	355	−62	−62	−62	−62	−62	−18	−18	−18	0	0	0	0	0	0	0	0
355	400	−87	−98	−119	−151	−202	−43	−54	−75	−25	−36	−57	−89	−140	−230	−360	−570
400	450	−68	−68	−68	−68	−68	−20	−20	−20	0	0	0	0	0	0	0	0
450	500	−95	−108	−131	−165	−223	−47	−60	−83	−27	−40	−63	−97	−155	−250	−400	−630

续表

公称尺寸/mm		公差带/μm													
		js			k			m			n			p		
大于	至	5	6	7	5	6*	7	5	6	7	5	6*	7	5	6*	7
—	3	±2	±3	±5	+4 0	+6 0	+10 0	+6 +2	+8 +2	+12 +2	+8 +4	+10 +4	+14 +4	+10 +6	+12 +6	+16 +6
3	6	±2.5	±4	±6	+6 +1	+9 +1	+13 +1	+9 +4	+12 +4	+16 +4	+13 +8	+16 +8	+20 +8	+17 +12	+20 +12	+24 +12
6	10	±3	±4.5	±7	+7 +1	+10 +1	+16 +1	+12 +6	+15 +6	+21 +6	+16 +10	+19 +10	+25 +10	+21 +15	+24 +15	+30 +15
10	14	±4	±5.5	±9	+9 +1	+12 +1	+19 +1	+15 +7	+18 +7	+25 +7	+20 +12	+23 +12	+30 +12	+26 +18	+29 +18	+36 +18
14	18															
18	24	±4.5	±6.5	±10	+11 +2	+15 +2	+23 +2	+17 +8	+21 +8	+29 +8	+24 +15	+28 +15	+36 +15	+31 +22	+35 +22	+43 +22
24	30															

续表

公称尺寸/mm		公差带/μm												
		js			k			m			n			p
大于	至	5	6	7	5	6*	7	5	6	7	5	6*	7	5	6*	7
30	40	±5.5	±8	±12	+13 +2	+18 +2	+27 +2	+20 +9	+25 +9	+34 +9	+28 +17	+33 +17	+42 +17	+37 +26	+42 +26	+51 +26
40	50															
50	65	±6.5	±9.5	±15	+15 +2	+21 +2	+32 +2	+24 +11	+30 +11	+41 +11	+33 +20	+39 +20	+50 +20	+45 +32	+51 +32	+62 +32
65	80															
80	100	±7.5	±11	±17	+18 +3	+25 +3	+38 +3	+28 +13	+35 +13	+48 +13	+38 +23	+45 +23	+58 +23	+52 +37	+59 +37	+72 +37
100	120															
120	140	±9	±12.5	±20	+21 +3	+28 +3	+43 +3	+33 +15	+40 +15	+55 +15	+45 +27	+52 +27	+67 +27	+61 +43	+68 +43	+83 +43
140	160															
160	180															
180	200	±10	±14.5	±23	+24 +4	+33 +4	+50 +4	+37 +17	+46 +17	+63 +17	+51 +31	+60 +31	+77 +31	+70 +50	+79 +50	+96 +50
200	225															
225	250															
250	280	±11.5	±16	±26	+27 +4	+36 +4	+56 +4	+43 +20	+52 +20	+72 +20	+57 +34	+66 +34	+86 +34	+79 +56	+88 +56	+108 +56
280	315															
315	355	±12.5	±18	±28	+29 +4	+40 +4	+61 +4	+46 +21	+57 +21	+78 +21	+62 +37	+73 +37	+94 +37	+87 +62	+98 +62	+119 +62
355	400															
400	450	±13.5	±20	±31	+32 +5	+45 +5	+68 +5	+50 +23	+63 +23	+86 +23	+67 +40	+80 +40	+103 +40	+95 +68	+108 +68	+131 +68
450	500															

续表

公称尺寸/mm		公差带/μm												
		r			s			t			u		v	x	y	z
大于	至	5	6	7	5	6*	7	5	6	7	6*	7	6	6	6	6
—	3	+14 +10	+16 +10	+20 +10	+18 +14	+20 +14	+24 +14	—	—	—	+24 +18	+28 +18	—	+26 +20	—	+32 +26
3	6	+20 +15	+23 +15	+27 +15	+24 +19	+27 +19	+31 +19	—	—	—	+31 +23	+35 +23	—	+36 +28	—	+43 +35
6	10	+25 +19	+28 +19	+34 +19	+29 +23	+32 +23	+38 +23	—	—	—	+37 +28	+43 +28	—	+43 +34	—	+51 +42
10	14	+31 +23	+34 +23	+41 +23	+36 +28	+39 +28	+46 +28	—	—	—	+44 +33	+51 +33	—	+51 +40	—	+61 +50
14	18							—	—	—			+50 +39	+56 +45	—	+71 +60

续表

公称尺寸 /mm		公差带/μm													
		r			s			t			u		v	x	y	z
大于	至	5	6	7	5	6*	7	5	6	7	6*	7	6	6	6	6
18	24	+37 +28	+41 +28	+49 +28	+44 +35	+48 +35	+56 +35	—	—	—	+54 +41	+62 +41	+60 +47	+67 +54	+76 +63	+86 +73
24	30							+50 +41	+54 +41	+62 +41	+61 +48	+69 +48	+68 +55	+77 +64	+88 +75	+101 +88
30	40	+45 +34	+50 +34	+59 +34	+54 +43	+59 +43	+68 +43	+59 +48	+64 +48	+73 +48	+76 +60	+85 +60	+84 +68	+96 +80	+110 +94	+128 +112
40	50							+65 +54	+70 +54	+79 +54	+86 +70	+95 +70	+97 +81	+113 +97	+130 +114	+152 +136
50	65	+54 +41	+60 +41	+71 +41	+66 +53	+72 +53	+83 +53	+79 +66	+85 +66	+96 +66	+106 +87	+117 +87	+121 +102	+141 +122	+163 +144	+191 +172
65	80	+56 +43	+62 +43	+72 +43	+72 +59	+78 +59	+89 +59	+88 +75	+94 +75	+105 +75	+121 +102	+132 +102	+139 +120	+165 +146	+193 +174	+229 +210
80	100	+66 +51	+73 +51	+86 +51	+86 +71	+93 +71	+106 +71	+106 +91	+113 +91	+126 +91	+146 +124	+159 +124	+168 +146	+200 +178	+236 +214	+280 +258
100	120	+69 +54	+76 +54	+89 +54	+94 +79	+101 +79	+114 +79	+119 +104	+126 +104	+139 +104	+166 +144	+179 +144	+194 +172	+232 +210	+276 +254	+332 +310
120	140	+81 +63	+88 +63	+103 +63	+110 +92	+117 +92	+132 +92	+140 +122	+147 +122	+162 +122	+195 +170	+210 +170	+227 +202	+273 +248	+325 +300	+390 +365
140	160	+83 +65	+90 +65	+105 +65	+118 +100	+125 +100	+140 +100	+152 +134	+159 +134	+174 +134	+215 +190	+230 +190	+253 +228	+305 +280	+365 +340	+440 +415
160	180	+86 +68	+93 +68	+108 +68	+126 +108	+133 +108	+148 +108	+164 +146	+171 +146	+186 +146	+235 +210	+250 +210	+277 +252	+335 +310	+405 +380	+490 +465
180	200	+97 +77	+106 +77	+123 +77	+142 +122	+151 +122	+168 +122	+186 +166	+195 +166	+212 +166	+265 +236	+282 +236	+313 +284	+379 +350	+454 +425	+549 +520
200	225	+100 +80	+109 +80	+126 +80	+150 +130	+159 +130	+176 +130	+200 +180	+209 +180	+226 +180	+287 +258	+304 +258	+339 +310	+414 +385	+499 +470	+604 +575
225	250	+104 +84	+113 +84	+130 +84	+160 +140	+169 +140	+186 +140	+216 +196	+225 +196	+242 +196	+313 +284	+330 +284	+369 +340	+454 +425	+549 +520	+669 +640
250	280	+117 +94	+126 +94	+146 +94	+181 +158	+190 +158	+210 +158	+241 +218	+250 +218	+270 +218	+347 +315	+376 +315	+417 +385	+507 +475	+612 +580	+742 +710
280	315	+121 +98	+130 +98	+150 +98	+193 +170	+202 +170	+222 +170	+263 +240	+272 +240	+292 +240	+382 +350	+402 +350	+457 +425	+557 +525	+682 +650	+822 +790

续表

公称尺寸/mm		公差带/μm												
		r			s			t			u	v	x	y	z
大于	至	5	6	7	5	6*	7	5	6	7	6*	7	6	6	6	6
315	355	+133 +108	+144 +108	+165 +108	+215 +190	+226 +190	+247 +190	+293 +268	+304 +268	+325 +268	+426 +390	+447 +390	+511 +475	+626 +590	+766 +730	+936 +900
355	400	+139 +114	+150 +114	+171 +114	+233 +208	+224 +208	+265 +208	+319 +294	+330 +294	+351 +294	+471 +435	+492 +435	+566 +530	+696 +660	+856 +820	+1036 +1000
400	450	+153 +126	+166 +126	+189 +126	+259 +232	+272 +232	+295 +232	+357 +330	+370 +330	+393 +330	+530 +490	+553 +490	+635 +595	+780 +740	+960 +920	+1140 +1100
450	500	+159 +132	+172 +132	+195 +132	+279 +252	+292 +252	+315 +252	+387 +360	+400 +360	+430 +360	+580 +540	+603 +540	+700 +660	+860 +820	+1040 +1000	+1290 +1250

附录 24 优先用途孔的的极限偏差 （GB/T 1800.2－2009）

公称尺寸/mm		公差带/μm											
大于	至	C11	D9	F8	G7	H7	H8	H9	H11	K7	N7	P7	S7	U7
—	3	+120 +60	+45 +20	+20 +6	+12 +2	+10 0	+14 0	+25 0	+60 0	0 −10	−4 −14	−6 −16	−14 −24	−18 −28
3	6	+145 +70	+60 +30	+28 +10	+16 +4	+12 0	+18 0	+30 0	+75 0	+3 −9	−4 −16	−8 −20	−15 −27	−19 −31
6	10	+170 +80	+76 +40	+35 +13	+20 +5	+15 0	+22 0	+36 0	+90 0	+5 −10	−4 −19	−9 −24	−17 −32	−22 −37
10	18	+205 +95	+93 +50	+43 +16	+24 +6	+18 0	+27 0	+43 0	+110 0	+6 −12	−5 −23	−11 −29	−21 −39	−26 −44
18	24	+240 +110	+117 +65	+53 +20	+28 +7	+21 0	+33 0	+52 0	+130 0	+6 −15	−7 −28	−14 −35	−27 −48	−33 −54
24	30													−40 −61
30	40	+280 +120	+142 +80	+64 +25	+34 +9	+25 0	+39 0	+62 0	+160 0	+7 −18	−8 −33	−17 −42	−34 −59	−51 −76
40	50	+290 +130												−61 −86

续表

公称尺寸/mm		公差带/μm											
大于	至	C11	D9	F8	G7	H7	H8	H9	H11	K7	N7	P7	S7	U7
50	65	+330 +140	+174 +100	+76 +30	+40 +10	+30 0	+46 0	+74 0	+190 0	+9 −21	−9 −39	−21 −51	−42 −72	−76 −106
65	80	+340 +150											−48 −78	−91 −121
80	100	+390 +170	+207 +120	+90 +36	+47 +12	+35 0	+54 0	+87 0	+220 0	+10 −25	−10 −45	−24 −59	−58 −93	−111 −146
100	120	+400 +180											−66 −101	−131 −166
120	140	+450 +200	+245 +145	+106 +43	+54 +14	+40 0	+63 0	+100 0	+250 0	+12 −28	−12 −52	−28 −68	−77 −117	−155 −195
140	160	+460 +210											−85 −125	−175 −215
160	180	+480 +230											−93 −133	−195 −235
180	200	+530 +240	+285 +170	+122 +50	+61 +15	+46 0	+72 0	+115 0	+290 0	+13 −33	−14 −60	−33 −79	−105 −151	−219 −265
200	225	+550 +260											−113 −159	−241 −287
225	250	+570 +280											−123 −169	−267 −313
250	280	+620 +300	+320 +190	+137 +56	+69 +17	+52 0	+81 0	+130 0	+320 0	+16 −36	−14 −66	−36 −88	−138 −190	−295 −347
280	315	+650 +330											−150 −202	−330 −382
315	355	+720 +360	+350 +210	+151 +62	+75 +18	+57 0	+89 0	+140 0	+360 0	+17 −40	−16 −73	−41 −98	−169 −226	−369 −426
355	400	+760 +400											−187 −244	−414 −471

续表

公称尺寸/mm		公差带/μm											
大于	至	C11	D9	F8	G7	H7	H8	H9	H11	K7	N7	P7	S7	U7
400	450	+840 +440	+385 +230	+165 +68	+83 +20	+63 0	+97 0	+155 0	+400 0	+18 −45	−17 −80	−45 −108	−209 −272	−467 −530
450	500	+880 +480											−229 −292	−517 −580

附录25 几何公差的公差值（摘自 GB/T 1184—1996）

公差项目	主参数 x/mm[①]	公差等级											
		1	2	3	4	5	6	7	8	9	10	11	12
		公差值/μm											
直线度、平面度	≤10	0.2	0.4	0.8	1.2	2	3	5	8	12	20	30	60
	>10～16	0.25	0.5	1	1.5	2.5	4	6	10	15	25	40	80
	>16～25	0.3	0.6	1.2	2	3	5	8	12	20	30	50	100
	>25～40	0.4	0.8	1.5	2.5	4	6	10	15	25	40	60	120
	>40～63	0.5	1	2	3	5	8	12	20	30	50	80	150
	>63～100	0.6	1.2	2.5	4	6	10	15	25	40	60	100	200
	>100～160	0.8	1.5	3	5	8	12	20	30	50	80	120	250
	>160～250	1	2	4	6	10	15	25	40	60	100	150	300
圆度[②]、圆柱度	≤3	0.2	0.3	0.5	0.8	1.2	2	3	4	6	10	14	25
	>3～6	0.2	0.4	0.6	1	1.5	2.5	4	5	8	12	18	30
	>6～10	0.25	0.4	0.6	1	1.5	2.5	4	6	9	15	22	36
	>10～18	0.25	0.5	0.8	1.2	2	3	5	8	11	18	27	43
	>18～30	0.3	0.6	1	1.5	2.5	4	6	9	13	21	33	52
	>30～50	0.4	0.6	1	1.5	2.5	4	7	11	16	25	39	62
	>50～80	0.5	0.8	1.2	2	3	5	8	13	19	30	46	74
	>80～120	0.6	1	1.5	2.5	4	6	10	15	22	35	54	87
	>120～180	1	1.2	2	3.5	5	8	12	18	25	40	63	100
	>180～250	1.2	2	3	4.5	7	10	14	20	29	46	72	115

续表

公差项目	主参数 x/mm[①]	公差等级											
		1	2	3	4	5	6	7	8	9	10	11	12
		公差值/μm											
平行度、垂直度、倾斜度	≤10	0.4	0.8	1.5	3	5	8	12	20	30	50	80	120
	>10~16	0.5	1	2	4	6	10	15	25	40	60	100	150
	>16~25	0.6	1.2	2.5	5	8	12	20	30	50	80	120	200
	>25~40	0.8	1.5	3	6	10	15	25	40	60	100	150	250
	>40~63	1	2	4	8	12	20	30	50	80	120	200	300
	>63~100	1.2	2.5	5	10	15	25	40	60	100	150	250	400
	>100~160	1.5	3	6	12	20	30	50	80	120	200	300	500
	>160~250	2	4	8	15	25	40	60	100	150	250	400	600
同轴度、对称度、圆跳动、全跳动	≤1	0.4	0.6	1.0	1.5	2.5	4	6	10	15	25	40	60
	>1~3	0.4	0.6	1.0	1.5	2.5	4	6	10	20	40	60	120
	>3~6	0.5	0.8	1.2	2	3	5	8	12	25	50	80	150
	>6~10	0.6	1	1.5	2.5	4	6	10	15	30	60	100	200
	>10~18	0.8	1.2	2	3	5	8	12	20	40	80	120	250
	>18~30	1	1.5	2.5	4	6	10	15	25	50	100	150	300
	>30~50	1.2	2	3	5	8	12	20	30	60	120	200	400
	>50~120	1.5	2.5	4	6	10	15	25	40	80	150	250	500
	>120~250	2	3	5	8	12	20	30	50	100	200	300	600

① 对于直线度、平面度,主参数 x 为 L;对于圆度、圆柱度,x 为 $d(D)$;对于平行度、垂直度、倾斜度,x 为 L、$d(D)$;对于同轴度、对称度、圆跳动和全跳动,x 为 $d(D)$、B、L。

② 圆度、圆柱度公差有 0、1、…、12 共 13 个等级,本表未列入较少采用的 0 级。

附录26 铸铁的种类、牌号和应用

(单位:mm)

种类	牌号	应用
灰铸铁 GB/T 9439—2010	HT100	机床中受轻负荷、磨损无关紧要的铸件,如托盘、盖、罩、手轮、把手、重锤等形状简单且性能要求不高的零件
	HT150	承受中等弯曲应力,摩擦面间压强高于500kPa的铸件,如多数机床的底座,有相对运动和磨损的零件,如滑板、工作台等,汽车中的变速箱、排气管、进气管等
	HT200	承受较大弯曲应力,要求保持气密性的铸件,如机床立柱、刀架、齿轮箱体、多数机床床身、滑板、箱体、液压缸、泵体、阀体、制动毂、飞轮、气缸盖、带轮、轴承盖、叶轮等
	HT250	炼钢用轨道板、气缸套、齿轮、机床立柱、齿轮箱体、机床床身、磨床转体、液压缸泵体、阀体
	HT300	承受高弯曲应力、拉应力,要求保持高度气密性的铸件,如重型机床床身、多轴机床主轴箱、卡盘齿轮、高压液压缸、泵体、阀体
	HT350	轧钢滑板、辊子、炼焦柱塞、圆筒混合机齿圈、支承轮座、挡轮座
球墨铸铁 GB/T 1348—2009	QT400—18	韧性高,低温性能较好,具有一定的耐蚀性。用于制作汽车拖拉机中的驱动桥壳体、离合器壳体、差速器壳体、减速器壳体.16~64个大气压阀门的阀体、阀盖等
	QT400—15	
	QT450—10	具有中等的强度和韧性,用于制作内燃机中液压泵齿轮、汽轮机的中温气缸隔板、水轮机阀门体、机车车辆轴瓦等
	QT500—7	
	QT600—3	具有较高的强度、较好的耐磨性及一定的韧性。用于制作部分机床的主轴,内燃机、空压机、冷冻机、制氧机和泵的曲轴、缸体、缸套等
	QT700—2	
	QT800—2	
	QT900—2	具有高强度和较高的弯曲疲劳强度,耐磨性好。用于制作内燃机中的凸轮轴,拖拉机的减速齿轮,汽车中的螺旋锥齿轮等

续表

种类	牌号	应用
可锻铸铁 GB/T 9440—2010	KTH 300—06	黑心可锻铸铁比灰铸铁强度高,塑性和韧性更好,可承受冲击和扭转负荷,具有良好的耐蚀性,切削性能良好。可用来制作薄壁铸件,多用于机床零件、运输机械零件、升降机械零件、管道配件、低压阀门等
	KTH 350—10	
	KTZ 450—06	珠光体可锻铸铁的塑性、韧性比黑心可锻铸铁稍差,但其强度高,耐磨性好,低温性能优于球墨铸铁,加工性良好。可替代有色合金、低合金钢及低、中碳钢制作较高强度和耐磨性的零件
	KTZ 550—04	
	KTZ 650—02	
	KTZ 700—02	
	KTB 400—05	白心可锻铸铁由于工艺复杂,生产周期长,性能较差,国内在机械工业中较少应用,一般仅限于薄壁件的制造
	KTB 450—07	

附录 27　碳素结构钢的种类、牌号和应用

种类	牌号	应用
铸造碳钢 GB/T 11352—2009	ZG 200—400	低碳铸钢,韧性及塑性均好,但强度和硬度较低,低温冲击韧性大,脆性转变温度低,磁导、电导性能良好,焊接性好,但铸造性差。主要用于制作受力不大,但要求韧性好的零件。ZG 200—400 用于制作机座、电磁吸盘、变速箱体等;ZG 230—450 用于制作轴承盖、底板、阀体、机座、侧架、轧钢机架、铁道车辆摇枕、箱体、犁柱、砧座等
	ZG 230—450	
	ZG 270—500	中碳铸钢,有一定的韧性及塑性,强度和硬度较高,切削性良好,焊接性尚可,铸造性能比低碳铸钢好。ZG 270—500 应用广泛,如飞轮、车辆车钩、水压机工作缸、机架、蒸汽锤气缸、轴承座、连杆、箱体、曲拐等;ZG 310—570 用于制作重负荷零件,如联轴器、大齿轮、缸体、气缸、机架、制动轮、轴及辊子等
	ZG 310—570	
	ZG 340—640	高碳铸钢,具有高强度,高硬度及高耐磨性,塑性、韧性低,铸造性,焊接性均差,裂纹敏感性较大。用于制作起重运输机齿轮、联轴器、齿轮、车轮、棘轮、叉头等

续表

种类	牌号	应用
碳素结构钢 GB/T 700—2006	Q195	有较高的伸长率,具有良好的焊接性能和韧性。常用于制造地脚螺栓、铆钉、犁板、烟筒、炉撑、钢丝网屋面板、低碳钢丝、薄板、焊管、拉杆、短轴、心轴、凸轮(轻载)、吊钩、垫圈、支架及焊接件等
	Q215	
	Q235	有一定的伸长率和强度,韧性及铸造性均良好,且易于冲压及焊接。广泛用于制造一般机械零件,如连杆、拉杆、销轴、螺钉、钩子、套圈盖、螺母、螺栓、气缸、齿轮、支架、机架横撑、机架、焊接件,以及建筑结构与桥梁等用的角钢、工字钢、槽钢、垫板、钢筋等
	Q275	有较高的强度,一定的焊接性,切削加工性及塑性均较好,可用于制造较高强度要求的零件,如齿轮心轴、转轴、销轴、链轮、键、螺母、螺栓、垫圈、制动杆、鱼尾板、农机用型钢、异型钢、机架、耙齿等
优质碳素结构钢 GB/T 699—1999	10	采用镦锻、弯曲、冲压、锻压、拉延及焊接等多种加工方法,制作各种韧性高、负荷小的零件,如卡头、钢管垫片、垫圈、摩擦片、汽车车身、防尘罩、容器、缓冲器皿、据瓷制品、冷镦螺栓、螺母等
	15	用于受载不大、韧性要求较高的零件、渗碳件、冲模锻件、紧固件,不需热处理的低负载零件,焊接性能较好的中小结构件,如螺栓、螺钉、法兰盘、化工容器、蒸汽锅炉、小轴、挡铁、齿轮、滚子等
	20	制作负载不大,但韧性要求高的零件,如拉杆、杠杆、钩环、套筒、夹具及衬垫、驻车制动、蹄片、杠杆轴、变速叉、被动齿轮、气门挺杆、凸轮轴、悬挂平衡器、内外村套等
	25	用于制作焊接构件以及经锻造、热冲压和切削加工,且负荷较小的零件,如辊子、轴、垫圈、螺栓、螺母、螺钉以及汽车、拖拉机中的横梁车架、大梁、脚踏板等
	35	用于制造负载较大,但截面尺寸较小的各种机械零件、热压件,如轴销、轴、曲轴、横梁、连杆、杠杆、星轮、轮圈、垫圈、圆盘、钩环、螺栓、螺钉、螺母等
	40	用于制造机器中的运动件,心部强度要求不高,表面耐磨性好的淬火零件,截面尺寸较小、负载较大的调质零件,及应力不大的大型正火件,如传动轴心轴、曲轴、曲柄销、辊子、拉杆、连杆、活塞杆、齿轮、圆盘、链轮等

续表

种类	牌号	应用
	45	适用于制造较高强度的运动零件,如空压机、泵的活塞、汽轮机的叶轮,重型及通用机械中的轧制轴、连杆、杆、齿条、齿轮、销子等
	50	主要用于制造动负荷、冲击载荷不大以及要求耐磨性好的机械零件,如锻造齿轮轴、摩擦盘、机床主轴、发动机、曲轴、轧辊、拉杆、弹簧垫圈、不重要的弹簧等
	55	主要用于制造耐磨、强度较高的机械零件以及弹性零件,如连杆、齿轮、机车轮箍、轮缘、轮圈、轧辊、扁弹簧等
	30Mn	一般用于制造低负荷的各种零件,如杠杆、拉杆、小轴、制动踏板、螺栓、螺钉和螺母以及农机中的钩环链的链环、刀片、横向制动机齿轮等
	50Mn	一般用于制造高耐磨性、高应力的零件,如直径小于φ80 mm的心轴、齿轮轴、齿轮摩擦盘、板弹簧等,高频感应淬火后还可制造火车轴、蜗杆、连杆及汽车曲轴等
	65Mn	用于制造中等负载的板弹簧、螺旋弹黄、弹簧垫圈、弹簧卡环、弹簧发条、轻型汽车的离合器弹簧、制动弹簧、气门弹簧以及受摩擦、高弹性、高强度的机械零件,如收割机的铲、犁、切碎机切刀、翻土板、整地机械圆盘、机床主轴、机床丝杠、弹簧卡头、钢韧轨等

附录28　合金结构钢的种类、牌号和应用

种类	牌号	应用
低合金高强度结构钢 GB/T 1591—2008	Q345	综合力学性能良好，低温冲击韧性、冷冲压和切削加工性、焊接性都好。广泛用于制作桥梁、船舶、管道、锅炉、大型容器、油罐、重型机械设备、矿山机器、电站、厂房结构等
	Q390	用于制作高、中压石油化工容器、钢炉锅筒、桥梁、船舶、起重机，较重负荷的焊接件，钢炉钢管以及载荷较大的连接构件
	Q420	强度高，塑性及韧性好，焊接性能和冷热加工性良好。适用于制作大型船舶、机车、车辆、中高压锅炉、容器、桥梁以及其他大型的焊接结构件
	Q460	强度特高（$Rm = 550 \sim 720 \text{MPa}$)，并保持良好的塑性（$A = 17\%$)，适用于大型高压锅炉和容器、铁路桥的大梁、巨型船舶以及重负荷的焊接结构件等
	Q500　Q550 Q620　Q690	这是新增加的强度最高的4个牌号。主要是在合金中加入了元素硼，从而显著提高了强度。故适用于要求强度高、重量轻的特别重要的工程结构件
合金结构钢 GB/T 3077—1999	20Mn2	用于制造渗碳的小齿轮、小轴、力学性能要求不高的十字头销、活塞销、柴油机套筒、气门顶杆、变速齿轮操纵杆、钢套等
	20Cr	用于制造小截面、形状简单、较高转速、载荷较小、表面耐磨、心部强度较高的各种渗碳或碳氮共渗零件，如小齿轮、小轴、阀、活塞销、托盘、凸轮、蜗杆等
	20CrNi	用于制造重载大型重要的渗碳零件，如花键轴、轴、键、齿轮、活塞销，也可用于制造高冲击韧性的调质零件
	20CrMnTi	用于制造汽车拖拉机中的截面尺寸小于30 mm的中载或重载、冲击、耐磨且高速的各种重要零件，如齿轮轴、齿圈、齿轮、十字轴、滑动轴承支撑的主轴、蜗杆等
	38CrMoAl	用于制造高疲劳强度、高耐磨性、较高强度的小尺寸氮化零件，如气缸套、座套、底盖、活塞螺栓、检验规、精密磨床主轴、车床主轴、搪杆、精密丝杠、齿轮、蜗杆等
	40Cr	制造中速、中载的调质零件，如机床齿轮、轴、蜗杆、花键轴、顶针套，制造表面高硬度耐磨的调质表面淬火零件，如主轴、曲轴、心轴、套筒、销子、连杆以及淬火回火后重载零件等
	40CrNi	用于制造锻造和冷冲压且截面尺寸较大的重要调质件，如连杆、圆盘、曲轴、齿轮轴、螺钉等

续表

种类	牌号	应用
	40MnB	用于制造拖拉机、汽车及其他通用机器设备中的中小重要调质零件,如汽车半轴、转向轴、花键轴、蜗杆和机床主轴、齿轮轴等
	50Cr	用于制造重载、耐磨的零件,如热轧辊传动轴、齿轮、止推环、支承辊的心轴、柴油机连杆、挺杆、拖拉机离合器、螺栓以及中等弹性的弹簧等
合金弹簧钢 GB/T 1222—2007	60Si2Mn	制造截面尺寸较大的弹簧,如车箱板簧、机车板簧、缓冲卷簧等
	50CrVA	主要用于制造截面大的、受载大的和工作温度较高的螺旋弹簧、阀门弹簧、小型汽车和载重车板簧、扭杆簧,低于350°C的耐热弹簧等
不锈钢 GB/T 1220—2007	20Cr13	制作能抗弱腐蚀性介质、能承受冲击载荷的零件,如汽轮机叶片、水压机阀、结构架、螺栓、螺母等
	06Cr18Ni11Ti	用于耐酸容器及设备衬里、输送管道等设备和零件、抗磁仪表、医疗器械等
高碳铬轴承钢 GB/T 18254—2002	GCr15	制造中小型滚动轴承元件(壁厚小于20 mm的套圈,直径小于$\varnothing$50 mm的钢球)及其他各种耐磨零件,如柴油机油泵、油嘴偶件等
	GCr15SiMn	制造大型、重载滚动轴承元件(壁厚大于30 mm的套圈,直径为$\varnothing$50~$\varnothing$100mm的钢球)

附录29　铸造铜合金、铸造铝合金、铸造轴承合金的种类、牌号和应用

合金种类		牌号(代号)	应用
铸造铜合金 GB/T 1176—1987	锡青铜	ZCuSn5Pb5Zn5	在较高负荷、中等滑动速度下工作的耐磨、耐蚀零件,如轴瓦、衬套、缸套、活塞、离合器、泵件压盖以及蜗轮等
		ZCuSnlOPb1	用于高负荷(20MPa以下)和高滑动速度(8m/s)下工作的耐磨零件,如连杆、衬套、轴瓦、齿轮、蜗轮等
	铅青铜	ZCuPblOSn10	表面压力高,又存在侧压力的滑动轴承,如轧辊、车辆用轴承,内燃机双金属轴瓦以及活塞销套、摩擦片等
		ZCuPb20Sn5	高滑动速度的轴承及破碎机、水泵、冷轧机轴承
	铝青铜	ZCuAl9Mn2	耐蚀、耐磨零件,形状简单的大型铸件,如衬套、齿轮、蜗轮
		ZCuAl10Fe3	要求强度高、耐磨、耐蚀的重型铸件,如轴套、螺母、蜗轮以及在250℃以下工作的管配件
	黄铜	ZCuZn38	一般结构件和耐蚀零件,如法兰、阀座、支架、手柄和螺母等
		ZCuZn25A16—Fe3Mn3	适用高强度、耐磨零件,如桥梁支承板、螺母、螺杆、耐磨板、滑块和蜗轮
铸造铝合金 GB/T 1173—1995	铝硅合金	ZAlSi7Mg (ZL101)	适于铸造承受中等负荷、形状复杂的零件,也可用于要求高气密性、耐蚀性和焊接性能良好、工作温度不超过200℃的零件,如水泵、仪表、传动装置壳体、气缸体、化油器等
		ZAlSi5Cu1Mg (ZL105)	用于铸造形状复杂、高静载荷的零件以及要求焊接性能良好、气密性高或工作温度在225℃以下的零件,如发动机的气缸体、气缸头、气缸盖和曲轴箱等
	铝铜合金	ZAlCu5Mn (ZL201)	用于铸造工作温度为175～300℃或室温下受高负荷、形状简单的零件,如支臂、挂架梁
		ZAlCu4 (ZL203)	用于铸造形状简单,承受中载、冲击负荷,工作温度不超过200℃,切削性能良好的小型零件,如曲轴箱、支架、飞轮盖等
	铝镁合金	ZAlMg10 (ZL301)	铸造工作温度不大于200℃的海轮配件、机器壳和航空配件等
	铝锌合金	ZAlZn11Si7 (ZL401)	铸造工作温度不大于200℃的汽车零件、医疗器械和仪器零件等

续表

合金种类		牌号（代号）	应用
铸造轴承合金 GB/T 1174—1992	锡基	ZSnSb12—Pb10Cu4	工作温度不高的一般机器的主轴承衬
		ZSnSb8Cu4	大型机器轴承及轴衬，高速重负荷汽车发动机薄壁双金属轴承
	铅基	ZPbSb15Sn10	中等负荷的机器的轴承，还可作高温轴承之用
		ZPbSb10Sn6	耐磨、耐蚀、重负荷的轴承
	铜基	ZCuSn5Pb5Zn5	作为轴承材料，铜基和铅基轴承合金的性能不如锡基和铅基轴承合金，但相对价廉，故适用于制造各种使用场合下的整体滑动轴承
		ZCuPb10Sn10	
	铝基	ZAlSn6Cu1Ni1	

附录30　各种非金属材料的种类、名称、牌号（或代号）和应用

种类	名称、牌号或代号	性能及应用
工程塑料 GB/T 2035—2008	聚酰胺，俗称尼龙（PA）	具有良好的机械强度和耐磨性，广泛用作机械、化工及电气零件，如轴承、齿轮、凸轮、滚子、轴、泵叶轮、风扇叶轮、蜗轮、螺钉、螺母、垫圈、高压密封圈、阀座、输油管、储油容器等
	聚四氟乙烯（PTFE）	在强酸、强碱、强氧化剂中不腐蚀，也不溶于任何溶剂，美称"塑料王"，有良好的高低温性能、电绝缘性，不吸水，摩擦因数低。用于制作机械中的耐蚀零件、密封垫圈、活塞环、轴承、化工设备管道、泵、阀门以及人造血管、心脏等
	聚甲醛（POM）	具有良好的耐磨损性能和良好的干摩擦性能，用于制造轴承、齿轮、滚轮、辊子、阀门上的阀杆螺母、垫圈、法兰、垫片、泵叶轮、鼓风轮叶片、弹簧、管道等
	聚碳酸酯（PC）	具有高的冲击韧性和优异的尺寸稳定性，用于制造齿轮、蜗轮、蜗杆、齿条、凸轮、心轴、轴承、滑轮、铰链、传动链、螺栓、螺母、垫圈、铆钉、泵叶轮、汽车化油器部件、节流阀、各种外壳等
	丙烯腈—丁二烯—苯乙烯（ABS）	用作一般结构或耐磨受力传动零件和耐腐蚀设备，用ABS制成的泡沫夹层板可做小轿车车车身
	硬聚氯乙烯（PVC）	制品有管、棒、板、焊条及管件，除作日常生活用品外，主要用作耐腐蚀的结构材料或设备衬里材料及电气绝缘材料
	聚甲基丙烯酸甲酯，俗称有机玻璃（PMMA）	具有高的透明度和一定强度，耐紫外线及大气老化，易于成形加工。可用于要求有一定强度的透明结构材料，如各种油标的罩面板等

续表

种类	名称、牌号或代号	性能及应用
工业用橡胶板 GB/T 5574—2008	A类 （不耐油）	有一定的硬度和较好的耐磨性、弹性等物理力学性能，能在一定压力下，温度为 $-30 \sim +60$℃ 的空气中工作，制作密封垫圈、垫板和密封条等
	B类（中等耐油）	有较高硬度和耐溶剂膨胀性能，可在温度为 $-30 \sim +80$℃ 的机油、变压器油、润滑油、汽油等介质中工作，适用于冲制各种形状的垫圈
	C类（耐油）	
软钢纸板 QB/T 2200—1996	A类	供飞机发动机制作密封连接处的垫片及其他部件用
	B类	供汽车、拖拉机的发动机及其他内燃机制作密封垫片及其他部件用
工业用毛毡 FZ/T 25001—1992	T112（特品毡）、112（一般毡）等	常用作密封、防漏油、防振、缓冲衬垫，还可用作隔热保温、过滤和抛磨光材料等，按需要选用细毛、半粗毛、粗毛
油封毡圈 FZ/T 92010—1991	标记：毡圈25 FZ/T 92010 （轴径 $d_0=25$ mm 用）	用于轴伸端处、轴与轴承盖之间的密封（密封处速度 v<5m/s 的脂润滑及转速不高的稀油润滑）
石棉橡胶板 GB/T 3985—2008	XB510、XB450、XB400、XB350、XB300、XB200、XB150	分别用于制作温度为 510℃、450℃、400℃、350℃、300℃、200℃、150℃ 以下（压力为 7MPa、6MPa、5MPa、4MPa、3MPa、1.5MPa、0.8MPa 以下），以水和水蒸气等非油、非酸介质为主的设备中的密封材料，如管道法兰连接处的密封衬垫
耐油石棉橡胶板 GB/T 539—2008	NY510、NY400、NY300、NY250、NY150	一般工业用：分别用于温度为 510℃、400℃、300℃、250℃、150℃ 以下（压力为 5MPa、4MPa、3MPa、2.5MPa、1.5MPa 以下），以油为介质的一般工业设备中的密封
	HNY300	航空工业用：用于温度为 300℃ 以下的航空燃油、石油基润滑油及冷气系统的密封垫片

参考文献

[1] 闻邦椿.机械设计手册(第6版)[M].北京:机械工业出版社,2018.

[2] 成大先.机械设计手册第6版)[M].北京:化学工业出版社,2017.

[3] 王槐德.机械制图新旧标准代换教程(第3版)[M].北京:中国标准出版社,2017.

[4] 范思冲.画法几何与机械制图(第2版)[M].北京:机械工业出版社,2014.

[5] 何铭新,钱可强,徐祖茂.机械制图[M].北京:高等教育出版社,2016.

[6] 胡建生.机械制图[M].北京:机械工业出版社,2020.

[7] 叶玉驹,焦永和,张彤.机械制图手册(第5版)[M].北京:机械工业出版社,2012.